U0192011

澳大利亚
创新信息概述

Australian Innovation Information Overview

张明龙　张琼妮　著

企业管理出版社
ENTERPRISE MANAGEMENT PUBLISHING HOUSE

图书在版编目（CIP）数据

澳大利亚创新信息概述／张明龙，张琼妮著. —北京：企业管理
出版社，2020.7

ISBN 978-7-5164-2172-7

Ⅰ. ①澳…　Ⅱ. ①张…②张…　Ⅲ. ①科技发展–研究–澳大利亚
Ⅳ. ①N161.1

中国版本图书馆 CIP 数据核字（2020）第 103273 号

书　　　名：	澳大利亚创新信息概述
作　　　者：	张明龙　张琼妮
责任编辑：	刘一玲
书　　　号：	ISBN 978-7-5164-2172-7
出版发行：	企业管理出版社
地　　　址：	北京市海淀区紫竹院南路 17 号　　邮编：100048
网　　　址：	http://www.emph.cn
电　　　话：	编辑部（010）68701322　发行部（010）68701816
电子信箱：	zhaoxq13@163.com
印　　　刷：	北京虎彩文化传播有限公司
经　　　销：	新华书店
规　　　格：	710 毫米 ×1000 毫米　16 开本　29.25 印张　450 千字
版　　　次：	2020 年 7 月第 1 版　　　2020 年 7 月第 1 次印刷
定　　　价：	98.00 元

前　言

　　澳大利亚拥有高水平的科技研究队伍、拥有世界一流的研究型大学、拥有实力雄厚的国家科研机构，科技创新能力相当强大，特别是基础研究与应用基础研究成效显著。在农业育种、生物技术、医学、新材料、天文学、地理学、海洋学等领域的许多方面，其科研成果处于世界领先水平。需要指出的是，澳大利亚科研与经济发展联系不够紧密，导致企业开发能力相对薄弱，科技创新成果的商品转化率不太高。近年，澳大利亚政府采取一系列措施，推进创新型国家建设，加强科技成果转化的应用开发能力，并根据本国独特的国情，使研究和开发活动有所侧重，把农牧业科研、医学与生物医药、采矿技术及矿产品加工、生物技术、计算机及信息技术、环境科学与生态保护等作为科技创新的优先领域。

一、澳大利亚经济社会发展概况

　　澳大利亚位于南太平洋和印度洋之间，由澳大利亚大陆、塔斯马尼亚岛等岛屿和海外领土组成，国土面积769.2万平方公里，居世界第六位。东濒太平洋的珊瑚海和塔斯曼海，北、西、南三面临印度洋及其边缘海。海岸线长36735公里。北部属热带，大部分属温带。年平均气温北部27℃、南部14℃。

　　澳大利亚全国由6个州和两个地区组成。6个州分别是新南威尔士、维多利亚、昆士兰、南澳大利亚、西澳大利亚、塔斯马尼亚；两个地区分别是北方领土地区和首都地区。各州有州督、州议会、州政府和州长。截至2019年7月，澳大利亚全国人口2544万，主要为英国及爱尔兰裔，华裔占5.6%、土著人口占2.8%，其他族裔主要有意大利裔、德裔和印度裔等。官方语言为英语，汉语为除英语外第二大使用语言。

　　澳大利亚是一个工农业生产都发达的国家，由于自然资源丰富，使农牧业长盛不衰，在国民经济中占有重要地位，是世界上最大的羊毛和牛肉出口国。2018年，澳大利亚农牧业产值590亿澳元。主要农作物为小麦、大麦、棉花、高粱等，主要畜牧产品为牛肉、牛奶、羊肉、羊毛、家禽等。同时，由于矿产资源丰富，使采矿业及相关产业获得快速增长，2017年，澳大利亚矿业产值为2149.84亿澳元，制造业产值为3639.69亿澳元，建筑业产值为 3783.06 亿澳元。

多年来，为了优化产业结构，澳大利亚采取了一系列改革措施，大力发展对外贸易，促使服务业成为最重要和发展最快的部门。当今，服务业已是澳大利亚国民经济的支柱产业。主要以批发业、零售业和科技服务业为主。2017 年，批发业产值 5024.34 亿澳元、零售业产值 4175.87 亿澳元、科技服务业产值 2107.79 亿澳元。

澳大利亚主要上市企业有：金融系统的国民银行、澳大利亚联邦银行、西太银行、澳新银行和麦格里集团，必和必拓公司（以经营石油和矿产为主的著名跨国公司），澳大利亚电信公司（最大电信企业），西农集团（最大零售公司之一），力拓集团（世界第二大矿业公司）。

澳大利亚教育主要由州政府负责，各州均设有教育部，主管本州的大、中、小学和技术教育学院。联邦政府负责给全国大学和高等教育学院提供经费、制定和协调教育政策。2017 年，该国共有 37 所公立大学、2 所私立大学。著名高等院校有澳大利亚国立大学、莫纳什大学、阿德莱德大学、墨尔本大学、新南威尔士大学、昆士兰大学、悉尼大学、西澳大利亚大学等。这些著名高校，具有强大的科技创新能力，取得了大量高水平的新成果。

二、澳大利亚科技创新的主要特色

（一）澳大利亚科技创新体系的主要特色

澳大利亚科技创新活动采取多元分散的管理体制，联邦政府在制定国家科技政策、制定重大科技发展计划、制定资助各级各类科研机构的科技研究计划中发挥着主导作用。各州政府负责管理和资助本州的科技创新事项。联邦政府资助范围，主要包括政府科研机构、大学、合作研究中心和国家重大工业科技项目。州政府资助范围，主要包括本州的农业、工业、卫生、能源和环境等领域的科技创新活动。

澳大利亚联邦政府设置总理科学、工程与创新理事会，作为全国最高科技决策机构，其主席由联邦总理担任，委员主要包括工业、科学与资源部部长，教育、培训与青年事务部部长，农林渔业部部长，卫生与老年保健部部长，通信、信息技术与艺术部部长，环境部部长等。这个理事会每年召开两次会议，向政府和议会提交有关重大科技问题的政策建议，以及有关科技和创新方面的咨询报告。

联邦政府还设置科学技术协调委员会，负责具体落实科技创新的政策和计划，着重解决跨部门科技创新活动的协调问题，使国家科技创新政策、计划和项目得以顺利实施。这个协调委员会的主席，由工业、科学和资源部副秘书长担任，委员主要包括各有关部的副秘书长级官员。其通过举行不定期会议，及时解决需要协调的事项，在联邦政府中发挥科技管理和决策机构的作用。

澳大利亚联邦政府主管科技工作的行政部门，是工业、科学和资源部。该部负责制定国家研究和创新政策，管理澳大利亚联邦科学与工业研究组织、澳大利亚核科学与技术机构等国家研究机构；实施国家重大科技基础设施计划、合作研究中心计划，国民科技意识提高和普及计划；负责国际科技合作工作。其他相关部级机构，负责制定本系统的科技创新政策与计划，如教育部负责制定基础研究政策，制定与高校基础研究相关的重大科技计划。卫生部负责制定公共卫生与医学领域的有关科技创新政策和计划。农林渔业部负责制定农牧渔业各领域的科技创新政策和计划。

澳大利亚全国的科研力量，主要集中在联邦科学与工业研究组织、澳大利亚核科学与技术机构、海洋研究院和澳大利亚国防科技组织，以及著名大学的研究机构，其中联邦科学与工业研究组织是该国科研的主体力量。这个研究机构成立于 1926 年，已有 90 多年历史，目前，它是世界上规模最大、研究范围最广的科研机构之一，拥有 20 多个研究所，涉及生物工程与生物技术、农业与食品、电子信息与网络技术、人工智能、制造业、航空航天、矿业、新材料、新能源、环境与自然资源等领域，现有研究人员 7000 多人，其每年所需经费大约 70% 由政府拨款，30% 通过横向合作获得。

(二) 澳大利亚科技创新成果的主要特色

澳大利亚科技创新活动面广、量大，几乎涉及国民经济的所有领域。就其整体来说，各个领域的研发能力分布比较均匀，且富有创造性，研究质量也比较高。值得注意的是，澳大利亚具有独特的地理环境，拥有多样性的生物资源，拥有丰富的矿产资源，拥有广阔的海洋及海岸带资源，但是，也存在贫瘠干旱的土地，存在干燥多变的气候，存在经济规模总量限制等问题，这使得其研究和开发活动在某些方面有所侧重，并逐步形成一些优势领域和鲜明特色，以下择要述之。

1. 农牧业领域的科技创新成果

澳大利亚农牧业领域科技创新成果突出，特别是在采用生物技术培育动植物新品种上，具有很高的水平。植物新品种的研究主要有小麦、大麦、牧草、棉花、甘蔗、葡萄、豆科和油料作物等。畜牧业的应用研究处于世界领先地位，并建立起国际一流的技术体系，尤其是家畜繁殖、动物疾病防治和绵羊毛质量改进等方面的研究已取得很多成果。

21 世纪以来，农牧业及其相关成果主要集中于：通过基因测序揭示小麦驯化的关键基因突变，公布最完善的小麦基因组图谱，运用基因技术提高谷物耐盐性，着手培育抗盐分的小麦新品种，培育出可在盐碱地中维持高产的小麦新品种，运用基因技术培育低致敏小麦品种，开发出更有利于肠道健康的小麦新品种，大麦中发现全新多糖类碳水化合物，计划改造水稻以大幅提高产量；完成谷实夜蛾和棉铃虫两种农作物害虫的基因组测序。

研究显示大蒜有助于降血压，研究表明花生过敏或可治愈，发现常吃橙子可降低患老年性黄斑变性眼疾风险，培育出对抗致命真菌的转基因香蕉；发现控制葡萄成熟的生化机理，找到控制葡萄酒口感的捷径，发现可以利用葡萄酒糟制作服装，用聚酯材料制成质轻防碎葡萄酒瓶。

开发可修复受损生态系统的种子包衣技术，发现利用植物叶子中"高速路"功能有望提高作物产量，发现有望用于培育抗冻作物的酶，从南极草中发现一种抗冻基因，利用"吸血鬼"藤本植物寄生功能来帮助摧毁外来杂草。

完成牛的全基因组测序，对超高温灭菌牛奶进行研究，用"连续细胞核转移"技术克隆出奶牛；利用去世冠军犬冷冻精子培育出幼仔，"锁定"史上传播癌症的第一条狗。利用蜘蛛毒液研制不伤蜜蜂的杀虫剂，开发出可提高蜜蜂授粉率的蜂群感应技术，发现蛛丝中的化学物质能驱除蚂蚁，用蚕丝修补受损的耳朵鼓膜。

2. 医学与生物医药领域的科技创新成果

澳大利亚在医学与生物医药领域集中了大量科研人员，开展了长期而卓有成效的研究，取得不少享誉世界的创新成果。如在乳腺癌、肠癌、胰腺癌、鳞状细胞癌、黑色素瘤、心脏病、痴呆症、糖尿病、免疫细胞、流感、生物耳等方面的探索均有重要进展或突破。该国现有诺贝尔奖获得者的研究成就，几乎都与医学或生物医药领域有关。近年，以生物医药为主的疫苗和药品成果主要有：

研制出全球首例子宫癌疫苗，能够治疗普通皮肤癌疫苗，防治老年痴呆症新疫苗，基于灭活全流感病毒的新型甲型流感病毒疫苗，以及新型肺炎球菌疫苗。

研制出抗癌新药替拉扎明，在婆罗洲雨林发现可治疗癌症和艾滋病的植物，研究显示安定类药物可有效杀死癌细胞，发明能促进癌细胞死亡的药物 WEHI-539，发现可预防结直肠癌的化合物，发现有助于治疗鳞状细胞癌的新药物，尝试把蜘蛛毒液开发成治疗乳腺癌的药物。

发现一种可降低患心脏病风险的复合药物，发现欧米伽-3脂肪酸或有助预防精神疾病，研发在分子层面与靶标作用来治疗糖尿病的新药取得突破，研制出可有效治疗结核病的新药；发明能防止停经后妇女骨质疏松症的减肥药，发明能让女性一年只来三次月经的新药；开发出一种可破坏细菌耐药性的新药，发现致命水母毒液的"解药"；发明完全纯天然材料的护肤品防晒霜。

研究发现小袋鼠奶杀菌效果为青霉素的百倍，认为鳄鱼血有望制成特效抗菌药，发现蜗牛分泌的天然胰岛素药效好。用纳米薄片制成伸缩自如的柔软药物胶囊，发现纳米微粒可以摧毁顽固细菌生物膜，开发出可缓解疼痛的药物递送纳米颗粒，发现能够维持蛋白质活性的聚合物纳米膜。

3. 工业及高技术领域的科技创新成果

澳大利亚在工业领域的科技优势，首先集中体现在与矿产资源相关的产业上，其勘探、采矿、加工和冶炼工艺，都有很高的现代化水平。目前，澳大利亚已探明可开采的矿产至少有70余种，其中铅、镍、银、铀、锌、钽的经济储量居世界首位。该国是当今世界上最大的铝矾土、氧化铝、钻石、钽生产国，黄金、铁矿石、煤、锂、锰矿石、镍、银、铀、锌的产量也居世界前列。澳大利亚还是世界最大的烟煤、铝矾土、钻石、锌精矿出口国，第二大氧化铝、铁矿石、铀矿出口国，第三大铝和黄金出口国。已探明的有经济开采价值的矿产蕴藏量包括：铝矾土约53亿吨、铁矿砂146亿吨、黑煤403亿吨、褐煤300亿吨，以及铅2290万吨、镍2260万吨、银4.14万吨、钽4.08万吨、锌4100万吨、黄金0.56万吨。原油储量2270亿升，天然气储量22000亿立方米。

近年来，以矿业为基础的材料研制方面取得不少新成果，如开发出具有高表面质量压铸镁合金，抗蠕变砂型铸造的耐高温镁合金，可制造场发射电极的非晶块金属玻璃，可切割融合能弹起的金属液滴复合材料；发现蕴藏地球深处信息的罕见超深钻石，发现硫化物氧化反应会诱发钻石形成，发现钻石或是自旋电子元件的潜在材料，制造出可用于探测单个量子的钻石环；发现富勒烯或可形成纯碳新胶体，发现改进石墨烯材料性能的途径。另外，还发现了利用真菌寻找金矿的新方法。2019年5月，联邦科学与工业研究组织的一个研究小组称，他们发现一种名为尖孢镰刀菌的真菌，能够吸附微小的黄金颗粒，把它与其他勘探工具相结合，可用来帮助寻找新的金矿。

21世纪以来，澳大利亚及时跟踪全球最新科技发展，在生物技术、计算机及信息技术等高技术领域也取得了不少成果。

生物技术领域的基因研究尤其突出，其科研成果主要有：发现人体细胞内存在全新的DNA结构；构建出迄今最久微生物基因组草图，绘制出甲型流感病毒基因组结构图，获得并分析已灭绝物种袋狼的基因组，获得高质量的考拉基因组序列，破译一种毒蟾蜍基因组，绘制成海绵的基因组草图，绘制出埃及伊蚊的基因组；发明"拼写检查"基因序列新方法，运用"原子鸡笼"让基因测序更快更准更便宜；以基因技术"设计"尖子运动员，运用基因技术提高粮食作物产量，运用基因技术开发治疗镰状细胞贫血新方法，用基因技术开发有望根治过敏新方法。

计算机及信息技术领域影响较大的创新成果，主要集中在量子计算机与量子通信方面，其中主要有：用直径5微米的钻石环制成量子计算机配件，研制出仅由7个原子构成的量子点晶体管，运用原子核自旋功能研制量子计算机存储器，开发出首款3D原子级硅量子芯片架构。创造两项硅量子计算新纪录，实现首个基于离子阱的量子化学模拟，发现量子世界产生于"多重互动"的普通世界，开发出稳定性提高十倍的新型量子位。发明有望在网络安全方面投入使用的量子密码技术，研制成功存储信息时间可达6小时的量子硬盘，发现量子操控可提高数据远距离传输的安全性。

4. 环境科学与生态保护领域的科技创新成果

澳大利亚在环境科学领域的创新成果，主要集中在研究防治大气污染和水体污染，综合利用固体废弃物，防治辐射与噪声污染，研制节能环保产品等方面。其中具有鲜明特色的成果有：建立旨在减少家畜甲烷气体排放的"甲烷室"，利用消化道内菌群减少牛羊的甲烷排放，拟培育少打嗝绿色绵羊遏制气候变化。成功完成燃煤电厂碳俘获试验，为减少温室气体排放而叫停煤矿开采。发明把废塑料用于炼钢的新方法，发明把香蕉杆转化为造纸原料的新技术。研制出一种安全检测放射性铀污染源的新方法，研发从噪声中提炼出说话声的新型仿生耳。发明可以不用水的节水洗衣机，建成随时向阳的转动型节能房屋。

生态环境保护领域的研究成果，首先体现在探索气候对生态环境的影响。通过气候变化引发自然灾害的研究，发现全球变暖将导致干旱和洪水更加剧烈，全球变暖会引发极端降水增加，干旱产生多尘天气会产生超强红色沙尘暴，风暴天气将造成渔业灾害。通过气候变化对生物生存影响的研究，绘制出受气候变化影响的物种地图，揭示太平洋岛屿上受气候变化威胁的物种；证实大堡礁海水变暖会增大珊瑚死亡风险，发现全球变暖致北极候鸟体型缩小，认为气候变化是导致袋狮灭绝的原因；发现全球变暖会削弱植物"吸碳"能力。

生态环境保护研究的重点，是探索海洋生态环境的变化与保护。研究表明70年内海平面将上升60厘米，分析显示海平面上升速度超过预期，认为海平面上升可能导致海岸筑巢鸟类灭绝。同时，绘制出基于大数据的首张海底数字地图，确认最大规模海底火山喷发，用 70 万张卫星图像绘成全球潮滩地图。

特别是，对海洋典型生态系统珊瑚礁区展开探索。其中研究瑚礁区变化的成果主要有：发现珊瑚礁能吸收紫外线而起到遮光剂的作用，发现大堡礁在过去 27 年中消失了一半，分析显示大堡礁白化已不可逆转，研究表明世界最大珊瑚礁群曾因气候剧变多次毁灭和重生。研究保护珊瑚礁措施的成果主要有：通过冷冻珊瑚精子恢复珊瑚来保护大堡礁，运用基因分析助力防治危害珊瑚礁的棘冠海星，采取可降解"防护膜"防治珊瑚白化，通过减少人类活动干扰来提高珊瑚礁的承载力，提出必须重视海洋酸化造成的珊瑚白化现象。

保护生物多样性，也是澳大利亚生态环境保护研究的重要内容之一。这方面主要体现在对当地特色动物的研究上，其中探索袋类动物的成果有：发现考拉受疾病威胁濒临绝种，认为考拉无足够成年者繁衍后代出现"功能性灭绝"，发现狐狸会爬树偷猎考拉，研究显示袋鼠岛考拉有望拯救考拉种群；发现两只十分罕见的白化毛鼻袋熊，发现高热量饮食有望帮助袋熊对抗皮肤病；发现具有"抗癌"能力的袋獾，有证据表明袋獾已演化出"抗癌能力"；考古研究发现袋貘体重可能超 1 吨。其他成果有：首次在野外环境发现野生澳洲鬃狮蜥发生性别逆转，发现库兰达树蛙、新种雨滨蛙、卡宾条纹蛙等两栖动物蛙类新物种，还发现两个软体腹足类动物新物种：一个是体型较大荧光粉红色蛞蝓，有 20 厘米长；另一个是肉食性蜗牛，它与素食蜗牛物种完全不同。

澳大利亚除了上述富有特色的创新成果外，从科学研究角度来说，在天文学、地理学、海洋学、南极科学考察和空间科学探索方面，也有其独特的地理和环境优势，在这些领域取得的许多成果，处于国际领先水平。

三、本书的框架结构

本书以 21 世纪创新信息为主，特别是近十年澳大利亚的社会经济与科技活动作为考察对象，集中分析其取得的创新成果。本书着手从澳大利亚现实创新活动中搜集、整理有关资料，博览与之相关的论著，细加考辨，取精用宏，在充分占有原始资料的基础上，抽绎出典型材料，经过精心提炼和分层次系统化，形成全书的思维脉络和框架结构。本书由以下 9 章内容组成：

第一章　电子信息领域的创新信息，主要研究计算机设备及技术、人工智能与机器人、电子检测设备及配件、通信网络与区块链，以及量子计算和量子通信等新成果。

　　第二章　纳米技术领域的创新信息，主要分析电子与医学领域应用纳米技术，能源与环保领域应用纳米技术等方面取得的新成果。

　　第三章　光学领域的创新信息，主要探索光子与激光、光学材料及产品、光学技术、光合作用，研制激光与太赫兹设备、光学探测设备等方面的新成果。

　　第四章　天文与交通领域的创新信息，主要研究宇宙及其组成物质、黑洞与引力波、银河系与太阳系、恒星与系外行星，以及航天与天文设备、交通运输工具等新成果。

　　第五章　材料领域的创新信息，主要研究材料理论与金属材料，分析碳纳米管、石墨烯、硅材料等无机材料，以及在纺织和医学等领域开发应用有机高分子材料的新成果。

　　第六章　能源领域的创新信息，主要探索研制太阳能电池、太阳能光热发电系统、液流电池、锂离子电池，以及开发利用氢能与风能、地热能、海洋能与动能等新成果。

　　第七章　环境保护领域的创新信息，主要研究防治大气、水体、固体废弃物、辐射与噪声污染，研究影响生态环境的气候变化，研究生态环境变化与保护等方面的新成果。

　　第八章　生命科学领域的创新信息，主要探索基因特征与变异、蛋白质新种类、细胞与干细胞、生物与微生物、远古动物与现代动物、植物适应性与功能等新成果。

　　第九章　医疗与健康领域的创新信息，主要研究防治癌症、心脑血管疾病、神经系统疾病、消化与代谢性疾病，以及研究防治免疫、呼吸、五官、骨科疾病和烈性传染病等新成果。

张明龙　张琼妮
2020 年 3 月

目　录

第一章　电子信息领域的创新信息

21 世纪以来，澳大利亚在电子信息设备及技术研究领域的新成果，主要集中于创建古生物学家拟用的数据库软件等计算机软件，研发世界首个计算机信息多态存储器等计算机硬件，开发可大幅提高能效的计算机操作系统优化技术，发现电脑硬盘扩容新技术。推出帮助机器学习抵抗干扰的人工智能全新算法，研制人工智能的应用技术；开发产业机器人和医用机器人。研制可用于医疗诊断和机场安检的电子鼻，发明世界首个高精度离子探针设备，开发检测肠道气体的可吞咽式电子胶囊设备。加强通信工具与网络技术开发，推进区块链技术开发。在量子信息技术研究领域的新成果，主要集中于研制量子计算机配件，如可用于探测单个量子的钻石环，仅由 7 个原子构成的量子点晶体管，运用原子核自旋功能研制量子计算机存储器，首款 3D 原子级硅量子芯片。创造两项硅量子计算新纪录，实现首个基于离子阱的量子化学模拟。探索量子计算机量子算法原理，以及稳定高效量子计算机量子算法。同时，发明有望在网络安全方面投入使用的量子密码技术，研制出存储信息时间可达 6 小时的量子硬盘，发现量子操控可提高数据远距离传输的安全性。

第一节　电子信息设备及技术研究的新进展

一、计算机设备及技术的新成果

（一）研制计算机设备的新信息

1. 计算机软件研制的新进展

（1）开发加强游泳运动员训练的计算机模拟软件。2006 年 4 月，有关媒体报道，澳大利亚国家科技代理公司和澳大利亚运动中心，正在研究使用计算机方法，通过测试水池中水击的变化来提高游泳运动员的速度。这项研究，将用联邦科学与工业研究组织开发的软件进行流体模拟。

研究人员正在利用计算机建立可视化游泳运动员模型，利用平滑粒子流体动力学来模拟游泳池的可视化模型。

与传统方法相比，这种模型通过水颗粒的个体运动来描述流体流动。使用该技术意味着可以更精确的模拟水与游泳者之间的相互作用。联邦科学与工业研究组织的研究人员克里斯·格伦登宁说，首先利用人体激光扫描仪扫描游泳者的皮肤表面，并捕获运动信息，揭示运动员在水中的运动情况。

格伦登宁指出，一旦建立起可视化游泳运动员模型，下一步需要做的就是验证模拟，看计算机模拟的情况是否与现实相吻合。之后，研究人员会对游泳过程中的每一次水击进行微小改变，重新调整模拟程序，看运动员是否游得更快。研究人员也会对比不同游泳运动员的游泳风格，科学地研究每个游泳者如何在水中游动。

（2）创建古生物学家拟用的数据库软件。2015年7月，国外媒体报道，澳大利亚麦考瑞大学古生物学家约翰·阿尔罗、美国威斯康星大学麦迪逊分校古生物学家沙南·彼得斯等人组成的古生物数据库联合创建小组，正在探索能直接从研究论文中提取化石数据的新软件。

对一个以记录历史为己任的领域而言，当提到组织其数据时，古生物学可谓十分有远见。维多利亚时代的自然历史博物馆就开始精心组织其手写的卡片，一直保存至今。而且，在过去15年间，研究人员已经将超过100万个化石的资料输入到数据库中，以便追踪生命历史的广阔发展趋势。这些前期工作，为开发化石数据新软件奠定了坚实的基础。

研究人员说，构建数据库本身已经成为过去。那些数据库将基于需要者感兴趣的问题而自动生成，计算机将担当重任。

该数据库详细记录了约120万件化石的年代、位置和特征。自1998年启动以来，研究人员已经花费约8万小时录入从初期野外考察和约4万篇文章中提取的数据。古生物数据库已经产生了数百篇论文，并帮助古生物学家处理了若干除此之外无法回答的问题，如新纪元灭绝率和某些恐龙的消失等。

古生物数据库是一个由专家创建的数据库：约380位科学家上传了有

关 32 万个分类名称的约 56 万条已发表观点。

开始时，古生物学家并不清楚计算机能否自动编辑一个此类的数据库。于是 2013 年，他们开始与数据科学家合作。那时，研究人员已经开发出一个名为"深潜"的软件，该软件能挖掘书面文本，并提取出各种元素。在计算科学领域，文本挖掘目前已经司空见惯，并正慢慢开始用于基因组学和药物研发等领域。

研究人员表示，"深潜"软件能以一种方式解析研究论文。它能接受论文，并将其转化成文本。它能试着确定"什么是名词""什么是动词"等问题的答案。下一步，该软件会尝试预测相关句子的概念（如对于古生物学而言，化石的名字和它们被发现的地点），并为每个判断分配一个可能性。但研究人员表示，该软件通常是有缺陷的，这也是需要相关领域科学家介入的地方。

于是，古生物学家花费 1 年时间精练和优化软件，如它能知道在哪里寻找古生物学论文中新物种的名字和地理位置等信息。研究人员说，不断反复修改软件，要求它达到的目标是，只要人们按下按钮就能使用，不再需要软件设计者提供任何帮助。

为了更好地进行原理论证，研究人员又设计了一个名为"古生物深潜"的计算机定制软件，创造了一个能文本挖掘的小规模古生物数据库，其中包含约 1.2 万篇论文。研究人员表示，从某种程度上而言，计算机定制软件生成的数据库比古生物数据库更好。原因之一是，其中所有的信息都能连接到原始文本。如"古生物深潜"软件能设法从论文中的分类学名称中提取 19.2 万条观点，而古生物数据库的工作人员只找到了 8 万条。

另外，"古生物深潜"软件在组织信息时也毫不费力。在发表于 2014 年 12 月的一篇论文中，研究人员表示，在提取自电脑生成数据库中的 100 个语句随机样本中，92% 的是正确的，这与古生物数据库的准确性相当。这两个数据库在第二个实验中也分数接近：科学家拿出 5 份文件，并要求它们从中获取准确元素。或许最让人印象深刻的是，"古生物深潜"软件在评价过去 5 亿年物种多样性和灭绝率方面的工作，尤其出色。

2. 计算机硬件研发的新进展

开发出世界首个计算机信息多态存储器。2015 年 5 月，澳大利亚墨尔本皇家理工大学，沙拉斯·斯利拉姆博士领导的微纳米研究中心功能材料与微系统研究小组，在《先进功能材料》杂志上发表论文称，他们日前通过模拟人脑处理信息过程，开发出一种能长期保存信息的存储器。该设备被认为是世界第一个电子多态存储器，能模拟人脑在处理信息的同时对多种信息进行存储的能力，为体外复制大脑和电子仿生大脑的出现铺平了道路。

斯利拉姆表示，模拟大脑长期记忆是一项重要突破。新研究解决了发展模拟人脑所面临的一个关键难题，让电子仿生大脑离现实更近了一步。此外，这项研究还有助于为阿尔茨海默病和帕金森病等常见神经系统疾病的治疗提供帮助。

斯利拉姆说："人类大脑是一个非常复杂的模拟计算机……它的演化基于以往的经验。到现在为止，这个功能一直未能通过数字技术得到充分再现。此次研究是我们在创建电子仿生脑过程中最贴近真实大脑的一次尝试。它能模拟人脑学习、存储及检索、提取信息。这种高密度、超高速模拟记忆存储器将成为生物神经网络乃至人工大脑的基础部件。"

论文第一作者、墨尔本皇家理工大学的侯赛因·尼里博士说，这项新发现的重要价值在于，它让多态细胞存储和处理信息成为现实，而这与大脑处理和存储信息的方式非常相似。他用了一个形象的对比来说明新技术的优势，他说道："以前计算机的记忆就像用只能拍摄黑白图像的摄像头所获取的图像一样，只有黑与白，而新技术则带来了具有明暗对比、光线强弱、物体质感的彩色世界。"对计算机信息存储而言，这是一个重要的突破。尼里说："与那些传统的、只能存储 0 和 1 的数字存储器相比，这些新设备能'记住'更多的信息，此外还能保留并检索出此前存储过的信息，这让人十分兴奋。"

这项成果，建立在该研究中心 2014 年年底的一项研究上。他们用相当于人类头发 1‰的非晶钙钛矿氧化物，开发出一种纳米级超快忆阻器。该装置能够在断电后"记住"之前保存过的信息。

尼里博士说，这项研究应用范围将十分广泛，其中就包括复制出一个体外大脑的可能。除了为人造大脑提供帮助外，这种复制大脑还有望为大脑及神经系统疾病的治疗提供帮助，减少相关治疗和实验所面临的伦理问题。

（二）计算机技术开发的新进展

1. 开发可大幅提高能效的计算机操作系统优化技术

2016 年 7 月，澳大利亚国立大学计算机科学研究学院教授史蒂夫·布莱克本，与美国微软公司凯瑟琳·麦金利博士等人组成的一个国际联合研究小组，在美国丹佛举行的高等计算机系统协会 2016 年度技术会议上发表研究成果称，他们开发出一项新的计算机操作系统优化技术，可使服务器运行搜索任务及与用户进行其他互动时的能效大幅提升。

对于微软、谷歌和脸谱等互联网巨头来说，他们为用户提供的搜索及其他网页服务的速度至关重要，即使是 1% 秒的延迟也意味着收入的损失。

布莱克本解释说，目前，计算机服务器花费大量时间，用于等待用户的搜索请求进入，如果在服务器等待时插入其他程序，可大幅提高其运行效率。

新开发的操作系统优化技术，受到童话故事《小精灵和老鞋匠》的启发。布莱克本说："其原理就像这篇格林童话中的小精灵，在晚上使用老鞋匠的工具一样。"

根据上述原理，研究人员找到一种方法，可使一些没有时间限制的程序在操作系统空闲时运行。当有搜索请求进入时，这些没有时间限制的程序会迅速让路。据介绍，这项新技术很容易在目前使用的硬件上实施。

麦金利表示，这项技术的意义，远不止提升互联网搜索引擎的速度。他说："这项工作有潜力对数据中心产生巨大影响，它可以使互联网公司数据中心的能源账单节省 25% 以上，这是一个巨大的成功。"

2. 发现电脑硬盘扩容的新技术

2016 年 7 月，澳大利亚悉尼大学廖晓舟教授领导、陈子斌博士参与的一个研究小组，在《物理评论快报》杂志上发表论文称，他们与伍伦贡大学的同行发现，通过把电子束"照射"到特种陶瓷材料上，可以扩大电脑硬盘的内存容量，从而减少硬盘的使用数量。

据陈子斌介绍，世界上所有的硬盘首尾相连排列起来，其长度可以绕地球好几圈。制造这些硬盘，需要使用非生物降解的铝和其他金属材料。

为提升内存容量减少硬盘数量，科学家需要找到适合记忆存储的材料。在一些被称为铁电材料的氧化物陶瓷中，存在可切换电偶极子的微小域。两个相反的偶极方向，可以被用作计算机内存的两个逻辑信号"0"和"1"。而挑战的关键，是如何把域在"0"和"1"之间切换。

传统的技术采用局部加热、机械应力或者电偏压来切换，但具有某些缺陷。该研究小组发现，高能量电子束引入的电场可以实现切换，并有能力将当前域的尺寸缩减到1%，从而让数据存储能力大大增强。

廖晓舟指出，电脑硬盘故障的可能原因是磁头碰撞，磁头可能接触或划伤数据存储介质盘片的表面，导致数据丢失。但新方法不需要与数据存储介质有任何的物理接触，因此避免了对硬盘的物理性损害。

二、人工智能与机器人的新成果

（一）开发和应用人工智能技术的新信息

1. 开发人工智能技术的新进展

全新算法助机器学习抵抗干扰。2019年7月，澳大利亚联邦科学与工业研究组织网站报道，该机构人工智能专家理查德·诺克领导的研究团队"Data61"机器学习小组，开发出一套人工智能最新算法，可帮助机器学习抵御可能遇到的干扰。

机器学习模型受到攻击将产生严重的后果，但如果对这一情形提前预防，像人类针对即将到来的病毒去接种疫苗一样，就可以避免因受攻击而遭到的损失。

机器学习是人工智能的核心，也是使计算机具有智能的根本途径。机器学习主旨是让计算机去模拟或实现人类的学习行为，以获取新的知识或技能，并重新组织已有的知识结构，使之不断改善自身的性能。

机器学习虽然可以在大数据训练中学到正确的工作方法，但它也很容易受到恶意干扰。通常攻击者是通过输入恶意数据来"欺骗"机器学习模型，导致其出现严重故障。

此次，诺克表示，攻击者会在进行图像识别时，在图像上添加一层干扰波，达到"欺骗"的目的，从而让机器学习模型产生错误的图像分类。

该研究团队研发的新算法，通过一种类似疫苗接种的思路，可以帮助机器学习"修炼"出抗干扰能力。这是针对机器学习模型打造的防干扰训练，譬如，在图片识别领域，该算法能够对图片集合进行微小的修改或使其失真，激发出机器学习模型"领会"到越来越强的抗干扰能力，并形成相关的自我抗干扰训练模型。

经过此类小规模的失真训练后，最终的抗干扰训练模型将更加强大，当真正的攻击到来之时，机器学习模型将具备"免疫"功能。

2. 应用人工智能技术的新进展

（1）智能机器"变身"高效实验助手。2016 年 5 月，澳大利亚国立大学网站报道，该校物理与工程研究院保罗·威格利和新南威尔士大学国防军事学院迈克尔·胡希等科学家组成的一个研究小组，在《科学报告》杂志上发表论文称，他们利用在线优化程序，教一台机器学会用激光束给捕获的冷原子云制冷，成为一个会做玻色—爱因斯坦凝聚实验的智能机器。

这台智能机器经过学习模拟。研究人员把气体制冷到 1mK（微开氏度），然后把控制 3 个激光束的权利交给它，让其把捕获的气体继续冷却到纳开，结果吃惊地发现，它自己创新一种模式使得所用的激光能量逐渐减小，而且生成的玻色—爱因斯坦凝聚质量更高。研究人员在论文中解释称，智能机器通过一种"高斯过程"来模拟参数间的关系，而且保证实验所需的迭代次数比以往的最优技术少了 10 倍。

玻色—爱因斯坦凝聚态在宇宙中最冷，比外太空还冷很多，通常不到绝对零度的十亿分之一。由于它们对外部干扰极为敏感，可用来精确检测地磁场或重力的微小变化，在矿物勘探、导航等方面有很大应用潜力。这种智能机器系统具有成长能力，可让脆弱的玻色—爱因斯坦凝聚技术在检测场力方面充分发挥作用。

胡希说："你可以制造一种测量重力的工作设备，把它装进汽车后备厢，智能机器就会重新调整，不断地自行修补，这比雇一位物理学家到处跟着你要便宜。下一步我们打算用它来帮忙做一个更大的玻色—爱因斯坦凝聚态，相信会比以往的实验更快。"

威格利还说，没想到这台机器能自己从零开始，在 1 小时内就学会了做实验。如果只用简单的计算机程序指挥它做实验的话，花的时间可能比宇宙年龄还长。

（2）人工智能技术助力卵巢癌诊断。2019年2月，澳大利亚墨尔本大学和英国帝国理工学院联合组成的一个国际研究团队，在《自然·通讯》杂志上发表论文称，他们最新开发出一款人工智能软件，可预测卵巢癌患者的生存率及其对治疗方案的反应，比使用传统方法更准确。

研究团队开发出这款人工智能软件，在测试过程中，他们让软件识别364名卵巢癌患者的组织样本和计算机断层扫描数据，软件会基于肿瘤的4个特征，来评估患者病情严重程度并打分。

研究人员把软件的评估结果，与传统的血检结果，以及医生当前用来评估病患生存率的打分体系进行对比，结果发现，软件在预测患者生存率方面的准确度，可达到传统方法的4倍。此外，软件给出的评分还与化疗反应、手术效果相关，说明这一指标有助于医生更好地预测患者对治疗方案的反应。

研究人员说，这项技术可让医护人员获取更详细和准确的患者信息，进而为患者提供更好且更有针对性的治疗方案。接下来，研究团队计划扩大研究规模，以验证这款软件在预测治疗效果方面的准确度。

（二）开发机器人的新信息
1．产业机器人研发的新进展

（1）研制出装有激光制导手臂的挤牛奶机器人。2005年12月，有关媒体报道，澳大利亚研究人员，在欧洲牛奶场已有机器人的基础上，安装了一个激光制导手臂，使其能够自动地把挤奶杯套住奶牛的每个奶头。这样，挤奶工人可以更轻松地完成工作任务。

这种经过改良的挤牛奶机器人，使用激光制导来确定奶头的位置，并通过计算机记录奶牛奶头的配置参数为下一次挤奶提供参考，并将监控每头奶牛需要挤奶的频率、时间、奶牛的进食的数量，以及奶牛每次挤奶的数量等数据。研究人员表示，奶牛温顺的天性，使它们很快就能适应这种机器人。

该机器人是澳大利亚"未来牛奶场"项目的一部分，是由澳大利亚新南威尔士政府、悉尼大学以及澳大利亚乳业工业组织共同开发的，主要目的是为了改善牛奶场工人的工作质量和提高牛奶场的产量，使用这套系统能够增加牛奶场每公顷的产出，并大幅减少牛奶场工人的劳动时间。

（2）首台全自动化砌砖机器人问世。2015 年 8 月，物理学家组织网报道，可以砌砖的机器人不是新闻，但完全自动化的砌砖机器人则会成为人们关注的焦点。澳大利亚工程师马克·皮瓦茨领导的一个研究小组，发明了一个叫"哈德良"的机器人瓦工，一小时可砌千块砖，若一天 24 小时连续工作，两天内可砌筑好一栋房子，一年能够建成 150 栋房屋。业内评价，这是首台全自动化的砌砖机器人。

皮瓦茨是一位航空和机械工程师。他的父亲是一位矿山测量师，所以皮瓦茨从小就有各种测量仪器陪伴着成长，有机会接触一些很棒的高科技和非常先进的生产方法，以及很多复杂的系统。

在计算机控制的机械领域工作的皮瓦茨说，发明这台机器人的灵感始于 2005 年珀斯房产公司发生的砌砖工人短缺危机。

作为地球上工资最高的国家之一，澳大利亚的砌砖工人年薪轻松可以达到 7 万美元，但即使如此高薪，依旧无人愿意从事这一体力劳动，经常出现砌砖工危机。于是，皮瓦茨花了 10 年的时间、耗费 700 万美元发明制作出"哈德良"，如今，用它仅在两天内，就可以盖好一栋房子。

人类使用砖的历史已约 6000 年。自从工业革命以来，人们一直试图发明可以自动砌砖的工具。目前泥瓦匠需要 4~6 周才能砌起一幢新房的砖墙，而拜科技所赐，这台机器人表现得相当与众不同，令人印象深刻。它完全可以自己干活。这项自动化砌砖的技术创新加快了建设速度，降低了施工成本。

这台机器人工匠是如何工作的呢？据报道，它采用三维计算机辅助设计与计算房子结构来高效工作。在用 3D 扫描周围环境后，它能精确地计算出在何处放置砖头，以及是否需要切割砖块。它用一个 28 米的铰接伸缩臂作为"手"，可拿起砖头，放下后按序排好码砖。期间可以用压力挤出砂浆或者胶黏剂涂在前方砖块上，衡量、扫描垒砖的质量，甚至如果砖头需要裁切，为水管等其他设施预留位置，它都能自行完成，整个过程不需要人类"插手"。

这台机器人不需要休息，一年 365 天都能上工，可以包下工程中的大量"粗活"，减轻人力上的难度。皮瓦茨表示，这个发明并非故意抢砌砖工人的饭碗，只是希望能够改善盖房子的过程，并相信这个项目能够吸引更多的年轻人进入这个领域。

据介绍，这台自动化砌砖机器人的发明，已得到政府的补助和相关产业如砖瓦厂、黏土和混凝土生产公司等鼎力支持。研究小组预计，未来的商业部署将首先在西澳投入商业运营，然后在全国普及，继而推广到全球。

2. 其他机器人研发的新进展

（1）研制进入人体动手术的微型"机器人医生"。2009年1月20日，有关媒体报道，澳大利亚莫纳什大学纳米物理学实验室詹姆斯·弗兰德教授领导的研究小组，正在研制能够进入人体动手术的微型"机器人医生"。

弗兰德介绍，这种微型"机器人医生"的模型，利用压电效应原理。在外部遥控器控制下，压电材料振动机器人内部一个开瓶器状微型结构，推动由柔软鞭毛组成的"螺旋桨"，在人体血管内逆流而上。

微型"机器人医生"只有1/4毫米大小，相当于两三根头发的宽度。研制成功后，它能够携带传感器进入人体发回图像，甚至能替代医生实施血管手术。如果发生损坏，它能顺着血流方向回到原点，离开人体。

弗兰德表示，眼下研究仍处在观察阶段，最终实现通过微型"机器人医生"实施手术，可能需要数年时间。

（2）研制出会自创语言的机器人。2011年5月，国外媒体报道，在《魔鬼终结者》系列影片中，机器人学会独自思考的那一刻，就宣告了人类的垮台。如果这种假设被证明是正确的，澳大利亚昆士兰大学的科学家可能就需要为这一后果负责。他们的"灵童"项目已经研发出会自创语言的机器人，而且随着时间推移，它们自己的语言会不断增加。

现在机器人的语言，已经进化到能安排相互见面的不同地点，甚至能非常友好地进行交流。它们的"话"是电子噪音，是用随意排列的很多音节生成的，然后确定不同的词义。目前它们自创的地点包括"kuzo""jaro"和"fexo"。每个地点大约只有几米宽。为了试验和发展它们自己的语言能力，"灵童"机器人会玩"文字"游戏，它们会安排在其他地方见面，它们自创的新地点名词就会在实践中被认可。

机器人之所以需要创造自己的语言，是因为人类语言太复杂，它们很难译解。项目领导者鲁思·斯库尔兹博士说："机器人语言使人类成了局外人。事实证明，机器人能理解它们不依赖人类发明的新词的意思。""灵童"是一种两轮机器人，看着与一些真空吸尘器没有太大区别，它们利用机载相机、声呐和激光测距仪"观察"周围环境。它们的语言听起来跟手机按键声音差不多，机器人利用麦克风把这些语言大声说出来。

它们玩的游戏，包括定位游戏、我们在哪里和相距多远的游戏。玩"我们在哪里"游戏过程中，机器人会独自四处走动，查看周围环境，当它们遇到其他机器人时，一方会告诉另一方它们相遇的这个地方叫什么名字，双方会记住这个新词，丰富它们的词汇量。在定位游戏中，一个机器人选择一个地点，两个机器人都在自己的地图里找到这个地方，然后独自赶往那里。

随着词汇量不断增加，机器人甚至能在它们曾经提到过、但是从未一起去过的地方见面，并能借助它们自己的地图描述那个地方。斯库尔兹说："他们能让机器人提到它们从没去过的地方，或者是它们的词汇不包括的地方。"随着游戏不断继续，它们的词汇量将会变得越来越丰富，机器人会变得愈来愈狡猾。

三、电子检测设备及配件的新成果

（一）研制电子检测设备的新信息

1. 开发安全检测设备的新进展

研制可用于医疗诊断和机场安检的电子鼻。2006 年 8 月，国外媒体报道，由电子学家斯蒂芬·特罗韦尔负责，成员来自澳大利亚联邦科学与工业研究组织、国立澳大利亚大学和莫纳什大学的一个研究小组，正在研究蠕虫和昆虫的嗅觉传感器，希望在此基础上开发出能够辨别不同酒香的"品酒电子鼻"。研究人员称，这种"电子鼻"还有可能用于医疗诊断和机场安检。

据报道，这项"电子鼻"研究，计划耗资约 350 万美元。特罗韦尔介绍，蠕虫和昆虫有着非常简单的基因和神经结构，研究它们的嗅觉机理相对比较容易。

另外，特罗韦尔还表示，这种"电子鼻"将能辨别各种酒类在气味上的细微差异，有望帮助葡萄酒制造商了解采摘葡萄的最佳时机，从而更有针对性地改进葡萄酒的口感。

类似"电子鼻",也许还可用来对肺结核和肺癌等疾病进行早期诊断,以及在机场代替警犬检查乘客行李中是否藏有爆炸物。不过特罗韦尔也指出,至少还需要经过5~7年的研究,才能将"品酒电子鼻"推向市场。

2. 开发物质探测设备的新进展

建成世界首个高精度离子探针设备。2009年9月,西澳大利亚大学显微研究中心,建成世界上第一个带有超灵敏微型离子探针的高灵敏度显微镜,它是一台先进而重要的科研实验设备,具有独特的描述和分析功能,可用来检测武器级的铀、新的矿石储量和验证地球上的早期生命。

该中心是目前世界上唯一能够安放两台此类实验装置的实验室。在启动仪式上,创新、工业与科研部部长卡尔·金说,这种超灵敏的微型离子探针,将会极大地提高该设备开展世界领先科研的能力。

研究人员说,新的微型探针,通过打在检测样本上的高能量离子束,有能力检测出各种不同物质之间的化学特性的差异。它能用来追踪远古已灭绝动物的迁移轨迹,从而搜寻它们灭亡的原因。能用来研究珊瑚的生长规律,以便更好地了解澳大利亚大堡礁珊瑚白化病的成因和气候变化问题,以及区分造成危害的污染来源。还能用来研究远古的陨石,帮助我们了解太阳系是如何形成的。

3. 开发医疗检测设备的新进展

开发检测肠道气体的可吞咽式电子胶囊设备。2018年1月9日,澳大利亚墨尔本皇家理工大学的卡兰塔尔·扎德主持的一个研究团队,在《自然·电子》网络版发表论文称,可吞咽式电子胶囊能够检测肠道中的不同气体,从而辨别个体饮食的变化。这种设备或许能用于帮助理解饮食和医药补充剂的影响,并有助于创建个人定制化的饮食方案。

如果人们体内的微生物群落能提供饮食建议,让吃下的食物和药物与微生物保持一致,以维持健康,这的确是件好事情。为了实现这一目标,科学家需要更好地理解,食物和微生物间的相互作用如何影响人们肠道的化学成分。现在,一枚小小的胶囊,可以通过消化道,测量肠道内气体的浓度。

可吞咽式传感器是一项新兴技术,有能力在监控人类健康中扮演重要角色，但是这些设备的功能目前仍相对有限。

如今，扎德研究团队开发出一种可吞咽式小型胶囊，胶囊中包含若干气体传感器、一个温度传感器、一个小计算机（微控制器）、一个射频发射机和若干电池。

在一次小型的人体先导试验（由6位健康志愿者参与）中，已表明当设备在整个肠道中行进时，这些传感器能够检测到氧气、氢气和二氧化碳，把气体浓度数据传输到志愿者随身携带的一个袖珍接收器中。气体浓度数据，尤其反映了肠道中微生物群落，在食物发酵过程中产生的气体，因此，可用于区别饮食中纤维含量高和含量低的志愿者。

研究人员还表示，该结果强调电子胶囊能够检测人体中不同的发酵模式，这表明传感器还可以被用来监控个体对定制饮食的反应。

不过，把这些数据转化为具体的建议，将会更加复杂。但研究人员指出，这些气体读数，可能有一天会帮助设计出更健康的食物，并可能诊断消化问题。

（二）研制电子检测设备配件的新信息
——开发帮助监视器捕捉更多细节的新软件

2006年9月，澳大利亚阿德莱德大学生理学家罗素·布林克沃思领导的一个研究小组，从苍蝇身上找到灵感，开发出可以帮助监视器抛开曝光问题，搜罗更多细节的软件。

对监视器而言，图像提供的细节越多越好。可是光线条件不可能总是称心如意。过去150年来，摄影师一直在跟曝光问题较劲。如果想要拍摄光线强度范围较大的照片，就有可能让图像陷入一片亮光，或者一团阴影之中，不得不忍痛舍弃一部分细节。这个问题在安全摄影设备上表现得特别严重，如果无法分辨出阴影中那些人的面孔，就可能导致严重损失。针对此况，研究人员指出，他们已经找到闯过难关的方法，还可能创造出新一代无视光线条件，一样细致清晰的摄影设备。

研究小组的灵感，来自生活中随处可见的苍蝇。苍蝇的复眼像很多很多的透镜，它是通过只有1毫克重的大脑，把所有视觉信号组合成一幅完整的图像。虽然苍蝇的聚焦能力比人类差得多，但是这样组合成的图像，包含着更广泛的细节。研究人员把微电极插入活苍蝇的脑袋，记录下与眼睛相连的每一个神经元的电脉冲。最终结果证明，不论光线条件如何，这些昆虫都能把握图像的细节。布林克沃思说："就算是这小小的昆虫，也能比目前的人工系统更出色。"

该研究小组，在先前研究成果的基础上，发展出一种与苍蝇大脑运作模式相似的软件。布林克沃思指出："大多数人以为增多相机的像素就能解决问题，其实不是。只是让像素更加'智能'。"

这款新软件，能够迅速地确认每个像素受光线的影响有多大，根据数据，增强或减弱信号以保存细节。而后，就像苍蝇大脑一样组合压缩数据。这种在一块计算机芯片上完成的程序，是一项高速分析大型综合设计，这个过程可以急速处理类似的信息，却不需要提供很多能量。研究人员把芯片放置在相机镜头和影像感应器之间，为美国空军制造了一套原型系统，用于空中监控方向。

四、通信网络与区块链的新成果

（一）通信工具与网络技术开发的新信息

1. 研制通信工具的新进展

发明在智能手机上看 3D 节目的新技术。2010 年 5 月，有关媒体报道，三星 B710 手机看起来像是一款典型的传统智能手机，但是一旦将屏幕从竖屏转为横屏时，不可思议的事情发生了：屏幕上的图像由 2D 变成了 3D。这种视觉效果，是由澳大利亚动态数码景深公司首席技术官朱利恩·弗拉克发明的，该技术有望解决 3D 领域的最大瓶颈，力争能够做到不戴特殊眼镜就可享受观看 3D 节目的乐趣。

弗拉克发明软件的工作原理，是通过估算各种物体的景深而将 2D 视频合成 3D 场景，比如将最上层的天空和远处的背景结合在一起。接着，它会持续不断地将很多差别很小的图像叠加在一起并呈现给观众，从而使其在大脑中产生景深感，从而获得 3D 体验。

这项技术将会运用在已经开始被大肆炒作的 3D 电视机上，但是最适合使用这项技术的对象则非智能手机莫属，因为该技术的视角范围较小，手机用户更便于选择最佳观看角度，这也是为什么手机多媒体设备能够抢占先机，引领 3D 技术成为主流的原因。市场调研机构最近预测，到 2018 年，全球有 7100 万台这样的移动设备。

弗拉克则认为，此项技术现在最好的应用应该是在游戏领域。该公司已经发布了软件，让游戏在计算机上呈现 3D 效果，该公司也希望在两年内为移动设备装配同样的软件。

这套软件是一个类似于手机游戏和视频的应用程序，将会促进 3D 屏幕遍地开花，同时也为下一代令人震惊的交互接口和应用程序的研发奠定基础，就像手机上的 2D 屏幕催生了一些基于触摸的界面和扩展现世技术的发展。

2．开发网络技术的新进展

（1）发明一种新型网络资源搜索引擎。2005 年 9 月，有关媒体报道，澳大利亚新南威尔士大学一位名叫大利·阿隆的年轻博士，向公众公布了他发明的一种新型网络资源搜索引擎，并说自己已经对这项发明申请了专利。有专家认为，这种新搜索引擎，可以对现有的网络搜索技术，产生革命性的变革。

该搜索引擎的名字称作"猎户星"（Orion）。它的主要用途，是弥补现有搜索引擎的一项不足之处。现有的网络资源搜索引擎，通常都是按照用户所给出的关键字，在网络中搜索到含有这些关键字的网页。但是，对这些被搜索到的网页，有时使用者是不感兴趣的。

猎户星搜索引擎的主要优点就是，它可以在网络中找出，与使用者所输入关键字具有很强联系的网页。然后这个搜索引擎可以向使用者显示这些找到的网页，并列出与使用者所输入关键字有关联的新关键字，读者可以从这些新列出的关键字中选择自己所需要的关键字。

阿隆博士说："这个搜索引擎搜索到的结果，会以正文摘录的方式显示给使用者，使用者无须进入搜索到的网页就可以知道其中的主要内容，如果使用者对某些网页感兴趣，则可以直接点击进入这些搜索到的网页。"

由于这个新型搜索引擎可以把其他可能有关的关键字提供给使用者，这样使用者就可能搜索到他们先前没有考虑到的信息，这就使得使用者不需要太多的专业知识就可以搜索到自己所需要的信息。

为了更好地说明这个新搜索引擎的功能，阿隆博士拿"美国大革命"

这个关键字，举了一个很简单的例子。当使用者使用这个关键字搜索有关网页时，猎户星搜索引擎就会以很快的速度搜索与这个关键字有关的网页，并把这些网页提供给使用者。如果这个搜索引擎仅仅做到这些，那么它就没有什么特别之处了。实际上，它不仅能够完成上面所说的功能，它还能列出许多与这个关键字有关的内容，比如说美国历史如乔治·华盛顿、美国独立战争和独立宣言、波士顿茶党倾茶事件等。这样一来，使用者每次在使用这个搜索引擎的过程中都能够得到更多的有用信息。

美国微软公司的创始人比尔·盖茨曾经说过，在网络资源搜索领域，需要产生出一种新的、功能更为强大的搜索工具，而猎户星搜索引擎正好满足了人们对网络搜索引擎的需要。比尔·盖茨认为，网络搜索引擎应该带给使用者更多更有用的信息，而不是仅按照使用者给出的信息来进行搜索。猎户星搜索引擎出现的正是时候。

阿隆博士告诉记者，一些大型公司已对他的新发明表示出兴趣，并打算把这项发明用于商业用途。

（2）发明最快的网络无线连接。2006 年 12 月 7 日，澳大利亚联邦科学与工业研究组织，无线技术实验室主任郭杰博士领导的一个多学科研究小组，在一个展示会上，向人们展示世界最快的网络点对点无线连接，达到每秒 6G 比特的速度和 2.4bits/s/Hz 的高效率。据悉，该系统在 85G 赫兹的频率下运行，这个波段还没有被其他应用所占用。

超过 G 比特的无线传输速率，把当时无线网络的速度遥遥甩在后面。使用这个每秒 6G 的速度，一本莎士比亚全集的传输只需要千分之几秒，而一整部 DVD 电影的传输只需要 3/4 秒。在展示会上，研究小组把 16 个同时的 DVD 质量的视频流，无损耗无延时地传输到 250 米以外。这个令人印象深刻的展示，也只不过使用了这个连接的 1/4 的传输能力。

郭杰博士指出，这个突破，只是使无线传输速度达到 12G 比特的第一步。他说："这个系统，适用于需要高速的连接但是不适合布光纤的场合，比如穿越峡谷或大河。这个系统还适合突发事件时建立临时的网络。"

澳大利亚通信部长海伦·库南说："这个技术十分适合用于澳大利亚未来的宽带网络建设。吸引我的是它同时达到了高速和高效率，而其他的技术要么高速度低效率，要么高效率低速度。"

（二）区块链技术开发的新信息
——发布国家区块链战略路线图

2019年3月18日，媒体报道，澳大利亚当天公布了国家区块链战略路线图，并增加了10万澳元的联邦政府资金。澳联邦工业、创新和科学部长安德鲁斯，与贸易、旅游和投资部长伯明翰联合表示："新的区块链战略路线图，旨在促进澳大利亚成为新兴区块链产业的全球领导者。"

该路线图将加强对区块链产业的监管引导、技能培训和能力建设，加大产业投资力度，增强国际合作，提升产业竞争力。政府将强化与来自工业界和学术界的区块链技术专家，以及澳联邦科工组织Data61小组的密切合作，将区块链整合到政府和金融部门，加快政府的数字化转型，确保澳大利亚在该技术领域保持领先地位。该笔10万澳元的资金，将用于资助公司参加澳大利亚贸委会于5月在纽约举行的区块链投资会，帮助区块链公司和初创企业，与投资者和客户建立密切联系。

澳总理斯莫里森在2018年曾向数字化转型局提供了70万澳元的资金，以促进政府部门利用区块链技术向数字化转型。同年7月，IBM与澳政府签署了一项为期5年价值10亿澳元的协议，该协议将使用区块链和其他新技术来改善政府部门的数据安全。

第二节　量子信息技术研究的新进展

一、量子计算领域研究的新成果

（一）研发量子计算机配件及技术的新信息
1. 开发量子计算机配件的新进展

（1）制造出可用于探测单个量子的钻石环。2008年3月，澳大利亚墨尔本大学的一个研究小组，在美国新奥尔良市召开的美国物理协会会议上宣布，他们在自己设计的实验中，成功研制出迄今为止世界上最小的钻石环。

据悉，这个钻石环的直径为5微米，厚度为300纳米，但是它不会让那些酷爱钻石的人们感到欣喜，因为它太小了，只适用于科学实验。它将帮助科学家开发量子信息处理，因为钻石环，是生产和探测单个量子或光量子设备的一个组成部分。

通过设置不同的状态，量子可以携带相应的信息。通常人们使用的计算机中的信息是由比特字节存储，比特信息的状态包括 1 和 0（就如同光开关设置开启和关闭），相应地指示某些特定的信息。在科学家进行的这项研究中，他们采用的量子比特，可用 1 和 0 指示其状态信息。

（2）研制出仅由 7 个原子构成的量子点晶体管。2010 年 5 月 26 日，物理学家组织网报道，澳大利亚新南威尔士大学量子电脑技术中心主任米歇尔·西蒙斯教授主持，美国威斯康星大学麦迪逊分校相关专家参加的一个国际研究团队，在《自然·纳米技术》上发表论文称，他们成功制造出世界上最小的晶体管，它由 7 个原子在单晶硅表面构成的一个"量子点"，这标志着计算能力正在迈向一个全新的时代。

量子点是纳米大小的发光晶体，有时也被称为"人造原子"。虽然这个量子点非常小，长度只有十亿分之四米，但却是一台功能健全的电子设备，也是世界上第一台人工用原子造出来的电子设备。它不仅能用于调节和控制像商业晶体管这样设备的电流，而且标志着我们向原子刻度小型化和超高速、超强大电脑新时代迈出的重要一步。

西蒙斯说："这项成就的重要性在于，我们不是令原子活动，或是在显微镜下观测原子，而是操纵单个原子，以原子精度将其置于表面，以制造能工作的电子设备。"他接着说："澳大利亚研究团队已可以完全利用晶体硅制造电子设备，我们在晶体硅上面用磷原子替换了 7 个硅原子，并达到了惊人的精确度。这是重大的科技成就，是表明制造'终极电脑'（用硅原子制造的量子电脑）可行性的关键一步。"

把原子置于某个物体表面的技术，即扫描隧穿显微镜，已问世 20 年之久。在此之前，没人能利用该技术去制造原子精度的电子设备，然后令其处理来自微观世界的电子输入。

西蒙斯说："电子设备究竟能有多小？我们正在验证它的极限。澳大利亚的第一台电脑在 1949 年上市，它占据了整个房间，你只能用手拿着零部件。今天，你可以将电脑放在手掌上，许多零部件的直径甚至只是一根头发直径的 1/‰。现在，我们已经展示了世界上第一台用硅材料在原子刻度下系统性制造的电子设备。这不仅对电脑用户具有特别的意义，对所有澳大利亚人来说都极为重要。过去 50 年来，电子设备小型化一直是驱动全球经济生产率快速增长的关键因素。我们的研究表明，这个进程仍可以继续。"

该研究团队的主要目标，是用硅原子制造量子电脑。澳大利亚人在该领域拥有独一无二的人力资源，同时处于世界领先地位。这台新电子装置表明，实现设备在原子刻度下制造和测量的技术已经开始到来。

目前，商业晶体管闸极，即可令晶体管充当电流的放大器或开关，它的长度约为 40 纳米，量子电脑技术中心的研究人员正在开发长度仅为 0.4 纳米的设备。

西蒙斯教授指出，20 年前，唐·艾格勒和埃哈德·施魏策尔在 IBM 公司的阿尔马登研究中心，用氙原子造出了 IBM 公司的标识，这也是当时世界上最小的标识。两人利用一台扫描隧穿显微镜，将 35 个氙原子置于镍表面，拼出了 "IBM" 三个字母。两人的论文发表于《自然》杂志上，他们写道："设备小型化的基本原理是显而易见的。"俩人还在论文中多次表明，并在最后总结说："原子刻度的逻辑电路和其他设备的前景，距离我们有些遥远。"

现在，西蒙斯说："当时看似遥远的事情如今变成了现实。我们利用这种显微镜不仅可以观测或熟练操作原子，还能用 7 个原子制造原子精度的设备，令其在真实的环境中工作。"

（3）运用原子核自旋功能研制量子计算机存储器。2011 年 12 月 17 日，物理学家组织网报道，澳大利亚悉尼大学丹纳·麦卡密和美国犹他大学克利斯朵夫·勃姆领导的研究团队，在《科学》杂志上发表论文称，他们在实验室内，实现了数据的原子核自旋存储和首次电子方式阅读，其中数据存储时长达 112 秒。研究人员表示，运用原子核自旋功能，有可能制成全球最小的计算机存储器，这类新式存储器可广泛用于量子计算机。

研究人员表示："这是一种全新的存储和阅读信息的方式，以前还没有科学家采用电子方式阅读原子核自旋存储的数据。"两年前，有个研究小组也报告称，他们让所谓的"量子数据"在原子核内存储 2 秒，但未能实现数据的阅读。

2006 年，勃姆研究团队就证明，读出存储在一个硅半导体内嵌的磷原子中的 1 万个电子的自旋中的数据是可行的，现在，新实验实现了数据的原子核自旋存储和电子阅读。

在最新实验中，麦卡密和勃姆率领的研究团队，使用了一块大小约 1 平方毫米、掺杂了磷的硅晶片，并在其上放置了电接点。该设备位于一个超冷的容器内，周围环绕着超强的磁场，该设备通过电线、电流和一个记录数据的示波器相连。研究人员使用高达 8.59 特斯拉的磁场来调整磷电子的自旋。

接着，研究人员使用接近太赫兹电磁波的脉冲，让围绕磷原子运动的电子自旋，然后，运用 FM 范围内的无线电波，来读取存储在电子内的自旋数据，并在磷原子核上写下这些数据。随后，利用接近太赫兹波的脉冲，把原子核自旋信息传回运转的电子中，因为电子自旋被转变为电流时发生了震动，因此，触发了读出数据的过程。

研究人员表示，在短时间内，物理学家可重复 2000 次阅读同样的原子核自旋数据，这证明阅读并不会破坏原子核，因此，数据能被可靠地存储。

研究人员解释道，对存储信息来说，原子核自旋比电子自旋更好。因为，电子自旋容易被周围的电子和原子内的温度所改变。而坐落在原子中心的原子核的自旋，不会被电子云所影响。原子核自旋能更好地存储信息，存储时间也更长。新研究中平均 112 秒的存储时长听起来似乎不长，但研究人员表示，一台现代计算机或手提电脑中的动态随机存储器存储信息的时间，仅为几毫秒（1/‰秒）。

研究人员指出，该技术目前还面临着巨大的技术障碍：该核自旋存储和读出装置只能在 3.2 开氏度下工作，这个温度只比绝对零度高一点点。此温度下，原子几乎被冰冻到静止状态且只能轻微摆动。另外，该装置必须被超级强大的磁场所包围，而且，现在读出的是大量原子核和电子集体的自旋，而真正的量子计算机只需读单个粒子的自旋，他们希望几年内能够做到这一点。

（4）首款 3D 原子级硅量子芯片架构问世。2019 年 1 月 13 日，澳大利亚新南威尔士大学网站报道，该校量子计算与通信技术卓越中心教授米歇尔·西蒙斯领导的研究团队近日证明，他们可以在3D设备中构建原子精度的量子比特，并实现精准的层间对齐与高精度的自旋状态测量，最终得到全球首款3D原子级硅量子芯片架构，朝着构建大规模量子计算机迈出了重要一步。

在这项研究中，该研究团队把原子级量子比特制造技术应用于多层硅晶体，获得了这款3D原子级量子芯片架构。

西蒙斯解释说："对于原子级的硅量子比特来说，这种3D架构是一个显著的进展。能够持续不断地纠正量子计算中的错误，是量子计算领域的一个里程碑。为了做到这一点，我们必须能并行控制许多量子比特。实现这一目标的唯一方法是使用3D架构，因此在2015年，我们开发出一个垂直交叉架构，并申请了专利。然而，这种多层设备的制造还面临一系列挑战。现在，我们通过新研究证明，几年前我们设想的3D方法是可行的。"

在新的3D设计内部，原子级量子比特与控制线（非常细的线）对齐。此外，研究团队也让3D设备中的不同层，实现了纳米精度的对齐：他们展示了一种可实现5纳米精度对齐的技术。

最后，研究人员还通过单次测量获得3D设备的量子比特输出，而不必依赖于数百万次实验的平均值，这有望促进该技术的进一步升级。

西蒙斯教授说，尽管距离大规模量子计算机还有至少十年时间，但我们正在系统性地研究大规模架构，这将引领我们最终实现该技术的商业化。

2. 研究量子计算机技术的新进展

创造两项硅量子计算新纪录。2014年10月13日，物理学家组织网（北京时间）报道，澳大利亚新南威尔士大学德鲁拉克领导的与安德里亚·莫雷洛领导的两个研究团队，今天同时在《自然·纳米技术》杂志上发表研究成果，他们分别创造出两种量子比特（建造量子计算机的基石），每种量子比特处理数据的精确率都能达到99%以上。这表明，他们同时找到了发挥量子计算机超级计算能力的直接解决方案。

据报道，这两个研究团队，都隶属于澳大利亚研究委员会的量子计算机通讯技术卓越中心。该中心在世界上第一次实现硅片单原子自旋量子比特，2012 年和 2013 年《自然》杂志对此均有报道。

现在，德鲁拉克团队制造出"人造原子"量子比特，所使用的设备跟制造电脑、手机等电子产品中硅晶体管的设备几乎没有实质区别。与此同时，莫雷洛团队一直致力于把"天然"磷原子量子比特的性能推向极限——运行准确率已接近 99.99%，这意味着每 1 万个量子运行过程中，只有一次错误。

自然原子和人造原子量子比特的高准确率运行，都需要将原子放置在经过特殊纯化的、只包含硅-28 同位素的超薄硅片中。这个同位素绝对没有磁性，也不会像自然硅那样干扰量子比特。据介绍，这种特殊纯化硅，是由日本庆应大学伊藤教授提供给研究团队的。

此外，莫雷洛团队还创造了单原子量子比特，在固态下"相干时间"的最新纪录。"相干时间"是测量量子信息保存时长的单位。相干时间越长，越容易执行更复杂的计算。研究人员在磷原子核中存储超过 30 秒的量子信息。莫雷洛说："在量子世界中，半分钟就是永恒了。直到今天，都几乎没人相信，能保持'量子叠加态'如此长的时间，而且使用的仅仅是一般晶体管的修改版本。"

接下来，研究者要制造高度精确的量子比特对。大型量子计算机可能包含数千甚至数百万由自然原子和人工原子共同组成的量子比特对。

3. 应用量子计算机技术的新进展

实现首个基于离子阱的量子化学模拟。2018 年 7 月，澳大利亚悉尼大学科尼柳斯·亨普尔为论文第一作者的，一个多国研究人员组成的量子计算研究团队，演示了世界上首个基于离子阱的量子化学模拟，提供了一种使用量子计算机研究分子化学键和化学反应的方法，让量子计算机未来有望对基本化学过程进行精确建模。

这项发表在美国《物理评论 X》杂志上的新成果显示，研究人员使用了 4 个被捕获的钙离子，计算了氢分子和氢化锂的基态能量，即能量最少的量子态。

本次研究基于离子阱。离子阱是一种将离子通过电磁场限定在有限空间内的设备。

亨普尔说，即便是目前最强大的经典计算机，也难以对基本化学过程进行精确建模，而量子计算机有望成为理解物质、解决材料科学和医学等领域问题的新工具。

（二）量子计算机量子算法研究的新信息

1. 探索量子计算机量子算法原理的新进展

发现量子世界产生于"多重互动"的普通世界。2014 年 10 月 24 日，《自然》网站报道，量子世界有许多奇异现象，物体能同时存在于两个地方，光既是波又是粒子。最近，澳大利亚布里斯班格里菲斯大学理论量子物理学家霍华德·怀斯曼领导的研究小组，在《物理评论快报》上发表论文提出一种新理论，他们认为，这种现象是由许多"平行的"普通世界之间的相互作用产生的。

怀斯曼说："这是对以前量子解释的一个根本性转变。"

理论学家试图通过各种数学框架来解释量子行为。其中之一，是 20 世纪 50 年代，美国理论学家休·埃弗雷特三世提出的"多重世界"解释，即普通世界是从许多同时存在的量子世界中产生的，但这些"分支"世界是相互独立的，彼此之间不会相互影响。

据《自然》网站报道，怀斯曼研究小组设想的却是另一种"多重世界"，这些世界能互相"碰面"，可称之为"多重互动世界"。就每个世界而言都遵从传统的牛顿物理学，但合在一起，这些世界的相互作用就产生了量子现象，通常归入量子世界。

研究人员用数学解释了这种相互作用是怎样产生量子现象的。比如在量子世界，粒子能通过隧道效应穿过能量屏障；而在传统世界，一个小球无法自己越过高墙。怀斯曼说，按照他们的理论，当两个传统世界相互靠拢时，两边都会产生能量屏障，其中一边在另一个世界要弹回时会加速。由此前面的世界会突然连通，打破看似不可逾越的障碍，就像粒子的量子隧穿那样。

他们还描述了其他一些量子现象，也能用多重互动世界来解释。根据他们的推算，41 个相互作用的世界能产生著名的"双缝实验"中所发生的量子相干，也证明了光可以表现为波或粒子。

怀斯曼说："激励我的动机是，寻找一个令人信服的真实理论，以一种自然的方式再现量子现象。这一改变牵涉许多问题，我们不能说已回答了所有问题。"比如怎样用这一新理论来解释量子纠缠，即相隔遥远的粒子之间仍存在某种关联的现象；多个世界之间要产生互动，必须有某种力的作用，这些力属于哪种？这些世界是否需要特殊的初始条件，才能产生互动？

美国密歇根大学理论物理学家查尔斯·赛本斯说，他对这种新解释感到兴奋，他独自引申并创新了类似想法，取了一个颇为矛盾的名字叫"牛顿量子力学"。从本质上说，他和怀斯曼的观点大意相同而表述各异。赛本斯说："他们对一些特别现象，如基态能量和量子隧穿给出了很好的分析，而我是对概率和对称性进行了更深入探讨。"他也撰写了相关论文，将在《科学理论》上发表。

2. 探索稳定高效量子计算机量子算法的新进展

开发出稳定性提高10倍的新型量子位。2016年10月，澳大利亚新南威尔士大学量子计算与通信技术中心，项目经理安德鲁·莫雷罗领导，该校电气工程与电信学院研究员阿尔纳·劳郝特为主要成员的研究团队，在《自然·纳米技术》杂志上发表论文称，他们最新开发出一种新的量子位，其量子叠加态稳定性比此前提高了10倍，有助于开发更可靠的硅基量子计算机。

莫雷罗表示，量子计算机的速度和能力，有赖于量子系统对叠加在一起的多个量子进行同时处理，让量子计算机能够进行高效率的并行计算，对诸如巨大数据库的搜索等问题具有强大的处理能力。

他认为，量子计算机最大的挑战，在于如何长时间保留量子态叠加，这有利于保留更长时间的量子信息，从而创建更可靠的量子计算机。过去10年，该研究团队已经能够通过在静态磁场中，利用硅芯片单个磷原子的电子自旋态编码量子信息，建立目前量子态叠加保留时间最长的固态器件量子位。

此次，论文第一作者劳郝特提出了新的量子信息编码方法。新型量子位实现了单个电子的自旋态与高频振荡电磁场耦合。由于微波产生的电磁场以非常高的频率稳定振荡，任何非同频率的噪音或干扰都没什么效果，耦合后的量子位相比于单独的电子自旋，其量子态叠加保留时长提高了10倍。

莫雷罗表示，这种新型量子位被称为"缀饰量子位"，相比于"未修饰"的"裸量子位"，能够提供更多的量子态控制方法。通过简单地调整微波电磁场的频率，就能控制相应的量子态叠加，就像调频收音机；相反，"裸量子位"控制方法，则需要调节控制场的开关，就像调幅收音机。

值得一提的是，这种新型量子位是基于标准硅芯片技术构建的，它将来可用传统计算机的现有制造工艺，创建强大而可靠的量子处理器。

二、量子通信领域研究的新成果

（一）量子密码技术与量子器件探索的新信息

1. 研究量子密码技术的新进展

发明有望在网络安全方面投入使用的量子密码技术。2006 年 5 月，有关媒体报道，澳大利亚墨尔本大学物理学教授、维多利亚量子通信公司的首席执行官夏恩·亨廷顿主持的一个研究小组，发明了一种新技术，利用人造金刚石解决通信系统中的安全问题。该大学的物理学院刚刚从国际电信公司得到 700 万美元的风险投资，用于研究这项基于反窃听的设备。

窃听一直是一个全球性的经济问题，每年都会造成巨大的财政损失。解决这个问题的方法，是切断所有可能被截取信息的通道。这套系统，并不能阻止罪犯侵入通信网络，但是一旦有窃听者侵入，网络中的所有用户都能立即知道有侵入者，迅速做出反应，选择其他通道传输信息。这对现有的安全系统，是一个极大的改进。

这项技术的关键，是量子密码技术，它利用光纤传输信息时，每次只传输一个光子。人造金刚石可以生长出一些缺陷，满足这种单光子要求。因为量子态不能复制，所以用户能立刻知道是否有人在窃取信息。亨廷顿说："如果你正在以单光子的形式传送信息，其中有一个光子丢失了，你肯定能立刻发现。"

这套系统的目标市场是那些保密度非常高的部门，包括金融研究所、安全部门和政府。首批产品，主要针对银行数据备份这样的数据传送机构。第二代产品，将扩展到日常网络市场。第一台样机，将在三年内投入市场。

2. 研究量子信息存储器件的新进展

研制成功存储信息时间可达 6 小时的量子硬盘。2015 年 1 月，澳大利亚国立大学物理与工程研究院副教授马修·塞拉斯领导，其校内同事钟曼锦，以及新西兰奥塔哥大学杰文·朗德尔为主要成员的一个研究团队，在《自然》杂志上发表论文称，他们研制出一个量子硬盘原型，将信息存储时间延长了100多倍，达到了创纪录的6个小时。这项突破，是朝着基于量子信息构建一个安全的全球数据加密网络，迈出了重要一步，这样的网络可用于银行交易和个人电子邮件。

钟曼锦说："我们相信，在全球任意两点之间分发量子信息很快就将成为可能。"她还说："量子态非常脆弱，通常只能保持几毫秒，然后就会崩溃。我们的长时存储能力有望给量子信息领域带来革新。"

通过量子网络建立量子安全密钥之所以难以破译，是因为利用了作为信息载体的粒子，比如光子之间的纠缠现象来加密。无论相距多远，当观测一个粒子的状态时，与之关联的另一个粒子的状态，也会发生瞬时的改变。据物理学家组织网近日报道，该研究团队采用嵌入晶体中的稀有稀土元素铕原子来存储信息。这种固态存储技术非常有前景，有望替代在光纤中使用激光的技术，目前利用激光技术创建的量子网络长度，大约为100公里。

钟曼锦说："现在我们的存储时长可以达到这么久，这意味着人们需要重新思考哪种才是分发量子数据的最佳方式。如果给定一段距离，即使以步行的速度传送我们的晶体，信息丢失也会比激光系统少。"

她接着说："我们现在可以想象，把纠缠光存储在不同的晶体中，然后将它们传送数千公里之外不同的网络接收点的情景。因此，我们正在考虑把我们的晶体作为便携式量子光学硬盘。"

塞拉斯说："在这么远的距离上探索量子纠缠，这在以前是不可能的。"

研究团队利用激光把一个量子态写入铕原子核自旋上，然后将晶体置于固定磁场和振荡磁场的组合中，以保护脆弱的量子信息。朗德尔说："这两个磁场把铕原子自旋隔绝起来，防止量子信息的泄露。"

（二）远距离量子通信技术探索的新信息

——研究表明量子操控可提高数据远距离传输的安全性

2015年1月7日，物理学家组织网报道，澳大利亚昆士兰格里菲斯大学吉奥夫·瑞迪教授领导的一个研究小组，在《自然·通讯》杂志网络版上发表论文称，他们的一项研究，可能会大幅度提高互联网信息传输的安全性能。研究表明，"量子操控"可潜在提高远距离数据的传输安全，能防止黑客和窃听者入侵，从而用一种通信设备解决了信任问题。

瑞迪说："量子物理学提供了一种信息传输绝对安全的可能性，通过互联网传输的个人信用卡细节，或其他个人数据，能完全把黑客阻挡在外。"

在理想世界，任何两点间长距离，安全完美的数据传输都是很简单的。他们可以通过分享强烈纠缠态的量子系统，比如光子来产生真正随机和牢不可破的代码。不幸的是，在真实世界，由于传输和检测损失的存在，双方并不能在长距离中分享足够强大的纠缠态。因为一些通过通信网络传输的光子丢失，为外界客观上提供了易受攻击的代码漏洞。

一个备用解决方案即为量子操控，即通过一方控制量子系统变化，让另一方也能掌控系统，这正是新研究的焦点所在。瑞迪说，量子操控作为纠缠态的较弱形式，在忍受真实世界的较多损失时，通过自相矛盾的运行来保持通信安全。

"海森堡不确定性原理"描述了一种永远也无法确认微观粒子的位置和速度的状态，根据这一原理推定，即使黑客入侵装置也无法确定量子状态，也就是说，这意味着量子状态仍然可以被安全地使用。

据报道，该研究小组使用了一种测量装置，该装置由特殊光量子态执行，能在发送代码的每一个步骤运行。

在实验演示中，测量装置证明了信息传输双方都能够从光量子源创建，并收到纠缠态光子。另外作为"裁判"角色的光子源，则被用来准备量子态。在大多数光子开始运行之后，"裁判"会使用从双方得到的测量结果运行一个数学测试。研究小组证明了，充当"裁判"的光量子能与测试结果相匹配，进而在不需要设定信任协议的测量设备中产生较强纠缠态。

瑞迪教授说："我们的新技术，不需要通信设备间建立信任协议，就能做到用量子纠缠态确保通信安全，并且在标准方法很容易失败的远距离工作场景中表现出色。"

第二章　纳米技术领域的创新信息

　　澳大利亚在电子领域应用纳米技术的研究，主要集中于设计出可用于量子计算机的磷原子纳米导线，用纳米技术研制出高质量的单原子晶体管，用纳米技术开发出 1 万 G 超级 DVD，发明可用于微电子设备的纳米温度计，制纳米电子束曝光系统。在医学领域应用纳米技术的研究，主要集中于用纳米技术合成物检测癌细胞，用纳米技术制成治疗肿瘤的"智能炸弹"，用纳米薄片制成柔软药物胶囊，发现纳米微粒可以摧毁顽固细菌生物膜。用纳米技术研制生物软组织人工材料、能够维持蛋白质活性的纳米膜，以及能修复脑神经的纳米导线支架。在能源领域应用纳米技术的研究，主要集中于通过纳米技术开发出压电体新电池，以碳纳米管研制首个热电效应发电系统，研制出高光电转化率的纳米薄膜太阳能电池，开发出可制造热光伏电池的奇异纳米超材料。在环保领域应用纳米技术的研究，主要集中于发明能让浴室自我清洁的纳米涂料，研制出可用阳光"洗掉"污渍的纳米纺织品；用纳米材料制成快速检测微量污染物的生物传感器，以及可同步除盐的便携净水装置，同时发明用氧化铁纳米粒子清除泄漏石油的新技术。

第一节　电子与医学领域应用纳米技术的新进展

一、电子领域应用纳米技术的新成果

（一）运用纳米技术研制电子元器件的新信息

1. 设计出可用于量子计算机的磷原子纳米导线

　　2012 年 1 月 6 日，澳大利亚新南威尔士大学博士生本特·韦伯主持，墨尔本大学及美国珀杜大学等专家参与的一个研究小组，在《科学》杂志上发表研究报告说，他们成功设计出迄今世界上最细的纳米导线，厚度仅

为人类头发的万分之一，但导电能力可与传统铜导线相媲美。这项技术，有望应用于量子计算机研制领域。

过去 40 多年来，工业界不断研发制造更小尺度的晶体管、导线等元件，以开发更先进的计算机。然而，元件达到原子尺度后问题显而易见：随着电路变得越来越小，电阻相对于电荷而言常常过大，使得电荷难以流动形成电流。也就是说，量子效应会在接近纳米尺度时，限制电子设备的按比例缩减。

为解决这一问题，研究小组利用精心设计的原子精度扫描隧道显微镜，在硅表面，以 1 纳米间隔只安放 1 个磷原子的方式，制备了纳米导线，其宽度相当于 4 个硅原子，高度相当于 1 个硅原子。通过这种方式设计的纳米导线，可以使电子自由流动，有效解决了电阻问题。

韦伯说："我们的技术表明，计算机元件可以降低到原子尺度。我们感觉好极了，这是个巨大突破，大家都非常激动。"韦伯的导师米歇尔·西蒙斯表示，量子计算机可能还需要 10 多年才能问世，不过，研究小组已经设定了目标：把磷原子作为最小信息单位，就像传统计算机中的比特一样，研制出磷基量子计算机。

量子计算机，是建立在量子力学规律基础上的计算机，它与传统计算机的一个主要区别是，传统计算机只使用 1 和 0 两种状态来记录数据和进行计算，而量子计算机可以同时使用多个不同的量子态，因此具有更大的信息存储和处理能力，被认为是未来计算机发展的方向。

2. 用纳米技术研制出高质量的单原子晶体管

2012 年 2 月 19 日，澳大利亚新南威尔士大学，量子计算和通信中心主任米歇尔·西蒙斯领导的一个研究小组，在《自然·纳米技术》杂志上发表研究成果称，他们用纳米技术研制出一种单原子晶体管，它由蚀刻在硅晶体内的单个磷原子组成，拥有控制电流的门电路和原子层级的金属接触，有望成为下一代量子计算机的基础元件。

据报道，研究人员利用放置在真空环境中的硅薄片，制造出该单原子晶体管。为了观察并操纵位于硅薄片表面的原子，他们首先用一层不起反应的氢原子将该晶体管覆盖，随后利用扫描隧道显微镜超精细的金属尖端，精确地把某些区域的氢原子有选择性地移走，露出两对相互垂直的硅带，外加一个由 6 个硅原子组成的小长方形，它位于这些硅带的结合点处。

接着，研究人员添加了磷化氢（PH3）气体并加热，导致磷原子依附到硅暴露的地方，因为是长方形，所以只有一个磷原子进入该硅网络内，结果得到 4 个相互垂直的磷电极和一个磷原子。其中一对电极之间的距离为 108 纳米，在它们之间施加电压后，电流能通过单个磷原子，并在另外两个垂直的、距离仅为 20 纳米的电极之间流动。这样，磷原子就像晶体管一样起作用了。

研究人员表示，这并非首个单原子晶体管，但新晶体管能被更加精确地放置，这就使得它更有使用价值。西蒙斯说："我们最新研制出的设备是完美无缺的，这是科学家首次证明，能在一个基座上，非常精确地操控单个原子。"

虽然该晶体管，在低于 1 开氏度（零下 272.15℃）的环境下才能工作，但最新技术进步，有望让晶体管更快达到单原子级。研究人员也可据此洞悉，一旦设备达到原子级，它们会如何工作。研究人员预测，晶体管将于 2020 年达到单原子级，同摩尔定律保持一致。

（二）运用纳米技术研制电子视频产品的新信息
——用纳米技术开发出 1 万 G 超级 DVD

2009 年 5 月 21 日，英国《每日邮报》报道，澳大利亚斯温伯尔尼理工大学教授顾敏负责的一个研究小组宣布，他们用纳米技术成功开发出可存储 2000 部电影的新一代 DVD，这项技术或许在宣告，三维电视和超高清晰视觉享受时代的来临。这项研究成果，刊登在《自然》杂志上。

"超级 DVD"的大小和厚度与正常碟片差不多，但它可以使用纳米技术存储海量信息。科学家认为，它将在五年内上市销售，并会令我们存储电影、音乐和数据的方式发生革命性变化。这种碟片可以支持电脑存储器，或存储数千小时的电影片段。研究人员通过"纳米棒"，即一种小到肉眼看不到的金质微粒，与偏振光结合，制造出超级 DVD 原型。在偏振光中，光波只能在一个方向流动。

顾敏说："我们可以向大家展示，如何将纳米结构的材料合成到一张碟片上，在不增加碟片大小的情况下增加数字容量。"一张普通 DVD 只能存储一部电影，用于取代 DVD 的蓝光碟片也只能存储 50GB 的信息，仅够保存一部高清电影和多个高清特别收藏。然而，新型的超级 DVD 却能存储 1 万 GB 的数据，它可使海量信息存储于价格低廉、一次性使用的碟片上。

研究人员介绍说，纳米棒可以对光的特定波长或颜色起反应。这样一来，就能在相同的碟片表面以不同颜色录制信息。另外，研究人员还可以借助偏振光存储额外信息。偏振光是由只在一个方向上产生振动的光波构成。研究人员能通过特殊过滤器阻止光分裂。参与这项研究的詹姆斯博士表示："偏振可以旋转 360 度，所以，我们可以在零度偏振下存储信息。紧接着，我们能以 90 度偏振存储另一层信息，两层信息不会产生任何干扰。"

（三）运用纳米技术研制电子设备的新信息

1. 发明可用于微电子设备的纳米温度计

2006 年 8 月，澳大利亚纳米专家刘宗文主持，日本研究人员参加的一个研究小组，在《纳米技术》上发表研究成果称，他们把液态镓放入碳纳米管中，发展出一种新的一步式纳米温度测量方法。这些直径小到 20 纳米的纳米管，能测量 80~350℃ 的温度，可制成微电子设备的重要配件。

由于当今技术的持续小型化，对现在的微电子装置、未来的纳米电子装置和光电子装置的温度监控越来越重要。每种装置都有工作的最佳温度界限，在这个界限内装置可以有效地工作。但是一旦超过这个温度界限，不但效率和正常运转受到削弱，还有可能损坏装置。事实上，3/4 的故障都来源于热量超载。

在 20 世纪 90 年代初，碳纳米管被发现，它是由碳分子组成的微小的空心圆柱结构。2002 年，日本科学家偶然发现这种碳纳米管中间填充上镓后能够测量温度，这很像通常的水银温度计。在那项研究中，镓随着温度而伸展和收缩，校准初始温度和高度后，通过镓的体积变化可估测温度变化。

现在的研究小组，采用了些许不同的手段来简化这个方法。当含有镓碳纳米管一端开口并在空气中加热时，研究人员发现镓会伸展直到在纳米管顶端温度稳定，镓开始氧化变成固体的氧化镓。当冷却后，大部分的镓会收缩回来，剩下最高端一段固体标记。重新加热时，镓会再次伸展到标记出，显示出感兴趣区域的温度。

氧化处理方法与之前的方法相比有几大改进。首先，无须记录原始镓高度的刻度使过程简化了；其次，这种方法可以很简单地使用很多纳米温度计测量，避免了之前方法的反复使用一个温度计可能造成的损伤；最后，这项技术比之前的温度计显示出更高的精确度。

刘宗文说："许多仪器和装置，都对工作温度很敏感，而且经常工作在十分接近临界热极限的温度下。其中，基于聚合物的燃料电池和现代计算机的微处理器，都需要纳米尺度下的精确温度测量。"

2. 研制纳米电子束曝光系统

2009 年 9 月，澳大利亚莫纳什大学网站报道，墨尔本纳米制造中心阿彼得·凯恩博士负责的一个研究小组，正在研制世界最强大的纳米设备之一：电子束曝光系统。该系统可标记纳米级的物体，还可在比人发直径万分之一的粒子上进行书写或者蚀刻。

电子束曝光技术，可直接刻画精细的图案，是实验室制作微小纳米电子元件的最佳选择。这款耗资数百万美元的曝光系统将在澳大利亚亮相，并有能力以很高的速度和定位精度制出超高分辨率的纳米图形。该系统放置在墨尔本纳米制造中心内，已于 2010 年 3 月揭幕。

凯恩表示，该设备将帮助科学家和工程师发展下一代微技术，在面积小于 10 纳米的物体表面上，实现文字及符号的书写和蚀刻。此外，这种强大的技术，正越来越多地应用于钞票诈骗防伪、微流体设备制造和 X 射线光学元件的研制中，还可以支持澳大利亚同步加速器的工作。凯恩说："这对澳大利亚科学家研制最新的纳米仪器十分重要，其具有无限的潜力，目前已被用于油漆、汽车和门窗的净化处理，甚至对泳衣也能进行改进。而墨尔本纳米制造中心与澳大利亚同步加速器相邻，也能吸引更多的国际研究团队的目光。"

墨尔本纳米制造中心的目标，是成为澳大利亚开放的、多范围的、多学科的微纳米制造中心。该中心将支持环境传感器、医疗诊断设备、微型纳米制动器的研制，以及新型能源和生物等领域的研究和模型绘制。墨尔本纳米制造中心内，除电子束曝光系统外，还有高分辨率双束型聚焦离子束显微镜、光学和纳米压印光刻仪、深反应离子蚀刻仪和共聚焦显微镜等众多设备。

凯恩认为：能够介入这种技术使我们的科学家十分兴奋，它可以确保我们在未来 10 年内在工程技术前沿领域的众多方面保持领先地位，也将成为科学家在纳米范围内取得更大成就的重要基点。

二、医学领域应用纳米技术的新成果

（一）以纳米技术防治癌症的新信息

1. 运用纳米技术诊断癌症

用纳米技术合成的人造钻石检测癌细胞。2015 年 10 月 12 日，澳大利亚广播公司报道，澳大利亚悉尼大学医学院埃娃·雷伊领导的一个研究小组，日前利用纳米技术合成的人造钻石成功甄别出癌细胞，这或许在检测早期癌症中发挥关键作用。

据报道，研究人员发现，把用纳米技术合成的人造钻石磁化，本身不会发光的钻石会在核磁共振检测中发光。经磁化的钻石依附在检测癌细胞的化学物质上被注入体内，如果发现癌细胞，钻石会在核磁共振检测中发光。

研究人员表示，这种技术的好处，是不用开刀就能准确检测到癌细胞，他们希望以此检测出胰腺癌等初期难以被检测的癌症。雷伊表示，他们使用的纳米技术合成人造钻石成本相对低廉。这项检测技术，有望在数年后进入临床试验阶段。

澳大利亚癌症协会称，任何及早发现癌细胞的方法都是受欢迎的，这意味着能更有效地治疗癌症。

2. 运用纳米技术治疗癌症

用纳米技术制成可直接治疗人体肿瘤的"智能炸弹"。2005 年 1 月，国外媒体报道，澳大利亚墨尔本市立大学弗兰克·卡鲁索教授领导的一个研究小组，运用纳米技术研制纳米聚合胶囊，以此来实现对人体肿瘤的直接化学治疗。而这种疗法的最大好处在于，不会对临近的人体组织产生任何损伤。这种胶囊制成的"智能炸弹"，仅会在接收到低能量的激光脉冲时才会在人体肿瘤组织中"炸开"，实现将其内部的有效化学药剂释放到最需要它的地方。

利用这种方法，抗肿瘤药物的药效会得到很明显的提高，而药物副作用则会极大地减少。这种最佳效果实现的前提，是药物在肿瘤部位仅需要一次性释放，并能够达到杀死肿瘤细胞的浓聚物位置，同时最小化对附近组织的损伤。

该研究小组正在致力于这一方面的研究，他们的方法非常有创意。而具体的做法是用一种聚合胶囊包裹治疗肿瘤药物，胶囊中混合有金元素的纳米微粒，并同时附着在能够寻找肿瘤细胞的抗体元素上。

当这种微型胶囊注入血管中后，它们就会聚集在肿瘤内部，一旦数量足够，医务人员就可以在患者体外用近红外激光束激射这些胶囊，由于金元素极其容易吸收近红外激光束的波长，因此激光束的能量熔化金元素形成的胶囊外壳，胶囊内部的药物就会被释放出来。

为了研制出这种胶囊来，研究小组的人员一次又一次地，在大小约为1微米的药物粒子周围添加聚合物，直到聚合材料在药物粒子周围裹了若干层之后才停止；然后他们又把直径约为6纳米的金元素粒子添加到混合物中，并最终深入聚合物里；最后他们才用一种油脂来做胶囊的最外层，而油脂中就包含着能够定位肿瘤细胞的抗体。

在实验室的相关研究中，这种胶囊能够在强度约为10毫微秒脉冲能量的近红外激光束的照射下熔化。其实大的金块的熔点为1064℃，而微小的金元素颗粒的熔点却要低的多，仅介于600~800℃。简短的一次近红外脉冲死，就足以熔化直径为50纳米的"胶囊"聚合球体。而且这种脉冲作用时间短，也不会对其内部的治疗肿瘤药物造成影响。卡鲁索还为记者演示了，在这种脉冲照射下从胶囊里释放出的一些溶解酶并没有失去它们的活性。

在临床实验中，卡鲁索还指出，近红外激光脉冲能够穿透约几毫米厚的组织。医务人员可以通过外部照射的办法，也可以用内窥镜定向放射的办法来进行激光脉冲。要想同时保证一切操作都在安全限度以内，用来"点火"熔化胶囊的近红外激光脉冲强度不能够超过每平方厘米100毫焦耳。卡鲁索还补充道："这样的能量，比起人们用来清除皮肤上的刺青所用的激光能量要小很多。"

不过，临床使用目前还需要进一步的实验，甚至动物体的实验也需要若干年的时间才能有效实现。下一步的工作是把这种胶囊做得更小。卡鲁索计划把胶囊的直径缩减为从 1 纳米到几百纳米之间，而实现途径就是寻找更微小的药物粒子。

卡鲁索认为，他的研究小组在这一方面研究中最有创意的地方，是用一种对人体无害的激光束来激活熔化胶囊。金元素通常吸收电磁波谱中从可见光到紫外线范围内的光束，这样的光束会灼烧皮肤。而胶囊聚合物中金元素微粒之间的相互电磁交感，改变了这种金属元素的特性，使得金元素的微粒子能够吸收近红外激光束，这种光束对人体组织来说几乎是透明无害的。

这一研究成果为许多科学家留下了深刻的印象。澳大利亚昆士兰州大学纳米技术与生物材料学院教授马特·特劳指出："这项工作真是太酷了。用激光束激活胶囊但却对周围组织不造成任何伤害，绝对是它最有创意的地方。"

（二）以纳米技术开发医用物品的新信息

1. 运用纳米技术研制治病药物的新进展

（1）用纳米薄片制成伸缩自如的柔软药物胶囊。2012 年 5 月 11 日，国外媒体报道，澳大利亚墨尔本大学与日本物质和材料研究机构相关专家组成的一个国际研究团队，利用二氧化硅的纳米薄片，开发出伸缩自如且非常柔软的胶囊，将药物装到这种胶囊内部，可实现对药物释放持续时间的自由调节。

迄今为止，制作胶囊的材料，主要是二氧化硅等无机物或是脂质、聚合物等有机物。如何结合两者的优点，是研究人员长期致力的课题。

该研究团队，在溶液中把直径数百纳米的二氧化硅粒子，加热到 75℃。纳米粒子就会从外侧开始溶解，溶液中析出的二氧化硅晶体呈薄片状附着在粒子周围，将粒子包裹。最后二氧化硅晶体聚集成壳状，形成中空的胶囊。

二氧化硅通常用于制造玻璃，这种物质没有毒性，对生物体没有大的影响。以前，药物被身体吸收和分解后，会广泛扩散到患处以外的部位，无法使药物有效到达患处。而这种新型胶囊可在不同温度下收缩或膨胀，而且可以利用各种 pH 值溶液改变胶囊外壁孔隙的大小。如果提前在适当的 pH 值条件下处理胶囊，就可以控制药物释放的持续时间和药物的贮藏量。

研究团队在实验中发现，利用这种胶囊，癌症化疗药物释放的持续时间，相当于以前单纯结构的多孔胶囊的数倍以上。

（2）发现纳米微粒可以摧毁顽固细菌生物膜。2016 年 1 月，澳大利亚新南威尔士大学生物学家西里尔·博耶等人组成的一个研究小组，在《科学报告》网络版上发表论文称，不少老病号遇到过这种尴尬的局面：慢性炎症久治不愈，抗生素几乎失效。近日他们研究发现，用纳米微粒可以打碎顽固的细菌生物膜。这一发现，将为治疗细菌生物膜引起的慢性炎症提供研制药物的思路。

应对生物膜细菌的耐药性，主要有两条思路：一是研发新的抗生素；二是打碎生物膜，把细菌分割开来。此外，新南威尔士大学研究小组就是用纳米微粒打碎了顽固的细菌生物膜。

该研究小组先给氧化铁纳米微粒裹上一层特殊的聚合物，以保证这些微粒保持分散状态，不会聚成一团。然后，研究人员将这些微粒注入由绿脓杆菌形成的细菌生物膜，再外加磁场，使纳米微粒升温 5℃ 以上，导致曾经顽固的细菌生物膜土崩瓦解。博耶说，一旦细菌生物膜解体，细菌就变得容易对付。新方法有望在医学和工业领域发挥重要应用。

（3）开发出可缓解疼痛的药物递送纳米颗粒。2019 年 11 月，澳大利亚莫纳什大学与美国纽约大学等单位相关专家组成的研究小组，在《纳米技术》上发表论文称，他们开发出一种药物递送纳米粒子，能够把药物送入神经细胞的特定部位，极大地提高了治疗疼痛的能力。

研究人员针对酸化内体设计的，具有 pH 响应性的聚合物纳米颗粒，可以以精确抑制导致慢性疼痛的内体信号传导过程。在慢性疼痛中，物质 P 神经激肽 1 受体，从质膜重新分布到酸化的内体，并释放维持疼痛的信号。因此，内体中的 NK1R 是减轻疼痛的重要靶标。

pH 响应纳米颗粒，通过网格蛋白和动力蛋白依赖的内吞作用进入细胞，并积聚包含在 NK1R 的内体中。对啮齿动物鞘内注射含有 NK1R 拮抗剂阿瑞匹坦的纳米颗粒，能够抑制 SP 诱导的脊髓神经元活化，从而防止疼痛传导。

利用纳米颗粒对疼痛性、炎症性和神经性疼痛等疾病进行治疗，可以完全并且持久地缓解病痛，为慢性疼痛提供了非阿片类药物治疗的新方法。

2. 运用纳米技术研制医用材料的新进展

（1）用碳纳米管制成可媲美生物软组织的人工材料。2009年5月16日，《每日科学》网站报道，一个由澳大利亚和韩国专家组成的研究小组，用碳纳米管开发出一种多孔新型海绵状材料，其力学特性与生物软组织非常相似，且包含一个由DNA链和碳纳米管组成的坚固网络。

对于现代植入术、人工组织和器官的生长来说，生产出与自然特性密切相仿的材料，是很重要的。但是，人体内的组织具有各种性状，这些性状在合成材料中很难再现，因为人体组织既柔软又十分坚韧。

软组织，如肌腱、肌肉、血管、皮肤或其他器官，可从细胞外基质获得其力学支持。细胞外基质，是一个基于蛋白质的纳米纤维网络。细胞外基质中的不同蛋白质形态，生产出带有不同刚度的组织。组织生长用的植入物和棚架，需要多孔的软质材料，这些材料通常是非常脆弱的。由于许多生物组织经常受到强烈的力学负荷，因此为了避免炎症，植入材料拥有类似的弹性也很重要。同时，该材料必须非常牢固和有弹性，否则它可能会断裂。

此次开发的这项新技术，使用DNA链作为基质，这些DNA链将棚架状碳纳米管完全包裹住，并形成了一个胶体。这种胶体，在注入特殊容器时可拉成非常细的线，进而编织成纤维。干燥后的这种纤维，具有多孔海绵状结构，并包含一个50纳米宽的纳米纤维交织而成的网络。将这些纤维浸泡在氯化钙溶液中，可使DNA发生进一步交联，并导致纤维变得更为密集，连接更为牢固。

这些多孔纤维，与生物细胞外基质的胶原纤维网络相似。它们可打结、编织或纺入像纺织品一样的结构中。由此，这些材料可像最柔软的天然组织一样具有弹性，同时也可从牢固的DNA链获得巨大的强度。

新材料的另一优点是其导电性能，它可用作机械传动装置、能源存储器和传感器的电极。研究人员已生产出一个过氧化氢传感器，碳纳米管可通过催化过氧化氢的氧化，以产生一个可测的电流。过氧化氢在正常心脏功能和某些心脏疾病中，扮演着重要角色，一个弹性类似于心脏肌肉的传感器，则会对研究这些关系，起到很大的帮助作用。

（2）发现能够维持蛋白质活性的聚合物纳米膜。2012年8月，一个澳大利亚纳米专家参加，其他成员来自英国、法国、德国等国的国际研究小组，在《美国化学学会杂志》网络版上发表研究报告称，蛋白质要保持正常的生物机能，其表面由水分子形成的水化膜十分重要。他们证实，一种聚合物纳米膜，拥有和水化膜类似的特性，能够维持蛋白质活性。

2010年，研究人员成功制造出一种肌红蛋白聚合物纳米膜，实验中让蛋白质，在完全没有水分的条件下保持了活性。然而，这种纳米膜能够替代水化膜，使蛋白质正常存活的机制一直不明确，甚至有人认为，实验中蛋白质"脱水存活"仅是例外情况。

为证实这种纳米膜的作用，该国际研究小组进一步研究这种纳米膜的特性。他们利用中子散射技术，研究了纳米膜中肌红蛋白的微观运动情况，结果发现，包围在肌红蛋白表面的聚合物，在蛋白质的运动过程中，起到像水分子一样的润滑剂作用，使其在缺水的条件下得以保持正常的生物机能。研究人员认为，确认这种纳米膜的作用，将为工业、药理学和医学等领域开启新的研究方向。

（3）开发能引导脑细胞生长和神经修复的纳米导线支架。2017年5月15日，澳大利亚国立大学网站报道，该校工程研究学院文森特·达里亚博士领导，其同事维妮·高塔姆博士等人参与的研究小组，在《纳米通讯》月刊上发表论文称，他们日前成功地在半导体芯片上引导大鼠脑细胞生长，并形成神经回路，开发出所谓的"芯片大脑"。

达里亚介绍，这项研究是在半导体芯片上布好一定结构的纳米线，像脚手架一样引导大鼠脑细胞的生长，并形成神经回路。这是首次在研究中证实纳米导线支架上生长的神经回路有功能性并且高度交联。

高塔姆说，这项研究给神经修复术提供了新的思路，有助于在事故、中风或神经退行性疾病中受到损伤的大脑恢复功能。

达里亚表示，希望能利用这一"芯片大脑"，更好地理解神经元如何形成计算回路，并最终传递信息。他说："与假肢等其他修复术不同，神经元突触需要相互连接，从而在接受感知输入、认知、学习、记忆的过程中形成大脑信息处理的基础。"现在，研究人员已经证明，使用特定的纳米线几何结构，神经元能够高度交联，并形成预设的功能性回路。

这项研究还提供了更好理解大脑工作原理的平台。达里亚说，观察脑细胞的行为是当下的研究重点，而将研究成果应用于制造类似假肢的"假脑"则是未来目标，预计实际应用还需等15~20年。

这项研究横跨了物理学、工程学和神经科学多个学科。研究人员认为，这一研究也开启了纳米材料技术和神经科学更紧密结合的新研究模式。

第二节　能源与环保领域应用纳米技术的新进展

一、能源领域应用纳米技术的新成果

（一）用纳米技术把机械能和热能转化为电能

1. 用纳米技术开发出机械能转变成电能的新电池

通过纳米技术开发出压电体新电池。2011年8月，澳大利亚国立大学网站报道，该校物理与工程研究院西蒙·鲁威尔博士，与澳大利亚皇家墨尔本理工大学马都·巴斯卡兰博士、沙拉特·斯里拉姆博士等人组成的一个研究小组，用纳米技术开发出"永久"电池。

报道称，该研究小组应用纳米技术，开发出机械能转变成电能的新电池。这种电池可用于手机、电脑、心脏起搏器等设备。研究人员表示，这项技术的重大突破在于，把压电体与薄膜技术很好地结合起来。

电池使用压电体后，当人们在手机或电脑触屏上工作时，就能自动为电池充电。预计未来该技术可用于心脏起搏器，利用患者的血压变动，为起搏器充电。

2. 用纳米技术开发出热能转化为电能的装置

以碳纳米管研制首个热电效应发电系统。2012年2月，澳大利亚皇家墨尔本理工大学电子和计算机工程副教授科洛石·扎德，与美国麻省理工学院纳米技术研究中心副教授迈克尔·斯特拉诺共同领导的一个研究小组，在电气和电子工程师协会的《光谱学》杂志上发表论文称，他们近日在储能和发电技术领域取得了新突破。就同等尺寸而言,其新研制的碳纳米管实验系统热电效应产生的电力,是目前最好的锂离子电池的3~4倍。

研究人员表示,他们在沿碳纳米管测量其化学反应速度时,发现这一反应可产生电力。目前,他们正结合各自在化学和纳米材料技术上的专长,探求该现象的发生机理。

扎德表示,这项基于碳纳米管的实验系统可产生电力,这是研究人员以前从未发现过的。实验表明,对硝化纤维内的碳纳米管进行喷涂,并点燃其一端,掀起的燃烧波表明纳米管是非常出色的热传导体。更妙的是,燃烧波创建了一个强大的电流。这是首个利用纳米技术产生热电效应的方法,从而有望解决发电装置微型化过程中的瓶颈问题。

(二) 用纳米技术研制太阳能电池的新信息

1. 研制出高光电转化率的纳米薄膜太阳能电池

2012年2月15日,物理学家组织网报道,澳大利亚斯威本科技大学顾敏教授领导,该校高级研究员贾宝华,中国尚德电力控股有限公司董事长兼首席执行官施正荣等人参加的一个国际研究团队,在《纳米快报》杂志上发表研究成果称,他们已经研制出最高效的宽波段纳米等离子薄膜太阳能电池,其光电转化效率为8.1%。

顾敏表示,作为大块晶硅太阳能电池的便宜"替身",薄膜太阳能电池引起了广泛关注,然而其硅层的厚度太薄增大了吸收太阳光的难度。要想增加薄膜太阳能电池的性能并使它们与硅太阳能电池相比更具竞争优势,优良而先进的光捕获技术必不可缺。

为捕获更多太阳光,该研究团队把金和银纳米粒子嵌入薄膜中,增加了电池可吸收太阳光的波长范围,从而增加了光子转化为电子的效率。他们还更进一步使用了一些有核的或表面凹凸不平的纳米粒子。贾宝华解释道:"我们发现表面凹凸不平的纳米粒子会吸收更多太阳光,可以改进太阳能电池的整体转化效率。"

贾宝华称,这种宽波段等离子效应是该研究团队一年来的重要发现之一,新技术将对太阳能工业产生重大影响。顾敏为他们能在这么短时间内获得整体8.1%的光电转化效率深感兴奋,而且这种电池的转化效率仍有改进空间。

研究人员称，最新方法的另一个优势在于，将纳米粒子整合进入太阳能电池的成本并不高且很容易规模化，因此能借用其他产品线进行大规模生产，并有望在近年实现商业化生产。

施正荣表示："我们的研究团队已经制造出全球转化效率最高的宽波段纳米等离子薄膜太阳能电池，证明纳米技术能在下一代太阳能电池领域大有作为。"

2. 开发出可制造热光伏电池的奇异纳米超材料

2016 年 4 月 19 日，澳大利亚国立大学网站报道，该校物理与工程研究院的谢尔盖·克鲁克领导的研究团队，在《自然·通讯》杂志上发表论文称，他们与美国加州大学伯克利分校合作，开发出一种属性奇特的纳米超材料，该材料被加热时能以不同寻常的方式发光。这一成果，有望推动太阳能电池产业的革命，带来能把辐射热转化成电能的热光伏电池，在黑暗中收集热量来发电。

克鲁克说，新的超材料克服了一些技术障碍，有助打开热光伏电池的潜能，预计能使热光伏电池的效率超过传统太阳能电池的两倍。

热光伏电池产生电流不需要阳光直接照射，而是从周围环境中收集红外辐射形式的热。它们能回收利用发动机辐射的热，或与燃烧机结合按需发电。新型超材料有着纳米级的微结构，由黄金和氟化镁组成，能向特定方向发出辐射，还能改变形状发出特殊的光，而常规材料只能以全方位、广泛红外光波的形式发热。因此用这种材料制作匹配热光伏电池的发射器极为理想。

该材料的非凡表现，来自其新奇的物理属性，它的磁性呈双曲线形分布，表示电磁辐射以不同方向传播。天然材料如玻璃或水晶，辐射形状是简单的球形或椭球形，而超材料的辐射形式截然不同，这是由于材料与光磁元件之间有着极强的相互作用。

克鲁克预测新材料会有这些令人惊奇的性质，他的研究团队与擅长制造这类材料的加州大学伯克利分校合作，利用前沿技术造出了这种材料，构成材料的基本单位还不到人头发截面的 1/12000。研究人员说，如果发射器和接收器的间距能达到纳米级，用这种超材料为基础造出的热光伏电池的效率还能进一步提高。在这种构造中，辐射热在两者之间传递的效率，比传统材料要高 10 倍。

二、环保领域应用纳米技术的新成果

（一）用纳米技术研制自洁产品的新信息

1. 发明能让浴室自我清洁的纳米涂料

2006 年 12 月，有关媒体报道，许多人都为如何对付浴室内的水渍、污垢和霉斑苦恼不已。针对这一问题，澳大利亚新南威尔士大学的罗斯·阿马尔教授，发明了一种新型环保纳米涂料，可实现浴室的自我清洁。

据报道，新研制的涂料中含有带二氧化钛微粒子的纳米材料，将其涂在浴室的瓷砖和玻璃上，一经光照便可释放大量氧化能力极强的粒子，能将有机灰尘、污渍等分解为二氧化碳和其他无害成分，达到去污、杀菌的目的。

这种新涂料不仅神奇，而且环保。它不会对环境造成危害，也不损害使用者的健康，而且氧化能力比传统漂白剂——氯要强得多。这种涂料中含有的钛成分是无毒的，此前已被广泛用于医疗领域，因此不用担心它会给环境带来威胁。

不仅如此，瓷砖和玻璃表面涂上这种新型纳米涂料后特别光滑，水不会在其表面形成水珠，而是直接流走，起到了冲洗的作用。

目前，这种新涂料还只能被日光中的紫外线所"激活"，不过科学家正在努力改进它，使其在室内光照条件下也能发挥功效。

2. 研制出可用阳光"洗掉"污渍的纳米纺织品

2016 年 3 月 22 日，物理学家组织网报道，澳大利亚皇家墨尔本理工大学教授拉马纳坦领导的研究团队，在《先进材料界面》杂志上发表论文称，他们近日研发出一种促使特殊纳米结构生长的新方法，用其制成的纺织品在阳光下曝晒，可直接降解掉上面的污渍。这意味着，以后衣服脏了放在阳光下可"洗"净，洗衣机有可能被淘汰。

该研究为增强纳米纺织品未来自行清理其上污渍和污垢铺平了道路。

拉马纳坦表示，这项研究成果，已被开发出多种基于催化剂产业的应用产品，如农业化学品、药品等，并且可以很容易地规模化到工业生产水平。他说："纺织品的优势是它们的三维结构，具有强劲吸收光的能力，反过来又加速了有机物的降解过程。在其普及可能开始淘汰洗衣机之前，还有很多的工作要做，而这一进展为未来纺织品完全自洁的发展奠定了坚实基础。"

据介绍，当把纳米材料"浸渍"于光中，可使它们获得的能量得以增加，创造出"热电子"。这些"热电子"释放出大量能量，使纳米材料能够降解有机物。新的方法，可以使开发的增强纳米材料在 30 分钟内达到稳定结构，而暴露于阳光下不到 6 分钟时，其中一些织物可自行清洁。

目前，研究人员所面临的挑战是，使这个概念在实验室外得以实现，努力使这些纳米结构实现工业规模，并且永久地将其附着在纺织品上。研究人员表示，下一步将测试这种增强纳米纺织品去掉一些有机化合物的性能，以检测其能够多快地处理掉消费者经常会弄在衣服上的污渍，如番茄酱或酒滴等。

（二）用纳米粒子开发环保设备和环保技术

1. 以纳米材料研制环保设备的新进展

（1）用纳米粒子制成快速检测微量污染物的生物传感器。2012 年 6 月，澳大利亚新南威尔士大学化学纳米中心，物理学教授贾斯廷·古丁领导的一个研究小组，在德国《应用化学》杂志上发表研究成果称，他们用纳米粒子开发出一种新的生物传感器，可以在短短 40 分钟内检测出液体中的微量污染物。

这种传感器可作为便携分析设备，其原理是采用金涂层磁性纳米粒子，用选择性的化学成分抗体改良。当这种纳米粒子消散到样品中，遇到被分析物，则会导致一些抗体从纳米粒子脱离。然后，使用一块磁铁，纳米粒子可被组装成两个电极和电阻之间被测量的薄膜。分析物出现得越多，从纳米粒子分离的抗体就越多，纳米粒子薄膜的电阻随之越弱。

该传感器不仅超级敏感，而且还能快速反应。它在生物医药或环境分析领域检测药物、毒素和农药具有广泛潜在用途。

在测试实验中，它检测出牛奶中存在的兽用抗生素恩诺沙星的微小痕迹。古丁指出："恩诺沙星是一种用于农业生产的抗生素，可以转移到食物链当中。新的仪器能够在 40 分钟内，检测一公升牛奶中精确到纳克级别的恩诺沙星。"纳克（毫微克）是一克的十亿分之一，为一个单细胞的质量。

（2）用纳米材料制成可同步除盐的便携净水装置。2013年9月，澳大利亚联邦科学与工业研究组织，美国麻省理工学院、新加坡科技设计大学等机构研究人员组成的一个国际研究小组，在《自然·通讯》上发布创新消息说，他们用纳米材料研制出一个如茶壶般大小的便携式净水装置，该装置不仅能滤掉水中的污染物，还能去除含盐水中的盐离子，为下一代便携式水净化设备铺平了道路。

该研究小组中的韩昭君博士说，这种装置中，集成有一块经过等离子体处理过的碳纳米管增强水净化膜，将污水倒入一端，另一端出来的便是干净的饮用水。该装置可充电、价格低廉，并且比许多现有的过滤方法更有效。

韩昭君说："在一些发展中国家和偏远地区，小型便携式净化装置，正日益被视为，最好的满足清洁用水和卫生设施需求的方式，可以最大限度地减少罹患许多严重疾病的风险。"

他承认，一些较小的便携式水处理设备，也已经存在。然而，由于它们依靠反渗透和热工过程，能够去除盐离子，但却无法将一些河流和湖泊系统里发现的咸水中的有机污染物过滤掉。他说："有时，咸水对于在偏远地区的人是唯一的水源。这就显示出此种新型设备的重要用途，它不仅能除去盐水中的盐分，也可以通过净化过程过滤水中的污物。研究表明，碳纳米管膜能过滤出完全不同尺寸的离子。这意味着，它能够把水中的盐和其他杂质离子一并去除。"

澳大利亚联邦科学与工业研究组织等离子体纳米科学实验室主任克斯特亚教授补充说，既有的便携式设备的缺点是，需要持续供电以运行其热工过程。而新的过滤膜，可以作为一个可充电的设备操作。新过滤膜的成功，其原因在于，等离子体处理过的碳纳米管显示出的独特性能：首先，超长碳纳米管具有非常大的表面积，是理想的过滤材料；其次，纳米管很容易修改，允许依据其表面的性质，通过局部的纳米等离子体处理。

现在，研究人员已经证明了该方法的有效性，计划延伸这项研究，以查看其他纳米材料的过滤性能。他们将开始观察与碳纳米管具有相似属性的石墨烯。

2. 以纳米粒子开发环保技术的新进展

发明用氧化铁纳米粒子清除泄漏石油的新技术。2016年6月，澳大利亚卧龙岗大学纳米专家易渡领导的一个研究小组，在《美国化学会·纳米》杂志上发表研究成果称，他们研究发现，在氧化铁纳米粒子的帮助下，磁体可用于把泄漏的石油从水中清除出去。研究人员说，这是一个颇具吸引力的新技术。

石油的黏性，决定了它一旦从油轮和海洋钻机中泄漏，就很难从海洋植物和动物身上移除。因此，找到一种快速移除泄漏石油的方法，对于保护海洋环境至关重要。如今，易渡研究小组，利用把油滴紧密结合在一起的氧化铁纳米颗粒，发现了实现这一目标的方法。

易渡设想，在海洋中的溢油上喷洒这些纳米颗粒。它们能同时黏住漂浮在表面的较轻石油和沉下去的较重石油。他介绍："装有小型磁体的船只在漏油处移动，所有石油将被吸向磁体并被收集起来。"

他同时表示，这些纳米颗粒没有毒性，并且任何多余的纳米颗粒都能被磁体吸住并重新利用。"氧化铁纳米粒子已被普遍用于医学成像，因此我们知道它们是安全的。"来自美国北卡罗来纳州立大学的奥林·威利夫认为："该想法很有前景，但在治理实际的海洋石油泄漏中有多大实用价值，仍不确定。一个关键问题，是确保油滴能被高效且完整地收集起来。"

第三章　光学领域的创新信息

澳大利亚在光学现象领域的研究成果，主要集中于由探索光子行为发现时间旅行可在量子尺度上实现，首次实现对双光子纠缠态的保护。发明可利用激光移物的牵引光束，用牵引激光束来直接移动目标物体。研制出可保存感光变色的染料，以及艳如电脑特效的"荧光鲜花"。通过新型光陷阱成功"冻住"光束1秒钟，用"牵引光束"实现一米半外隔空取物。另外，还发现藻类进化出可控制光合作用的量子开关。在光学仪器设备研制领域的新成果，主要集中于研制出可拍摄单个电子的阿秒级激光器、首款超小锁模激光器、首个全碳等离子纳米激光器，采用"以退为进"提高激光器光强度，并创建通信效率更高的太赫兹磁源设备。同时，开发能让手机裸眼看三维影像的超薄全息片，发明有望助力量子信息传输的"量子透镜"。开发近红外线食品检测仪，发现用光学仪器探测放射性矿藏更安全，模仿螳螂虾复眼结构研发可探测癌症的仪器，还研制出新型紫外线辐射监测传感器。

第一节　光学现象研究的新进展

一、光子与激光研究的新成果

（一）光子方面研究的新信息

1. 探索光子行为的新发现

研究光子行为发现时间旅行可在量子尺度上实现。2014年6月24日，英国《每日邮报》网站报道，如果一名时间旅行者回到过去，破坏其祖父母之间的结合，那么，他是否也就不会出生呢？这是经典的"祖父悖论"的核心问题所在，"祖父悖论"常被人拿来论证时间旅行不可能存在，但有些科学家则不这么认为。

据悉，澳大利亚昆士兰大学数学和物理学院博士生马丁·瑞巴尔、学者蒂莫西·拉尔夫等人组成的一个研究小组，在《自然·通讯》杂志上发表研究成果称，他们首次使用两个光量子（光子）模拟了量子粒子在时间中的旅行，并对其"一举一动"进行了研究，结果表明，至少在量子尺度上，时间旅行是可以实现的。

研究人员使用光子（光的单个粒子）来模拟回到过去的量子粒子，并对其行为进行了研究。在实验中，他们对一个进行时间旅行的光子可能产生的两种结果进行了考察。第一种结果是："1号光子"会通过虫洞进入过去并同以前的自己相互作用。第二种结果是："2号光子"会在正常的时空内行进，但会通过虫洞同一颗卡在时间旅行环—封闭类时曲线内的光子相互作用。模拟"2号光子"的行为使"1号光子"的行为也能被研究，结果表明，时间旅行在量子尺度上可以实现。

瑞巴尔说："时间旅行问题，是阐释恒星、星系等大尺度世界的基本运行原理的爱因斯坦广义相对论，与描述原子、分子等微小尺度世界运行原理的量子力学，这两大最成功但最不兼容理论的交界点。"

爱因斯坦的理论认为，或许可以通过一条时空通道，回到时间上更早的空间上的起始点，但这种可能性让物理学家和哲学家们困惑不已，因为这似乎会导致一些悖论，比如经典的"祖父悖论"。

拉尔夫表示，1991年，有科学家预测，量子世界发生的时间旅行或许可以避免这些悖论。拉尔夫说："量子粒子的属性含糊且不确定，这或许给了它们足够的摆动空间，来避免前后矛盾的时间旅行环境。"

科学家们表示，尽管同样的模拟，是否能证明更大的粒子（比如原子）或一群粒子可以进行时间旅行还是个未知数，但最新研究，有助于他们更好地理解广义相对论和量子力学理论之间的相互关联。

2. 探索光子纠缠的新进展

首次实现对双光子纠缠态的保护。2018年10月，澳大利亚悉尼大学安德烈娅·雷东多博士等人组成的一个研究小组，在《科学》杂志上发表论文说，他们首次利用拓扑学原理实现对双光子纠缠态的保护，这有助于开发光量子计算机。

量子计算机的潜力有望远超目前最快的超级计算机，用光子作为量子是量子计算机的一个研发方向，但光量子计算机面临光子散射损失等问题的限制。

该研究小组利用拓扑学原理，把只有500纳米宽的硅纳米丝编织成一种特殊晶格结构，作为光子传输的通道，处于纠缠状态的一对光子在其中传输时，纠缠态可以得到保护，从而帮助解决光量子在传输中的散射等问题。

拓扑学本身是数学的一个分支，主要研究的是几何图形或空间在连续改变形状后，还能保持不变的性质。据雷东多介绍，之前研究人员只能做到利用拓扑学原理对单个光子状态进行保护，但单个光子无法应用于量子计算，这是首次实现用拓扑学原理对双光子纠缠态的保护。

雷东多说，下一步工作是改善对光子纠缠的保护，以创造稳固、可扩展的量子逻辑门，在此基础上帮助开发光量子计算机。

（二）激光方面研究的新信息

1. 发明可利用激光移物的牵引光束

2010年9月，国外媒体报道，澳大利亚国立大学科学家安德烈·罗德领导的一个研究团队，发明了牵引光束，利用激光移动大型物体的距离，可以超过以前任何时候。

该研究小组的努力，使得分子传输技术距现实更近一步。分子传输技术，因美国科幻电视剧集《星际迷航》中的经典台词"传输我吧，斯科蒂"而闻名于世。研究人员利用所谓的牵引光束，即可以移动物体的能量束，成功把微小颗粒在两地之间，最多移动了1.5米。

多年来，尽管物理学家一直在利用激光控制微小颗粒进行微距移动，但罗德表示，其团队发明的技术可以移动物体100次，大约相当于1.5米的距离。

这项技术用中空激光束照射微小玻璃颗粒，令其周围空气升温。撞击玻璃颗粒的激光束中心保持在低温状态，导致它们被牵引至激光束温度更高的边缘。但是，升温后的空气分子十分活跃，撞击玻璃颗粒表面，促使其回到温度更低的中心。

相比于我们测试过的其他技术，新技术甚至在更长距离下仍能奏效。罗德及其团队所能取得的最大距离，受到实验室设备的限制。不过，他表示，与《星际迷航》中的牵引光束不同，他们的技术在真空状态下的太空不起作用。他说："相反，在地球上，可能存在许多的应用，比如能够移动危险物质和细菌。"

2. 用牵引激光束来直接移动目标物体

2014 年 11 月 12 日，物理学家组织网报道，澳大利亚一个研究团队，在《自然·光子学》杂志上发表研究成果称，他们创造出一种牵引波束，既能把目标物体推出去，又能将它拉回来，推拉的距离比所有其他方式要远得多。

牵引光束作为激光束的一种，由一个用来控制或转移其他物体的源头发出。在现实生活中，物理学家虽然已经开始了牵引光束的研究，但是到目前为止，整个物体的捕获或者移动程度都非常微小，直线移动距离也很短。

在这个新的尝试中，研究人员用了一种区别以往的技术来移动一个目标物，而这个目标物更大一些，移动的距离也更远一些，大概是已有能移动距离的 100 倍。

据报道，新的牵引光束是激光器发出的一种热环状光束，打在一个表面镀金的微小玻璃珠上，这颗珠子的直径只有 0.2 毫米，这个尺寸与激光束的冷心内径正好相匹配。环形光束的热度会使玻璃球表面温度升高，进而构造了一个热点区。当热点区开始与空气粒子相接触，空气粒子会被反拨，从而对玻璃球起到了一个相反的作用力将它推远，最远距离甚至达到 20 厘米。

研究人员还发现，他们可以调整激光偏振进而改变玻璃球热点区，最终能改变玻璃球的运动。这意味着，玻璃球能被推远、被停止、被拉回来，或者被控制在原地。

研究团队认为，这种牵引光束因为具有多功能性，且只需要一个单独的光束来源，因此在实际中会很有用，比如可以用它除去空气中的污染物，或者从样本材料中除去不需要的颗粒。他们还特别提出，如果实验室规模扩大，该牵引光束取得的成果将会更加丰富。

二、光学现象研究的其他新成果

(一) 开发光学材料及产品的新信息

1. 光学材料研制的新进展

研制出可保存感光变色的染料。2007 年 10 月，澳大利亚媒体报道，该国迪肯大学材料与纤维创新中心的博士生童城，发明了一种可保存感光变色的染料，并使其附着在羊毛纤维表面的聚合体，实现了对传统染色方法的突破。这种特殊的聚合体中包含有大量的小孔，可以将染色剂牢牢锁住。为了确保此项技术在制衣方面的市场价值，聚合体不能影响到羊毛本身的质感，且必须耐穿着、感光性强。

童城说："采用聚合体的纺织品与普通羊毛制品几乎完全相同，新型产品保持了羊毛的柔软度和垂感，洗后也不易褪色。"

这项新成果，使羊毛衣物能在阳光下变色，并阻挡有害紫外线，它可能将引发下一季的时尚潮流。

该成果已经获得两奖项：一是由澳大利亚材料协会颁发的"2006年度博兰（Borland）论坛奖"；二是澳大利亚羊毛发展公司和德国羊毛研究所共同颁发的"羊毛科学卓越奖"。

2. 荧光产品研制的新进展

研制出艳如电脑特效的"荧光鲜花"。2012年2月5日，英国《每日邮报》报道，澳大利亚植物科学研究发展公司马克·特斯特教授领导的一个研究小组，日前研制出一款名为"加拉茜雅"的奇妙"荧光鲜花"。这种鲜花上喷涂了特殊的荧光材料，能够显示出妩媚亮丽的荧光效果，十分适宜在婚礼、庆典等场合使用。

研究人员表示，看到如此闪亮迷人的花朵，可能会以为这是童话中被施了魔法的道具。

报道称，该公司是南澳地区一家专门利用先进科学手段研制发光植物的机构。作为该公司推出的第一款产品，"加拉茜雅"荧光鲜花上喷涂的荧光剂，属于无毒无害的化学制品，如果不慎沾染到衣服上，可用温水和肥皂洗净。

特斯特说："'加拉茜雅'荧光鲜花使用的荧光剂配方，是由我们公司独家研制的，且效果令人惊叹。即使是最普通的植物，也能在荧光剂的调和下散发出迷人的光彩，其荧光效果可维持数月以上。我们认为，这种荧光剂不仅可以用于插花，也可以用于各式盆栽。喷洒了荧光剂的植物花卉，无论是作为饰品来佩戴还是作为会场的摆设，都是不错的选择。"

目前，"加拉茜雅"荧光鲜花，仅在澳大利亚和新西兰销售，但其潜在需求十分可观。

（二）探索光学技术的新信息

1.　开发保存光束技术的新进展

通过新型光陷阱成功"冻住"光束1秒钟。2005年8月，澳大利亚国立大学物理学家杰文·朗戴尔，与其同事组成的一个研究小组，在《物理评论通讯》上报告说，他们成功地用新型光陷阱，把光束"冻结"1秒钟，这远远超过此前最长1毫秒的记录。

据悉，利用新型光陷阱，首次成功地把一个光脉冲"冻住"足足1秒钟的时间，是以前最好成绩的1000倍。把"冻住"光束的时间大大延长，意味着可能据此找到实用方法，以便制造光计算机或量子计算机用的存储设备。

要使光停住脚步，需要一种特殊的陷阱，其中一个条件是，原子温度极低，几乎静止，以至于每个原子都有着同样的量子态。在通常情况下，这样一团冻结的原子是不透明的，但仔细校准后的激光，能够在其中"切割"出一条通道。如果一个光脉冲从另一方向传播过来时，陷阱相对于它来说是透明的。一旦切断激光，陷阱立刻又变得不透明，光脉冲就被困在陷阱里。倘若恢复激光照射，光脉冲就会继续传播。

陷阱的秘密在于，它并不像普通陷阱困住物体那样困住光线，而是通过建立"量子冲突"来保存住光脉冲的信息。激光和光脉冲对原子的作用是相反的，导致原子发生"纠缠"，处于两种量子态的混合状态。切断激光时，原子吸收光脉冲，但光脉冲并没有丢失，原子仍然纠缠在不同量子态中，光脉冲的信息给它们留下了印记。只要原子不移动或改变，就能完全保有光脉冲的信息。

以前的光陷阱，只能坚持约1毫秒，随后就由于原子的移动而崩溃。这次科学家利用掺有稀土元素镨的硅酸盐晶体，制造出一种"超级光陷阱"。由于晶体是固态的，而且镨的磁稳定性非常好，因此这种陷阱保存光脉冲信息的时间，比气体陷阱或不够稳定的晶体陷阱，要长得多。

2.　开发牵引光束技术的新进展

"牵引光束"实现一米半外隔空取物。2010年9月9日，美国《大众科学》网站报道，澳大利亚国立大学物理学家安德烈·罗德领导的一个研究小组，仅使用光束，使玻璃颗粒在空气中移动了至少1.5米，无论目标尺寸还是移动距离，这都超过了当前"光镊"技术所能实现的上百倍。

牵引光束，这一名词来自科幻作品。在人们的构思中，该装置能够突破引力范畴，将物体牵引到自己身边，看上去就似"隔空取物"。其出现的经典场面，如影片《第九区》中飞船被牵引光束引导上升的情景，及《星球大战》中千年隼号飞船被牵引光束拉进死星所体现出的"疯狂"力量。但这里的牵引光束，实际上是一束高密度的引力子流，能产生高强度的引力波和引力场，将目标物体吸引过来。

而在实际范畴，建立在光辐射压原理上利用光去移动物体并不新鲜，强大的"光镊"已被广泛地应用于操作细胞，甚至是纳米水平的物质。但现在，罗德研究小组开发的新系统能运用空心激光束击中目标，再利用空气温差使目标物体移动。据研究人员说，被移动的玻璃制目标物体，个儿头比"光镊"常移动的细菌大上几百倍，他们已使它移动了至少 1.5 米，这是目前"光镊"所能操控距离的 100 倍。而 1.5 米这个数字，仅仅是因为受实验台的尺寸限制，罗德相信将目标物体移动 10 米不成问题。

研究人员现已可通过改变激光亮度，使该玻璃颗粒移动的速度和方向做出改变。但该系统在操作中需要加热空气或其他气体，因此现阶段还不能在太空中大显身手，令星战迷们唏嘘惋惜。不过它在地球上将用处非凡，如在各种生物研究中代替人手移走有害物质。

（三）探索光合作用的新信息
——发现藻类进化出可控制光合作用的量子开关

2014 年 6 月 17 日，物理学家组织网报道，澳大利亚新南威尔士大学物理学院教授保罗·柯米主持的研究小组，在美国《国家科学院学报》上发表论文称，他们通过对生活在极暗光线环境下的藻类进行研究后发现，这些藻类在光合作用过程中，能打开或关闭一种"量子开关"，表现出奇特的量子效应，这种量子效应可能帮它们高效收集光线。

海藻的这种量子效应是量子相干。在量子物理世界中，一个相干系统能同时处于多种不同的状态，这种现象称为"重叠"，越来越多的证据显示，这种通常只在严格控制的实验室里才能观察到的现象，大自然也在运用，比如一些鸟类利用地球磁场辨别方向的机制中，就涉及量子相干。

柯米说："我们研究的是一种叫作隐藻的微小单细胞藻类，这种藻类广泛生长于水池底部，或厚冰下面，这些地方很少有光线照进来，大部分隐藻都有一个集光系统，这里发生着量子相干。"2010年时，他们在两种不同的隐藻的集光系统中，发现分子间的能量转移表现出量子相干性，在绿色硫黄细菌中也有同样效应，它们也是生活在光线极暗环境中。

研究人员推测，这种效应能提高光合作用效率，让隐藻和细菌能在几乎没有光线的环境中生存。一旦集光蛋白捕获到阳光，需要把捕获的能量尽快送到细胞反应中心，在那里将能量转化为生物化学能。研究人员认为，能量以一种随机的方式到达反应中心，就像一个醉鬼糊里糊涂地回了家。但量子相干允许能量同时"试验"每种可能的路径，然后找到一条最快捷的路径"回家"。

研究人员表示，他们发现了一类基因变异的隐藻，它们集光蛋白的形状改变使集光系统关闭。通过对比两种不同的蛋白质，可以揭开量子相干在光合作用中扮演的角色。他们用X-射线晶体衍射技术观察了3种隐藻的集光蛋白，发现在两种变异隐藻的基因中，插入了一个额外的氨基酸，改变了蛋白质的结构，从而破坏了相干性。柯米说："这表明隐藻已经进化出了控制量子相干的基因开关，这种基因开关简洁而强大，能打开或关闭量子效应实现高效集光。"

目前，人们对生物体中的量子相干还知之甚少，这属于新兴的量子生物学。生物量子相干机制有助于藻类更有效地收集光能。理解量子相干在生物体中的功能，有可能带来技术上的进步，造出更好的有机太阳能电池、量子电子设备等。

第二节　光学仪器设备研制的新进展

一、研制激光与太赫兹设备

（一）开发激光设备的新信息
1. 激光器研制的新进展
（1）推出可拍摄单个电子的阿秒级激光器。2011年8月16日，美国

《大众科学》网站报道，一个由澳大利亚、美国、欧洲科学家组成的国际研究团队，在《自然·光子学》杂志上发表论文称，他们研制出一种新的阿秒级激光器，当单个电子参与化学反应时，这种激光器或可为其"摄像"，这是迄今为止最高清、最快速的数据收集活动。一旦取得成功，新激光系统将对从基础化学到复杂的药物研究、化学工程学等领域产生巨大影响。

研究人员表示，拍摄下电子的"一举一动"并非易事，因为电子的运行速度非常快，在1.51阿秒内就能环绕一个氢原子核旋转一周。为了捕捉到正在活动的电子，人们需要一种能在阿秒层面上发送脉冲的激光器。

此前，已有科学家研制出并演示了阿秒激光脉冲，但那些脉冲非常微弱，无法真正测量电子的动态，真正有用的阿秒激光器需要兼具高速度和强脉冲密度。新激光系统满足了这两个需求，并且只需简单的环境设置就可完成任务。

为了获得超强的激光脉冲，人们需要将不同频率的光波精确地混合在一起，使它们能互相加强。知易行难，因为很难让两种不同的激光束精确地同步。为了克服这个问题，科学家们构建了一套环境装置，让单束激光通过一个射束分离器，产生两束不同频率的激光。因具有相同来源，这两束激光能够实现同步。

科学家们还采用了其他辅助手段，让激光脉冲达到了阿秒规模的测量所必需的激光脉冲密度和持续时间。借此，人们能以前所未有的方式观察单个电子的活动。

（2）研制成功首款超小锁模激光器。2012年4月4日，澳大利亚国家研究委员会光学系统超高速宽带设备研究中心、悉尼大学光子学和光科学研究所科学家戴维·莫斯领导，成员来自加拿大国立科学研究院、意大利国家研究委员会、美国英飞朗有限公司的一个国际研究团队，在《自然·通讯》杂志上发表研究成果称，他们研发出一种新型的超小激光器，有望彻底改变计算、医药等多个领域的面貌，也能助推超高速通信等领域的发展。

莫斯解释道："这是首款激光模式相互间的相位被锁定的激光器，也是我们首次使用一个微腔谐振器来对激光器锁模，锁模激光器可以产生最短的光脉冲。因此，新式超小激光器不仅能制造出激光超短脉冲，而且非常精确、体型超小、发出激光的速度超快，可以在很多领域大显身手。"

制造出非常灵活的重复频率发出光脉冲的激光器，是全球科学家们一直孜孜以求的目标。不同的研究团队提出了各种各样的方法来制造这样的激光器，但都功亏一篑，该研究团队首次让这种激光器成为现实。

莫斯表示："新式激光器设备能在前所未有的高重复频率 200 吉赫（1 吉赫＝1 千兆赫）下非常稳定地运行，同时维持非常狭窄的线宽。新激光器体型纤细、功能多样、性能稳定而且高效，可以应用于很多领域。"

科学家们指出，新激光器将在计算、测量、疾病诊断以及材料处理等领域找到用武之地，也将在测量学领域使用的精密光学时钟、超高速通讯、微芯片计算以及其他领域大展身手。

（3）研制出首个全碳等离子纳米激光器。2014 年 4 月 17 日，物理学家组织网报道，澳大利亚莫纳什大学电子和计算机系统工程学院，盖鲁帕辛哈博士领导的研究团队，在《美国化学会·纳米》杂志上撰文称，他们研发出全球首个完全由碳基材料制成的等离子纳米激光器。该技术有望在提高运行速度的同时，彻底改变电子产品的外形。未来，如名片般轻薄柔软的手机，甚至能被直接印制在衣服上。

等离子激光器的大名叫表面等离子体激元纳米激光器，实际上是一种高效的纳米光源。它能够通过自由电子的振动发出光束，而不像传统激光器那样需要电磁波和占用巨大的空间。传统激光器的运行需要放大光子，而等离子激光器则是通过放大表面等离子体。等离子体的运用能够使其突破传统激光器的限制，速度更快、体积更小，让超高分辨率成像和微型光学电路成为现实。有研究称，这种电路比目前最快的硅基电路还要快上百倍。

盖鲁帕辛哈称，与半导体等离子激光器相比，碳基等离子激光器还将提供更多优势。他说："目前传统的等离子激光器大部分由金、银等金属纳米颗粒和半导体量子点制成，而我们的设备则由石墨烯谐振器和碳纳米管增益元件组成。使用碳意味着，这种激光器的效率更高、更柔软便携，能够在高温下工作，并且更加环保。根据这些特性，未来有望制造出能够直接印制在衣服上的微型手机。目前研究人员已经在纳米天线、电导体和波导上进行了测试。"

报道称,这项新研究,还首次证实了石墨烯和碳纳米管之间可以交互并通过光进行能量传递。这种基于光的传导,速度极快还非常节能,特别适用于制造计算机芯片。因为石墨烯和碳纳米管具有极其卓越的机械、电气和光学性能,而且还是优良的热稳定材料,能够承受高温,它们能够完全胜任很多高效、轻量级的应用。以该技术为基础的高速芯片可以被用来替代目前大量使用的、基于晶体管的装置,如微处理器、存储器和显示器等。新技术能够轻易突破硅基材料目前所面临的小型化和带宽瓶颈。

盖鲁帕辛哈说,除了在计算机领域的应用外,这种激光器还有望在癌症的放射疗法上获得应用,结合纳米标记技术,石墨烯和碳纳米管产生的高强度电场能将癌细胞各个击破,而不伤及健康细胞。此外,在分子检测和高灵敏度生物医学测试上,该技术也能一显身手。

2. 增强激光器光强度研究的新进展

采用"以退为进"提高激光器光强度。2014 年 10 月 17 日,物理学家组织网报道,一个澳大利亚光学专家参加,其他成员主要来自美国和日本等国的国际研究小组,在《科学》杂志上发表研究成果称,为了克服激光器系统能量损失,他们最近研究出一种新方法,它不是常见的用超量光子或光束来刺激系统以获取所需能量,而是通过给激光器系统增加一些"损失"来收获能量。换句话说就是,他们已经发明了一种"以退为进"的妙招。

报道称,该研究小组是通过三个实验总结出这一新妙招的。在第一个实验中,他们通过改变对两个微型谐振器的距离改变其匹配状态,对其中一个采用"一给命令就消失"的可控操作。在第二个实验中,通过变化损失量,他们能操控匹配状态并测算出两个谐振器之间的光强度,结果,令人吃惊地发现,当能量损失增加的时候,两个谐振器的总强度先是上升然后又有所下降,但最终重新显现出了较高的光强度。在第三个实验中,他们通过在二氧化硅中增加损失量,获得了两个非线性现象。

研究人员说:"光强度在光学系统中是一个非常重要的参量。不同于给系统增加更多能量的标准方法,我们反其道而行之,通过调节损失量来获取更有效的能量。"

实验系统包括两个微小的直接匹配的二氧化硅谐振器，每一个都配备了不同的熔锥光纤连接器，能将光线从一个激光发射器的二极管引导到感光探测器；光纤逐渐变窄，确保光线在光纤和谐振器的正中间。研究人员说，这个构想可以在任何配对物理系统中应用。

关键器件是一种叫作"铬涂层二氧化硅纳米锥"的微型装置，能让其中一个微型谐振器产生光强损失。这个微型装置被放置在调控范围只有20纳米的极微小的光泄漏区域中。研究人员说，用铬来做涂层，是因为它是一种能大量吸收1550纳米波长的材料，而且能很好地对它调控"损失"程度。另一种关键装备，是"纳米定位器"，能通过调节距离来控制配对谐振器之间的长度。

"损失获能"现象具有"例外点"的特征，这种特征对系统特性影响甚大。在近些年的物理学研究中，"例外点"贡献了一系列"反常"的表现和结果。研究人员说，当调试系统达到"例外点"，基于光强度的非线性过程都受到了影响。

研究人员指出："这项研究的有利于之处在于，通常来讲，'损失'被认为是不好的，但是我们把它变成了好的进而扭转了坏的影响，我们用激光器实现了这一点。"他们的研究成果，除了对激光器技术发展有所裨益，在其他物理学领域，比如光子晶体表现、电浆子结构和超材料等研究领域中，也会激发针对"损失"效果的新研究计划。

（二）开发太赫兹设备的新信息
——创建通信效率更高的太赫兹磁源设备

2018年3月，澳大利亚新南威尔士大学电气和光学专家沙吉克·阿塔克拉玛斯为主要成员，阿德莱德大学、南澳大学和澳大利亚国立大学相关专家参与的一个研究团队，在《应用物理快报·光子学》杂志上发表论文称，他们设计了一个适应通信和光传输的新平台，并利用一个新的传输波长实验验证了这一系统。与目前用于无线通信的波长相比，该波长拥有更长的带宽容量，为通信和光子学技术开辟了新的发展空间。

在这项研究中，研究人员分析了太赫兹辐射。其拥有比微波更短的波长，因此具备数据传输的更高带宽容量。更重要的是，太赫兹辐射提供了更集中的信号，从而改善了通信基站的效率，并且减少了移动信号塔的功率消耗。阿塔克拉玛斯说："我认为，进入太赫兹频率将是无线通信的未来。"不过，科学家一直无法开发太赫兹磁源，而这是将光的磁性应用于太赫兹器件的必要一步。

研究小组探寻了与物体发生相互作用时太赫兹波模式如何发生变化。在此之前，研究人员提出，太赫兹磁源理论上，可在点源通过亚波长光纤时产生。这是一种直径比辐射波长更小的光线。在这项新研究中，他们利用一个简单设备，使太赫兹辐射通过临近亚波长直径光线的窄洞，从而验证了其提出的概念。该光纤由支撑循环电场的玻璃材料制成，而这对于磁感应和增强太赫兹辐射至关重要。

阿塔克拉玛斯表示："创建太赫兹磁源为我们开辟了新的方向。"这或许有助于研发微型，甚至是纳米尺度的元件。例如，机场的太赫兹安全检查能和 X 射线一样高效地揭示隐藏物品和爆炸性材料，但不会产生 X 射线离子化这样的危险。

二、研制信息传输与探测方面的光学设备

（一）开发信息传输光学设备的新信息

1. 研制传输影视信息光学设备的新进展

开发能让手机裸眼看三维影像的超薄全息片。2017 年 6 月，澳大利亚两院院士、皇家墨尔本理工大学卓越教授顾敏领导的一个中澳科学家组成的研究团队，在《自然·通讯》杂志上发表论文称，他们制备出一款超薄纳米全息片，有望让三维全息显示集成到智能手机等电子产品上，以呈现出裸眼可看的全息影像。

研究人员表示，把三维全息技术集成到日常的消费电子产品上，将使得屏幕本身的尺寸不再那么重要。相比二维屏幕、三维全息显示可以呈现更丰富的内容和更大的信息量，有望引发医疗诊断、教育、数据存储和安全防御等领域的变革。

顾敏说，那种浮在空中闪着小蓝光的三维全息影像，深受好莱坞科幻电影喜爱。现实中，把三维全息技术应用到消费电子产品中的一大难题，是如何制备足够薄的全息片。他们研制出这款超薄纳米全息片，是迄今为

止可集成到消费电子产品中的最薄全息片，厚度不到人头发丝的1‰。

顾敏指出，通常全息显示都是通过调整光的相位，形成一个具有三维深度效果的影像。为了产生足够大的相位偏移，过去全息片所采用的材料厚度通常大于光学波长，而他们制备的这种超薄全息片打破了这一极限，厚度仅有25纳米。该超薄全息片采用一种表面折射率低、内部折射率高的拓扑绝缘体材料，材料表面和内部具有不同的折射率，自然形成了一个光学共振腔，可增强相位差，从而实现三维全息成像。此外，他们还采用了十分简单、快速的方法：激光直写技术，有利于这种全息片的大规模生产和工业应用。

他们还在努力制备可弯曲、有弹性的超薄全息片，并能从各方位观察三维全息图像，这有望使全息技术应用到更加广阔的领域。

2. 研制传输量子信息光学设备的新进展

发明有望助力量子信息传输的"量子透镜"。2018年10月，澳大利亚国立大学非线性物理中心博士生王凯为论文第一作者的一个国际研究团队，在《科学》杂志上发表论文说，他们发明了一种微型"量子透镜"，能够高效控制和检测光束中的量子信息，助力量子计算机与通信网络间的信息传输。

这种新型透镜厚度约为头发丝的1%，具有硅纳米结构组成的"超表面"，可实现对多个光量子同时成像，以便解读出光束中的量子信息。

王凯介绍："解读光束中的量子信息通常需要采用一系列的光学元件分步进行，而我们用一片极其轻薄的超材料元件一步完成，不仅实现了小型化，而且更加稳定可靠。"

王凯说，发展量子技术有望实现更快速的计算和更安全的通信。借助"量子透镜"，可以更便捷地控制和检测自由空间和通信网络中传输的量子信息，助力量子计算平台与通信网络间实现快捷可靠的信息传输。

（二）开发光学探测设备的新信息

1. 研制光学探测仪器的新进展

（1）开发近红外线食品检测仪。2005年10月，有关媒体报道，澳大利亚近红外线反射技术公司对外发布消息称，其内部一个研究小组，研制出近红外线传递分光光度计的食品分析新方法，用于测定食品中广泛的组成成分。

据悉，该公司的 3000 系列近红外线食品分析仪，能测出食品中所含的蛋白质、脂肪、酒精、糖和其他成分。近红外线反射和近红外线传递、微波及 X-射线，是测定食品成分的最为普遍的三项技术。红外线技术公司的食品分析仪，主要用户是生产肉制品、奶油乳酪、乳制品、蛋黄酱、酸奶、香肠、黄油、人造黄油的企业。

3000 系列近红外线食品分析仪，包括数组二极管分光光度测定仪、便携式计算机及软件和 3 个样品元件，分别用于测定液体、固体、半固体样品。仪器发出的近红外线反射光通过厚度为 10~20 毫米的样品，其反射光的吸收值与水、酒精、糖、脂肪、蛋白质的浓度成比例，测定所需的时间不到 1 分钟。整个过程通过软件及时监控，存储器能够储存 100 个数据，仪器还可与其他计算机联网。

（2）发现用光学仪器探测放射性矿藏更安全。2006 年 11 月，有关媒体报道，澳大利亚皇后岛技术学院科研人员，找到用光学仪器安全探测放射性矿藏的新方法，这对于保障放射性矿藏资源的安全开发利用意义重大。

这项新技术，主要利用光纤探测器和近红外光谱分析仪，能够从远处对沉积在土壤和水中的铀矿石等放射性矿藏资源进行遥控探测，这有效地解决了目前近距离探测放射性矿藏的安全性问题，免遭近距离的放射性污染。

目前，许多铀矿石、特别是一些二级矿的铀矿石，通常具有可溶性，能够在水中迁移，往往漂离人们起初发现它们的地方，这直接导致人工开采的不精确，并大大增加放射性矿藏污染的风险。采用新技术方法，即便铀矿石远离原来地方，人们也能很快发现它们。新方法对于铀矿安全开采利用尤为重要。

现在，许多国家因发展核电需要加紧开发铀矿，而原有技术由于无法精确开采造成更多的资源浪费和放射性材料污染问题。一方面，利用新方法还可以监测铀矿开采过程中的污染问题；另一方面，利用新方法可以安全地探测铀材资源，更好地防范恐怖组织偷采和运输铀矿，进而大大减少他们可能制造核弹的机会。

（3）模仿螳螂虾复眼结构研发可探测癌症的仪器。2014年9月23日，物理学家组织网报道，澳大利亚昆士兰大学脑研究所贾斯汀·马歇尔领导的研究小组发现，螳螂虾的复眼能够很好地探测到人眼察觉不到的偏振光，成了科学家们研制新型相机的极佳模板，据此开发出的成像设备，未来将会用于检测癌症和观测脑部活动。

人们常为眼中所见万千世界中斑斓色彩而雀跃不已，但是，人眼只能看到3种原色、看不到红外及紫外光。可能很难想象，水底小小螳螂虾眼中，却可以看到包含从近紫外到红外之间整个光谱，以及12种原色的世界，那将会是什么样子呢？澳大利亚研究小组这项新的研究，再次夯实了螳螂虾"世界上眼神儿最好"这一宝座：它们还能看到偏振光。

马歇尔表示："人们看到的'颜色'，是由色调与阴影构成的，并借助物体间的差异加以分辨，例如，人看到绿树上挂着红苹果，是因为两者的色调、阴影、形状各不相同。而偏振光离我们并不遥远，常见的偏光太阳镜就是很好的例子，它们能够反射偏振光，减轻水面或湿滑路面反射出的强光对人眼的刺激。"

医学研究发现，癌组织会反射出与周边健康组织不同的偏振光，而螳螂虾的复眼能异常清晰地捕捉到这种人眼看不到的偏振光，并能利用偏振光来探测和辨别物体。这一发现，无疑让研究人员通过视觉影像检测癌组织成为可能。

据报道，该研究小组与英国、美国的研究人员，联合开发出一种模仿虾眼的全新仪器，能对捕捉到的影像进行处理，将原本看不到的信息转化为人类可视的颜色信号。这种影像，可以实时反馈出癌变区域或监测神经细胞的活动状况，在未来能有效提高癌症的检测效率，减少烦琐的活体组织检查步骤，还可用于外科手术程序的指导。这项技术在未来或许还能推动智能手机摄像头的升级，帮助人们随时随地快速检查自己的健康状况，提早进行有针对性的治疗。

但想要亲眼"看到"神经元发出的光并鉴别癌症组织，仍超出了人们现阶段的技术水平，研究人员还需要进一步深入研究。不过现在人们完全可以借鉴螳螂虾经数百万年进化而来的巧妙眼部结构，在研究分析并重新架构后，简洁而高效地找到最佳方案，大大缩短科学家们从头设计的时间。

目前，昆士兰大学脑研究所还联合了美国华盛顿大学医学院、美国马里兰大学巴尔的摩分校，以及英国布里斯托大学共同研发这项技术。这次联合研究团队集结了视神经技术、物理和光电工程技术等方面的专家，这种跨学科合作，相信会加速新技术的开发。

2. 研制光学监测传感器的新进展

开发新型紫外线辐射监测传感器。2018 年 10 月，澳大利亚墨尔本皇家理工大学光学专家维普尔·班萨尔主持的一个研究小组，在《自然·通讯》杂志上发表论文称，他们研制出全新制造方法，可制成一种裸眼探测紫外线辐射的低成本、高灵敏度传感器。这种纸基的可穿戴传感器，能让用户对日常生活中的紫外线影响进行监管。

紫外线辐射可根据波长分为 UVA、UVB 和 UVC。要监测不同紫外线辐射的影响，就需要低成本的光谱选择性紫外线传感器。但目前的传感器由于造价高、制造工序复杂，很难实现大规模部署。

班萨尔研究小组，设计出一种具有光谱选择性的高灵敏度紫外线传感器。他们的设计秘诀在于，创造出一种基于多金属氧酸盐的隐形墨水。这种墨水具有光谱选择性紫外线感应的特殊性能，与低成本的现成部件（如滤纸、透明膜或钢笔）结合后，就能制造出一种纸基的低成本可穿戴紫外线传感器。

研究人员在文章中，通过一个定制的纸基笑脸式紫外线传感器，展示了这项新技术的适用性。该传感器可以针对 6 种不同皮肤类型，对每种紫外线辐射的最大允许照射量阈值，进行实时照射剂量监测。这一结果表明，光谱选择性紫外线传感器，或有潜力投入大规模生产，并针对特定皮肤类型进行定制。

第四章　天文与交通领域的创新信息

　　澳大利亚在宇宙及其组成物质领域的研究，主要集中于发现宇宙正在慢慢"老去"将越来越暗，发现将颠覆宇宙演化标准模型的新现象，探索宇宙基本常数，推进宇宙反物质研究。探测黑洞与引力波。研制能自行修补的宇宙飞船、新型宇宙探测器、大型高精度天文望远镜。在银河系领域的研究，主要集中于测量表明一半暗物质栖身于银河系，发现银河系中心发生过能量大喷射，绘出迄今最大三维银河系磁场图，并推进银河系内外星系研究。在太阳系领域的研究，主要集中于探索地球大气和样貌，分析陨星与小行星撞击地球现象，研究地球宝石与岩石；回顾人类首次登月活动，研究月球表面岩石。发现计算行星系重量的新方法，发现一颗巨大天体撞击过木星，发现小行星或曾是巨大泥球。在恒星与系外行星领域的研究，主要集中于发现已知最古老的恒星，发现大部分恒星拥有强磁场，首次探测到恒星爆炸激波，开发出能更精确推断恒星年龄的新工具。揭示红巨星的内部结构，研究超新星与万有引力常数的关系，并探测系外行星与星系形状。在交通运输领域的研究，主要集中于研制汽车、山地车与摩托车，开发"超级飞机"、超音速发动机和飞机环保航油，研制出仅长 40 厘米的微型潜艇。另外，还对交通布局与健康关系展开探索。

第一节　探测宇宙的新进展

一、宇宙及其组成物质研究的新成果

（一）宇宙演化与基本常数研究的新信息
1. 探索宇宙演化获得的新发现
　　（1）发现宇宙正在慢慢"老去"将越来越暗。2015 年 8 月，西澳大利亚大学天文学家西蒙·德雷福领导的"星系与质量组合"项目国际研究

小组，在美国举行的国际天文学联合会年会上报告说，他们通过对大约20万个星系的研究确认，宇宙中星系产生的能量仅相当于它们在大约20亿年前产量的一半左右，并且这种趋势存在于所有的波段中，从而发现宇宙正在缓慢"熄灭"并走向死亡。

这项研究，调动了全世界最强大的7台大型望远镜。研究结果发现，这些星系产生的能量，仅相当于它们在大约20亿年前产量的一半左右，并且这一数字仍在继续下降。另外，这种能量的下降是广谱段的，从紫外波段一直到红外波段，都显示出这种下降的趋势。

德雷福说，现在的宇宙，就像是一个坐进沙发正在打瞌睡的老人，而这一觉说不定就是永远。

对外公布结果的"星系与质量组合"项目，是迄今在多波段开展的最大规模的此类研究工作。在这项研究中，科学家们收集了来自世界上一些最强大望远镜的数据，其中包括位于智利境内帕拉纳天文台的 VIST 和 VST，美国宇航局的 GALEX 和 WISE 空间望远镜，以及欧洲空间局的赫歇尔空间望远镜等。借助空前翔实的数据，研究小组计划对今日宇宙中产生的所有能量进行描绘和分析，随后再对过去宇宙中的这一情况进行分析。

我们宇宙中所有的能量，都是在宇宙诞生时的大爆炸中产生的，其中的一部分能量被以质量的形式处于锁定状态。自那以后，恒星不断将质量重新转化为能量，其理论根据便是爱因斯坦那著名的质能方程：$E = mc^2$。

然而，这一能量制造过程却正在稳步衰减。德雷福表示："我们身边的大部分能量都是大爆炸事件的产物，而其余额外的能量则是由恒星通过氢原子或氦原子的聚变反应所释放出来的。恒星内部核聚变过程中释放出来的这些能量，要么就是在发散过程中被星系中的尘埃物质所吸收，要么散逸到星系际空间之中，一直自由传播，直到遇到另一个恒星、行星或是人类的望远镜镜头。"

事实上，科学家们早在1990年便已经察觉我们的宇宙正在逐渐"熄灭"，但这次最新研究工作是迄今精度最高的。

当然，宇宙逐渐走向"熄灭"，并不意味着马上就会消亡，实际上是一个非常漫长的过程。欧南天文台天文学家乔·里斯科说："我们尚不能够精确推断出宇宙熄灭的确切时间，不少星系中依然有活跃的恒星活动，一些仍然会持续数十亿年。"

英国伦敦大学天文学家威尔·萨瑟兰称，宇宙的变暗可能与其加速膨胀有关，这种膨胀效应正在将物质加速向外抛撒。最近几十亿年来，由于氢、氦等必要元素的日渐稀少，新诞生恒星的数量一直在减少，甚至已经不能赶上恒星死亡的速度。这种青黄不接的现象，直接导致宇宙变暗。

作为一个国际合作项目，该研究采集了包括美国国家航空航天局星系演化探测器和广域红外望远镜、欧洲南方天文台在智利的维斯塔红外巡天望远镜和安装在澳大利亚赛丁泉天文台的英澳望远镜的数据。

萨瑟兰说，宇宙不会立即熄灭，但是它会逐渐褪色，就像夕阳一样，而整个过程可能长达几十亿年的时间。

（2）颠覆宇宙演化标准模型的新发现。2018年2月1日，由澳大利亚和美国天文学家参加、瑞士巴塞尔大学天文学家奥利弗·穆勒主持的一个国际研究团队，在《科学》杂志上发表论文称，他们发现，在围绕半人马座A星系旋转的16个卫星星系中，有14个分布在垂直于母星系的一个平面上，并且其中有一半的星系朝着地球运转，而另一半星系则远离地球运转。这一发现，对一种解释宇宙演化的标准模型提出了挑战。

在整个宇宙中，无数个小星系围绕着更大的宿主星系旋转。例如，我们所在的银河系，便至少有几十个这样的追随者，并且理论预测它们应该是随机运动的。然而，这项新的研究，揭示了一组婴儿星系就像旋转木马般整齐地围绕着宿主星系旋转。

该研究团队发现，距离地球约1200万光年的半人马座A星系周围的微小星系，在一个令人惊讶的平面上运行，而不是位于一个随机的球体中。如果这还不足够让人感到奇怪的话，这项新的研究表明，其中的大多数星系都是在朝着同一个方向运转。

研究团队筛选了一个包括有数百个星系的测量数据目录，从而确定了在半人马座A星系周围的16个卫星星系的速度和位置。结果发现，这些卫星星系几乎都在沿着同一个方向转动。而这与一种被称为"拉姆达—冷暗物质模型"的标准模型不符。

这一标准模型理论假定，卫星星系应随机分布在母星系周围，并向各个方向运动。这一模型可对宇宙微波背景辐射、宇宙大尺度结构及宇宙加速膨胀做出简单、合理的解释。

此外，天文学家发现，环绕银河系和我们最近的邻居仙女座星系的小星系似乎也在同一个平面内沿着相同的方向旋转。它们的卫星星系在垂直于母星系的一个平面上同步旋转，而这也不符合"拉姆达—冷暗物质模型"这一标准模型。

星系形成的理论模型之前曾认为，其他星系中只有大约不到 0.5% 的卫星星系会呈现这种特点。研究人员推测，这些由小星系构成的平面，可能是大型星系之间在远古发生碰撞后的产物。

新发现的半人马座 A 星系卫星星系的分布方式，再次挑战了上述标准模型。银河系和仙女座星系是螺旋星系，半人马座 A 星系则兼具椭圆星系和螺旋星系的特征。研究人员据此认为，在半人马座 A 星系发现卫星星系垂直分布在同一平面，说明这一分布方式或许并非统计异常，而可能是一种广泛存在的现象。

2. 探索宇宙基本常数的新进展

研制原子钟测量宇宙基本常数。2013 年 10 月 15 日，澳大利亚广播公司报道，西澳大利亚大学副教授约翰·迈克菲伦领导的研究小组正在与时间赛跑，研制精确度达到世界领先水平的原子钟。他们的原子钟将用于一项实验，测量宇宙的一个基本常数。

迈克菲伦等人研制的原子钟，采用稀土元素镱的原子制造。他说："与其将它们看成钟表，我更喜欢将它们视为人类的终极精度机器。"

与采用微波的标准原子钟不同，镱原子钟将在更高的光频段下运转，将时间分割成大约 10 万份，用以获得更高的精确度。迈克菲伦说："为了制造这种原子钟，我们需要使用激光器、光学装置、电子装置、不锈钢和超高真空系统，用于隔离镱原子。每一个激光系统，几乎都能让人写一篇博士或者硕士论文。"

激光系统负责冷却和减缓镱原子的速度，同时在磁场的配合下，将它们捕获到一个栅格中。栅格内，它们会遭到拥有特定频率的超纯净高稳定黄色激光的轰击。激光轰击，导致原子中的电子拥有更高的能量态。迈克菲伦表示："这种黄色激光，最接近于纯正弦波。想象一下，将你听到的音符清晰度放大 10 亿倍，这就是纯正弦波需要做的事情。"

完成之后，这将是澳大利亚唯一的冷原子光学钟，同时也是国际太空原子钟组合系统中唯一一个来自南半球的原子钟。太空原子钟组合系统，将于 2016 年发射升空，进入国际空间站，帮助确定物理学中的精细结构常数是否在任何地区都保持不变。精细结构常数用于表示原子核束缚用于束缚电子的电磁力。3 年时间里，原子钟的频率比经过比较后，可用于评估精细结构常数是否发生变化。

迈克菲伦表示："天文观测结果，显示精细结构常数在宇宙数十亿年的变迁中发生变化。精细结构常数，可能在不同方向存在差异。科学家研制原子钟的作用，就是要看一看能否探测到这种变化。"

除了验证物理学定律等研究目的外，原子钟还可以用于定义时间。迈克菲伦说："我们当前的时间单位秒立基于铯的能级之间跃迁，每秒9192631770 个周期。"世界各地的科学家研制镱、铝、汞和锶原子钟，以确定哪一种原子钟组合最适于在未来定义秒的标准。

（二）宇宙组成物质研究的新信息
——实施宇宙反物质探索的新进展

提出"量产"反氢原子的理论。2015 年 5 月，澳大利亚科廷大学和英国斯旺西大学科学家组成的一个研究小组，在《物理评论快报》上发表论文称，他们从理论上，找到一种可将反氢原子生产效率提高几个数量级的方法。他们认为，这项发现可以满足未来实验的需求，在更低的温度下大量生产出能被长时间约束的反氢原子。

很多科学实验围绕反物质展开，从研究其光谱测量的属性，到测试它们如何与引力相互作用。但要进行实验，必须拥有这些反物质。当然，在大自然中反物质不会被找到，因为反物质与普通物质相遇后释放能量即湮灭，因此，在实验室制造出反物质非常具有挑战性。

研究人员说："物理学定律认为，宇宙大爆炸之后，物质和反物质是等量存在的。但一个未解的科学之谜就是，所有的反物质都哪去了？为了回答这个问题，欧洲核子研究中心（CERN）的科学家，打算用反物质做引力和光谱实验。最简单的研究对象就是反氢原子。然而，在实验室中创建反氢原子的研究非常富有挑战性，且造价极其昂贵。"

反氢原子对科学家很有吸引力，部分是因为它自身的性质：它由一个反质子和一个正电子/负电子组成，因为只有两个粒子，所以反氢原子比其他较大的反原子更容易生产出来。

2002 年，科学家第一次在欧核中心制造出反氢原子。2010 年他们将它"局限"了 30 分钟。最终其"销声匿迹"了，因为它与实验装置的墙壁相互作用，或者与背景气体产生了反应。

在实验室中，有好几种方法可以产生反氢原子，其中一种方法叫作反质子—电子偶素散射反应。到目前为止，大多数这种反应被证明处于基本态。此次科学家从理论上证明，用处于兴奋态的电子偶素与反质子碰撞，能显著提高反氢原子的生产能力，特别是耗费能源显著降低。这是首次验证了低能耗生产反氢原子效率的理论。科学家希望这种方法，能够大量生产冷的反氢原子，进而用于测试反物质的基本属性。

二、黑洞与引力波研究的新成果

（一）黑洞研究方面的新信息
1. 发现"长得最快"黑洞每两天吞掉一个"太阳"

2018 年 5 月，美国太空网报道，澳大利亚国立大学天文学家克里斯蒂安·沃尔夫领导的研究团队，捕捉到迄今发现"长得最快"的黑洞，这个遥远的"吞噬者"，每两天就能吞掉一个与太阳质量相当的物体。研究人员称，此类黑洞可以帮助科学家研究早期宇宙，并测量宇宙的膨胀速度。

该研究团队借助欧洲空间局的盖亚卫星、美国国家航空航天局的宽场红外测量探测器，以及澳大利亚国立大学赛丁泉天文台的星图家望远镜，发现了这个超大质量黑洞。研究证实，当光发出时，该黑洞的"体重"似乎已是太阳质量的 200 亿倍，且每百万年增长 1%。

沃尔夫表示："这个黑洞增长得非常快，每天吸收的气体会产生大量的摩擦和热量，使其亮度是整个星系的数千倍。如果我们让这个'怪物'坐镇银河系中央，它会比满月明亮 10 倍。"

沃尔夫说，他们并不知道，这个黑洞在宇宙早期如何迅速地变得如此之大，他们希望找到增长得更快的黑洞。研究人员还发现，这个黑洞距离地球超过 120 亿光年，因此其释放的大量 X 射线不会对地球上的生命造成影响。

研究人员认为，像这样遥远且大质量的黑洞有助于研究早期宇宙，比如发现位于黑洞前面的其他物体的阴影，黑洞辐射也有助于清除模糊的气体。此外，借助这种明亮、遥远的黑洞，结合目前正在建造的新型地面望远镜，可以测量宇宙的膨胀。

2. 发现四起黑洞合并事件

2018 年 12 月，国外媒体报道，澳大利亚国立大学广义相对论和数据分析小组负责人苏珊·斯科特领导的一个国际研究小组，通过分析高新激光干涉仪引力波天文台获得的观测数据，发现了迄今最大的黑洞合并事件，以及另外三起黑洞合并事件产生的引力波。最大黑洞合并成了一个约为太阳 80 倍大小的新黑洞，也是迄今距离地球最远的黑洞合并。

该研究小组探测到，迄今最大黑洞合并事件，发生在 2017 年 7 月 29 日，发生地距我们约 90 亿光年。斯科特说："此外，在所有观察到的黑洞合并中，此次的黑洞旋转速度最快，距离地球也最远。"

另外三起黑洞合并事件，发生于 2017 年 8 月 9—23 日期间，与地球的距离为 30 亿~60 亿光年，产生黑洞的大小为太阳的 56~66 倍。

斯科特说："它们来自四个不同的二元黑洞系统，它们聚集在一起并将强大的引力波辐射到太空中。探测到这些黑洞合并事件，有助于我们进一步理解宇宙中有多少二元黑洞系统、它们的质量范围，以及合并过程中黑洞的旋转速度等。"

研究人员计划不断改进引力波探测器，以便能在更遥远的深空中，进一步发现灾难性事件。他们甚至希望，未来有一天能追溯到大爆炸刚发生之后不久，这一点光无法做到。

自 2017 年 8 月第二次观测运行结束以来，科学家们一直在升级激光干涉仪引力波天文台和欧洲的"处女座"引力波探测器，使其更加灵敏。斯科特说："这意味着从 2019 年初开始的第三次观测运行中，我们将能探测到更遥远太空中发生的事件，发现来自宇宙中新的未知来源的引力波。"

这一国际研究小组，在过去 3 年中发现了 10 次不同的黑洞合并事件，以及一次中子星合并事件产生的引力波。中子星是宇宙中最密集的恒星，直径可达 20 公里。斯科特研究小组还在设计一个新项目，旨在探测中子星合并产生的短命中子星发出的引力波。

（二）引力波研究方面的新信息

1. 地面探测器直接寻找引力波的新进展

通过地面探测器直接搜索引力波尚未获得确定证据。2015 年 9 月，国外媒体报道，爱因斯坦提出相对论中的引力波概念已有 100 年了，但一项由澳大利亚联邦科学与工业研究组织的帕克斯望远镜执行了 11 年的搜索，并未发现引力波，这为人类深入理解星系和黑洞带来深深的疑惑。

引力波就像是时空的涟漪，带有强大的吸引力，科学家认为它能携带信息，允许我们回溯宇宙起源时候的状态。尽管对于其存在有很强大的间接证据，但引力波至今还没有被直接检测到。

由澳大利亚联邦科学与工业研究组织和国际射电天文学研究中心的岩·香农博士率领的研究团队，在《科学》杂志上发表论文称，他们持续 11 年用高精度的帕克斯望远镜，来寻找引力波存在的直接证据，但是到目前仍一无所获。

科学家们本来希望，能探测到来自宇宙深处星系合并时传来的"轰隆隆"引力波背景声，但是，香农说："我们什么都没听到。这似乎是最安静的地方了，至少对于我们要寻找的这类波来说。"

星系通过合并完成成长过程，每个较大星系都被认为在其中心位置有一个超大黑洞。当两个星系结合时，黑洞吸引到一起并形成双轨道。爱因斯坦的理论预测双轨道会形成死亡螺旋，将阵阵涟漪也就是引力波，通过宇宙的结构——时空通道传送出来。研究人员说，爱因斯坦的广义相对论中唯有引力波始终未被证实。

香农研究团队通过检测一系列"毫秒脉冲星"来寻找引力波，通过地球和毫秒脉冲星之间的引力波能够挤压或者拉伸空间。由于没有找到引力波，研究人员怀疑黑洞合并得太快，盘旋的时间非常短。但不管如何解释，都意味着探测引力波还需要花费很多年。

英国剑桥大学这一领域的专家林德利·兰塔提博士说："如果探测更高的频率可能会有收获。"天文学家还将利用 2018 年开始建设的高灵敏平方公里阵列望远镜来继续探测，来自斯威本大学的项目成员维克拉姆·拉微说："基于地面的探测器，正在寻找其他来源，比如凝聚中子星的高频引力波。"

2. 运用其他方法寻找引力波的新进展

（1）通过探测 B 模偏振来搜寻引力波。2016 年 4 月 27 日，国外媒体报道，澳大利亚天文学家参加，美国航空航天局戈达德航天中心艾尔·科格特领导的一个国际研究团队，准备通过发射叫作"原初膨胀偏振探测器"的探测工具，搜寻原初引力波，并证明宇宙的暴涨理论。

有关专家指出，根据暴涨理论，宇宙诞生后经历过一个剧烈膨涨的阶段即暴涨阶段，此过程可能产生引力波。时空中的随机量子涨落在宇宙暴涨过程中也被一同拉伸，如此产生的引力波，会导致微波背景辐射中的光子包含一种特殊的偏振模式：B 模偏振。

迄今为止，科学家们均未曾发现原初引力波，或显示其行踪的 B 模偏振。2014 年，参与南极宇宙泛星系偏振背景成像实验的科学家，宣布发现了 B 模偏振，但随后的数据分析表明，信号的出现是银河系中星际尘埃"惹的祸"。

宇宙泛星系偏振背景成像并非直接探测引力波，而是通过探测 B 模偏振来间接探测。现在，该研究团队打算利用原初膨胀偏振探测器来探测 B 模偏振。他们计划在两个月内，利用从美国航空航天局哥伦比亚科学气球设施起飞的气球进行实验；探测计划将于 9 月份启动，从位于萨姆纳堡的发射点起飞的气球，将对北半球进行探测。原初膨胀偏振探测器，将从澳大利亚爱丽丝泉起飞，以研究南半球的微波背景辐射，它可能会从美国和澳大利亚飞行多次，其飞行高度距离地面约 36576 米。

原初膨胀偏振探测器是一个先进的拥有极高灵敏度的天文台，配备有两台望远镜、可探测远红外波段光的超导探测器，以及可清晰揭示偏振光的偏振调制器。它将用 200、270、350 和 600 吉赫兹四个频率观测天空，这将确保它们能排除灰尘信号。

科格特说："如果原初膨胀偏振探测器能发现 B 模偏振，它将成为引力遵守量子力学原理的直接观测证据，有助科学家们构建统一的量子引力理论。如果失败，则意味着科学家们需要提出新模型，重新对早期宇宙的面貌进行解释。"

（2）中子星并合产生引力波有了定论。2018 年 9 月 5 日，澳大利亚斯威本科技大学亚当·戴乐、美国加州理工学院库纳尔·莫雷、以色列特拉维夫大学奥利·高特列博等天文学家组成的一个国际研究团队，在《自然》杂志网络版发表的一篇天体物理学论文称，他们通过高角分辨率射电观测，报告了有关中子星并合所产生的射电辐射的最新见解，并终于确定了余晖辐射的正确模型。

中子星并合也会产生引力波，而 GW170817 就是首次探测到的，来自双中子星并合的引力波事件，伴随着覆盖整个电磁波谱的辐射。GW170817 发生在距离地球 4000 万秒差距（1.3 亿光年）的 NGC4993 星系内。GW170817 相关的辐射和 X 射线余晖延迟发生，高峰期出现在中子星并合后的 150 天左右，之后相对快速地衰退。

截至目前，科学家提出了各种不同的模型来解释余晖辐射，其中一种是喷流受阻，即喷流无法干净利落地避开中子星并合期间喷出的富含中子的物质；另一种是喷流无阻，而周围包裹着一种被称为"茧"的广角外向流，即喷流的能量会注入不断膨胀的"茧"中。但通过已收集到的观测数据尚无法判断哪一种模型是正确的。

此次，该研究团队通过高角分辨率射电观测表明，GW170817 相关射电辐射的来源在中子星并合后的 75～230 天里，表现出明显的超光速视运动，暗示其实际运动接近光速。

研究团队认为，初期射电辐射由广角外向流（"茧"）提供动力，而后期的辐射最有可能主要是强有力的窄喷流。这些观测结果支持上述第二种解释双中子星并合余晖辐射的模型。此次，双中子星并合余晖辐射模型的确定，也意味着人类在探测未知世界的路上更进了一步。

三、航天与天文设备研制的新成果

（一）研制航天器与探测器的新信息

1. 载人航天器研制的新进展

研究能自行修补的宇宙飞船。2005 年 9 月，国外媒体报道，澳大利亚联邦科学与工业研究组织所属的一个研究小组，正在与美国国家航空航天局合作，研制一种新型宇宙飞船皮肤。这种皮肤能够对由太空碎片和其他物体撞击造成的损伤进行评估。这一技术，是受蚂蚁行为方式启发而发展出来的。它是飞船向自我修复发展的第一步。

目前，研究小组已经制造出一块由 192 个独立细胞组成的皮肤模型。

每一个细胞下面都有一个撞击传感器和一个处理器，且这种处理器在一定的运算法则下，只能与紧挨自己的细胞进行交流。这就像蚂蚁用来指导同伴找到食物的信息素一样，该运算法则在系统周围的细胞中留下表示如：受损区域边界的位置等数字信息。而后，细胞中的处理器就能够用这些信息汇总成受损区域的数据。

研究小组希望能够进一步提高这个系统，使其能够识别不同的损伤，如腐蚀和突然撞击伤害。这样一来，就能够快速地开展修理工作。与此同时，另外一些小组正在研制一种由中心处理器控制的传感系统。但这种系统放置处理器的位置一旦受损，就将失去作用。因此，相比较而言，分散型的系统可靠性更高。

美国国家航空航天局的最终目标，是研制出一种被称为"不老宇宙运输工具"。它能探测、分析并修复损伤。

2. 宇宙物质探测器研制的新进展

（1）建成安装在南极的中微子探测器"冰立方"。2013 年 12 月，外国媒体报道，包括澳大利亚专家在内，美国、德国、瑞典、比利时、瑞士、日本、加拿大、新西兰和巴巴多斯的 200 余名物理学家和工程师组成的合作团队，历时 10 年，终于建成世界上最大的粒子探测器"冰立方"，它坐落于南极。5000 多个传感器，像神经末梢一样分布在南极深厚的冰层中，组成了这张特制的"网"，用于捕捉中微子。

自 2004 年开始，工程师们都会在每年的 12 月，到南极冰层中铺设光线感应器。到 2010 年，他们一共钻了 80 余个深达 2500 米的冰洞，每两个洞之间相隔 800 米，而每一条冻结在洞里面的电缆有 60 个光线感应器。

"冰立方"位于南极地下约 2.5 公里的探测器体量大得惊人。据悉，它的体积，超过纽约帝国大厦、芝加哥威利斯大厦和上海世界金融中心的总和。

报道称，研究人员在分析 2010 年 5 月至 2012 年 5 月"冰立方"收集的数据后，发现了 28 个高能中微子，其能量都超过 30 万亿电子伏特。这是自 1987 年以来，科学家们首次捕获到来自太阳系外的中微子。中微子是一种神秘的高能粒子，是宇宙内最剧烈的撞击产物，并被认为是研究宇宙射线的突破口。

研究人员表示，"冰立方"为我们打开了宇宙的一个新窗口。这一发现为进行新型天文学研究铺平了道路，我们可以利用它探测银河系以及银河系以外的遥远区域。在"冰立方"发现中微子的研究人员之一、澳大利亚阿德莱德大学的加里·希尔博士称："这是我们发现的第一个证据，证明我们探测到来自太阳系以外'宇宙加速器'的高能微中子。"

（2）开发能"嗅出"外星球生命分子的甲烷检测器模型。2014年6月，由澳大利亚悉尼新南威尔士大学研究人员参加、英国伦敦大学学院谢尔盖·尤尔琴科教授主持的一个国际研究小组，在美国《国家科学院学报》上发表论文称，他们新研制出一种甲烷探测模型，能够更广泛地发现外星球上的生命分子，它或许能够探测到神秘的地外生命。不过，由人类主动去发现地外智慧生物是否是一种明智的行为，目前尚未有定论。

地球的大气层中，至少90%的甲烷气体是由生物体产生的。甲烷因此被认为是生命潜在的迹象，这种地球上最简单的有机分子，出现在其他行星上，也会被视作是生命能否存在的一个指标。但在此前，科学家的甲烷模型的制作方法有失准确，导致甲烷模型并不完整。

据报道，该研究小组日前研制出强大的甲烷检测模型。这是一种新型"热"甲烷光谱，可以检测高于地球环境温度的有机分子。研究人员预计，目前已可探测到高达1220℃环境下的甲烷气体，这在以前是不可能实现的事情。

为了找出环绕其他恒星运行的遥远行星组成成分，天文学家分析了那些大气层吸收不同色彩星光的行星，并将其对照模型光谱，从而鉴别出了不同的分子。研究人员表示，当前的甲烷模型是不完善的，它导致某些行星上的甲烷水平被严重低估。专家预计最新模型将对未来行星研究产生重大影响，帮助科学家们探测到外星球上的生命体的迹象。

研究人员称，他们使用英国最先进超级计算机提供的项目，计算了近100亿个光谱线。由于甲烷能够吸收光线，而每个光谱线具有不同颜色，这就意味着模型将能提供大温度范围下甲烷的更准确信息。研究人员指出，新研究调查的光谱线，数量是之前研究的2000倍之多。

目前，该模型已经过测试和验证，其成功再现了褐矮星中甲烷吸收光线的细节。研究人员补充道："新建立的光谱模型，要与现代超级计算机的惊人力量结合才能完成。"未来他们会对模型进行更多研究，以将温度阈值调至更高。

不过，随着近年有宜居潜力的系外行星的发现不断增多，与这种科学界寻找地外生命的热情高涨相反，也有声音一再提醒：此举并非明智。著名物理学家史蒂芬·霍金几年前就曾提醒说，外星人存在但别主动去寻找，如果外星人想拜访我们，他认为结果可能与哥伦布当年踏足美洲大陆类似——对当地印第安人来说不是什么好事。

（二）研制天文望远镜的新信息

1. 平方公里阵列射电望远镜项目取得新进展

2011年7月，据澳大利亚联邦科学与工业研究组织报道，澳大利亚平方公里阵列射电望远镜（SKA）项目取得新进展，在澳大利亚国家宽带网、澳大利亚学术与研究网，以及新西兰现代研究与教育网的支持下，澳大利亚与新西兰的6个望远镜成功连接，可将6个望远镜观测的数据，实时传送到位于珀斯的科廷大学国际射电天文研究中心，在那里加工处理，制成图像。

这6个望远镜包括：澳大利亚"探路者射电望远镜"、位于新南威尔士州的联邦科工组织三个望远镜、塔斯马尼亚大学望远镜，以及新西兰奥克兰大学望远镜。

这6个望远镜相距5500公里，它们的成功连接，为未来平方千米阵列射电望远镜项目打下了良好的基础。该项目未来将把几千个射电望远镜连在一起，像单一望远镜一样协同工作，为天文研究人员提供更加精准的观测手段，探索黑洞的秘密和宇宙的起源。

据澳大利亚联邦科学与工业研究组织天文学家塔索·兹欧弥斯博士介绍，如果国际平方千米阵列射电望远镜项目落户澳大利亚，那么该项目可以很方便地与中国、印度、日本及韩国的大望远镜连接。

2. 建设精度是"哈勃"10倍的迄今最大天文望远镜

2015年6月，美国有线电视新闻网报道，浩瀚无垠的宇宙给人类留下太多问号：那里还有其他智慧生命吗？我们到底起源于何处？还有没有像地球一样宜居的星球？这些都是天文学家探索清单上的问题。现在，为了找到这些终极问题的答案，他们要"鸟枪换炮"了。

报道称，由澳大利亚专家参加，其他成员主要来自巴西、韩国、美国和东道主智利的国际性科学合作机构，正计划在位于智利的坎卡纳天文台安装一个大型天文望远镜，即巨型麦哲伦望远镜。这将是地球上最大的光学望远镜，它的建成将带来深太空探索的新时代。

研究人员说："巨型麦哲伦望远镜将开辟天文学的新时代，它将找到宇宙中最早发光的物质，探索暗能量和暗物质的奥秘，在银河系中找到像地球一样宜居的星球。"

巨型麦哲伦望远镜属于新型巨型望远镜，它拥有 7 个直径 8.4 米的镜面，相当于一个直径 25 米的主镜。建成后，巨型麦哲伦望远镜不但会成为世界上最大的天文望远镜，而且将为科学家提供有史以来精度最高的宇宙图像，其精度是哈勃天文望远镜的 10 倍。

研究人员说："新一代巨型天文望远镜，将拓展科学探索的边界。巨大的镜面允许科学家更清晰地观测光线微弱的天体，这意味着他们将第一次看到那些理论上存在的物体。"

巨型麦哲伦望远镜，将设立在智利阿卡塔马沙漠中一幢 22 层高的巨大穹顶建筑中。这里位置偏远，不受城市光污染的影响，巨型麦哲伦望远镜可捕捉到不可思议的太空图像。研究人员表示，巨型麦哲伦望远镜是一个国际性的科学合作项目，预计耗资 10 亿美元的巨型麦哲伦望远镜已有一半经费得到保障，主要来源于 11 个国际合作伙伴。巨型麦哲伦望远镜将在 2021 年首次启动，并于 2024 年全面运转。

参与巨型麦哲伦望远镜项目的科学家，计划用它来寻找环绕其他恒星的类地行星。此外，科学家也期待使用巨型麦哲伦望远镜探索宇宙的黎明时期：寻找 138 亿年前宇宙大爆炸后发出的光线。研究人员表示，未来几十年，包括巨型麦哲伦望远镜、詹姆斯·韦伯太空望远镜和欧洲特大望远镜在内的巨型望远镜，将帮助科学家回答那些最终极的宇宙问题。

第二节　探测银河系与太阳系的新进展

一、探测银河系的新成果

（一）银河系物质能量与磁场研究的新信息

1. 银河系物质研究的新发现

测量表明一半暗物质栖身于银河系。2014 年 10 月 9 日，物理学家组织网报道，暗物质是宇宙中最为神秘的物质之一，我们无法通过肉眼看到暗物质，但其是宇宙质能的重要组成部分。澳大利亚科学家最新对银河系内的暗物质进行的测量表明，银河系被大量暗物质占据，几乎占所有暗物质的一半。

西澳大利亚大学射电天文研究国际中心、天体物理学家普拉加尔·卡夫兰领导的研究团队，借用英国天文学家詹姆斯·简恩斯于 1915 年研发的一种技术发现，银河系内暗物质的质量，为太阳质量的 $8×1011$ 倍。

该研究团队首次对距离地球约 $5×1011$ 公里的银河系的边缘，进行了仔细地观察，并通过研究星系包括星系边缘的恒星的运动速度，测出了银河系中暗物质的质量。卡夫兰表示："恒星、灰尘、你和我，所有这些我们目所能及的物质，其实只占整个宇宙的 4%。宇宙的总质能中，暗物质占 25%，剩下的就是暗能量。"卡夫兰的最新测量结果，有助于科学家们厘清一个困扰了他们 20 年的谜团。

卡夫兰解释道："目前的星系形成和演化观点叫冷暗物质模型，该模型认为，银河系周围可能有一小撮大的卫星星系（若小星系在大星系的牵引下绕其旋转，它就成了大星系的卫星星系，而大星系则称为宿主星系），我们的肉眼应该能看见，但我们没有发现很多卫星星系。"他认为："当你使用我们对于暗物质质量的测量结果时，这一理论预测，可能仅仅有三个卫星星系在那儿，结果表明，的确如此，我们看到了大麦哲伦云、小麦哲伦云以及人马座矮星系这三个星系。"

悉尼大学天体物理学家杰兰特·刘易斯教授表示，"丢失的"卫星星系这个问题，已经困扰了宇宙学家近 20 年的时间。他说："卡夫兰博士的研究已经证明，结果可能并不像我们想象得那么差，仍然有问题需要克服。"

最新研究也为银河系提出了一个整体模型，使科学家们能测量诸如多快能逃离星系等有趣的问题。卡夫兰说："如果你的速度能达到 550 千米/秒，那么，或许可以逃脱星系的引力。"

2. 银河系能量研究的新发现

发现银河系中心发生过能量大喷射。2019 年 10 月，澳大利亚悉尼大学天文学家玛格达·居列尔莫，与美国同行组成的一个研究团队，在《天体物理学杂志》上发表论文称，他们近来研究发现，银河系中心的超大质量黑洞，在 350 万年前喷射出巨大能量束，像灯塔光束一样沿两极扩散，形成两个锥形喷发云，这有助于了解银河系的形成。

研究显示，这种被称作"赛弗特星系耀斑"的事件，起初在黑洞附近形成直径较小喷发源，逐渐扩大形成巨大的"电离作用锥"。耀斑最终逃逸出银河系，影响到约 20 万光年外的狭长气体带"麦哲伦流"。

研究显示，这种规模的爆炸强度，只可能来自与人马座 A 黑洞有关的核活动，这一黑洞质量大约是太阳的 420 万倍。

研究人员使用美国国家航空航天局哈勃太空望远镜获取的数据计算得出，这一事件发生在 300 多万年前，爆炸可能持续了 30 万年。研究人员说，就星系尺度而言，这一时间相当晚近，表明银河系中心比此前认为的活跃得多。

居列尔莫说，过去人们认为银河系并不活跃，其中心不太明亮，这一结果极大改变了对银河系形成和本质的认识。

3. 银河系磁场结构研究的新进展

绘出迄今最大三维银河系磁场图。2019 年 12 月 2 日，物理学家组织网报道，澳大利亚天文学家索比·夏洛特博士参加，成员来自澳大利亚联邦科学与工业研究组织、科廷大学，以及欧洲、加拿大和南非等国家（地区）的一个研究团队，借助位于澳大利亚的低频射电望远镜，对脉冲星进行观测，绘制出迄今最大银河系磁场三维结构，这也是目前最精确的低频测量结果。

尽管银河系磁场比地球磁场弱数千倍，但对于追踪宇宙射线的路径、恒星形成以及许多其他天体物理过程具有重要意义。然而，我们对银河系三维磁场的了解有限。

在这项新研究中，研究人员使用脉冲星来探测银河系的磁场，并发布了迄今最精确的低频测量结果。

夏洛特说："我们使用脉冲星（快速旋转的中子星）有效地探测了银河系的三维磁场。脉冲星散布于整个银河系，但银河系中的物质会影响脉冲星发射的无线电波。"

因此，该研究团队使用"国际低频阵列射电"望远镜进行观测，得到了迄今最大的针对脉冲星进行的磁场强度和磁场方向的低频测量结果，并根据这一结果，来估算银河系磁场强度如何随着距银道面距离的增加而减小。

夏洛特说："这表明，我们可以使用下一代射电望远镜取得巨大成就。由于无法从地球上的某个地方观察到整个银河系，因此，我们现在正使用位于澳大利亚西部的默奇森宽场阵列观察南部天空中的脉冲星。"

"国际低频阵列射电"望远镜和澳大利亚低频射电望远镜，分别是平方公里阵列望远镜低频部分的探路望远镜和前体望远镜。平方公里阵列望远镜，是将于澳大利亚西部建造的世界最大的射电望远镜。这些望远镜，将彻底改变我们对银河系乃至宇宙的了解。

（二）银河系内外星系研究的新信息

1. 银河系内星系研究的新进展

（1）研究显示银河系中宜居类地行星可能多达数千亿颗。2015年2月5日，澳大利亚国立大学网站报道，该校天文学和天文物理学学院博士研究生蒂姆·伯瓦尔德和副教授查利·莱恩威弗主持的研究小组，在英国《皇家天文学会月刊》上发表论文称，人类所在的银河系中，可能存在数以千亿计适合生命存在的类地行星。

研究人员在观察开普勒太空望远镜发现的数千颗太阳系外行星后，运用200多年前的提丢斯-波得定则推算，在每颗标准恒星的所谓宜居带上会存在两颗行星，它们距离恒星距离适中，可能存在生命出现必需的液态水。银河系中的宜居行星数量因此大大增加。

莱恩威弗说："生命的成分多种多样，我们现在知道宜居环境也多种多样。不过，宇宙还没有充满像人类一样，能够发明出射电望远镜和宇宙飞船的智能外星人。否则，我们可能已经看到或听到它们了。"

莱恩威弗说："这可能是因为有其他瓶颈限制了生命的爆发，我们现在还没有找到原因，或者是智能文明已经进化，然后自毁。"

开普勒太空望远镜偏向于观测靠近恒星的行星，这样的行星往往因为距离恒星太近而无法存在液态水，但研究小组应用提丢斯—波得定则，从开普勒望远镜的观测结果外推，得出了现有结论。

提丢斯—波得定则是推算太阳和行星平均距离的经验公式，200多年前由德国数学教师提丢斯和天文学家波得共同提出。天文学家曾借助这一定则，找到了天王星和谷神星。

（2）发现银河系内恒星间或隐藏面条状气体团。2016年2月，澳大利亚联邦科学与工业研究组织天文学家基思·班尼斯特博士领导的研究团队，在《科学》杂志上发表论文称，他们利用紧凑型望远镜阵列，观测到银河系内的恒星之间，隐藏着面条形状的稀薄气体团块。该发现，可能从根本上挑战我们对银河系中气体的认识，并有助于进一步了解银河系的结构和历史。

班尼斯特说："该结构似乎是位于我们所在银河系恒星之间的稀薄气体圈。该发现可能会从根本上改变我们对星际气体的认识。"

据报道，天文学家得到这些神秘物质信息的首次提示是，一个明亮而遥远的类星体，发出不同强度的各种无线电波。研究人员认为，这种行为的始作俑者，是我们所在星系中的隐形"大气"，一种在恒星之间的空间中充满带电粒子的稀薄气体。

班尼斯特说："在气体中的团块就像是透镜，聚焦和散焦着无线电波，使其周期性地在几天、数周或数月内显示出强弱变化。"而这些情况很难被发现，以至于其他研究人员已放弃寻找它们。但班尼斯特团队却用该国紧凑型望远镜阵列，对人马座中一个类星体PKS1939-315进行了持续一年的观测。观测结果，确定了"黑暗面条"是弥散着气体的冷云，它们通过自身的引力保持一定的形状，占据了银河系相当大比例的质量。

（3）建立银河系苍蝇座的三维模型。2018年5月，澳大利亚国立大学天文学与天体物理学研究院阿里斯·特里齐斯主持，希腊克里特大学康斯坦丁诺斯·塔西斯等人参与的一个研究团队，在《科学》杂志上发表论文称，他们建立了银河系苍蝇座的三维模型，这有助于揭示太阳系是如何形成的。

苍蝇座是南天星座之一，在国际天文学联合会划分出的全天88个星座中，按大小排名第77位。苍蝇座除星体之外也有氢分子和尘埃形成的大型气体云，离地球上百光年到数千光年不等。

研究人员表示，这是首次看到太空中的苍蝇座并不是稀薄静止的气体，而是一个不停振动的复杂结构。苍蝇座被排列有序的毛发状结构所包围，这种结构由气体云振动带起的气体和尘埃造成。研究人员通过分析这些振动的空间频率，确定苍蝇座的形状：它看起来像是一根针，但是从边缘往中心看，又像是一张薄纸。

研究人员重构了苍蝇座早期阶段恒星和行星的形成过程，并表示，了解气体云的三维形状，将大大提高人类对这些恒星孕育场的认识，而且非常有助于揭示太阳系是如何诞生的。

特里齐斯说："现在苍蝇座三维形貌已经确定了，可以作为实验室模型使用，用来测试恒星形成、天体化学和尘埃形成理论。"

苍蝇座模型除了有助于了解恒星和行星形成之外，还可以用来观察分子如何从气体云中形成。塔西斯说，苍蝇座是银河系中迄今发现的最大的能够整体振动的结构，我们能从这个模型中了解很多新东西。

（4）银河系内发现大爆炸后"第二代"恒星。2019 年 8 月，澳大利亚国立大学天体物理学中心天文学家托马斯·诺德兰德领导的一个研究小组，近日在《皇家天文学会月报》发表论文称，他们在银河系发现一颗极其古老的"贫铁"恒星，距地球 3.5 万光年，属于 138 亿年前宇宙大爆炸后诞生的"第二代"恒星中的首批成员。

这颗被命名为 SMSSJ160540.18-144323.1 的红巨星，据推算其铁含量是人类分析过的所有银河系恒星中最低的，意味着它是迄今已知的宇宙内最古老恒星。

诺德兰德表示，该星看起来严重缺乏铁，如果将它的物质总量视为一个奥运会的游泳池，那么铁含量也就只占一个水滴。

金属含量是确定一颗恒星形成时间的可靠指标。由于"婴儿阶段"的宇宙金属少得可怜，所以一颗恒星铁含量异常低，恰恰说明它是一个非常古老的星体。

依据金属含量计算，太阳或是大爆炸后诞生的第 100 代恒星。"超低铁含量纪录"的上一位保持者，铁含量大约是太阳铁含量的 1/11750；但最新发现的恒星铁含量只有太阳铁含量的 150 万分之一。

宇宙大爆炸后的"第一代"恒星寿命，都很短暂。导致它们只出现在理论中，并未被人类窥见身影。而此次发现的恒星，被认为是"第二代"的首批成员。它也已处于死亡边缘，不久后将耗光氢，进行氦聚变反应，但它的出现可以增进人们对宇宙最初时刻的了解。

2. 银河系外星系研究的新进展

银河系附近发现巨大超星系团。2016 年 12 月 25 日，美国《每日科学》网报道，澳大利亚国立大学马修·考勒斯为主要成员，其他成员来自南非和欧洲的一个国际天文研究团队，在银河系附近发现了一个超星系团。据悉，这是有记录以来发现的最大超星系团之一，其质量甚至会影响到银河系的运动。

超星系团，是若干星系团集聚在一起构成的更高一级的天体系统，因此又被称为二级星系团。目前，我们只知道一个超星系团是由 2~3 个甚至十几个星系团组成的，但受观测对象及分析手段所限，还不能确定是否所有的星系团都是不同大小的超星系团的成员。

此次发现的名为 Vela 的超星系团，一直以来都被银河系中的星尘所掩藏，但其实质量极其巨大，并且会影响到银河系的运动。研究人员合并了位于开普敦南非大望远镜、位于悉尼的英澳望远镜，以及星系平面的 X 射线测量的观测数据，发现了这个巨大的星系网络，其出现让天文学家们亦感到震惊，估测 Vela 中可能包含 1000 万亿到 10000 万亿个恒星。

考勒斯使用英澳望远镜测量了许多星系的距离，再次证实了 Vela 天体是一个超星系团。团队还预测该超星系团对银河系的影响，认为 Vela 的引力，将能解释空间测量到的银河系动向，与通过星系分布预测的动向之间的不同之处。考勒斯表示，Vela 是目前宇宙中超大星系团之一，可能也是银河系附近最大的星系团。

（三）银河系氢气探测的新信息

1. 研究太阳系出现前银河系氢气的新进展

接收到 50 亿年前银河系发送有氢气印记的信号。2015 年 7 月，我国台湾"中广新闻网"报道，澳洲天文学家用一组无线电望远镜，收到了 50 亿年前一个银河系发送出来的信号。

天文学家在澳洲西部装设了 36 个碟子，接收外层空间传来的信息。他们最近从天坛星座方向，接收到从一处银河系发出的无线电波信号。

信号里有氢气的印记。氢气是组成星球的重要物质，多数银河系里都充满氢气。遥远星座传来的光线会变得微弱，也可能会遭到粉尘遮蔽，不过，氢气可以穿透重重阻碍到达地球。

澳洲天文学家说，能侦测到这组太阳系出现前的银河系信号就表示，这套无线电望远镜也可以收到其他遥远银河系的信号。

2. 研究银河系氢气分布的新进展

绘制出前所未有的银河系全景氢气地图。2016 年 10 月 23 日，澳大利亚和德国科学家组成的一个研究小组，在欧洲《天文与天体物理学》杂志发表论文称，他们利用超大可操纵射电望远镜，绘制出前所未有的详细银河系氢气地图，首次揭示银河系恒星间的结构细节，有助于解释银河系星系形成的最终奥秘。

中性原子氢是宇宙空间中最丰富的元素，并且是恒星和星系间的主要成分。此次，研究小组利用位于德国埃费尔斯贝格的 100 米直径马克斯普朗克射电望远镜，以及位于澳大利亚帕克斯的 64 米 CSIRO 射电望远镜产生的数据，生成这张"跨越整个天际"的银河系氢气地图。

该项目源于一项被称为 HI4PI 的计划，其耗时超过 10 年，而此次研究成果，覆盖超过 100 万次的单独观测，以及大约 100 亿个单个数据点，深度呈现包含太阳系在内的银河系内部与周围的所有氢气数据。

德国波恩大学天文学家约尔根·科普表示，该计划较先前研究有巨大进步。虽然现代射电望远镜已经可以轻易探测到中性氢，但能够将整幅天空绘制出来，仍是非常了不起的成就。因为手机和广播电台产生的射电噪声，对天文探测来说是一个严重"污染"，必须使用极其复杂的计算机算法，来清除每个单独数据点中这类不被需要的人为干扰。

国际射电研究中心研究人员李斯特·史塔维利-史密斯称，这项研究首次揭示了银河系恒星间结构的细节，而这些细节在以往的天文调查中被粗略地抹去了。这项成果，向人们展示了此前从未见过的大量丝状结构，并准确地校正了所有氢气云的数据，让天文学家们即使远隔宇宙距离也能细致探索星云。

二、探测太阳系的新成果

（一）地球研究方面的新信息

1. 探索地球大气和样貌的新发现

（1）发现地球 27 亿年前便有氧气。2016 年 5 月，澳大利亚莫纳什大学地质学家安得烈·汤姆金斯牵头，英国伦敦帝国理工学院的马修·金奇等人参与的一个国际研究团队，在《自然》杂志上发表论文称，他们通过分析最古老的太空岩石，确定地球在 27 亿年前就已经有氧气了。

研究人员说，几乎没有什么比流星划过天空，更加让人感到转瞬即逝了。然而，60 块微小陨石的烧焦残骸，却在澳大利亚西部的石灰岩层中，存在了 27 亿年。它们是迄今在地球上发现的最古老太空岩石。更重要的是，这些陨石含有铁氧化物的事实证明，当时的高层大气肯定含有氧气。

金奇表示："发现微小陨石，我们就已经很吃惊了，更不要说发现那些含有铁氧化物的陨石。令人难以置信的是，这些微小的球体，将古代大气困在里面，并且像百宝箱一样把它储存起来。"

汤姆金斯介绍道，最大的意外是氧气的存在。他说："作为地质学家，我们被教导的是，在 24 亿年前，地球大气层中并没有氧气。"

多重证据支持这样一种观点，即在约 24 亿年前所谓的大氧化事件之前，地球的空气中仅含有微量的氧气。不过，关键之处在于，这些证据均基于低层大气的构成。

由于上述陨石中含有氧，因此它肯定出现在约 75 公里高的高层大气中。研究人员根据陨石中氧化物矿物的类型估测，当时的氧含量可与今天大气层中的氧含量媲美——占到 20% 左右。

事实上，该团队发现，大气化学家曾预测，低氧早期地球的高层大气中含有大量氧气。这是因为太阳紫外线辐射会分裂水、二氧化碳、二氧化硫等分子，从而在高海拔地带释放氧气。此类反应释放的氢消失在太空中，而硫元素降落到地面。

汤姆金斯认为，中层大气中富含甲烷的逆温层，抑制了垂直环流，从而将下面大量的缺氧空气同富含氧气的稀薄高层大气分开。同时，汤姆金斯希望发现更多来自整个地球历史的陨石样本，以研究高层大气可能发生了怎样的变化，以及氧气可能最早出现于何时。

（2）研究显示地球曾是荒凉、平坦的水世界。2017 年 5 月 8 日，澳大利亚国立大学地球科学研究院教授安东尼·伯纳姆领导的研究团队，在《自然·地球科学》杂志网络版上发表论文称，44 亿年前地球有可能是一片荒凉、平坦的水世界，只有一些小岛露出水面。

研究人员对有 44 亿年历史的微小锆石矿物颗粒进行了分析，这些矿物颗粒保存在西澳大利亚州杰克山脉的砂岩岩石中，它们也是目前地球上发现的最古老的碎片。

伯纳姆说，地球的历史就像是一本第一章被撕掉的书，因为地球形成最早期的岩石没有留存下来，但是研究团队根据锆石的微量元素，描绘出地球早期的样貌。这些锆石颗粒因侵蚀而从最古老的岩石中露出来，就像犯罪现场留下的皮肤细胞。

研究显示，在地球形成的前7亿年里，地球上没有山峰，没有大陆板块碰撞，是一个相当平静、黯淡的地方。随后15亿年里，主要存在的一种岩石中的锆石与早期锆石非常相似，这说明，地球花费了非常长的时间演化成现在的样子。

2. 探索陨星与小行星撞击地球的新发现

（1）或发现最大地下陨石坑。2015年3月，澳大利亚国立大学地质学家安德鲁·里克森主持的一个研究团队，在《地壳构造物理学》杂志上发表论文认为，深埋在该国中部地区的两个神秘的自然结构，其每个测量直径为200公里，可能是地球上最大的陨石坑。

不过，这项研究可能存在争议。研究人员很难有足够的时间，确认位于地球表面的陨石坑，就更不用说那些被埋在地表3000米沉积层以下的陨石坑了。

但是在这篇论文中，研究人员指出，他们手头有几组证据，表明这两个在澳大利亚发现的结构，是在一颗（或两颗）陨石撞击地球的过程中形成的。

里克森表示："我相信会有很多人对此表示怀疑。但我想我们拥有关于一次碰撞起源的很充分的证据。"

这两个结构位于沃伯顿盆地，靠近南澳大利亚与北领地之间的边界。长期以来，地质学家一直在这里寻找石油、天然气和其他地热资源。这些数据形成了有关当地地表下埋藏物的大量信息。同时，地震研究也显示，在沃伯顿盆地东部和西部下方的地壳发生了变形。而重力和地磁研究也表明存在某种潜伏的构造。

但是，有关撞击过程的争论，主要依赖于在石油和天然气勘探中，从深入盆地的岩芯钻机内部发现的石英颗粒。

研究人员在显微镜下观察后发现，这些石英颗粒以线簇为特征。这些线中，有的是平行的直线，其他则是波状与起伏的。对里克森的研究团队来说，这代表着在一颗陨石撞击的巨大冲击过程中所产生的断裂。

钻探显示，这一地区的部分地下岩石变成了玻璃，这是陨石撞击产生的高温和压力所致。对此处深层地壳的磁性建模计算发现，地壳深处藏有两处隆起，含有丰富的铁和镁。研究人员说，这是地壳在受撞击后反弹，将地幔层的岩石带了上来。

然而，在奥地利维也纳市自然历史博物馆撞击专家克里斯蒂安·科贝尔看来，这些石英线并没有那么引人注目。他说，这篇最新论文中的大多数照片，并没有显示出在陨石撞击时形成的真正的平行断裂。科贝尔同时也不相信地震与重力异常的说法，他说，这些特征与全世界其他撞击结构的特征并不一样。考虑到有关沃伯顿盆地撞击的所有证据，科贝尔认为："这碗汤太淡了。"

但里克森对此并不同意。他说："如果我认为它不具有说服力，我就不会把这篇论文提交给一份同行评议的杂志。"

里克森认为，最大的疑问在于这些结构究竟有多古老。他指出，周围的岩石可以追溯到距今约4.2亿至3亿年前，因此这次撞击，如果它真的存在，可能至少也有这么古老。另一个问题，是位于沃伯顿盆地的两个结构是否以及如何存在关联。

正如在地震及重力数据中看到的那样，这两个结构的直径均为200公里。这两个可能的陨石坑或许形成于同一时间。假设，是由进入大气层的同一颗陨石分裂而成的两块小陨石所致，或形成于两次不同的撞击。

里克森说，分裂而成的两颗陨石每个直径都超过10千米，它们的撞击应该对当时的地球生物造成了巨大影响。

加拿大西安大略大学行星地质学家噶尔丹·奥新斯基强调，这样一次撞击的规模大约是6600万年前形成墨西哥希克苏鲁伯陨石坑的陨石撞击的2倍。后者对于恐龙的灭绝产生了重要作用，其毁灭性是如此之大，以至于它留下的地质痕迹在全世界都能够找到。然而至今并没有找到可以追溯到沃伯顿撞击的任何证据。研究人员指出，与一颗陨石撞击无关的形成沃伯顿结构的其他可能性，包括某些岩浆及板块构造活动。

迄今为止，地球上最大地得到确认的撞击点，是位于南非的弗里德堡结构，它有约300千米宽，并可以回溯至距今约20亿年前。

（2）发现小行星撞击地球的新证据。2016年5月17日，澳大利亚国立大学发布新闻公报称，该校地球学院安德鲁·格利克松博士领导的研究小组，近日在荷兰科学期刊《前寒武纪研究》上发表研究成果称，他们在西澳大利亚州发现证据，证明曾有一颗小行星在地球生命早期撞击了地球。

格利克松博士说，研究小组在澳西北部马布尔巴进行地质钻探时，在钻芯里发现了一些微球粒。研究人员推测，这些微球粒，可能是小行星强烈撞击地球后，喷射到空中的熔岩尘埃，它们冷却后变硬又落到地表，最终在地球岩层中形成很薄但分布广泛的微球粒层。

据介绍，这些微球粒是在 34.6 亿年前形成的海底沉积物中找到的。后经检测证实，其中铂、镍和铬水平都与小行星的构成元素相匹配。研究人员推断，当时撞击地球的这颗小行星直径可能达 20~30 千米，撞击的具体位置还需要进一步探索。

格利克松说，目前人们只发现了 17 次 25 亿年前的小行星撞击地球情况，但估计类似撞击可能有数百次。在 39 亿至 38 亿年前，月球遭受过大量小行星撞击，在月表留下众多陨石坑。他接着说："如此规模的小行星撞击，会导致重大的结构性变化和广泛的岩浆流，对地球的演进产生重大影响。"

（3）发现撞击事件驱动地球早期构造运动。2017 年 9 月 25 日，澳大利亚悉尼麦考瑞大学科学家克雷格·奥尼尔领导的一个研究小组，在《自然·地球科学》杂志上发表论文指出，40 多亿年前，小行星撞击可能触发了地球地壳物质循环。这项研究，对早期地球构造作用静止的假设提出了挑战。

人们对 40 多亿年前冥古宙时期的地球知之不多，但是认为当时的地球内部温度过高，无法支持板块构造，并有部分证据表明当时地壳和地幔之间少有混合。但也有另一些证据，如现存最古老地质材料的古代锆石颗粒表明，早期地球存在地壳物质循环，它们与现代俯冲区可见的状况类似。一种可能的解释是撞击作用。撞击作用在早期太阳系里比现在普遍，可能是撞击作用触发了现在所知的板块构造开始之前的俯冲。

奥尼尔及同事使用数字模型，模拟了大型撞击对地球构造演变的影响。他们发现，撞击事件产生的能量会加热地球内部，引起地幔物质上涌。这反过来，驱动早期地球薄而弱的下沉板块，俯冲进地幔。与现代地球构造板块边界周围的俯冲区形成对比的是，模拟的俯冲事件是区域性的，而且是短暂的。因此，视撞击的规模和频率而定，地球在构造作用静止和构造作用活跃两种状态之间发生变换。

3. 研究地球宝石与岩石的新发现

（1）地球最古老宝石被证实44亿岁。2014年2月，一个澳大利亚专家参加，其他成员来自美国和加拿大等国的国际研究小组，在《自然·地学》杂志上发表研究报告说，他们利用一种最新的测年技术，对一直存在年龄争议的澳大利亚锆石晶体进行测定，证实它确实形成于距今44亿年前的地球最早期。

这块宝石，是2001年在澳大利亚西部一个牧羊场的岩石中发现的，其直径仅有人类头发直径的两倍，体积极小。但它对研究地球形成过程及生物出现的年代有重要意义。此前有研究团队曾利用铀铅同位素测年法，测定其大约形成于距今44亿年前。地球本身形成于约45亿年前，因此这一锆石样本堪称现今地球上最古老的物质。

但由于铅同位素在矿物样本内可以移动，因此有不少研究人员质疑这一测年技术及测定结果，甚至有人怀疑，可能是在实验室内进行分析时不小心混入了其他矿物碎片，从而导致得出了一个离谱的测年结果。

此次，研究人员报告道，为准确测定锆石年龄，他们先采用了较为普遍的放射性元素衰变测年法，又利用原子探针断层扫描技术，对其中原子进行逐个分析。结果显示，这块宝石确实形成于44亿年前。

约45亿年前，地球形成时其外层经过冷却凝固，从起初的熔岩状态逐渐形成了地壳。研究人员认为，这块锆石的发现说明，地球在形成之后的1亿年内，就已经开始冷却形成地壳，这有可能意味着，早期地球的温度已经低到可以维持海洋乃至生命的存在。

该研究小组指出，虽然还没有更为直接的证据，但根据这块锆石的形成年代，有理由推测地球在大约43亿年前就可能拥有了支持微生物生存的环境，这比此前普遍认为的生命形成年代要早得多。

（2）用地球化学新工具测量古老岩石侵蚀的新发现。2019年7月，澳大利亚布里斯班昆士兰大学地球化学家保罗·瓦康塞洛斯领导，美国加州理工学院地球化学家肯·法利等人参与的一个国际研究团队，在《地球与行星科学快报》的上发表论文称，他们利用自己开发的地球化学新工具，测量了古老岩石的侵蚀情况，展示了一个惊人的画面，可以看到恐龙时代地球的外貌。

这项成果显示，当人们登上乌鲁库姆高原的山顶，放眼望去是一片锈迹斑斑的红色土地。这里毗邻巴西热带草原，尽管该地区有大量侵蚀性降雨，但这座高原的表面在大约7000万年里基本没有变化，使它成为地球上已知最古老的景观。沿着山坡走下去，就行走在恐龙曾经驻足的地面以下几米的地方。

直到最近，科学家还只能通过观察表面沉积物估计侵蚀程度。但是，该研究团队有了测量岩石侵蚀的新方法。瓦康塞洛斯说："它们都指向同一个故事，尽管说服人们需要一些时间。"

地球科学家表示，古老景观，可能存在于其他散布在南半球地质平静地区的孤立高原上，这些地区没有被板块构造重塑，也没有被冰原夷为平地。地质学家曾怀疑，这些在巴西、澳大利亚和非洲南部发现的高原是古老的，因为侵蚀破坏了其周围的景观。美国加州大学伯克利分校的地貌学家威廉·迪特里希说："这里就像电影里一样，好像能看到奇异的动物四处游荡。"

几十年来，地貌学家一直专注于被板块构造加速地质变化、抬升山脉、打开裂缝、形成油气的地区。伯灵顿佛蒙特大学地质学家保罗·比尔曼问道："大多数地质学家都去了哪里？他们去了山里，或油田。"但是，新地球化学工具正使科学家被地球缓慢变化的魅力所吸引。

瓦康塞洛斯团队使用了4种不同的地球化学年代测定系统，充实乌鲁库姆高原及其邻居圣克鲁斯的历史。其中，一种利用了地表第一次暴露在雨水中时形成的矿物锰氧化物颗粒。这些颗粒中含有微量的放射性钾元素，自那以后，钾元素就逐渐衰变为氩元素，这就为人们提供了一个时钟，显示了7000万至6000万年前形成的地貌。另一种测量侵蚀方法来自氦、铍和铝的同位素，这些同位素是在宇宙射线撞击地表岩石时形成的。它们的高丰度表明这些高原每1000万年才会脱落1米的物质，该研究团队认为，周边景观的侵蚀速度可能是这个速度的100倍。迪特里希说："他们综合了一段非常引人注目和特殊的侵蚀历史，时间测量十分巧妙。"

加州圣地亚哥斯克里普斯海洋学研究所地貌学家简·威伦伯林表示，研究结果还提出了一个新问题："是什么让景观能持续数百万年？"到目前为止，已知的最古老地表是在干旱地区发现的，比如智利的阿塔卡马沙漠，或者南极洲的干旱山谷，因为那些地方的水土流失非常缓慢。

不过，法利表示，相反，巴西高原的寿命依赖于水。它们富含一种叫作赤铁矿的氧化铁，赤铁矿能与溶解在雨水中的石英发生反应，形成坚硬的岩石块保护土壤。法利说："只有氧化铁，没有其他物质。"

类似的被铁或二氧化硅保护的高原，可能存在于所有变化缓慢的土地中。圣保罗联邦大学地貌学家法比亚诺·普皮姆提道："瓦康塞洛斯的发现，有可能促使其他研究人员，回到古老而缓慢变化的地形上来。"

其中一个诱惑是它们拥有悠久的历史。瓦康塞洛斯说："这个表面经历了许多地球化学过程。如果整个地球发生了非常剧烈的变化，应该留下一些痕迹。"他表示正在开发一种技术，从针铁矿的氧同位素中梳理出降雨和温度的历史。针铁矿是一种铁氧化物，覆盖着巴西和澳大利亚的盐碱地。

这些表面，还可以帮助科学家判断，板块内罕见的强烈地震袭击一个地区的频率。比尔曼说，如果古老的冰帽完好无损，那么在冰帽下方岩石中发现的任何断层，都必定与更早的地震有关。

此外，这些古老高原还有另一份礼物：浓缩了铁矿石的沉积物，可以防止被不透水的表面冲刷掉。如果不予理会，乌鲁库姆高原可能还会存在3000万年。但是现在，人类活动加速了其变化。法利提到，当研究团队在21世纪初访问那里时，高原的大部分地表已经被采矿活动破坏。他说："如果现在回到那里，我不确定这些材料是否还会留下来。"

（二）月球研究方面的新信息

1. 回顾人类首次登月活动的画面

找到并公布人类首次登月的珍贵录像。2010年10月6日，国外媒体报道，澳大利亚一个天文学研究小组，在《澳大利亚地理》杂志举行的颁奖大会上，播出了一段从未公开的人类首次登月录像片段。

这段视频画面分三段：第一段是登月第一人阿姆斯特朗，从登月舱沿梯子走到月球表面；第二段是奥尔德林登月的画面；第三段是两名宇航员在月球上活动的画面。澳大利亚历史学家此前表示，在反映那一时刻的资料片中，这段录像画面效果"最佳"。当初，阿姆斯特朗决定提前登月，受相对地理位置因素影响，美国本土尚未处于最佳信号接收区，而澳大利亚接收到清晰信号。

该研究小组从档案库中找到这段遭人遗忘的录像，发现它损坏严重。研究人员花费不小工夫，才把它逐帧数字化。录像前只有阿波罗登月计划宇航员和一些航天界人士看过。据悉，这段视频，记录了登月第一人尼尔·阿姆斯特朗，从登月舱沿梯子走到月球表面的最初数分钟。

据报道，在反映那一时刻的资料片中，在澳大利亚观测站收到的这段录像画面效果"最佳"。这份录像只有几分钟长，被认为是记录 1969 年阿波罗 11 号登月，这一历史时刻的最好录像片段之一，也将是证明美国月球登陆的最好证据之一。

2. 研究月球表面岩石的新发现

发现一块月球表面岩石可能来自 40 亿年前的地球。2019 年 1 月，一个澳大利亚地质学家参加，其他成员来自美国和瑞典等国的国际研究团队，在《地球与行星科学快报》上发表论文称，他们从月球采集的样品中发现，一块采自月球的古老岩石可能是来自地球。它是在地球形成早期被小行星或彗星撞击后抛到月表上，后被宇航员带回地球。

论文显示，这块岩石是美国航天局"阿波罗 14 号"载人登月飞船1971 年从月球表面带回来的，其中有由石英、长石和锆石组成的岩石碎片，这些在地球上常见的矿物质在月球上相当罕见。研究人员发现，这块岩石，更有可能在地表样的氧化系统中和地表温度下结晶形成，而非在月球条件下形成。

研究团队推测，大约 40 亿年前，较大体积的小行星或彗星撞击地球，将这些物质抛出地球原始大气进入太空，并与月球表面相撞，当时的月距离只有现在的 1/3。研究人员说，这是一个不同寻常的发现，有助于更好地了解早期地球以及生命形成早期的外来天体碰撞事件。

研究团队认为，尽管这一岩石样品也有可能形成于月球上，但来自早期地球是最简单的一种解释。如果岩石在月球结晶，需要在较深的月幔中发生，较难解释为何会在月球表面被采集到。研究人员说，研究结果可能引发地质学界的不同看法，最终结论还需对更多月球岩石样品进行研究。

（三）行星研究方面的新信息

1. 研究行星重量测量方法的新进展

发现计算行星系重量的新方法。2010 年 8 月，澳洲日报报道，关于太阳系，科学家还有数不胜数的疑问，但其中有一个或许是最沉甸甸的问题：即如何准确地计算出行星、包括带有卫星以及光环的确切重量。如今，澳洲的一个研究小组有望解决这一问题。

澳大利亚联邦科学与工业研究组织天文学家大卫·钱皮恩领导，其同事天体物理学家乔治·霍布斯，以及国外相关专家参加的一个国际研究小组，在《天文学杂志》上发表论文显示，他们发现了一个计算行星系重量的新方法，他们称，这个方法也将微调太阳系的模型，改善航空器的飞行计划。这一突破性进展同时也将加快科学家对重力波和爱因斯坦于 1915 年在相对论中预测的太空和时间太空涟漪，即引力波的探索。这一新的行星测量方法，利用高速旋转的恒星脉冲星定期发射出的无线电讯号，来测量行星系的重量。

钱皮恩说："这是人类首次掌握测量行星系重量的方法，包括带有卫星以及光环的行星。我们也将对此前的结果进行独立的核查，这对于天体科学而言是个巨大的进步。"

迄今为止，科学家都是通过测量行星卫星或航天器在经过它们时的轨道，计算出该星球的引力，再以引力大小估测该行星的重量。霍布斯称，新发现的测重法，比现行方法要更通用。它可测量许多天体的重量，从行星到小行星，都不在话下。

2. 研究大行星方面的新进展

发现一颗巨大天体撞击过木星。2009 年 7 月 19 日，路透社报道，在一个晚上，当地时间 11 点 30 分左右，家住澳大利亚莫如贝特门的业余天文爱好者安东尼·韦斯利，按照惯例，用他的 37 厘米口径的望远镜对木星实施观测，而专业水平一般需用 1000 厘米口径的望远镜。接着，这位民间科学家首次报告说，一颗巨大的天体曾与木星碰撞在一起，并且留下了一个明显的黑斑。这一发现，是有记录可查的科学家第二次在一颗巨行星的大气中，瞥见了一个碰撞的疤痕。

报道称，韦斯利观测时发现了一些不同寻常的迹象：在木星南极区域的上空，出现了一个直径为几千千米的绕轴的黑斑。他本来打算要结束这次观测，而且其最初认为，这个短暂的黑斑，不过是一个典型的黑色极地风暴。但他最终决定还是再继续观测一会儿，15 分钟之后，韦斯利相信他所观测到的是一个完全不同的东西。

韦斯利怀疑这个黑斑是一次撞击造成的结果，并迅速与美国国家航空航天局喷气推进实验室两位天文学家：利·弗莱彻和格林·奥顿取得联系。幸运的是，他们两人之前曾预定了美国国家航空航天局位于夏威夷的红外天文望远镜的使用时间，并可从喷气推进实验室进行远程操控，因此，他们有机会进行近距离观测。天文学家发现了与众不同的红外信号，这些信号，与奥顿和其他人在 15 年前的这一周发现的信号类似：当时，苏梅克·列维九号彗星破裂为 21 个碎块，并接连与木星相撞。弗莱彻表示："我们无法想象会如此幸运，有一名杰出的民间科学家，能够在几个小时之内报告了这一发现。我从没指望我能够发现类似的东西。"奥顿补充说："这样的民间科学家，正在进行着一些有关木星上发生了什么的基础性观测工作。"

曾利用哈勃空间望远镜，对 1994 年的木彗碰撞进行观测的，美国空间科学研究所天文学家海蒂·哈默尔认为："这次撞击多少有些让人感到惊讶。"他说："我们都认为，这是一个概率极低的事件。"哈默尔认为，这一迄今为止罕见的事件，看起来像是一起类似于苏梅克·列维九号彗星的中等级别的撞击。然而，约翰·霍普金斯大学应用物理实验室天文学家哈罗德·韦弗则表示，撞击木星的岩石小行星或冰体彗星的大小很难被估算。有关苏梅克·列维九号彗星的大小，科学家从未达成过一致意见，但是这颗天体的直径或许为几百米——至多 1000 米，并且以每小时几万千米的速度运行。

如果科学家想要得到有关这次木星撞击事件的任何新信息，那么他们必须得快一点儿了。在天文学家加速递交他们有关紧急事件的天文望远镜，包括最近刚刚修好的哈勃空间望远镜使用时间申请的这一刻，木星上的大风正在将这个黑斑吹散。

3. 研究小行星方面的新进展

发现小行星或曾是巨大泥球。2017 年 7 月，澳大利亚科廷大学菲利普·布兰德，与美国图森行星科学研究所布莱恩·特拉维斯等天文学家组成的一个研究小组，在《科学进展》杂志上发表论文称，他们近日研究发现，在早期小行星出现前，曾存在过围绕太阳系飞速运转的巨大泥球。

最常见的一种小行星是碳质小行星。它们可能向地球输送了水和有机分子，甚至可能是岩质小行星的前体。研究认为，此类小行星形成于令太阳系诞生的致密气体和尘埃盘中的冰、尘土和被称为陨石球粒的矿物颗粒。

不过，关于碳质小行星的历史目前知之甚少，并且它们拥有一些无法解释的特征。这些岩石似乎是在相对较低和一致的温度下被改变的，因此它们肯定以某种方式从内部失去热量。一些人提出，早期小行星内部流动的水令它们冷却，但可溶性元素似乎并未到处移动。而如果水曾经存在过，这应该是意料中的事情。

该研究小组表示，把早期小行星模型化为泥球看上去更加合理。布兰德介绍说，当冰、尘埃和陨石球粒聚集在一起时，它们并未在压力的作用下被直接压缩成岩石。相反，冰被尘埃和气体中存在的衰变放射性原子融化，从而将上述混合物变成泥球。

他们的模型表明，这些泥球小行星，可能是由太阳形成后残留的粉末状物质构成的。同时，这种传导使小行星内部很容易失去热量。可溶性和不可溶性元素被混合在一起，从而保存了小行星的原始化学物质。泥球随后变成岩石，而这可能是在小行星一旦变得足够大就会产生的重力压力的辅助下形成的。

英国伦敦帝国学院天文学家汤姆·戴维森表示："我认为，这是一个非常激动人心的观点。从研究人员展示的方式来看，这种情况会不可避免地至少在一些天体中出现过。"

第三节 探测恒星与系外行星的新进展

一、探测恒星及其变体的新成果

（一）研究恒星方面的新信息

1. 搜索新型恒星取得的进展

（1）发现已知最古老的恒星。2014年2月10日，国立澳大利亚大学斯特凡·凯勒博士领导的研究小组，在《自然》杂志上发表研究成果称，他们发现了一颗目前已知最古老的恒星。这一发现，让天文学家们第一次能够研究古老恒星的化学成分，更清楚地了解宇宙的婴儿阶段。

这颗恒星距离地球约 6000 光年，在天文学上算较近的距离，其构成显示，它是在 137 亿年前诞生宇宙的"大爆炸"后不久、紧接着一颗质量为太阳约 60 倍的原始恒星之后诞生的。凯勒博士说："这是第一次我们能够肯定地说，我们已经找到了第一颗恒星的'化学指纹'。"

研究人员指出，要形成太阳这样的恒星，需要有从"大爆炸"而来的基本元素氢和氦，然后加上约为地球质量 1000 倍的铁。但是，这颗古老恒星却只有少量铁和大量的碳。它与太阳等恒星形成的显著不同，可以让人们了解宇宙中原始恒星的形成和死亡过程。

凯勒说，此前人们认为，原始恒星死亡时会发生极其巨大的超新星爆发，喷发出大量铁元素。但新发现的恒星显示，在它之前的原始恒星死亡时，释放出的主要是碳和镁等较轻的物质，而没有铁。

凯勒指出："这显示，原始恒星的超新星爆炸释放出的能量非常低，尽管这能量足以让原始恒星解体，但铁等所有重元素都被爆炸中心产生的黑洞吸收了。"这一研究结果，可能有助于解释"大爆炸"理论的预测与实际观测之间长期存在的差异。

这颗恒星是使用国立澳大利亚大学"天图绘制者"望远镜发现的，它能够根据恒星的颜色分辨其含铁量。有关机构正在实施一项为期 5 年的绘制南半球星空数字星图的项目，采用该望远镜搜寻古老恒星。

（2）筛查三十四万颗恒星化学元素帮太阳找"兄妹"。2018 年 4 月，美国趣味科学网站报道，一个由澳大利亚和欧洲天文学家组成的国际研究团队，发布了对银河系内 34 万颗恒星化学元素（如铁、铝和氧）含量的调查结果，这是迄今对银河系内恒星进行的最大规模的调查。相关的 11 篇研究报告，已分别发表于《皇家天文学会月报》和《天文和天体物理学》杂志上。研究人员表示，新数据有助于天文学家为太阳找到失散数 10 亿年的"兄弟姐妹"，并研究银河系的形成和演化历程。

大爆炸后，宇宙刚形成时只有两种元素：氢和氦，随后出现的元素创造了恒星和行星，并使生命在地球占据一席之地。像所有恒星一样，太阳源于一个可能产生数千颗其他恒星的"摇篮"星团，但由于银河系中的星团通常被迅速撕裂，散布于整个银河系，因此，很难说银河系中哪些恒星出生于同一个地方。

为整理好银河系恒星的"家谱"，2013年，澳大利亚和欧洲天文学家组成一个国际研究团队，启动了"用高效和高分辨率多元素摄谱仪进行的银河系考古学"（GALAH）项目，旨在观测超过100万颗恒星。这些摄谱仪，安装于英国和澳大利亚天文台。与以往研究相比，该项目测量的恒星最多，且测量精度最高，这将有助于天文学家洞悉银河系的形成和演化历程。18日，该项目首批对34万颗银河系恒星的观测结果出炉。

研究团队成员、澳大利亚麦考瑞大学副教授丹尼尔·扎克解释称，为进行这个项目，英国和澳大利亚天文台一次收集了360颗恒星发出的星光，摄谱仪将光分成不同波长范围的光谱或光带，光谱中暗带的大小和位置揭示了恒星中不同元素的含量，且每种元素在不同波长处都有自身独特的"指纹"模式。通过分析频谱中的这些"指纹"，可寻找互相匹配的恒星。

项目科学家加扬蒂·席尔瓦说："收集恒星化学元素并比较光谱中的'指纹'，有助于找到太阳失散数十亿年的'手足'，发现银河系的原始星团，包括太阳的出生星团等。"

2. 研究恒星磁场特征与爆炸现象的新进展

（1）发现大部分恒星拥有强磁场。2016年1月，澳大利亚悉尼大学天体物理学家丹尼斯·斯特洛领导的国际科研团队，在《自然》杂志上发表论文称，他们发现，强磁场在恒星中很常见，这些磁场对恒星演化及最终命运具有重大意义。这一发现，将颠覆科学家对恒星演化的认知。

斯特洛表示，此前只有最多5%的恒星被认为拥有强磁场，因此目前的恒星进化模型缺乏磁场这一基础要素。强磁场之前被看作对理解恒星演化无关紧要，他们的研究结果则显示，需要重新审视这种假设。

研究人员介绍道，他们在早期研究中，发现对恒星内部振荡或声波的测量，可以被用于推测强磁场是否存在。在此基础上，最新研究分析了由美国国家航空航天局开普勒太空望远镜提供的大量恒星数据，结果发现700多个这些所谓的红巨星具有强磁场的特征，它们的内部振荡受到了磁场力量的抑制。

斯特洛说："过去我们只能对恒星表面进行测量，所得出的结果被解读为恒星内部的磁场很少见。"现在研究人员可以借助一种叫作星震学的技术，透过恒星表面研究其核心附近的强磁场。这种强磁场对恒星而言非常重要，它是恒星核心燃烧的主要动力源，可以改变恒星核心的物理学过程，包括改变影响恒星衰老过程的恒星自转速率。

很多恒星和太阳一样在持续振动，声波在其内部不断传播并被弹回。斯特洛说："它们的内部其实就像一个铃铛在响，而且就像一个铃铛或者乐器，它们产生的声音可以反映其物理特性。"

研究团队测量了由声波导致的恒星亮度的微弱变化，发现60%的恒星的振动频率是缺失的，因为它们被恒星核心的强磁场抑制了。这一研究结果，可使科学家更直接地检验关于恒星磁场形成与演化的理论，即天体磁场发电机理论。斯特洛说："现在是时候，让理论学家来研究为什么这些磁场会这么普遍了。"

（2）人类首次探测到恒星爆炸激波。2016年3月，澳大利亚国立大学天文与天体物理学研究院布雷德·塔克博士等参加，美国圣母大学天体物理学教授皮特·伽纳维奇领导的一个国际研究团队，在《天体物理学杂志》上发表论文称，他们借助美国航空航天局开普勒太空望远镜，拍摄到两颗恒星爆炸最初几分钟的景象，并第一次看到从较大那颗恒星塌缩的核内产生的激波。这一发现，有助于人们理解这些复杂的爆炸。正是这类爆炸，产生了构成人类、地球和太阳系的多种元素。

据介绍，该研究团队过去3年来，一直在分析开普勒捕获的来自500个遥远星系的光，每30分钟分析一次。发现的这两颗星，属于"老年"恒星红巨星。第一颗 KSN2011a，大小相当于近300个太阳，距地球7亿光年。第二颗 KSN2011d，大小约500个太阳，距地球12亿光年。

据报道，当恒星的燃料燃烧殆尽，它们就会爆炸向核内塌缩，形成超新星，比所在星系的其他部分更亮，会持续发光几周时间。人们早就知道超新星爆发，但对其早期阶段还知之甚少。塔克说，它就像原子弹爆炸的冲击波一样，只是更大而已，也没人受伤。

当超新星的核塌缩成中子星，能量会以激波的形式从核反弹出去，速度达到3万~4万公里/秒，并导致核聚变而产生重元素，如金、银和铀等。

研究人员表示，他们只在较大的超新星上探测到激波暴，较小的超新星上没有。他们猜测，可能是因为较小超新星周围环绕气体，遮住了所产生的激波暴。美国航空航天局将这一发现，称为天文观测上的一个"里程碑"。

研究人员指出，这些观察有助于天文学家掌握更多关于宇宙大尺度结构的情况，理解恒星的大小和组成在其爆炸式死亡的早期有什么影响。塔克说，超新星造出了我们赖以生存的重元素，如铁、锌和碘，可以说，我们正在探索人类是怎样产生的。

3. 研究恒星年龄测算工具的新进展

开发出能更精确推断恒星年龄的新工具。2014 年 4 月 7 日，澳大利亚国立大学发表声明说，该校卢卡·卡萨格兰德博士领导的一个国际团队，开发出一种新的天文研究工具，能更精确地推断恒星的年龄，帮助确定银河系重大事件的发生时间，理解银河系的形成和演变。有关专家认为，它有望成为一种便捷可靠的恒星年龄测定手段，就像古生物学常用的放射性碳年代测定法那样。

该工具结合了星震学和光度学研究。星震学观测恒星的振荡频率，可推算出恒星的质量和大小，但难以确定温度和重元素含量等属性。一种称为"斯特龙根测光"的光度学研究手段，对后者较为擅长。两者结合能更精确地测定恒星的各项指标，包括推算年龄。

开发这一工具的设想，由卡萨格兰德于 2011 年在德国工作时期首先提出。随后，他与来自不同领域的天文学家开展研究，他们收集的第一批 1000 颗恒星的数据，已经发表在《天体物理学杂志》上。

卡萨格兰德说："现在我们正在开展分析工作，具体结果将在未来的数月内发布。内容主要是研究银河系一个长 5000 光年的狭长地带内恒星的年龄和化学组成是如何变化的。"

他说："我们可能也会得以发现一些发生在过去的'暴力事件'的证据，例如，银河系与其他星系的碰撞。"此外，关于巨大的原初气体云如何凝结成恒星和行星、为什么气体云会形成我们熟悉的螺旋结构，都是此项研究会触及的课题。

（二）研究恒星变体方面的新信息

1. 探测红巨星的新发现

通过分析"星震"揭示红巨星的内部结构。2011 年 3 月 31 日，澳大利亚悉尼大学天文学家蒂姆斯·贝玎领导的一个研究小组，在《自然》杂志上撰文表示，他们通过测量红巨星的"星震"来掌握其"脉搏"——运行如此之深的星震可以达到恒星的核心。

该研究小组在论文中，详细描述了他们的发现。这些新发现，可以帮助科学家区分出红色巨星的不同类型，否则，它们看起来几乎一样，这些新发现可能有助于解释太阳的未来及银河系的历史。

据介绍，红巨星是膨胀的。当恒星，例如，太阳开始用尽其燃料的主要来源及核附近的氢，核融合的副产品为太阳提供氦动力，日积月累，迫使氢气进入核周围的外壳，并比以前燃烧得更猛烈。据测算，距今约 50 亿年之后，将迫使太阳膨胀到比目前大 100 多倍，并变成一颗红巨星。

从理论上来说，红巨星成熟后，也会开始燃烧核里面的氦气。然而，尽管理论计算预测，这种深奥的变化会发生，科学家们从来没有真正见证过，因为外部的变化是看不见的。

目前，科学家们通过分析"星震"，已经发现这些红巨星核中潜伏的秘密差异。贝玎表示："地质学家利用地震来探索地球内部，同样的，我们使用星震来探索恒星的内部结构。"

据了解，恒星是动荡不安的，经历着强烈的星震并产生声波，声波在恒星里快速移动然后回到表面，这些声波与恒星上其他波的波动相互作用的方式会定期改变恒星的亮度，科学家能观察到这些对恒星内核结构很敏感的变化，这是被称为"天文地震学"的新兴科学领域。

据报道，该研究小组在近一年时间里，使用开普勒太空望远镜观测了约 400 颗红巨星。他们发现，氢燃烧的恒星表现出一系列重力联振，彼此所花时间不同，最长长至 50 秒。而氦燃烧的恒星的时间差异约为 100~300 秒，且其内核较热，密度也较低，贝玎解释说："这意味着声音在里面传播得更慢一些，我们原希望看到其振荡特性的差异，但我没想到会如此清晰。现在，研究人员将一同扫描红巨星来观察其发展阶段，他们试图弄明白银河系的历史细节。"

2. 探测超新星的新发现

通过观测超新星发现万有引力常数90亿年不变。2014年4月，《每日天文新闻》网报道，通过观测超新星，澳大利亚墨尔本斯威本科技大学杰里米·穆尔德教授领导的研究小组，在《澳大利亚天文学会出版物》上发表论文称，他们发现，决定物体间引力大小的万有引力常数，在过去90亿年里保持不变。

牛顿在发表于1687年的《自然哲学的数学原理》中，提出万有引力常数 G，认为两个物体之间的吸引力大小与之成正比。1789年，英国科学家卡文迪许通过自行设计的扭秤，验证了万有引力定律，并首次测量出万有引力常数 G 的数值。科学家们认为，在大爆炸至今的138亿年里，这一常数并非保持不变。而如果万有引力常数 G 在逐渐减小，这意味着过去地球与太阳的距离比现在要远，而当前我们正经历着比过去更长的四季。

该研究小组通过分析580颗超新星爆发时发出的光线，否认了这一假设。他们认为，过去90亿年里这一常数并无变化。穆尔德说："通过回望宇宙的历史来确定物理规律是否有所变化，这并不新鲜。现在超新星宇宙学，使我们能对引力进行这样的研究。"

澳大利亚科学家的观测对象是 Ia 型超新星。穆尔德假设这类超新星爆发发生在白矮星达到临界质量或者与其他恒星相撞时。穆尔德说："临界质量的大小取决于引力常数，这使得我们能在几十亿年的宇宙尺度来研究引力常数的变化，而不是像以前的研究那样在几十年的时间跨度上监测它的变化。"

20世纪60年代，"阿波罗计划"曾通过月地距离精确测量引力常数的变化。虽然年代相隔久远，但澳大利亚科学家的发现与当时月球激光测距实验获得的结果吻合。澳大利亚科学家的研究认为，引力常数在过去90亿年里没有发生任何变化。

二、探测系外行星与星系的新成果

（一）系外行星与卫星探测的新信息

1. 探测系外行星的新发现

发现距离人类最近的"超级地球"。2015年12月，澳洲新南威尔斯大学莱特教授领导的研究小组，在《天文物理期刊通讯》上发表研究成果称，他们在太阳系外发现新的超级地球"沃尔夫 1061c"，它距离地球仅14 光年（约 133 兆公里），上面可能有水，温度合宜，适合人类居住，是目前天文学家在太阳系外发现距离人类最近的超级地球。

莱特表示，沃尔夫 1061 是位于蛇夫座的红矮星，周围共有 3 颗行星围绕，分别为沃尔夫 1061b、沃尔夫 1061c 和沃尔夫 1061d。

沃尔夫 1061b 每隔 5 天就围绕沃尔夫 1061 运转一圈，质量是地球的1.4 倍。沃尔夫 1061c 每隔 18 天围绕沃尔夫 1061 运转一圈，质量是地球的4.3 倍。沃尔夫 1061d 每隔 67 天围绕沃尔夫 1061 运转一天，质量是地球的 5.2 倍。3 颗行星中，只有沃尔夫 1061c 位于"适居带"，意味着其中可能有流动的水，甚至有生命存在。

莱特表示，这个发现特别令人兴奋，因为沃尔夫 1061 非常稳定，不像大部分的红矮星十分活跃，会发生 X 射线爆闪和超级火焰，不利生物存活。这颗星的稳定性是关键因素，可依此判断围绕其运转的行星上，是否能存活生命。

莱特说，沃尔夫 1061 就像太阳一样，甚至比太阳更稳定，可能是非常古老的星系。它的质量只有太阳的 1/4，表面温度约 3100℃，只有太阳的一半，3 颗围绕它的行星地表应是崎岖岩石。

2. 探测系外卫星的新发现

发现首颗疑似太阳系外"月球"。2014 年 4 月 10 日，国外媒体报道，一个澳大利亚学者参加，由多国天文学家组成的研究小组，在《天体物理学杂志》上发表论文称，他们可能已找到太阳系外第一颗围绕行星运行的卫星。但由于观测时机已过，无法进一步观测确认这一发现，因此"这个系外卫星及其伴侣的真正身份将永远无法弄清"。

人类已经发现了约 1700 颗太阳系外行星，但迄今没有确认发现一颗系外卫星。在新研究中，该研究小组利用设在新西兰和澳大利亚的望远镜，发现了一个叫作 MOA-2011-BLG-262 的天体系统，其中那个较小的天体很有可能是一颗天然卫星。

这一成果，借助了微引力透镜效应，即从地球上看去，一颗遥远天体发出的光，会在引力的作用下被中间的某颗恒星或"漫游"行星聚焦，从而变得更亮，就像透镜一样。分析这一亮度，可以了解中间恒星或行星的许多信息，包括它有没有绕转星球，如果有，它们之间的质量比是多少等。

该研究小组发现，尽管此次观测到的中间天体的身份不清楚，但其质量是绕它运行的小星球的 2000 倍。这意味着有两种可能：要么是一颗暗淡的小型恒星被一颗质量为地球 18 倍的行星绕转；要么是一颗质量与木星相当的行星，被一颗质量不及地球的卫星绕转。

但从地球上观测时，遥远天体刚好和中间作为透镜的天体在视线方向对齐的机会只有一次，错过了就无法再次观测，研究人员也不清楚到底哪种可能性更大。研究人员指出，这一谜团的答案，依赖于透镜天体与地球的距离。如果距离较近，则答案是卫星；如果距离较远，则答案是行星。因此，错过这颗疑似系外"月球"之后，他们只能寄希望于今后再意外发现其他的系外卫星进行对比分析。

（二）星系形状探测的新信息
——发现星系肥胖或扁平取决于转速

2014 年 3 月，西澳大利亚大学副教授丹尼尔主持，斯威本科技大学教授卡尔·格莱兹布鲁克等人参与的一个国际天文学家研究团队，在《天体物理学杂志》上发表研究成果称，一些螺旋星系肥胖和隆起，而另一些则是平坦圆盘，星系看起来如此不同，一直是个备受争议之谜。近日通过研究发现，这取决于它们的旋转速度：快速旋转的螺旋星系平而薄，而慢慢旋转同样大小的星系胖而鼓。

丹尼尔说："有些星系是由恒星构成的平盘，其他的则更膨隆，甚至是球形。21 世纪，很多研究一直致力于了解在宇宙中星系的多样性，而在这项研究中，我们已经取得了更进一步的理解，显示出螺旋星系的旋转快慢，是其形状的一个关键动因。"

研究团队采用世界上最著名的射电望远镜之一、美国的央斯基甚大天线阵，格莱兹布鲁克能够测量比以前精确 10 倍以上的星系旋转。他们选择了 16 个距离地球 1000 万~5000 万光年的星系，对这些星系里的冷气体进行了观察。冷气体不仅能表明它在哪里，还能呈现其如何旋转。这是一个关键点，但要测量星系旋转，不能只拍张照片，必须拍摄到特殊的图像。

一个螺旋星系的形状是由它的自旋和质量决定的，如果让一个星系靠其自身数十亿年运转，这两个量将保持不变。据物理学家组织网近日报道，星系形成的方式看起来有点类似于由弹性圆盘构成的"旋转木马"（即圆盘传送带）。研究人员说："如果传送带在休息的时候，弹性盘是相当小的。但当整个传送带在旋转，弹性盘会因离心力而变大。"

我们所在的银河系是一个相对平坦的圆盘，只有一点小隆起，其形状在夜空中可见。研究人员说："银河系在星空中是相对薄的且厚度不变，但在人马座附近的中心，可以确切地看到增厚的银河系。"

第四节 交通运输领域的创新进展

一、陆上交通运输工具的新成果

（一）研制汽车方面的新信息

1. 汽车智能系统研制的新进展

（1）开发出防止汽车司机分神的智能监视系统。2004年8月，英国《新科学家》杂志报道，澳大利亚一家公司研制出一种装在汽车仪表板上的智能监视系统，它能利用目光跟踪技术，判断汽车司机是否正在注意路况，在司机分神或将要打瞌睡时及时发出提醒。

这种智能监视系统采用两个摄像机，持续不断地观察司机的面部，包括耳朵、鼻子和下巴的方位，据此计算眼睛所处的位置，追踪其眼白和虹膜的状态。然后，系统将当前虹膜的形状与计算机模型对比，分析司机的视线方向。据称误差可达到3度以内，这一精度足以判断司机是否在注意路面。此外，人快要打瞌睡时，会以特殊的方式眨眼，通过分析眨眼的频率就可以知道司机是否快要睡着了。

据有关资料统计，因车祸死亡的人中，大约有10%是因为汽车司机疲劳驾驶引起事故。所以，这一智能系统有望大大减少此类事故。

（2）开发出能限制和修正汽车速度的智能系统。2007年9月，有关媒体报道，进行新型车载智能系统进行测试的研究人员称，对能知道自身速度，并对速度进行修正的汽车，可以防止驾驶员被罚款和减少他们在路上的死亡概率。目前，该系统正在澳大利亚的两个州进行智能速度调节技术测试。维多利亚交通事故委员会和西澳大利亚主要公路部，已同意在 50 辆汽车上进行测试。

澳大利亚速度保护部行政主管保罗·道森称，汽车在安装智能速度调节器后，在旅行途中会知道道路的速度限制。该系统是一个小型计算机组件，可以安装在刹车踏板上或插入点烟器中。该系统使用全球定位系统信息和其自身的道路网络数据库跟踪速度限制，如果速度限制改变，系统会进行数据更新。

道森称使用该高端技术系统的汽车，可以对正在超速行驶的驾驶员发出警报，或阻止汽车突破速度限制。驾驶员可以通过将加速器推到底来克服速度限制，但是这只能将速度提升每小时 10～20 千米。该系统可以使用发射机进行数据更新，发射机会在 15～30 千米半径范围内，将速度限制改变后的数据传送给汽车。汽车收到更新数据后，可以把新数据传送给所有经过的使用相同系统的汽车。

该智能系统面临的一个最主要障碍，是州交通行管部门不愿提前发布速度限制改变的通知。道森说："卫星导航消费者会忍受一定数量的不准确数据，但是使用速度调节系统的用户则不会受此困扰。"内森·托斯特尔，是西澳大利亚主要公路部的一名交通系统工程师。他说，在他所在州进行的测试正使用两种系统，一种插入点烟器中，而另外一种安装在其他地方。托斯特尔称，在 12 个月测试过程中，研究人员计划安装与主要公路网络相连的发射机，以便将更新后的速度限制区域地图，传送给试验汽车。另外一个计划，就是在试验汽车上安装限速装置。此试验中驾驶员的行为表现，将在试验结束后送交州道路安全办公室进行评估。

道森相信，该系统除了可以用于卡车运输业和普通汽车运输业外，还具有控制年轻人和新手司机危险的应用前景。他说："政府正在寻求控制诸如 P 牌驾驶者所引发的不成比例交通事故。而该系统，正好可以成为法庭对他们进行强制性制裁的选择。"

莫纳什大学事故研究中心的克里斯蒂·杨称，一项基于报警类型的智能速度调节技术研究发现，该技术可以将平均速度减少每小时 1.5 千米。她说："尽管这听起来不怎么样，但是，却可以将我们道路上的致命撞车事故率减少为 8%。"

2006 年，维多利亚交通事故委员会发起了安全汽车计划，事故研究中心在 15 辆汽车上安装了该系统，23 名驾驶员使用此系统达 16 个月。

克里斯蒂·杨是此报告的作者之一。她说，智能速度调节系统，能大幅减少驾驶员在行驶中的高速行驶。同时，该系统还可以将超过速度限制每小时 10 千米以上的行驶时间减少 65%。该系统具有减少道路费用的巨大应用前景。虽然该系统对减少无意识超速有重大影响，但是却不会阻止人们加快速度。

2. 汽车部件和材料研制的新进展

（1）研制环保节能汽车发动机。2005 年 9 月，有关媒体报道，澳大利亚塔斯马尼亚州的一个研究小组称，他们研制出世界上第一台以柴油和氢混合物为燃料的汽车发动机，与传统发动机相比，新产品更环保、更节能。

研究小组介绍说，新型发动机在使用过程中不会释放有害微粒，污染空气。同时，以柴油和氢的混合物为燃料，还能够增加能量产出，减少柴油的浪费，有利于能源节约。

最吸引人的是，这项技术经过简单改造就能在卡车、小型汽车和轮船上使用。目前，这项技术还在进一步实验阶段。

（2）发明可用于电动汽车的"超级电容"新材料。2013 年 7 月 1 日，有关媒体报道，澳大利亚国立大学当天发布消息说，该校雷·威瑟斯教授、刘芸副教授等人组成的一个研究小组，发明了一种能储存更多电能、损耗更小的绝缘材料，可用于制造"超级电容"，在电动汽车、可再生能源、国防及航空航天等领域具有很高应用价值。

绝缘材料，是制造电容的主要材料。新发明的材料，是带铌铟复合涂层的金红石（二氧化钛），其性能大大优于目前使用的材料，能够储存更多电能，损耗更小，并能够在零下 190~180℃ 的温度条件下，稳定工作。

刘芸说，新材料具有巨大应用潜力，进一步开发后能用来制造"超级电容"，突破现有能源储存限制，为可电动车、再生能源、国防和航空航天科技的创新敞开大门。

威瑟斯教授说，新材料对风能和太阳能发电具有积极意义。风能发电机和太阳能面板所产生的电流随自然条件而变动，但并入电网却要求稳定的电流，否则会对电网造成损害，因此必须有大型电容来储电，保持电流输出均衡，新型材料恰恰符合这个要求。

3. 促进汽车产业创新发展的新举措

公布汽车产业转型方案。2011年1月31日，有关媒体报道，为了保证澳大利亚制造能力处于国际市场的领先位置，澳大利亚近日公布了汽车业转型方案。该方案由创新、工业与科研部内主管工业计划的，澳大利亚工业局负责组织实施。为配合这一方案的实施，联邦科学与工业研究组织当天向澳大利亚汽车产业的主要厂商，介绍该机构先进的汽车研究实验室和设备，以及新型汽车电机和汽车电池的情况。

这一总额为34亿澳元的转型方案，是国家"更加绿色未来新型汽车计划"的核心内容。它将资助澳大利亚的汽车厂商和零部件制造商，从2011年1月1日起，开发下一代的汽车技术，即装备澳大利亚最为重要的产业来迎接未来10年的竞争。

创新、工业与科研部部长基姆·卡尔表示，国家的汽车产业为大约6万个澳大利亚人提供着高薪酬和高技能的岗位。这是国家经济基础中的关键部分。

国家要将这种能力扩大，并推动产业化。汽车转型方案，就是要帮助澳大利亚的汽车整车和零部件制造商，生产更加清洁和更加绿色的产品，供应国际市场。创新是澳大利亚的竞争实力，在得到正确支持的情况下，国家的整车和零部件制造企业，能够成为世界的领先者。

按照计划，在2011—2015年的第一阶段，国家"戴帽"下达资助经费15亿澳元；2016—2020年的第二阶段提供10亿澳元。从2011—2017年，国家还将不戴帽支持汽车生产的辅助资金8.47亿澳元。

（二）研制山地车与摩托车的新信息

1. 开发山地车的新进展

推出首辆双悬挂折叠式山地车。2006年3月，有关媒体报道，澳大利亚甲骨文车公司一个研究小组，推出世界上第一款双悬挂折叠式山地车。确切地说，新款山地车是澳大利亚研究小组结合4种样式的山地车研制而成，某些部件与工业品设计不同，但是新车仍具有普通山地车特点。

这款拥有 26 寸车轮、铝合金车架、前后轮悬挂、新颖折叠系统的山地车，能整个放入一个专用包内（带有肩背皮带），显然能非常"节省"地将车存放在房间里，或是搬运到汽车行李箱内。

亚甲骨文车公司认为，新型折叠式山地车，正是那些想沿着崎岖不平地形游玩的自行车爱好者，在很多年里期待的。该公司还证实，这款山地车能胜任在无路地带行驶，但不建议用于比赛。

2. 开发摩托车的新进展

设计时速可达到 80 公里的借风摩托车。2015 年 8 月，国外媒体报道，化石燃料不可能用之不竭，人类已经意识到这点，并开发了很多替代能源。近日，詹姆斯戴森设计大奖赛入围设计"奇异世界"就是基于这个想法设计的。它是一款由风和太阳提供动力的摩托车。

澳大利亚墨尔本皇家理工大学工业设计专业的学生、项目主持人阿里斯泰尔·麦金尼斯解释称："2013 年年底，我曾在苏格兰高地，骑租来的摩托车穿越格伦科峡谷。在半途中，我突然有了个想法，我想若干年后，我们可能无法享受这种休闲骑行。因此，我就希望设计一种不需要燃料的摩托车，让人们自由地休闲旅行。"

"奇异世界"无法一边行驶一边收集能源，而是在车架下悬挂一个收纳箱，里面装着可折叠的风力发电机，在摩托车不用时树立起来借助风力发电，另外摩托车还可用光伏面板收集太阳能。所有这些能源都能存储在摩托车底座下的电池里。麦金尼斯称，他设计这款摩托车花了 8 周时间，并用 6 周时间来制造，总共花了约 7000 澳元。

目前，他设计的这款摩托车速度可达到每小时 80 公里，每次可行驶 15 分钟，其发动机是在网上淘来的混合动力发动机。麦金尼斯表示，他希望最终版本的原型产品，能使用专门设计的发动机，在充满电后能跑 500 公里。他说，当前的设计只是概念验证，还需要进一步开发以提高性能。

二、交通运输领域的其他新成果

（一）研制空中交通运输工具的新信息

1. 研制飞机方面的新进展

测试速度超 5 倍音速的"超级飞机"。2009 年 5 月 22 日，澳大利亚国防部网站报道，一架试验性的"超级飞机"，近日从澳大利亚南部伍默拉沙漠发射场，借助一枚火箭的推力飞上蓝天，其飞行速度超过音速的5倍左右。科学家认为，这是为研制下一代飞机、促进航空业革命而迈出的一大步。

澳大利亚国防部当天发表声明说，这次飞行于5月7日进行，属于澳大利亚和美国军事合作研究项目的一部分，双方还要在伍默拉沙漠发射场进行9次类似测试飞行。

澳大利亚国防工业、科学和人事部部长沃伦·斯诺登在声明中说：这次测试飞行，为科学家提供了大量新数据，并表明高超音速飞行在不远的将来可能成为现实，为澳大利亚带来巨大的经济和战略利益。

2. 研制飞机部件和材料的新进展

（1）研发速度可达音速飞机7倍的超音速发动机。2006年3月25日，英国广播公司报道，一种能够达到7倍音速的新型喷气发动机，日前在澳大利亚试飞成功。

据报道，这种超音速燃烧冲压喷气发动机名为"海肖特Ⅲ"。装有该发动机的火箭升空314千米后开始俯冲下降，研究人员认为，火箭在俯冲期间应该达到了7.6马赫（约每小时9000千米）的速度。

目前，一个专家小组正在对实验数据进行分析。如果最终证明发动机试飞成功，将为制造超高速洲际航空旅行奠定基础，还能大幅度减少将小型负荷送入太空的费用。这次试飞的火箭，是由澳大利亚联邦科学与工业研究组织设计的。

超音速燃烧冲压喷气发动机又叫冲压发动机，机械构造十分简单。发动机没有移动部件，该发动机以空气中的氢气作为燃料，以空气中的氧气助燃。因此，冲压发动机比常规火箭发动机效率更高，因为他们不需要携带氧气，所以航天器能够装载更多负荷。不过，冲压发动机只有速度达到音速5倍的时候才能开始工作。

冲压发动机达到高速的时候，穿过发动机的空气被压缩，温度上升产生燃烧。急速扩张的空气从尾部排出形成推力。为了达到需要的速度，"海肖特Ⅲ"冲压发动机将被安装在常规火箭顶部，发射上升到330千米的高度，然后再冲向地面。冲压发动机俯冲下降，速度可以达到7.6马赫，即每小时超过 9000 千米。

根据计划，实验在发动机俯冲到距离地面 35 公里的高度进行。当发动机继续俯冲时，冲压发动机内部的燃料就会自动开始燃烧。在实验中，研究人员只有 6 秒钟的时间观测发动机的运行情况，因为 6 秒过后价值 100 万美元的发动机就撞地坠毁了。

（2）开发可用于机翼的超疏水防雾纳米材料。2014 年 6 月，物理学家组织网报道，澳大利亚卧龙岗大学超导和电子材料研究所一个研究团队，在国际纳米材料领域知名期刊《微尺度》上发表研究成果称，他们基于常见绿蝇眼睛的表面结构，使用锌纳米粒子，成功地创建出在显微镜下可观察的超疏水防雾纳米结构材料，可充当电子元件的"外衣"，防止其因暴露于潮湿环境而被损坏（腐蚀）；还可用于飞机机翼和玻璃表面的透明涂料，在冻雾下防止结冰霜。

据报道，研究人员使用高功率的显微镜，检查蝇眼的表面结构，发现其上覆盖着非常微小的六边形单元，每个单元整齐地紧挨在一起，直径仅有 20 微米。经仔细观察发现，每个六角形单元本身又包括更小（100 纳米）的六边形单元，它们不像主单元，略有突出，产生泡沫状的外观。把苍蝇放在潮湿的环境中，若液滴凝结其身上，它的眼睛仍保持清澈。

研究人员对这个发现非常好奇，试图将其复制，于是用锌纳米粒子通过两步自组装的方法，真实地再现所观察绿蝇眼睛具有的特征。一经实现，以检测绿蝇同样的方式，测试这种微小的片材，最后研究报告显示，其同样具有超疏水性。

这种具有抗水泡沫形成的材料，其相应的产品，有望充当电子元件的"外衣"，以防止它们受潮而腐蚀，或用于飞机机翼喷雾剂防止结冰，还可作为汽车和卡车挡风玻璃，及建筑窗户的透明涂料。

另一个优点是，由于这种材料表面无法形成水泡沫，液体在其上会滑动，故该材料可以自清洁。以前的研究形成的材料只能半有效，例如仿造蚊子的眼睛，已被证明难以批量生产。

该研究团队下一步将创建可应用于不同表面的材料，然后测试它们是如何工作的，以确保其不会造成损害，并且在现实世界的应用中具有真正的超疏水性。

3. 研制飞机环保航油的新进展

利用桉叶油制造出飞机环保航油。2016年9月，澳大利亚国立大学科学家卡斯滕·库尔海姆等人，与美国同行组成的一个研究小组，在美国学术刊物《生物技术前沿》上发表研究报告说，利用澳大利亚原生植物桉树的桉叶油，可制造出能够用于航空业的燃油，虽然可能会比传统燃油贵一些，但碳排放要低得多，更有利于环保。

研究人员表示，全球航空业主要使用源于化石燃料的燃油，碳排放量巨大，科学界正研究可用于商业航班的环保燃油，桉叶油在这方面有不错的前景。

库尔海姆介绍道，航空燃油需要很大的能量密度，目前可再生能源中的乙醇燃料和生物柴油虽然可用于汽车，但能量密度难以达到航油水平。桉叶油中含有单萜烯类化合物，可以转化成高能量密度的燃油。他说："不仅可用于喷气式飞机，甚至可用于战术导弹。这类化合物也存在于松树中，但松树的生长速度要比桉树慢很多。"

从成本来看，库尔海姆承认，用桉叶油制造航空燃油在初始阶段可能会比目前的传统燃油贵一些。但是随着技术进步，可以成倍地增加桉叶油的产量。

（二）交通运输领域的其他新信息

1. 研发水中交通运输工具的新进展

研制出仅长40厘米的微型潜艇。2004年8月，澳大利亚堪培拉国立大学海洋工程专家齐默领导的一个研究小组，近日研制了一种世界最小的潜水艇，它仅仅长40厘米，和一个普通的玩具大小相当。它造价低廉，据称是现在世界上最小的自控潜艇。它可以下潜到5000米的水下，转弯翻腾，活动非常灵活，最重要的是它能够从事多种科学探测任务。

这艘潜艇名叫"塞拉菲纳"，它的设计者说，它将开创海洋探索的新纪元，从找寻船只遗骸到矿务勘探和搜索营救任务，更不用提它具有潜在的军事用途，它所能做的已经可以和用于军事用途的遥控飞行器匹敌。

研究小组称，"塞拉菲纳"简单得就像是一个玩具，它由塑料外壳做成，包括五个螺旋桨，装配有可充电电池和电路系统。

它可在水下以每秒一米的快速行进，相当于步行的速度，并且能够盘旋、倾斜，如果翻倒还能够自动纠正过来。

齐默表示，他们采用精炼的设计，使得"塞拉菲纳"造价非常便宜，每艘仅有 700 美元。齐默说："这艘潜艇非常小的，但这是一件好事情。这使得科研工作变得更加便利。唯一的问题，是因为它太小，倒可能被水下的动物无意中吃掉。"

2. 研究交通布局与健康关系的新进展

指出优化城市规划与交通布局有助于提升居民健康。2016 年 9 月，澳大利亚墨尔本大学，与美国加利福尼亚大学圣选戈分校学者领衔的研究团队，近日在英国医学刊物《柳叶刀》上发表一个专题系列报告说，国际大城市如果能优化城区总体规划以及交通布局，将有助降低空气污染并鼓励居民更多步行和骑车，最终帮助提升居民健康。

报道称，该研究团队以国际合作形式，对有关城市规划、交通和健康进行了系列研究。据介绍，全球超过一半的人口居住在城市中，在未来数年里城市化进程还会不断加快。研究预测，到 2050 年，美国、中国以及印度的大城市人口，预计将分别增加 33%、38% 和 96%。

研究团队认为，城市规划需要鼓励更多人步行、骑车以及使用公共交通，同时减少私人车辆的使用。这种规划，其内容应包括：把商店和各类服务设施与居民区的间隔控制在步行距离内，更合理地分布办公区和居住区，同时减少停车位并提高停车费用，改善交通基础设施以保证步行和行车安全。

基于上述原则以及更合理的土地利用等因素，研究团队设计了一个"紧凑型城市模型"，并将这个模型应用到墨尔本、伦敦、波士顿、圣保罗、哥本哈根以及德里这六座大城市。分析结果显示，这六座城市经过相关的城市规划和交通布局优化后，能够提升居民健康水平。

第五章　材料领域的创新信息

　　澳大利亚在材料理论与金属材料领域的研究，主要集中于首次发现气体和液体材料界面上存在纳米气泡，认为材料科学研究必须适应不确定性。开发出两种新型镁合金、可制造场发射电极的非晶块金属玻璃、可切割融合能弹起的金属液滴复合材料，并发现一种真菌有助于寻找金矿。在无机非金属材料领域的研究，主要集中于从浓烟中分离有利于植物萌芽的化合物，用碳纳米管制成扭曲能力提高千倍的纱纤维，发现蕴藏地球深处信息的罕见超深钻石，发现富勒烯或可形成纯碳新胶体，发现改进石墨烯材料性能的途径。另外，还开发出新型混凝土建筑材料、自洁涂料、涂料颜色色素、硅材料与氢材料。在有机高分子材料领域的研究，主要集中于运用声音生成图案而制成的花布，开发出能在黑暗中发光的布料，推出纺织材料专用防伪产品显微加密线，发明可演奏音乐的智能服装，发现可以利用葡萄酒糟制作服装。研制出新型食品抗腐保鲜塑料袋，开发印刷线路板用的塑料导线，研制出具有金属性质的可导电塑料，开发出可助软骨修复的海藻凝胶，发明让人晒得有个性的"紫外线墨水"。另外，在大麦中发现全新碳水化合物。

第一节　材料理论与金属材料的新进展

一、材料理论研究的新成果

（一）材料特征研究的新发现
　　　　——首次发现气体和液体材料界面上存在纳米气泡

　　2007年4月，澳大利亚墨尔本大学教授威廉·杜克和张学华主持的一个研究小组，在《物理评论快报》上发表了一篇论文，题为"一种纳米尺度的气体状态"，它表明研究人员直接证实了材料上纳米气泡的存在。

长期以来，许多科学家怀疑在气体和液体材料的分界面上，存在一种特殊的气体状态纳米气泡，但一直没有直接的证据来证实这一推测。此外，许多理论证据甚至表明，这种气体状态并不存在。即使存在，这些纳米气泡也会在一秒钟内消失，不会有实际应用价值。

因此，当杜克开始对纳米气泡进行研究时，他想到的结果也只有这两个：直接证明纳米气泡不存在，要么存在但很不稳定。然而，结果却让人大吃一惊，以至于杜克甚至要承认他的实验是"错误"的。纳米气泡不但存在，而且还比之前想象的稳定得多，可以持续数天。杜克表示，实验证据如此确凿，他不得不改变之前的观点。

该研究小组是利用红外光谱技术，测定了分子的旋转运动状态，证实了其符合气体的运动规律。除此之外，研究小组还测定了纳米气泡的内部压力。杜克表示，之前的理论认为纳米气泡内压很大，足以使其瞬间破裂消失。但是此次的研究表明，纳米气泡的内部压力并没有想象的那么大，大概与大气压相当，因此，气泡能够维持几天的时间。

对于纳米气泡未来的应用，杜克认为，在工业上，纳米气泡将节省利用管道抽水时的能量消耗。将同样的纳米气泡布满水管的内壁，将可以减少抽水时的摩擦，从而节省能量和成本。同时，纳米气泡可以被用于日常生活中。

杜克解释说，许多人造产品和自然资源是物质混合而形成的，在有些情况下，我们希望这些物质能够保持混合状态，还有些情况我们需要把它们分开。这时，我们就可以利用纳米气泡使油性物质和水融合稳定的时间更长。此外，纳米气泡还可以使从油砂中分离出油更加经济和有效率。

杜克表示，下一步将制造更多统一、密集、持久的纳米气泡覆层材料，从而能够找到一些更有价值的应用。

（二）推进材料科学研究的新思路
——材料科学研究必须适应不确定性

2013 年 12 月，国外媒体报道，启动于 2011 年 6 月的美国材料基因组计划，旨在将应用于能源、交通和安全等领域的先进材料的开发时间和资金成本减半。至今已有两年多，5 位专家近日在《自然》杂志撰文，指出材料科学家应该如何在该计划中实施工作。其中，澳大利亚联邦科学与工业研究所所长阿曼达·巴纳德认为，研究人员必须适应材料科学探索中出现的不确定性。

巴纳德说，材料基因组计划正在形成协同工作的风格，这提高了技术与个人所面临的挑战。材料科学家必须更加适应不确定性。他们必须放弃控制欲，相信他们的同事，抗拒那种"让所有事情都确定"的冲动。

从现有数据中得到新的科学成果需要集中资源。一些见解和突破只能通过特定的方式达到，其他方式无法完成。电子显微镜可以发现亚原子表面的特性，而光学显微镜可以显示光如何从亚原子表面上被反射。

结合不同来源的成果十分困难。错误通常来自实验或计算技术本身的特性。许多实验人员都了解当实验结果随着实验室条件的变化而变化时有多沮丧，甚至连那些基于理论的计算方法都可能会得到不同的答案。

与单纯将源于纯数据集的测量或统计错误进行综合相比，将不同来源的数据混合通常会带来更多的不确定性。若想从数据共享中受益，我们必须学会适应这种情况。

材料基因组计划使用者必须要适应的另一种不确定性是人为因素，即对创造原始数据的人们及其能力的看法。科学家应该习惯客观的怀疑。为了快速推进材料研究，大家需要假设每个贡献者都非常有能力，并让数据本身来说话。

只有当我们能够像给予材料基因组计划数据那样轻松，并且自信地从材料基因组计划获得数据时，材料基因组计划的价值才能得以体现。

二、金属材料研制的新成果

（一）金属材料开发的新信息

1. 合金材料研制的新进展

开发出两种新型镁合金。2005 年 8 月，有关媒体报道，澳大利亚先进镁技术公司，是澳大利亚镁公司的全资子公司，公司注册了两种新型镁合金专利。

（1）AM-Lite 镁合金。它具有高表面质量压铸镁合金，可以在非常有竞争力成本下电镀，这种新型镁合金适用于装饰、日用消费品和汽车部件。

（2）AM-SCI镁合金。它是一种耐高温，抗蠕变砂型铸造镁合金，专门开发用于发动机主体。该合金，已经在大众汽车公司三缸滑轮柴油发动机的样机上，试验成功，两年时间行驶6.5万千米。

2. 新型金属化合物研制的新进展

开发出可制造场发射电极的非晶块金属玻璃。2011年12月，美国物理学家组织网报道，澳大利亚莫纳什大学的科研团队，与澳大利亚联邦科学与工业研究组织下属的过程科学和工程研究院的研究人员，携手合作，共同研制出一种属性与玻璃类似的新型金属化合物，并用其替代塑料与碳纳米管结合制成新的场发射电极。研究人员表示，这种场发射电极能制造出稳定的电子束，有望用在消费电子和电子显微镜等领域。

过去，研究人员制造场发射电极，主要通过把碳纳米管与其他纳米材料内嵌于塑料中来完成。这些场发射电极，尽管种类繁多且容易制造，拥有很大应用潜力，但其缺点也不少，比如，塑料的导电能力太弱，热稳定性很低，无法对抗长时间操作产生的大量热量。

现在，澳大利亚研究人员，研发出一种新的应用潜力很大且容易制造的材料：非晶块金属玻璃（ABM），并用其代替塑料制造出场发射电极。当这些非晶块金属玻璃合金冷却时，会形成非晶材料，让它们的内质和外貌都更像玻璃。

这种非晶块金属玻璃合金，由镁、铜和稀土族元素钆制造而成，拥有很多塑料特有的特性；可顺应很多形状、大批量地制造并能做碳纳米管的有效基体。除了具有优良的导电性之外，它也拥有非常稳定的热性。这意味着，即使经受高温，它也能保持其形状和耐用性。科学家们表示，以上诸多优势和其卓越的电子发射属性，使得这种非晶块金属玻璃，成为制造电子发射设备的最好材料之一。

研究人员表示，这项技术除了上述用处外，还可用于制造电子显微镜、微波和X射线生成设备以及现代显示设备等。

3. 金属复合材料研制的新进展

研制出可切割融合能弹起的金属液滴复合材料。2013年2月，澳大利亚墨尔本皇家理工大学，电气与计算机工程系维贾伊·西凡博士主持的一个研究小组，在《先进功能材料》杂志上发表研究成果称，他们研制出一种新型金属液滴复合材料，它既能被分割，也能重新融合，甚至在较强的外力下也能保持形状。

该金属液滴复合材料，主要由镓铟锡合金（一种共晶合金）构成，其外面的涂层，由具有绝缘或半导体性质的微粒和纳米粒子材料制成。它们主要包括聚四氟乙烯（即特氟龙）和硅，以及二氧化钛、三氧化钨和碳纳米管等。

这项新技术，使研制柔软的、可延展的电子产品成为可能。西凡博士表示："现阶段说这个有点为时过早，但我们相信在未来它具有很广阔的应用前景。包括可扩展的天线，以及能够伸展和重构的金属线路等。"该技术有望用于制造能自动恢复的液态金属线路，以及能塑造成各种形状的柔软电子产品、半导体回路，甚至是液态滚珠轴承。

澳大利亚国立大学，电子材料工程系的帕特里克·克拉斯说："类似这种技术，在实际应用中的主要限制因素包括：制造工艺的再现性和扩展性、制造成本控制，以及在实际条件下的长期稳定性。这些因素将决定此类技术创新能否获得成功。"

事实上，该金属液滴复合材料，已经在一些地方开始应用，如自动调温器和滚动传感器上的水银开关。水银具有毒性，不适合用于电子产品。由于金属液滴具有纳米粒子制成的涂层，因此不会黏在物体表面。而且正是这一功能性涂层的存在，使它具有类似晶体管的作用。

在实验中，这种金属液滴复合材料能够弹起，并且在切割成两半的时候，能继续保持液滴形状；将其融合，则又恢复到最初的大小和结构。这不禁让人想起科幻电影《终结者2》中的液态金属机器人。此外，该金属液滴不会粘在其他表面上，这对于镓铟锡合金来说，十分不寻常，因为通常的镓铟锡合金不仅极容易污染物体表面，而且具有腐蚀性。

（二）金属材料生产方法研究的新信息

——发现一种可吸附黄金颗粒的真菌，有助于寻找金矿

2019年5月，澳大利亚联邦科学与工业研究组织首席科学家拉维·阿

南德博士参加，呼庆博士为第一作者的一个研究小组，在《自然·通讯》杂志上发表论文称，他们近日发现一种真菌可以吸附黄金颗粒，这种特点可用于寻找新的金矿。

这项研究显示，一种名为尖孢镰刀菌的真菌，能够吸附微小的黄金颗粒。对于真菌来说，这种行为可能给它们带来生物学上的好处，因为研究人员发现那些吸附了黄金颗粒的真菌生长得更大，并蔓延得更快。

呼庆说："这些真菌，可以氧化微小的黄金颗粒，并将其沉淀在它们的菌丝上。但是黄金在化学性质上非常不活泼，以至于这种现象既少见又让人惊讶。"

据介绍，这种真菌常见于世界各地的土壤中，研究人员在澳大利亚西部博丁顿地区的土壤中，发现它们吸附黄金颗粒。这里，有澳大利亚目前产量最大的金矿。

阿南德说，希望能进一步了解这种真菌以及它的基因功能，将其与其他一些勘探工具相结合，用来帮助寻找新的金矿。与传统的钻探找矿方式相比，利用真菌找矿的方式对环境影响更小，成本也更低。

第二节 无机非金属材料研制的新进展

一、研制碳素材料的新成果

（一）无定形碳素材料与碳纳米管的创新信息

1. 开发无定形碳素材料的新进展

从浓烟中分离有利于植物萌芽的化合物。2004年7月，西澳大利亚大学加文·弗莱马蒂主持的一个研究小组，在《科学》杂志上发表论文称，当你看到有些人在烧林开荒时，一定对这种破坏环境的行为感到气愤，但你肯定没有想到，一些植物竟然喜欢处于浓烟之中。据报道，研究人员已证实浓烟有利于植物萌芽，并着手从中分离相关化合物。

该研究小组已经确认浓烟中可以提高植物萌芽能力的成分。弗莱马蒂和他的同事，首先对过滤纸产生的烟进行分析，这种烟比燃烧植物产生的烟的成分要单纯得多。研究人员从这种烟中分离出一种可以促进植物萌芽的化合物。

该研究小组利用光谱测定法，确定了一种被称为 buteno-lide 的化学物质，而且证实了燃烧植物产生的浓烟时也含有这种物质。他们又对另外 10 种植物进行了试验，证明这种化学物质对植物生长有积极作用。但他们尚不清楚，浓烟究竟能给植物带来哪些好处。

2. 开发碳纳米管的新进展

用碳纳米管制成扭曲能力提高千倍的纱纤维。2011 年 10 月，由澳大利亚卧龙岗大学专家参加，其他成员来自美国得克萨斯大学、加拿大不列颠哥伦比亚大学和韩国汉阳大学等的国际研究小组，在《科学》杂志上发表研究成果称，他们用碳纳米管制造出新型螺旋纱纤维，其扭曲能力比过去已知的材料高 1000 倍，可利用其制造出比头发丝还细小的微电机。

碳纳米管与金刚石、石墨烯、富勒烯一样，是碳的一种同素异形体。它具有典型的层状中空结构特征，管身由六边形碳环微结构单元组成。在此项研究中，研究人员首先生产出高 400 微米、宽 12 纳米的碳纳米管细微结构"森林"，然后将其纺成类似绳索结构的螺旋纱。在纺纱时，可将碳纳米管纱制成左手螺旋和右手螺旋两种类型。

由于碳纳米管纱具有良好的导电性，研究人员把制成的碳纳米管纱与电极相连，并将其沉浸在离子导电液体中。碳纳米管纱开始进行扭转旋转。它首先向一个方向旋转，当达到一定的限度，改变电压后，再向反方向旋转。左手螺旋纱和右手螺旋纱的旋转方向正好相反。

研究人员表示，碳纳米管纱的扭转旋转机制就像超级电容器充电，离子迁移到纱线，充电电荷注入碳纳米管，形成静电平衡。由于碳纳米管纱为多孔结构，离子涌入将导致纱线膨胀，长度可缩短一个百分点。

研究人员在碳纳米管纱上附着了一个桨叶，结果表明，新型碳纳米管纱以 590 转/分钟的速度进行旋转时，可以旋转比自身重 2000 倍的桨叶。每毫米碳纳米管纱在 250 转/分钟时，其扭曲能力超过铁电体人工肌肉、形状记忆合金人工肌肉及有机聚合物人工肌肉 1000 倍。输出功率可媲美大型电机。

研究人员已设计一个简单的设备，用于在微流体芯片上混合两种液体。由一个 15 微米碳纳米管纱构成的流体混合器，可旋转比自身宽 200

倍、比自身重 80 倍的桨叶。

传统电机的结构非常复杂，微型化十分困难。但利用这种碳纳米管纱却能很容易在毫米级水平构建电机。英国莱斯大学化学和计算机科学系的詹姆斯教授认为，该工作非常了不起。他表示，具有如此大扭矩的纤维十分迷人，如果将其应用在机械工程中，将起到其他任何材料无法替代的效果。

研究人员表示，这种碳纳米管纱可以开辟许多新用途。它可以用于制造微型电机、微型压缩机和微型涡轮机；基于旋转执行器的微型泵，可以集成到芯片实验室技术制造的设备上；还可以将其应用于机器人、假肢及各种传感器上。

（二）钻石研发方面的新发现

1. 发现蕴藏地球深处信息的罕见超深钻石

2009 年 1 月 14 日，英国《新科学家》杂志报道，罕见的"超深"钻石可谓价值连城，因为能够告诉我们地壳之下的状况和环境。据悉，人们在澳大利亚发现了这种不寻常的钻石，为它们如何形成提供了新的线索。

这些宽几毫米的白钻，是一家矿业爆破公司，在距南澳大利亚阿德莱德市北部 483 千米的小村落尤莱利亚附近发现的。发现之后，他们把钻石送到阿德莱德大学钻石专家拉尔夫·塔珀特手上。塔珀特和同事表示，在尤莱利亚钻石内部发现的矿物质，只能在地表以下超过 670 千米的区域形成，这一深度超过波士顿与华盛顿特区之间的距离。

塔珀特说："全世界绝大多数的钻石，形成于地表以下 150~250 千米的区域，位于远古大陆板块地幔根部内部。而超深钻是在地球深度超过 670 千米的下地幔形成的，远远超过普通钻石形成区的深度。"自 20 世纪 90 年代以来，人们在地球不同区域发现的超深钻数量不超过 12 颗。这些区域包括加拿大、巴西、非洲，现在又增加一个新成员澳大利亚。

德国拜罗伊特大学地质学家凯瑟琳·麦克卡蒙表示："由于是来自下地幔的唯一天然样本，深钻具有非常重要的研究价值。一组深钻样本的价值是无法估量的，就像是我们研究月球时用到的月球岩石。"尤莱利亚钻石包含了形成材料——碳的信息。它们所含的重碳同位素签名说明，碳一度存在于海床上的海相碳酸盐之中。

在巴西、非洲和澳大利亚发现的深钻，让研究人员得出同一结论，发现地点能够解释深钻如何诞生。在这些地区发现的所有 6 组深钻，曾一度位于远古超级大陆冈瓦纳的边缘。塔珀特说："深钻经常被视为古怪的钻石。我们并不知道它们如何起源。但随着澳大利亚深钻的发现，我们已开始接近答案。"

地质分布说明，所有超深钻都以同样的方式形成：随着冈瓦纳之下的洋壳下沉，这一过程被称之为"潜没"，碳被带到下地幔，碳首先变成石墨，最后形成钻石。最终，金伯利岩（以南非城市金伯利名字命名的火山岩）在快速喷发中被喷到地表，同时也将钻石带到地表。英国地质调查局的约翰·鲁登说："如果这一理论得到证实，尤莱利亚钻石的历史，与其他绝大多数钻石相比，要比我们之前认为得更为年轻。世界上很多钻石据信，都来自 30 亿年前非常年轻时的地球的潜没地壳。"

但塔珀特的理论认为，地球上的这些钻石，应该是在大约 3 亿年前形成的。鲁登在接受《新科学家》采访时说："这一理论可能导致修改金伯利岩及其钻石'宾客'的勘探模型，迄今为止的勘探主要集中于早期地球年代非常久远的岩层。"麦克卡蒙说："塔珀特的理论似是而非，不过是其中一种可能性罢了。并非所有深钻都符合'冈瓦纳模型'，但新发现的深钻，确实提供了一个可以被这一领域其他人士检验的具体想法。"

2. 发现硫化物氧化反应会诱发钻石形成

2016 年 6 月 21 日，澳大利亚麦考瑞大学地质学多利特·雅各布领导的一个研究小组，在《自然·通讯》杂志上发表论文称，他们研究发现，地幔中硫化物的氧化反应，可能会诱发钻石的形成。这项发现，构成了一个直接证据，可以证明钻石是在地幔中硫化物之上成核形成的。

钻石在地球深部高压、高温条件下形成，是一种由碳元素组成的单质晶体。钻石中包裹的细小矿物和流体，可以用于观察地球内部深处发生的事情。在各种地质构造中，钻石通常被认为是由地幔中流体和熔体形成的。硫化物在地幔中很稀少，但在钻石的内含物中却非常丰富，尤其是富含铁和镍的硫化物内含物（铁镍硫化物），比如能在钻石中发现磁黄铁矿。然而至今，科学家都没有直接证据能解释这一现象。

此次，该研究小组，使用了一种称为"菊池传输衍射"的可精确测定晶体取向的技术，对从博茨瓦纳来的一颗钻石中的铁镍硫化物微观结构进行成像和测绘。使用这种技术，他们能分析出钻石形成的历史。研究人员发现，位于地下320~330千米的上地幔处，从磁黄铁矿到磁铁矿的自然氧化过程能引发钻石沉淀，而且随着钻石成核并围绕内含物生长，它会将内含物包裹起来。

研究人员指出，地幔中富含硫化物的局部位置会发生这种反应，并成为"钻石工厂"。虽然在不同地质构造中钻石有不同的形成方式，但这项研究表明，硫化物可能在钻石形成过程中扮演重要角色。

3. 发现钻石或是自旋电子元件的潜在材料

2018年3月，澳大利亚拉筹伯大学物理学家戈尔罗克·阿克加尔主持的一个研究小组，在《应用物理快报》杂志上发表论文称，传统电子学依赖于控制电荷，但他们最近探寻了一种被称为自旋电子学的新技术潜力。自旋电子学依靠探测并控制粒子自旋，而钻石有可能成为自旋电子元件的潜在材料，该技术或能带来新的更加高效和强大的设备。

在这篇论文中，研究人员测量了电荷载子的自旋，与钻石中的磁场发生相互作用的强度有多大。这种关键属性证实，钻石可作为自旋电子元件的一种颇有前景的材料。

阿克加尔介绍道，钻石之所以有吸引力，是因为和传统的半导体材料相比，它能被相对简单地处理并且制成自旋电子设备。传统量子元件基于多重半导体薄层，而这需要超高真空内非常精细的制造工艺。

钻石通常是极好的绝缘体，但当暴露在氢等离子体中时，钻石会将氢原子吸收进表面。当氢化钻石被引到潮湿的空气中，它变得具有导电性，因为一薄层水在其表面形成，从而将电子从钻石中剥离出来。钻石表面失去的电子表现得像带正电荷的粒子，从而使表面具有导电性。

研究发现，这些空穴拥有很多适合自旋电子学的属性。最重要的属性是被称为自旋轨道耦合的相对论效应，即电荷载子的自旋同其轨道运动发生相互作用。强烈的耦合使研究人员得以利用电场控制粒子的自旋。在此前工作中，研究人员测量了空穴的自旋轨道耦合被电场"改造"的强度。他们还证实，外部电场能调整耦合强度。

在最新试验中，研究人员测量了空穴自旋同磁场相互作用的强度。他们使不同强度的恒定磁场，在低于4开尔文的温度下同钻石表面平行，并且同时施加一个不断变化的垂直磁场。通过监控钻石电阻如何改变，他们确定了 g 因数。该数字能帮助研究人员利用磁场控制未来元件的自旋。

阿克加尔说："电荷载子同电场和磁场的耦合强度是自旋电子学的核心。现在，我们拥有了通过电场或者磁场控制钻石表面导电层中自旋的两个关键参数。"

（三）富勒烯与石墨烯研究的新信息

1. 富勒烯研究的新发现

发现富勒烯或可形成纯碳新胶体。2011 年 2 月 17 日，物理学家组织网报道，球形碳分子富勒烯（碳 60）在纳米技术和电子领域，有很多独特性质和潜在应用。最近，澳大利亚国立大学斯蒂芬·威廉姆，与英国布里斯托尔大学帕德里克·罗伊尔等化学家组成的一个研究小组发现，碳 60 在一定条件下还能形成一种单一成分的胶体。目前为止，已知的胶体，都是由两种成分构成：均匀分布的溶质和溶剂。

此前，科学家发现碳 60 能形成多种物质形态，包括固体和液体。从理论上讲，碳 60 存在一种包含着分子团的稠密液体状态，形成一种完全由碳元素组成的"拐点态"胶体。

研究人员通过计算机模拟证明，在适当高温下，碳 60 能以很高的淬火速率形成胶体。淬火是将物体加热到一定高温，再迅速冷却至室温以改变其内部组织结构。根据模拟中的最长时间显示，碳 60 形成胶体只需 10 纳秒左右。尽管胶体颗粒显出一些粗化，据预测，它在室温下能保持稳定状态超过 100 纳秒。最后，这种胶体会分离成晶体和气体两种状态。

研究人员指出，单一成分胶体，在一定条件下确实存在，这一事实能让人们从整体上更好地掌握胶体的性质。然而因为所需淬火速率很高，当前要在实验中演示碳 60 胶体还很难做到。但他们希望，能找到一种对淬火速率要求较低的胶体制作方法，或用更大的富勒伦尼斯碳簇如碳 540 来代替碳 60 形成碳胶体。

2. 石墨烯研究的新发现

发现改进石墨烯材料性能的途径。2018 年 12 月，澳大利亚皇家墨尔本理工大学阿里·贾利利等专家组成的一个研究团队，在《自然·通讯》杂志上发表论文称，他们近日研究发现，石墨烯的纯度问题，可能是限制这种新材料广泛应用的一个障碍。减少石墨烯中的硅污染有望提升其性能表现，充分发挥石墨烯在工业界的应用潜能。

石墨烯是从石墨材料中分离出来的、由一层碳原子组成的二维材料。它具有轻薄、强韧、导电和导热效率高等性能，是被工业界寄予厚望的新一代材料。但石墨烯的实际表现却不尽人意，在工业界普及的速度也不够理想。

研究人员说，他们利用最先进的扫描透射电子显微镜，对市面上的商用级石墨烯样品，进行原子级别的详细检查，发现其中的硅污染程度很高，而这对石墨稀的性能表现有很大影响。比如，受污染的石墨烯作为电极的性能，可比理论预期值低50%。

贾利利说，由于石墨烯只有一层原子，特别容易受到表面污染的影响，而硅污染让石墨烯性能表现不够稳定，因而很难建立起一种工业标准来规范石墨烯的性能指标。

进一步实验发现，虽然直接清除石墨烯中的硅污染难度较大，但只要清除制备石墨烯的原材料石墨中的硅成分，就能较容易得到高纯度石墨烯。研究人员利用这种方法，制备出高纯度石墨烯，并用它们制成大容量电池，以及灵敏度极高的湿度感应器，证实了高纯度石墨烯的优异表现。

二、研制无机非金属材料的其他新成果

（一）建筑材料与涂料开发的新信息

1. 建筑材料研制的新进展

推出纸模装饰混凝土建筑材料。2005年8月，有关媒体报道，总部位于悉尼的澳大利亚华特尔公司，日前推出一种类似于广场砖铺设效果的纸模装饰混凝土建筑材料，使用这种纸模在浇注混凝土的同时，同步浇注上色彩和图案，从而以较低的造价获得多种不同的广场砖块和石块的铺设效果。

由于纸模图案和固化剂颜色可以自由组合搭配，因此可以提供比其他装饰材料更加丰富多样的效果选择，并且图形美观、整体性好、耐久坚固。同时，这种新型建筑装饰材料，还可以克服传统铺设地砖经常出现的容易褪色、凹凸不平、易于松动、雨天积水、缝隙长草等缺陷。

澳大利亚华特尔公司在建筑材料的生产中一直坚持环保理念，不使用重金属、卤素等有害物质，是2000年悉尼奥运会的指定供应商。它已经在

深圳和北京建立了现代化的生产基地，生产中采用的全自动控制系统设备和主要原料均来自澳大利亚。

2. 涂料研制的新进展

（1）发明用可见光激活的自洁涂料。2006年2月，英国广播公司报道，澳大利亚新南威尔士州大学，研究员罗斯·阿瓦尔等人组成的粒子及催化剂研究小组，发明了一种可以自己进行清洁工作的涂料。它的问世，将解决长期以来人们清洁浴室困难的问题。

据报道，这种新型的涂料可以吸收可见光。可见光会激活存在于面料内部的清洁因子，同时还可以杀死细菌。这种面料的外表，还具有防水功能。虽然这种涂料不能解决所有的问题，但是如果把它铺在水泥水池或者浴盆中，它可以在很大程度上，减轻使用者对这些东西的擦洗工作。

阿瓦尔在介绍他们研究的这种产品时说，如果你拥有我们生产的这种可以自动清洁的原料，那您就可以和那些用于清洁的消毒剂和化学物质说再见了。他还指出，以前的类似产品，都是要依靠紫外线来激活的，而这在普通的家庭中是不现实的。

（2）非洲岩石中发现迄今已知最古老的涂料颜色色素。2018年7月9日，澳大利亚国立大学地球科学学院副教授约亨·布罗克负责，该院努尔·古奈里为主要成员，以及美国和日本相关学者参与的一个国际研究团队，在美国《国家科学院学报》上发表论文称，他们发现了地质记录史上已知最古老的涂料颜色，这种从非洲撒哈拉地区地下岩石提取出来的亮粉色色素，形成于11亿年前。

这项研究成果显示，从西非毛里塔尼亚的海相黑色页岩中提取出来的色素，比此前发现的色素早了5亿多年。论文第一作者古奈里在一份声明中说："这种亮粉色的色素，是叶绿素分子的化石，叶绿素产生于古代海洋中有机物的光合作用。"

据悉，化石粉末浓缩时的颜色为血红色到深紫色，亮粉色是稀释后的颜色。

古奈里说，对这种古代色素的分析表明，10亿年前，蓝藻菌处于海洋食物链的底端，这有助于解释当时为何没有动物。

布罗克说，海藻的体积比蓝藻大1000倍，是更丰富的食物资源。蓝藻6.5亿年前在海洋中消失，而海藻则开始迅速扩张，为复杂生态系统的进化提供大量能量，最终出现了包括人类在内的大型动物。

（二）硅材料与氢材料开发的新信息

1. 开发硅材料的新进展

借助硅球材料重新定义质量单位"千克"。2008年4月，国外媒体报道，澳大利亚与俄罗斯等国相关专家参加，德国计量科学研究院科学家彼得·贝克领导的一个国际研究团队，正在实施"阿伏伽德罗计划"。目前，其已经获得重要进展：正在尝试借助一个"完美硅球"，重新定义"千克"。

报道称，100多年以来，人们一直以存放于法国巴黎的由铂铱合金制成的国际千克原器为"千克"的标准。现在，研究人员已制成了由硅28材料构成的一个完美球体。科学家希望借助这个硅球重新定义质量单位"千克"。

研究人员说，现有的由铂铱合金制成的国际千克原器存放于法国首都巴黎，但它已"神秘地"比原来轻了50微克，给从事科学研究和数据统计等精密工作的人带来不少麻烦。

"阿伏伽德罗计划"的目的，是通过精确测算出"完美硅球"内究竟有多少个原子，从而在测定阿伏伽德罗常数（即一摩尔任何物质中所包含的基本单元数）中获得新的突破，进而将质量单位"千克"的标准，回归到与恒定常数相关的定义中，而不是依靠一个"原器"，或者其他什么会变化的东西来计量。

该研究团队制造的这个"完美硅球"球体，非常接近理想球体，由球体中心至表面任何一点的距离误差不超过3000万分之一毫米。这个球体的直径大约为10厘米，它的99.9%是由硅28材料构成的，晶体结构近乎完美。

据介绍，该研究团队至今已经为这个项目工作了5年。但目前世界上还有其他一些研究小组，也在尝试用各种不同的方法来重新定义"千克"。"千克"是国际单位制中7个基本单位之一，严谨定义它及对其进行精确测定，对于人类的科学探索以及生产生活都有着重要而广泛的影响。

2. 开发氢材料的新进展

发现氢分子中电子"超常"跃迁有助于研发超导体材料。2018年3月19日，澳大利亚国立大学网站报道，该校物理与工程学院教授阿纳托利·海费茨所在的国际研究小组，从氢分子中探测到跃迁到常规轨道之外的电子。这一成果，可被用来开发基于超导体等材料的下一代电子器件。

常规情况下，电子在特定轨道围绕原子核运动，就像行星围绕太阳运动。但研究小组在实验中探测到了电子瞬间跃迁到更高能的轨道。

研究小组对氢分子中的电子对进行了精确快照。他们用 X 射线束将其中一个电子从分子中敲除，导致两个原子分离。因为分子中两个电子纠缠在一起，被敲除的那个电子携带了关于另一个电子的精确量子态信息。实验显示，处于基态轨道的一对电子瞬间同时跃迁到了具有更高能量的轨道，这是量子关联的例证。

海费茨说，电子间的关联通常微弱到难以观测，但某些情况会导致电子出现明显的异常行为，如超导现象，这是高容量计算机存储器的基础。研究人员此次通过高灵敏度的实验技术，清晰观测到了氢分子中电子间不寻常的运动，这对于研究基于超导体等材料的下一代电子器件是重大突破。

第三节 有机高分子材料研制的新进展

一、研制纺织材料及产品的新成果

（一）纺织材料开发的新信息

1. 研制布料的新进展

（1）运用声音生成图案而制成的花布。2006 年 3 月 27 日，澳大利亚广播公司报道，该国数码艺术家皮埃尔·普罗斯科，找到一种用声音设计纺织品花纹的方法。他已开发出可将声音不同频率，转换成螺旋图案的电脑软件，制造出一种"声波纹"。

普罗斯科说："根据你说话内容和说话方式，你可以获得一些低频率和一些高频率声波。"电脑软件把声音不同频率，转化成不同大小的螺旋设计。不同声音能生成不同的螺旋纹，他开发的软件可将声波生成的螺旋纹，进行纺织品或图形设计。

普罗斯科表示："任何人都能利用自己的声音生成图案，用来制作花布等纺织品。"

（2）开发出能在黑暗中发光的布料。2007 年 3 月，有关媒体报道，澳大利亚一家公司，开发出一种被称为"人造荧光"的涂层布料，它在自然光下暴露 12 分钟以后，就能够在黑暗中发光 3 小时以上。这种布料采用光致发光（吸收、释放光）结晶粒子，以分散的方式涂覆到布料的防水层上。这种涂层可以应用于在夜间需要发光的衣类布料。

据悉，这种产品，是受到深海生物可以发光这一启发，产生灵感而开发出来的，可以用于夜间处置交通事故的警察人员，另外在滑雪服或者滑雪板制造企业中也很有人气。

该公司负责国际推销和销售的副社长丹尼尔·雷普尼克说："这种优秀的发光布料，有助于警察和应急救护、医护人员的安全防护，本产品比反光带和高可视性织物，具有更大的效果。我们每天，接受来自滑雪服和滑雪板生产厂家以及自行车、跑步机、儿童服装等制造厂家的电话，在 12 件以上服装所需的布料。"

2. 研制纺织材料防伪线的新进展

推出纺织材料专用防伪产品显微加密线。2006 年 9 月，有关媒体报道，总部设在澳大利亚的微点科技公司（DATADOT），是国际一流的显微加密防伪技术研究机构。该公司研制出一种新的纺织专用防伪产品，它只有头发般粗细，可一同织在服装标签中，只需便捷式显微镜即可当场验证。

研究人员说，该产品上面，可以记录并印上，企业所需要的比如产品名称及商标、生产商名称和编号，或由特别设计指定的内容等信息。这种称为"微点"显微加密线的防伪产品，将为无数受假冒伪劣困扰的企业带来了福音。

"微点"显微加密线，由微数据条带和纤维保护线共同组成。其中的微数据条带，由聚酯感光材料制造而成。它可作为服装标签编织线中的一股，机织在面料、标签和纤维制品上。产品一次性使用，移除将损坏微数据条带上的信息。无须使用复杂仪器分辨真伪，只需便捷式显微镜即可当场验证。目前它主要用于纺织、箱包、鞋帽和服装行业的防伪。已有一些公司，在其销往欧洲市场的服装产品标签上，全部使用这种显微加密线，世界著名服装品牌都彭（Dupont）也在服装标签上，使用了"微点"显微加密线，取得了非常好的效果。

（二）纺织成衣开发的新信息

1. 发明可演奏音乐的智能服装

2007 年 1 月，有关媒体报道，澳大利亚联邦科学与工业研究组织工程师理查德·赫尔默等人组成的一个研究小组，最近发明了一种智能 T 恤衫。穿上这种 T 恤衫表演"空气吉他"，在对着空气比画演奏动作时，能够产生真实的音响效果。这项新发明，可以实现吉他爱好者们随时过把演奏瘾的梦想。

因为人们穿上这种 T 恤衫之后，它可以随着人体动作奏乐，被称为"能穿的乐器"。T 恤衫在肘部和袖子部位都有传感器，能够探测到穿者手臂的动作。传感器把手臂活动信息通过无线连接传输给电脑，由电脑播放出与动作相匹配的声音。在这一过程中，T 恤衫起的正是"乐器"的作用。

巧的是，T 恤衫正好迎合了近年来流行的"空气吉他"的表演潮流。所谓"空气吉他"，就是在背景音乐伴奏中，表演者用双手和身体模拟演奏吉他的姿势，但其实手中什么乐器也没有。现在有了这种新型智能 T 恤衫，乐迷们就能够演奏出货真价实的"原创"音乐。

能演奏的音乐 T 恤衫是由数据处理、音乐创作和纺织物生产等研究领域的多位专家合作研发的。

赫尔默就智能音乐 T 恤衫的问世发表声明说："可以说产品适用于任何人，即使是不太懂乐曲或处理技巧的人，也可以穿上它过把表演瘾……穿着这种 T 恤衫，可以随心所欲地即兴表演。奏出的音乐效果不错，曲调连贯顺畅，很像回事。除传统功能外，衣服还可以成为娱乐领域里的时尚。"

2. 发现可以利用葡萄酒糟制作服装

2007 年 3 月，澳大利亚媒体报道，西澳大学研究员盖瑞·凯斯发现，在葡萄酒糟发酵制成醋的过程中，会产生"发酵纤维"，能形成具有弹力的纤维素层。于是，他通过葡萄酒菌及啤酒菌制成纤维，与传统的棉线功用相似。

凯斯几年前在葡萄园工作时，突发灵感，想到酒糟制衣的问题。他发现，葡萄酒表面形成的纤维素层，暴露在氧气中一段时间后，可以直接从酒桶中捞起，如果覆盖在充气娃娃的身上，就可以形成衣服的轮廓。待发酵菌充分长成，将充气娃娃的气体放掉，移走娃娃，原来覆盖在其身上的纤维素层就变成一件成品衣服。

凯斯说，只要有酒精存在，就有酒菌，酒菌可以将纤维连在一起，无须使用针线。但这种新纤维也有其弊端，必须保存在潮湿的环境下，一旦周围空气变干，纤维就极易撕裂。

二、研制有机高分子材料的其他成果

（一）塑料及其产品开发的新信息

1. 研制塑料包装材料的新进展

（1）推出可降解新型环保塑料包装袋。2004 年 8 月，有关媒体报道，一种遇水就会慢慢溶解的新型环保塑料包装袋，开始投放市场，这是由澳大利亚塑料技术有限公司研发生产的。这种新型塑料包装袋，主要原料是玉米淀粉等，具有生物可降解性，对人体无害。

目前，澳大利亚塑料技术有限公司，研发生产的新型环保塑料包装袋，主要用于包装饼干、巧克力等食品，公司计划在 2004 年内，推出具有更多用途的塑料包装袋。

这家公司成立于 2001 年，主要致力于塑料产品生产及相关技术开发。该公司成立前，曾与国际食品生产及包装科学研究所，进行长达 7 年的合作，在塑料产品开发方面，拥有相当强的实力和优势。

（2）研制出新型食品抗腐保鲜塑料袋。2005 年 3 月，有关媒体报道，澳大利亚和美国科学家组成的一个研究小组，研制出一种新型食品抗腐保鲜塑料袋，可使包装食品的保鲜期延长至 3 年。

研究人员采取在食品常规包装袋中，放入一层含有一种被称为阿莫索尔（Amosorb）的化学物质的塑料薄膜，可清除包装中的氧气，使所包装的食物可长时间不变质。该化学物质在特殊光波照射之前，一直处于休眠状态；当接受特殊光波照射后，化学分子才开始活跃。这就是说，在包装食品时，无须进行复杂的除氧处理，只要在食品包装的最后一道工序，经特殊光波照射即可。

此外，澳大利亚的韦恩汉德尔斯公司将类似物质填入塑料袋中，用于消除袋中的促使水果成熟、食品变质的其他气体。如，清除水果成熟过程中产生的乙烯，减缓成熟速度，使水果长期保鲜。研究人员认为，在热带和亚热带地区，高温会促使化学物质分解，加快食品腐烂变质。在这些地区甚至连冰箱都失去保鲜作用,但这种抗腐保鲜塑料袋却可长时间保鲜。

(3)用聚酯材料制成质轻防碎葡萄酒瓶。2006年9月,国外媒体报道,澳大利亚著名酿酒公司禾富酒庄近日推出一款名为比亚拉的高档葡萄酒。尤为值得关注的是,这款葡萄酒采用了一种质轻、防碎而且环保的750毫升聚酯材料瓶,这是全球第一款全规格聚酯材料酒瓶。

禾富酒庄此次采用的这款聚酯材料瓶,保留了传统玻璃瓶的功能和外形美感,容量上也与标准的750毫升葡萄酒瓶相同。这款聚酯材料瓶的优势是不易碎,另外长度上比传统酒瓶要矮33%,更容易存放在冰箱和柜子中。

禾富酒庄加拿大公司总裁斯科特·奥利弗说:"新的包装给我们的消费者提供了更多的选择来品尝我们的葡萄酒。这款比亚拉酒,提供了更大的便利性和具有重要意义的环保利益。"

禾富酒庄对聚酯材料酒瓶的研制,被认为是对加拿大安大略省酒管局之前提出的环保战略所做出的响应。在这项战略中,酒管局督促酒类供应商采用新的包装方法来降低污染。

据介绍,这款新型750毫升聚酯材料瓶完全可以回收循环使用,空瓶只有54克重,仅是传统玻璃瓶的15%。聚酯材料瓶在回收后通常应用在食品接触性包装方面,形成了封闭性再循环利用。此外,聚酯材料在商业和工业方面的应用比较广泛,因此也提高了聚酯材料回收的需求。

同时,由于聚酯材料酒瓶质量减轻了很多,采用聚酯材料瓶的酒类产品在运输方面具有很大优势,每次装载的量可以大幅度提高,并且运输相同量的酒所消耗的燃料也相对减少了,体现了节能和环保的优势。

2. 研制塑料电子产品的新进展

(1)开发印刷线路板用的塑料导线。2006年6月,有关媒体报道,澳大利亚格里菲思大学,戴维·希尔教授领导的,微技术工程合作研究中心的科研团队,对外发布消息说,他们已经开发出一种新的电子电路技术,能够回收利用,比传统印刷线路板使用更少的有毒物质。

研究人员表示,他们已经成功发明了一种专利技术,能够生产出塑料导线。这样,就产生了,世界上第一种采用塑料作为导线的印刷线路板生产技术。

目前，全球每年会产生 2000 万~5000 万吨的电子垃圾，在澳大利亚，2005 年有 300 万台电脑报废。

希尔说，塑料导线技术，能有效减少不断增长的电子垃圾的压力。这种新技术是绿色环保的，在印刷线路板的制造过程中，没有采用任何的化学药品，同时也减少了垃圾填埋的巨大压力。

根据希尔的说法，塑料导线符合欧盟的环保法规的规定，而传统的采用有铅焊接的印刷线路板并不符合欧盟环保的指定。他说："这些环保法规对电子制造商来讲关系重大，即使他们目前并没有在欧洲销售他们的产品。但是越来越多的国家将会实行类似的法规，那么对像塑料导线这一类技术的需求，就会越来越强烈。"

希尔最后说："很多新的环保技术正在研究当中，包括有机打印电子技术，但还不能商用。目前，传统印刷线路板生产的唯一代替技术就是塑料导线。"

（2）研制出具有金属性质的可导电塑料。2011 年 2 月，澳大利亚昆士兰大学保罗·麦里迪斯教授和本·鲍威尔助理教授，以及新南威尔士大学亚当·米考林教授共同领导的一个研究小组，在《化学物理学》杂志上发表论文称，他们研发的一项最新技术，将使得人们有可能制造出一种具有金属甚至超导体性质的塑料产品。

通常认为塑料导电性极差，因此被用来制作导线的绝缘外套。但该研究小组发现，当将一层极薄的金属膜覆盖至一层塑料层之上，并借助离子束将其混入高分子聚合体表面，将可以生成一种价格低、强度高、韧性好且可导电的塑料膜。

离子束技术，在微电子工业领域被广泛运用来测试半导体，如硅片的导电性能。但将这种技术应用到塑料膜材料的尝试，是从 20 世纪 80 年代才开始起步的，一直进展不大，直到现在才取得突破。麦里迪斯介绍说："这个小组所做的工作，简单来说就是借助离子束技术改变塑料膜材料的性质，使其具备类似金属的功能，能够像导线本身那样导电，甚至可以变成超导体，当温度低到一定程度时电阻变为零。"

为了显示这种材料的潜在应用价值，研究小组采用这种材料，参照工业标准制作了电阻温度计。在和同类型的铂电阻温度计进行对比测试时，新材料制作的产品显示了类似，甚至更优越的性能。

米考林说："这种材料的有趣之处，在于我们几乎保留了高分子聚合物的全部优势：机械柔韧性、高强度，低成本，但同时它却又具有良好的导电性，而这通常可不是塑料应该具有的特性。这种材料，开创了一个塑料导体的新天地。"

这项研究所依据的实验，由前昆士兰大学博士生安德鲁·斯蒂芬森进行。斯蒂芬森则认为，这项技术最令人兴奋之处，在于这种薄膜的导电性可以进行精确的调整或设定，这将具有非常广阔的应用前景。他说："事实上，我们可以将这种材料的导电性更改 10 个数量级，简单地说，这就像是我们在制作这种材料时，手里拥有 100 亿种选择。理论上说，我们可以制造出完全不导电的塑料，或者导电性和金属一样好的塑料，以及介于两者之间的全部可能性。"

这种新材料，可以利用现在的微电子工业常用的设备轻易地制造出来。同时，它与传统的高分子半导体材料相比，这种新材料对暴露在氧气中的抗氧化能力也要高得多。

（二）生物医用材料与食品材料开发的新信息

1. 研制生物医用高分子材料的新进展

（1）开发出可助软骨修复的海藻凝胶。2014 年 5 月，澳大利亚伍伦贡大学发布的消息说，该校智能聚合体研究所主任戈登·华莱士教授主持的一个研究小组，成功利用海藻凝胶搭建支架，实现了人膝盖软骨再生。这一成果，可望有助于开发新疗法，修复严重受损的骨组织、肌肉和神经。

据悉，不久前，研究人员借助 3D 打印技术，用海藻凝胶制作支架，尔后在这种支架上注射干细胞，并让两者顺利融合，最终使这些干细胞定向分化成人膝盖软骨。

华莱士说，海藻没有血管组织，其细胞通过一种凝胶状物质聚合在一起，这种海藻凝胶刚好充当干细胞的结构支架，保持再生组织的稳定性和完整性。

华莱士表示，尽管上述实验仍处于初级阶段，但研究小组相信，开展这项研究具有巨大潜力，将为治疗关节炎、神经系统疾病和修复严重受损的器官提供新思路。

（2）发明让人晒得有个性的"紫外线墨水"。2018年9月，澳大利亚皇家墨尔本理工大学维普尔·班萨尔教授主持的一个研究小组，在《自然·通讯》期刊上发表研究成果称，他们近日发明了一种新型含有机物的墨水，它可以根据紫外线的强度不同而变色，将其打印在任何一种纸质表面就能制成可穿戴的传感器，为肤色不同的人提供便携和个性化的日照量提示服务。

晒太阳是好事儿，可是，晒到什么程度才算恰到好处呢？该成果正是针对这个问题进行研究的。

日照可使人体内的维生素D维持在健康水平，从而促进钙质的吸收，但过高的日照量则会增加皮肤癌、失明或皮肤老化的风险。有研究显示，对于不同肤色的人来说，所需的健康日照量也不同，肤色越深所需的健康日照量越大。例如，肤色最浅的苍白型皮肤，只能忍受最深色皮肤1/5的日照量，否则患相关疾病的风险就会升高。

班萨尔教授说，他们发明的这种墨水可在日照后变换颜色，打印在纸质表面上可制成手镯、头带或者贴纸等形式的传感器。传感器表面的显示区域会根据不同的日照量做出标注，当日照达到一定量时，相应区域就会显示出墨迹，令使用者实时了解身体接受日照的情况。

2. 研制食品材料的新进展

大麦中发现全新碳水化合物。2019年1月，美国《新闻周刊》网站报道，澳大利亚阿德莱德大学资深科学家阿兰·利特主持的一个研究小组，在大麦中发现了一种新型复合碳水化合物，是一种多糖。这也是科学家首次发现此种碳水化合物，有望应用于食品、医药等领域。

多糖，是一种由不同的简单糖分子链结合在一起形成的碳水化合物。研究表明，新碳水化合物基本上由葡萄糖和木糖组合而成。葡萄糖是最丰富的单糖，而木糖一般存在于大多数可食用植物的胚胎中。而且，根据葡萄糖和木糖之间比例的不同，新碳水化合物可以呈现为两种不同的形式：黏性凝胶或更坚硬的物质。

利特说："新发现的这种多糖有望应用于食品、医药、化妆品和其他诸多领域。对这种新多糖的了解将为我们打开新的窗口，让我们进一步确定其在植物中扮演何种角色。我们现在知道，可以在大麦根部发现它，这表明它可能在促进植物生长或抵抗外部压力（盐度或疾病）中发挥作用。通过观察不同谷类作物中这种多糖的自然变异，我们将确定其与重要农业特性之间的关联。"

目前，多糖主要被用于改善某些食物中营养素的质量。一旦研究人员更多地了解这种新化合物，其潜在应用将变得更加清晰。利特说："我们可以操纵新多糖的性质，满足人们的需求，增加其潜在用途。"

此外，研究人员还发现了参与这种新型多糖生物合成的基因。不仅仅是大麦中，而是在所有主要谷类作物里，都可以找到相同的基因。利特认为，这些基因的发现，可能具有重要意义，他说："我们现在可以利用这些知识，找到增加作物中这种多糖的方法，为工业应用提供一系列具有不同物理特性的植物原料。"

第六章　能源领域的创新信息

　　澳大利亚在开发利用太阳能领域的研究，主要集中于受树叶光合作用启发研制太阳能电池，研制出无毒且柔韧性强的环保型太阳能电池，开发能为太阳能电池提供更多能量的"捕光天线"，用纳米技术提高太阳能电池的发电效率，用带通滤波器提高太阳能转化为电能的效率，开发有机太阳能电池的3D打印装置，提出预测太阳能光伏发电系统数据的新方法；发明白天晚上都能发电的聚光太阳能大碟技术，开发出聚光太阳能"超临界"蒸汽发电技术。制成节能环保的"太阳能瓦片"，造出世界上第一台太阳能自动提款机。在开发利用新能源其他领域的研究，主要集中于开发可储存更多能量的液流电池，发明延长充电锂离子电池寿命的"盐浴"新工艺。培植成功可产生大量氢气的绿藻，发明镍铁镀层新电极高效电解水制氢的新技术。建造像风筝一样飞在天上的风力发电装置，运用进化算法解决风电机选址问题。尝试开发地下干热岩发电，着手建立首座使用干热岩技术的地热发电站，利用增强型地热系统开发深层地热资源。研制成功利用海洋能的水下发电机，还研制出把人体动能转化为电能的服装"充电器"。

第一节　开发利用太阳能的新进展

一、研制太阳能电池与相关技术

（一）开发太阳能电池及其配件的新信息

1. 研制太阳能电池的新进展

（1）受树叶光合作用启发研制太阳能电池。2006年9月，国外媒体报道，澳大利亚悉尼大学马克斯·克鲁斯雷教授领导的分子电子学研究小组，近日在罗马举行的国际卟啉和酞菁染料大会上报告研究成果称，他们模仿植物中的叶绿素创造的合成分子，着手研制高效的太阳能电池。

克鲁斯雷说："经过数百万年的演变，自然能很有效的捕获到光并把它转化成能量。我们正在设法模仿自然的光合作用方式。"

叶子利用体内排列密集的叶绿素分子将光能转变成电能，然后再转变成化学能。促成叶绿素这一功能的必不可少的元素是色素卟啉，它位于镁离子的中心。该研究小组已经开发出在光合作用中居于首要地位叶绿素的合成形式，叶绿素能将光能转化成电能。与自然状态下一样，当这些合成分子密集的排列在一起，它们就会一致行动，有效的收集太阳光子。克鲁斯雷说："必须有很多这种合成分子，因为如果只有一个分子，它的作用效率是非常低的。"

研究人员制造了一个形状像足球的合成叶绿素分子。它有一个树状大分子支架，是一个由碳、氢、氮合成的高度分岔的纳米聚合体。黏附在树状大分子上的是捕获光的色素卟啉的人工合成产品。一种被称作"巴基球"的球形碳分子坐落在卟啉之间，从收集到的太阳光子中吸收电子。

该研究小组已经利用合成叶绿素建造一个有机太阳能电池的雏形。它以自然释放为基础，他们希望最终能制造出比现有太阳能电池更有效的电池。绿叶能有效地将30%~40%的光能转变成电能，而通常以硅元素为基础的太阳能电池，只能有效地将12%的光能转变成电能。

克鲁斯雷说："我们已经拥有了模仿光电设备或太阳能电池的主要成分。从长远来看，我们必须设法生产出一种能像薄薄的一层油漆那样，简单的涂抹在屋顶上的东西。"他表示，研究小组还希望能制造出存储装置，用来代替以金属为基础的电池。

克鲁斯雷说，当用来吸收太阳光的分子不是太大时，才能最有效地将光能转变成电能。这种分子的理想直径，大约是它吸收的光的半个波长，他认为是300~800纳米的可见光。克鲁斯雷说："材料不能制作得太稠密，因为那样光线就无法通过它。创造更有效的太阳能电池，是一个非常热门的话题，因此人们想方设法利用各种新奇的材料和方法，以便让以太阳能为基础的电力生产获得更高效率。"

（2）研制出无毒且柔韧性强的环保型太阳能电池。2016年5月，澳大利亚媒体报道，澳大利亚新南威尔士大学，光伏与可再生能源工程学院郝晓静博士主持的一个研究小组，研制出一种无毒且柔韧性强的薄膜太阳能电池。

当前"零耗能"建筑的发展，受制于安装在建筑外部薄膜太阳能电池板的成本问题，以及电池板原料的高毒性、稀有性问题。

该研究小组研制出名为"CXTS"的太阳能电池板，它利用薄膜芯片技术，而其芯片材料源自地壳中富含的铜、锌、锡和硫元素，避免了传统大型薄膜太阳能电池产生的毒性问题，材料成本也相对较低。

郝晓静指出，这种太阳能电池板具有柔韧的特点，可依附于玻璃、墙面、屋顶等不同材质，其轻薄的特点也能应用于汽车。该大学正在和几家大公司合作，推动这项技术的商业化。

郝晓静说："当前该芯片光电转化率为7.6%，研究人员还在进行相关调试工作，转化率超过15%才能投入市场。"

2. 研制太阳能电池配件的新进展

开发能为太阳能电池提供更多能量的"捕光天线"。2007年2月，有关媒体报道，作为21世纪最有潜力的清洁能源，太阳能产业有着巨大的发展前景，可以为目前能源短缺和非再生能源的消耗所引起的环境问题，提供一个很好的解决途径。澳大利亚悉尼大学马克斯·克罗斯利带领的研究小组，正在研究以"捕光天线"来加强对太阳能的开发利用。

该研究小组在植物的光合作用中得到启发。绿色植物和藻类能吸收并利用光能，通过光合作用生长繁殖，而捕光正是光合作用中最原初的过程。比如生活在罕见阳光的深海环境中的海藻，就可依靠一种被称为聚光色素复合体的杆状结构来捕光，色素复合体中含有数千个聚光色素分子，可以帮助海藻吸收极微弱的阳光。这些能吸收聚集光能的色素也被称为天线色素。有关专家表示，深海海藻通过天线色素能够捕获可利用光中高达97%的光子。

事实上，所有植物都有这种由一层层聚光色素分子构成的"天线"，大部分绿叶的光利用率在30%~40%。以此为基础，不少研究小组已研制出类似的人造"捕光天线"，并计划开发带"天线"的新型太阳能电池，希望借此能够提高太阳能电池的效率。

在此背景下，克罗斯利研究小组，率先利用合成紫质（卟啉，一种色素分子）制成人造"捕光天线"。合成紫质可以吸收较大范围光谱的光，将100多个这种分子"搭建"在类似植物脉络结构的支架上，就形成了"捕光天线"。

那么，"捕光天线"到底如何为太阳能电池提供更多能量呢？在植物的光合作用中，天线色素分子将吸收的光能传递给一种特殊的名为 P680 的叶绿素分子，P680 吸收能量后释放出高能电子，将二氧化碳转化成为植物所需要的糖分。而在太阳能电池中，合成紫质分子吸收光子后将其传递到半导体材料，光子经碰撞后各释放一个电子，从而形成电流。

3. 建造太阳能发电站的新进展

拟建世界最大的太阳能发电站。2009 年 5 月 17 日，有关媒体报道，澳大利亚总理陆克文当天说，澳大利亚计划建造世界最大的太阳能发电站，预计耗资超过 14 亿澳元。

陆克文当天参观一座发电站时表示，目前，世界最大的太阳能发电站位于美国加利福尼亚州，澳计划新建的太阳能发电站规模相当于它的 3 倍。

据报道，澳太阳能发电站建设计划的具体内容，将于 2009 年晚些时候公布，2010 年上半年可确定首批竞标者名单。

陆克文说，借助这样一座太阳能发电站，澳大利亚将形成一个覆盖全国的太阳能能源网络，澳大利亚也将成为世界首屈一指的可再生、清洁能源国家。他说："我们不愿成为全球清洁能源的追随者，我们希望成为全球清洁能源的领跑者。"

陆克文还说，这一计划还可以刺激澳大利亚经济，提供更多就业岗位和贸易机会。据悉，澳大利亚政府已出台一项计划投入 46.5 亿澳元的清洁能源倡议，这座世界最大太阳能发电站就属于这一计划内容。

（二）研制太阳能电池相关技术的新信息

1. 开发提高太阳能电池发电效率的新技术

（1）用纳米技术提高太阳能电池的发电效率。2010 年 5 月，有关媒体报道，身为澳大利亚国立大学等离子研究团队成员的凯利·卡切波尔，在 2006 年成为博士后时获得一项重大发现，推开了制造光电转换率更高的薄膜太阳能电池的大门。这个进步也许可以让太阳能在同化石燃料的博弈中更具竞争优势。

薄膜太阳能电池一般用非晶硅或者碲化镉制造，与常规的由更厚而且更昂贵的硅晶片制造的太阳能电池相比，成本更低。当然，薄膜太阳能电池的效率也更低，因为，如果一个电池的厚度比射入光线的波长还短时，光线就更难被吸收和转换。因此，仅仅几微米厚的薄膜电池只能微弱地吸收一些近红外的波长。如此一来，薄膜电池的光电转化率只有 8% ~ 12%，而一般晶硅太阳能电池的转换率能达到 14% ~ 19%。而要产生更多的电能就需要制造更大的设备，这就大大限制了太阳能技术的应用范围。

当金属表面的电子被入射的光线刺激后，会形成等离子体振荡。在传统的硅基太阳能电池的制造中，很多人都利用等离子体效应，从而保证电池更加高效，但是却没有人利用这个效应来制造薄膜电池。卡切波尔发现，她敷在一块薄膜太阳能电池表面的银纳米粒子，并不会像镜子一样完全反射直接照射到其表面的光线。相反，粒子表面上形成的等离子体将使光子偏斜，这样，这些光子会在薄膜电池内部来回反射，以便于长波长光的吸收。

卡切波尔的测试设备的光电转化效率，比普通的薄膜太阳能电池高30%左右。如果卡切波尔能把她的纳米粒子技术和大规模制造薄膜电池结合起来，很可能会改变太阳能电池技术领域的平衡，加速太阳能取代传统化石燃料能源的步伐。薄膜太阳能电池不仅能获得更多的市场份额（目前，其在美国的市场份额为 30%），同时，也会加速整个光伏产业的发展。

毫无疑问，在薄膜太阳能电池制造上，碲化镉将慢慢取代硅。但是碲是稀有元素，专家们担心它的供给可能无法满足需求。而在这方面，硅则更有优势。

目前，已经有多家公司向卡切波尔抛出了"橄榄枝"。但是，卡切波尔希望在商业化这项技术之前，能够更好地完善它。同时，澳大利亚斯威本科技大学的研究人员，也正和业界巨头、世界上最大的硅基太阳能电池制造商中国尚德太阳能电力有限公司合作，开发他们的等离子体薄膜太阳能电池制造技术，据称，该公司的等离子体太阳能电池有望在 4 年内实现商业化。

（2）用带通滤波器提高太阳能转化为电能的效率。2014 年 12 月 8 日，物理学家组织网报道，澳大利亚新南威尔士大学太阳能科学家马克·基沃斯博士领导的研究团队，已经可以把太阳能转化为电能的效率提高到40%以上，这是目前为止的最高纪录。这一成果的研究论文，即将发表在《太阳能光伏进展》杂志上。

新纪录在悉尼的室外试验中获得，在美国国家可再生能源实验室的室外测试设备上，这一结果得到了确认。这项工作由澳大利亚可再生能源局资助，并获得了澳大利亚—美国先进光电联合研究所的支持。基沃斯说："这已经能对太阳能电厂提供稳定的支持了。"

里程碑式的40%的转换率，是南威尔士大学持续40年的研究获得的长线成绩。1989年第一个光电系统获得了超过20%的转换率，而现在的结果是彼时的两倍。光电联合研究所马丁·格林教授说："这个新结果，与在澳大利亚光电能源塔的使用有关。"

能源塔由澳大利亚"光线发电机资源公司"研制，为高效率原型提供了设计方案和技术支持。另一个合作者是美国的"光谱实验室"公司，提供了一些在项目使用的电池。

据报道，原型设计的一个关键部分，是在能源塔上使用了一种定制的光学带通滤波器，它能反射特殊波长的光线，捕获到更多通常被商用电池浪费的阳光，并以目前的太阳能电池根本无法企及的高效率转换成电能。

澳大利亚可再生能源局首席长官伊夫·弗里西柯莱特表示，原型的开发成功，对澳大利亚研发机构来说是全新的时代，接下来将证明澳大利亚投资新能源创新的价值所在。他说："我们希望这个自主创新能从原型到试验论证再向前推进一步，最终更多的高效商业化太阳能电厂能降低新能源的成本，增加核心竞争力。"

2. 开发有机太阳能电池的3D打印技术

2015年8月，有关媒体报道，一个来自澳大利亚的太阳能电池研究小组，致力于研发一种薄如纸片的有机可打印太阳能板，它甚至能为一整栋摩天大楼提供能源。研究人员希望能够在不远的将来，逐步实现这种新型发电装置的商业化制造。

研究人员说，这项技术可有效减少发达国家对传统能源的依赖，同时，也能为发展中国家提供一种经济、可实行的电力来源。

与传统太阳能电池板不同的是，这些太阳能电池纸，可以在包括玻璃和屋顶等实际的房屋位置上，被直接打印出来。而且，这些电池单元甚至将可设计用在 iPad 表面、笔记本电脑背包和手机外壳上，这意味着，它不仅是特殊的覆盖"壳"，还能酷炫地"发电"，为可移动设备提供电能。

目前的进展是，该研究小组已经借助改进型的太阳能墨水 3D 打印机，成功将每个有机太阳能电池的单元，减小到只有硬币大小的体积，这种太阳能电池纸非常廉价，样子和工作方式与传统的硅基太阳能电池板，都有所不同。

3. 提出预测太阳能光伏发电系统数据的新方法

2019 年 5 月 28 日，澳大利亚国立大学能源专家杰米·布莱特主持，德国伊瑟市弗劳恩霍夫太阳能系统研究所工程师参与的一个研究小组，在《可再生和可持续能源杂志》上发表了一个可免费获取的控制太阳能光伏发电系统质量的调优数据集，数据来自澳大利亚 1287 户居民住宅的太阳能光伏发电系统安装情况。

太阳能研究者传统上只利用单个住宅太阳能光伏发电系统的功率测量值，推测一个城市的发电量。但一个住宅的安装情况，并非一个城市的理想代表，因为一天的不同时间、太阳能板的方向、树和云投下的阴影都会影响发电量。要充分了解如何在不破坏发展中国家赖以生存的可靠电力供应的前提下，将这种可再生能源整合到电网中，迫切需要从分布在整个城市的光伏发电系统中获得数据。

布莱特说："这个数据集是太阳能研究者的'礼物'，之前还没有人拿出一份可以免费获取的涵盖 3 座城市 6 个月测量值的数据集，这是一个很大的量。"

布莱特解释说，此前研究人员为了收集功率值绞尽脑汁，还发明了在城市中移动的云模型，"捏造"不同地点的光伏电力输出。布莱特说："这是第一次，人们可以轻而易举地访问数据，进行所需要的空间分析，以一种可控的方式管理太阳能与电网的整合。"

在澳大利亚，近 23% 的居民家庭拥有光伏发电系统，这对于安全可靠的管理电网非常重要。例如，为了维持电器的建议电压，保障电力供应，电网操作人员需要对太阳能波动做出应对计划。

该研究小组通过订阅公共网站，得以获取由光伏发电系统电力转换器自动记录和提供的原始光伏电力数据。一名计算机程序员从网站上提取数据，并将其输入工程师的数据库中，从而收集了每个光伏发电系统的细节特征，比如大小和效率。利用这些元数据和卫星图像，他们对数据集进行了严格的质量控制，并训练调优算法清理所有的"不良数据"。

布莱特还说："我们的调优程序，是寻找阴影等所有潜在的系统性损失的方法，并将它们从数据集中删除。不仅要删除它们，还要将其缩小，使其具有代表性。"然后，可以将具有代表性的情况外推到更大的区域，与卫星一起用于改进太阳能预报。

布莱特说："我们已经用这个数据集证明，实时报告光伏发电系统可以显著改善预测情况。太阳能预测公司，正在把我们的方法应用到实际的工业预测系统中。"

通过在每个处理阶段为数据集提供代码和指令，布莱特希望能够给其他研究人员提供一个良好的开端。

二、开发利用太阳能的其他新成果

（一）研制太阳能光热发电系统的新信息

1. 聚光太阳能发电技术开发的新进展

（1）发明白天晚上都能发电的聚光太阳能大碟技术。2007年10月，在2007年世界太阳能大会上，澳大利亚国立大学工程学院太阳能研究中心首席科学家基思·洛夫格罗夫博士说："我们研发的太阳能大碟集热技术，与其他类型太阳能集热技术相比，光电转换效率更高，而且其大规模生产成本更低，这一技术代表着太阳能集热技术发展的趋势。"

据洛夫格罗夫博士介绍，他们在太阳能集热技术领域已进行了30多年的研究，大碟技术是其研究的主要成果。在他们的实验室里有一个世界上最大的利用光热发电的大碟，该碟表面面积有400平方米。大碟通过吸收光能，将流入的液态水变成水蒸气，再由水蒸气驱动发动机产生电能。其整个能量转换过程就是先将光能转换成热能，再将热能转换为电能，实现热电转换效率为19.14%。目前，世界上另外两种太阳能集热技术，即槽式和塔式太阳能集热技术，热电转换效率分别为10.59%和13.81%。

洛夫格罗夫博士说，他们研发的一项电能存储技术，可以使大碟晚上也能发电。具体做法是，将白天吸收的光能所产生的热能，通过化学反应转化成气体和液体存储起来，晚上再将其还原成热能来发电。该技术目前是世界首创，已被澳大利亚环保遗产部国际气候变化司列为重点发展技术项目。

（2）开发出聚光太阳能"超临界"蒸汽发电技术。2014年6月，有关媒体报道，对于太阳能来说，实现"超临界"蒸汽是一重大突破，意味着将来可以驱动世界上最先进的发电厂，而目前的电厂多依靠煤炭或天然气发电。现在，澳大利亚联邦科学与工业研究组织能源总监亚历克斯博士领导的一个研究小组，利用聚光太阳能实现加压的"超临界"蒸汽，使蒸汽温度达到了有史以来的最高值。这一重大技术成就，使太阳热能驱动电厂的成本竞争力，可与化石燃料相抗衡。

亚历克斯说："这是改变可再生能源产业游戏规则的里程碑。仿佛超越音障，这一步的变化，证明了太阳能具有与化石燃料来源的峰值性能，进行竞争的潜力。"他还说："目前澳大利亚电力，大约90%使用化石燃料产生，仅有少数发电站基于更先进的'超临界'蒸汽。这一突破性研究表明，未来的发电厂利用自由的、零排放的太阳能资源可达到同样的效果。"

据报道，这个给聚光太阳能热发电带来突破进展的示范项目，利用太阳能辐射加热使水加压，"超临界"太阳能蒸汽，每单位面积达到23.5兆帕压力，温度高达570℃。该中心包括两个太阳能光热试验电厂，拥有超过600面定日镜，直接朝向覆以太阳能接收器和涡轮机的两座集热塔。

当前，世界各地的商用太阳能热电厂，利用亚临界蒸汽，温度类似但在较低的压力下运行。如果这些电厂能够达到超临界蒸汽的状态，将会有助于提高效率，并降低太阳能发电的成本。

2. 建造太阳能塔的新进展

欲建造"千米太阳能塔"进行发电。2008年7月，有关媒体报道，澳大利亚吉姆·福特领导的能源任务有限公司，正在探索一种最新的能源生产概念：设计一座"太阳能塔"。它看上去就像一个巨大的烟囱，但并不释放有害浓烟气体，而是通过太阳能加热空气，并转换成为电能，可以供20万户居民使用。

实际上，与这种开发利用太阳能类似的装置，设计的提出已有20多年了。原型基础设计叫作"太阳能收集器",用于加热地球表面附近的空气,将加热的空气引导进入高塔,位于塔底部的涡轮通过上升气流制造出电能。福特说:"太阳能塔的设计,结合了烟囱、旋转涡轮和温室,最终实现了电能生产。"

该公司准备设计一座高达 1000 米的太阳能塔,并选择在合适的地点建造。太阳能塔是升级版的太阳能烟囱,太阳能烟囱是一项历史悠久的技术,利用太阳能加热空气形成自然上升气流,进而制造电能。

福特称,太阳能塔的物理设计,非常类似于大气层旋涡发动机,一种人造旋涡烟囱装置加热空气进入空中,即使该涡旋将延伸超过一个固体结构,但太阳能塔的结构设计也能够实现电能转换的生成。

1982 年,一个小型太阳能塔,建造在西班牙曼沙那列士地区,这座塔高度为 195 米,被一个透明温室遮篷围绕着,该透明遮篷覆盖直径为 244 米。它起初是作为一个测试原型,最大输出电能仅 50 千瓦。这个小型太阳能塔采用便宜的材料建成,目的是利用最低的建造成本,但是 1989 年在一场暴风中,它最终被吹垮。福特说:"与之对比,澳大利亚能源任务公司设计的太阳能塔,将采用混凝土结构,至少可持续使用 50 年。"

目前,澳大利亚能源任务公司不仅计划建造更坚固结实的太阳能塔,还计划将太阳能塔建得更高,这可以实现地面和塔顶部产生更大的温差,温差较大可提供烟囱结构更强大的抽吸能力。最理想的设计是太阳能塔的高度为 800~1000 米,其周围围绕一个直径 3 千米的温室遮篷。福特说:"这才是理想的太阳能塔结构,随着碳燃料的价格上涨,太阳能塔将更具商业化优势。"

在一个阳光充足的日子里,太阳能塔顶部空气可达到 20℃,在地面温室遮篷的空气可达到 70℃,当热空气以 55 千米/小时速度沿着太阳能塔上升时,32 个旋转的涡轮将生产出最大 20 万千瓦的电能。尽管在这种工作状态下,太阳能塔转换太阳能为电能的效率,还不足太阳能电池板的 1/10。但是太阳能塔的优势是更易维持,成本更低。

依据 2005 年产业报告,具有 20 万千瓦电能生产能力的太阳能塔,预计每千瓦小时的成本仅 20 美分,这仅是当前太阳能电池板生产电能价格的 1/3。然而,太阳能塔必须建造得相当大,才能发挥电能生产效率。澳大利亚能源任务公司近期研制一个稍微小一些的太阳能塔设计方案，其最大输出电能为5万千瓦，可适用于一些市场和社区。

由于澳大利亚政府缺乏财政支持，能源任务公司目前与美国太阳能任务技术公司协商，计划在美国境内建造太阳能塔，该公司现已评估美国4个地点的气候，适合于建造太阳能塔。据了解，虽然太阳能塔在夜晚很少输出电能，但在夜间该装置仍处于工作状态。

与煤、天然气和核发电等传统电能制造技术相比，太阳能塔是未来最理想的电能生产途径。毕竟太阳每天都会升起落下，人们能够持续利用这种资源。

（二）开发利用太阳能的其他新信息

1. 以聚碳酸酯为底板制成节能环保的"太阳能瓦片"

2006年6月，有关媒体报道，澳大利亚西悉尼大学应届毕业生塞巴斯蒂安·布拉特，发明了一种"太阳能瓦片"，具有三种功能，可以实现一瓦三用：一是发电，利用太阳光产生电能，可使照射到瓦片上的12%～18%的太阳光转换成电能。二是加热，通过中间换热器，提高住宅自来水管中的水温，它依靠热辐射而不是通过接收光电板来实现，所以不同于一般的太阳能热水器的功能。三是盖房，它与普通太阳能电池有一个明显区别：不是简单地安放在屋顶表面，而是直接制成一整套屋顶上的瓦片，可以替代普通瓦片覆盖在屋顶上，节省了盖房所用的瓦片，这是该发明的一个重要创新之处。

"太阳能瓦片"是由透明聚碳酸酯底板和两块主层组成，其中，一块主层是太阳能电池；另一块主层是带有载热体的薄贮存器，其优点是可以拆卸电学和水力学部件。

布拉特认为，这种"太阳能瓦片"，把发电、加热和盖房三种功能结合在一块瓦片上，用它来建造新型城郊住宅，不仅能在晴天确保住宅的用电和热水，而且可以把多余的电能输入电网或蓄电池中，使阴雨天也能保证电力和热水的供应。

2. 制成世界上第一台太阳能自动提款机

2007年10月，有关媒体报道，太阳能作为一种清洁能源越来越受到人们的青睐。目前，在南太平洋的所罗门群岛上，出现了不用传统电能而使用太阳能的银行，那里的居民也用上了世界上第一台太阳能自动提款机。

澳大利亚澳新银行工作人员泰特·詹金斯说，在与澳大利亚相邻的岛国所罗门群岛的瓜达康纳尔岛上，没有传统的发电厂，于是他们试用了太阳能。詹金斯说，最初使用太阳能提供能源需要投入较多资金，不过现在他们已将费用降下来了。

太阳能电池，可将天气晴好时产生的多余电能储存起来，保证人们在多云的天气情况下，也有充足的电能。现在，除了银行的自动提款机使用太阳能外，邮局的自动提款机和公用电话也在使用太阳能。詹金斯预计，在不久的将来，林立的太阳能面板将成为岛上一道独特的风景。

詹金斯说，澳新银行还计划把这个太阳能项目在澳大利亚全国推广，一旦获得成功，他们将把这一节约传统能源的项目向整个太平洋地区推广。

第二节　开发利用新能源的其他信息

一、电池研制方面的新成果

（一）研制电池及其工艺的新信息

1. 液流电池研制的新进展

开发可储存更多能量的液流电池。2007 年 3 月，澳大利亚媒体报道，位于澳大利亚巴斯海峡西部的金岛，有着跟其他海岛别无二致的漫长沙滩和险峻岩石，不过这里却设立了一个全世界独一无二的银行："风能自助银行"。通过矗立在金岛西海岸边两个巨大的金属罐，海风加剧时多余的风将被储存起来，待到风平浪静时再取出用于发电。

金岛的电力体系没有与澳大利亚国家电网相连，因此长期以来，只能依靠一个小型风力发电场以及柴油发电机组来满足岛上的电力需求。2003年，当地一家电力公司的"风能银行"正式"开张"，岛上的供电情况因此大为改观，柴油发电机组的燃料消耗量减少了 50%，不仅节省了成本，每年还削减了至少 2000 吨二氧化碳的排放。

这个"风能银行"其实就是一个巨大的蓄电池。但与常见的将电能以化学能的方式储存在内的铅酸蓄电池不同，这种被称为液流电池的蓄电系统，使用了两种不同的电解液，通过同种元素不同价态的离子间相互转化，来实现电能的储存与释放，储能容量增大的同时成本却降低了。

安装在金岛上的液流电池的原型，最早是由悉尼新南威尔士大学的化学工程师马莉亚·卡扎科斯开发的。为了避免电池正负极间不同种类物质相互渗透，她选择了同一种物质金属钒的电解液，这样就保证了电池的蓄能寿命和性能。金属钒可以以4种不同的价态存在，从带2个正电荷的钒离子到带5个正电荷的钒离子。卡扎科斯在实验中发现，将五氧化二钒置于稀释过的硫酸溶液，在得到的硫酸盐溶液中，含有几乎相等数目的带3个正电荷的钒离子和带4个正电荷的钒离子。当将溶液注入液流电池中并从外部接通电源时，处于电池正极的钒离子都变成带5个正电荷，而处于电池负极的钒离子则都带2个正电荷；关掉外部电源后，负极的钒离子同时流向正极，从而在液流电池内部产生电流。

经过十余年的发展完善后，卡扎科斯把全钒液流电池技术，授权给总部位于墨尔本的"顶峰"全钒液流电池公司，并由该公司在金岛安装了这套设备，充分利用风能"削峰填谷"以满足用电需求。与蓄电池正负极相连的储存罐中共装有大约7万升电解液，一旦有用电需求，电解液将通过泵机输进蓄电池的反应室内，中间用薄的离子膜将二者分隔开，处于负极的钒离子通过离子膜向正极流动，电流随之产生。这套设备一次可持续工作2小时，发电量达到400千瓦，金岛的风电使用量也从过去的12%提高到40%。

类似的小型全钒液流电池也已在日本得到应用，很多工厂将之作为备用电源。

由于全钒液流电池可以保持连续稳定、安全可靠的电力输出，除了能够解决规模化利用风能、太阳能发电过程中的重大储能技术问题外，还可以取代传统蓄电池在很多领域得到广泛应用。不过，研究人员也面临着很多技术挑战，比如怎样延长离子渗透膜的寿命以保证电池的使用效果等。另外，由于硫酸钒溶液的浓度不够，全钒液流电池储能容量只有同等体积的铅酸蓄电池储能容量的一半，不适合在对于电池的体积和重量有限制的电动汽车上使用。因此，卡扎科斯及其同事考虑用溶解度更高的溴化钒，来取代硫酸钒。

2. 锂离子电池工艺研制的新进展

发明延长充电锂离子电池寿命的"盐浴"新工艺。2016年6月14日，澳大利亚媒体报道，澳大利亚联邦科学与工业研究组织电池专家亚当·贝斯特、昆士兰科技大学的副教授安东尼·奥穆兰，以及皇家墨尔本理工大学相关专家组成的研究小组，发明了一种"盐浴"的简单工艺，可以延长充电锂离子电池的寿命，有望打破目前电动汽车的电池续航瓶颈。

该研究小组发现，在电池组装前，将锂金属电极浸没在含有离子液和锂盐的混合电解液中，这样预处理后电池的续航时间可延长，性能和安全性得到增强。

离子液也称常温熔盐，是一种透明、无色、无味、且阻燃的独特液体。这些材料可以在电极表面形成一层保护膜，使电池在使用时保持稳定，解决了充电电池易着火、爆炸的问题，此外，这样处理过的电池还能放置长达一年而性能不减。

贝斯特说，用这种工艺预处理过的电池，其性能理论上强于目前市场上其他所有常规锂电池。

新一代动力电池，是电动汽车行业发展的关键。这种简单的"盐浴"预处理，将加速新一代储能工艺的研发，进而解决目前电动汽车行业的"电池续航能力焦虑"，通过提高电池的续航和充电能力，使电动汽车在不久的将来真正能与传统汽车抗衡。

奥穆兰说，电池厂商很容易采纳这种新电池处理工艺，只需对现有生产线稍做转换即可。"盐浴"中使用的混合电解液，包含多种化学成分，澳大利亚联邦科学与工业研究组织拥有相关专利。研究人员目前正在研发基于这一技术的电池，同时寻找合作伙伴将其商业化。

（二）促进电池研发的新举措
——投资设立电池行业合作研究中心

2019年5月，澳大利亚媒体报道，该国政府宣布，将投资2500万澳元，建立一个电池行业合作研究中心，旨在支持全澳电池研发，缩小与全球先进水平的差距，并加强对废旧电池处理与回收再利用的研发，促进循环经济发展。

该电池合作研究中心总部将设立在西澳珀斯的科廷大学，并重点关注三个领域：电池行业发展、电池用矿物原材料加工、电池用金属材料，以及新电池存储系统的研发。

澳联邦工业、创新和科学部长安德鲁斯表示，电池的开发在社会生活中起着至关重要的作用，并提供了出色的出口机会。这项研究将支持澳大利亚未来的电池行业，使澳能够分享全球电池行业的大部分利润。她介绍，电池行业合作研究中心计划是产学研合作的成熟模式，可产生极大的商业成果。政府推动电池行业合作研究中心的目标，是加强澳大利亚工业的竞争力、生产效率和可持续性。

澳大利亚拥有大量关键矿物，特别是优质锂矿，电池行业合作研究中心将通过加强研发和加工制造能力，使澳经济从这些资源中获取更多附加价值，实现政府在关键矿产资源战略中提出的愿景。

二、氢能与风能开发的新成果

（一）开发氢能方面的新信息

1. 拓展制氢原料的新进展

培植成功可产生大量氢气的绿藻。2006 年 10 月，国外媒体报道，澳大利亚昆士兰州大学与德国比勒费尔德大学的生物学家，联合组成的一个国际研究小组，成功培植出一种能够产生大量氢气的转基因绿藻，为未来生产氢能源提供了一条生物途径。

生物学家很早就知道，绿藻具有很强的"氢"光合作用的功能，能在阳光照射下产生氢气。但绿藻产生氢气的效率比较低，通常每公升绿藻只能产生 100 毫升氢气。

该研究小组培植成的转基因绿藻，每公升可产生 750 毫升氢气。目前野生绿藻的光氢气转化值约为 0.1%，人造绿藻可以达到 2%~2.4%，如果通过基因改造的绿藻，光氢气转化值能够达到 7%~10%，将具有实际经济应用价值，科学家希望在 5~8 年内能实现这一目标。

该研究小组从 2 万多个藻类样品中，筛选出 20 个样品，从中培植出名为 Stm6 的转基因绿藻。德国学者也研制出一种生物电池，即一种利用绿藻酶生产氢气的微型生物反应器，每秒可产生 5000 个氢分子。有关专家说，利用生物酶生产氢气具有很大的潜力，这是一项很有价值的技术，但真正产生经济效益还需要时间。

2. 研究电解水制氢技术的新进展

发明镍铁镀层新电极高效电解水制氢的新技术。2015 年 3 月，澳大利亚新南威尔士大学一个研究小组，在《自然·通讯》杂志上发表论文称，他们发明了一种新型电极，可以低成本、高效率地电解水，有望用于大规模生产清洁燃料氢气。

该技术采用了一种价格低廉、有特殊涂层的泡沫状多孔材料，能使电解水产生的氧气气泡快速逸散，从而促进更有效地制取和收集氢气。

研究人员说，这种电极，是迄今在碱性电解质中产氧效率最高的电极。它使用镍和铁为原料，成本低廉，容易制造，不像其他电解水技术那样需要用珍贵的稀有金属作为催化剂和电极材料。在电解水的过程中，水在电流作用下被分解成氢气和氧气。产氧电极的效率低、成本高、电解过程需要消耗大量电力，是电解水制氢并实现工业化生产的主要技术难关之一。

在此次研究中，研究人员采用市场上常见的泡沫镍，用一种活性很高的镍铁催化剂对其进行电镀，制成电极。泡沫镍材料内部有许多微孔，直径约 200 微米。超薄的镍铁复合物镀层里面也有大量微孔，直径约 50 纳米。

由于镀层及镍材料内部都充满微孔，新型电极的表面积非常大，有利于电解过程中生成的氧气释放和逸散。氧气气泡逸散不够快，是降低电极使用效果、影响制氢效率的普遍问题。此外，其镀层也有利于降低电解过程中的电力消耗。

研究人员表示，将进一步研究上述发现的原理，优化电解材料性能，以期早日实现低成本制氢。氢的燃烧产物是水，不会产生二氧化碳和其他污染物，是一种清洁高效的能源。如果能大规模低成本制取氢，将有助于满足世界日益增长的能源需求，同时减少污染，遏制全球变暖。

（二）利用风能发电方面的新信息

1. 研制高空风力发电装置的新进展

（1）建造像风筝一样飞在天上的风力发电装置。2005 年 9 月，《大众科学》报道，澳大利亚悉尼科技大学工程学教授布赖恩·罗伯茨，与另外3位工程师组成的一个研究小组，把风力发电机放飞到空中，而不是安装在地面。因为在5000~15000米同温层以下的高空，有风速为每小时320千米左右的急流，如果风车能在这一高度发电，估计风车实际发电量与其全速转动发电量之比，即发电效率将达到80%~90%。目前，他们在美国加州圣地亚哥，创办了"天空风能公司"，以实践这个异想天开的发明。

高油价的时代已经来临，人们从开始的恐慌渐渐转为平静，由最初的期待油价回落转为积极寻找替代能源。利用风能发电，是现在世界上发展最快的能源开发项目之一。但这种无污染能源的利用也还面临不少问题。比如它会产生噪声，旋转的叶轮机，会干扰电视信号接收，而在没有风的时候，这些风车就显得大煞风景了。由于风力不够稳定，据统计，风车的发电效率很少能高于三成，而如果风刮得过大像台风和龙卷风什么的，结果就更惨了，风车往往会过早夭折。

风车发电最主要的影响因素有两个：空气密度和风速。发电功率与空气密度、风速的立方成正比，可见风速对发电能力的影响十分明显。风力发电受地形限制很大，一般建在向风的高地、广阔的平原和海岸线附近，而不能在背风的山上。另外，由于地面的风力不够稳定、也不够强，即使设计的发电能量很大，但风车难以快速旋转也是徒然。

罗伯茨研究小组发明的设备名为"飞行发电机"，它由一个架子和4个螺旋桨组成，根据罗伯茨的设想，飞行发电机将像风筝一样在急流中盘旋。每个螺旋桨直径为40米，完全用碳纤维、铝合金、玻璃纤维等飞机用的材料制造。与地面相连的"风筝线"具有固定发电机和传回电能两个作用，约10厘米粗，内层是导电的铝丝，外层包着极为坚固的纤维。这个飞行发电机约重20吨，起飞的时候，由地面向其供电，使螺旋桨旋转，像直升机一样带动整个结构升空，达到预定高度后，倾斜为40°左右，这时候一方面利用风产生的升力维持其高度；另一方面利用风力带动螺旋桨发电，把2万伏特的电压传到地面。

罗伯茨估计，这个大风筝如果能放到时速300千米的风域，每个发电机的功率能达2万千瓦，600个飞行发电机升空，就能供应两个芝加哥大小的城市用电（芝加哥正好位于北半球急流附近）。

罗伯茨曾在澳大利亚试验了一种空中发电机，不过当时的设计相对简单，只能在低空试飞。而高空发电机要更复杂：需要计算机控制平衡、GPS定位、恶劣天气与机械故障维护，还要避开闪电或产生电晕带来的损坏。

根据天空风能公司的计划，只要获得了美国联邦航空局的批准，他们将在2年内建造出一个功率为200千瓦的发电机原型，在美国上空进行试验。罗伯茨说："我们现在已经完成了设计、大小、重量、成本等所有相关工作，只需要400万美元来生产出原型。"

（2）推进高空风力发电装置的研制。2008年10月，国外媒体报道，风力早已被认为是一种重要的能量资源。澳大利亚悉尼科技大学工程学教授布赖恩·罗伯茨领导的研究小组，开发利用高空风力发电装置，对风力发电做出新的探索。

过去几十年间，人们一直在研究风力发电问题，但却一直不知道风力究竟能达到多大的发电量。为了搞清楚这一问题，大气学家根据空气流动模式做了详细计算。他们使用一种保守的方式，计算了80米高处的风能产生的能量。海拔80米是现在典型的风力涡轮机的高度。他们计算得出，在理想状态下，风能发电可达到72万亿瓦特。

这是一个相当可观的数字。但是，这个数字只不过暗示一种可能性。实际上，风速随海拔而增大，而有效功率随风速的三次方增大。这意味着，72万亿瓦特是一个较低的估算。海拔每升高几千米，涡轮叶片的发电量，就会高达地面涡轮叶片发电量的数百倍。

罗伯茨通过自己创建的天空风力发电公司，把高空飞行风力发电机设计成带有转子的风筝。它像直升机那样飞到1000米或者更高的海拔，也是风力最强的地方。到达这一高度后，转子就切换到发电模式，可把电发送到很远的地方。当风有变化时，这个被叫作飞行发电器的风筝，也会追随风而变，从而形成一种与地面完全不同的高空飞行风力发电方式。

2. 研究解决风电机选址困难的新方法

研究称进化算法可解决风电机选址问题。2011年5月，物理学家组织网报道，澳大利亚阿德莱德大学计算机科学学院弗兰克·诺伊曼博士领导的研究小组，日前宣称，通过进化算法，可以更高效、精确地完成风力涡轮机的选址工作。这些位置信息都通过精确计算得来，是最优化的结果，可使安置其上的风电场获得更高的发电效率。

诺伊曼说，可再生能源，正在世界范围内发挥着越来越重要的作用。为了提高风电场的生产效率，需要找到一种新的方法，进一步提高涡轮机的性能。对风力发电而言，涡轮机安置位置至关重要，但对其进行精确的计算，却是一件非常复杂的事情。这需要考虑尾流效应、风力系数以及复杂的涡轮机空气动力学因素，此外还需要在保证发电量的同时，尽量减少电场占地面积。进化算法正好能担此重任，它是一种用于优化问题的启发式算法，通过这种算法，可以在不断优化改进的情况下，最终获得最适合的解决方案。

诺伊曼说："你可以把它想象成一对夫妇生育了很多的子孙，而每个人都有着不同的特色。随着进化的发展，新产生的后代或者解决方案都将优于上一代。此外，这种计算方法，还可以并行计算，以缩短评估过程。"

诺伊曼说，在用于解决复杂问题的算法中，除进化算法还有基于蚁群研究的蚁群优化。这是一种通过对蚁群行为模式的研究，来求解复杂组合优化问题的方法。诺伊曼说："对蚁群进行观察后，你就会发现它们能够对信息进行非常有效的传递，只需经过一小段时间，它们就能找到获得食物的最佳途径。我们同样也可以利用这样的方法，来解决人类面临的一些复杂问题。"

据了解，诺伊曼先前供职于德国马克斯·普朗克协会下属的研究机构，2011年刚刚来到阿德莱德大学。近来，他正在与美国麻省理工学院的研究人员，就风电发电机最优化安置问题展开研究。目前，使用最为普遍的传统方法，只能对少量涡轮机的安置位置进行计算，而新的方法，可以一次处理多达1000台涡轮机的定位选址问题。今后，研究人员还将对这一算法进行调整，以使其适应不同型号的涡轮机所带来的尾流效应，以及更为复杂的空气动力学模型。

三、开发利用其他新能源的成果

（一）地热能开发利用的新信息
1. 利用地下干热岩发电的新进展
（1）尝试开发地下干热岩用于发电。2005年1月，澳大利亚媒体报道，南澳大利亚将成为世界生产"清洁和绿色能源"的先锋。新能源可大幅削减温室气体排放，使之成为该国能源的主要提供者。已有两个公司表明态度并开始行动，尝试开发地球表面之下干热岩所产生的地热能，并在2005年年底前用地下干热岩发电。据悉，干热岩发电进入商业运行，则是"几年之后的事"，其他国家已经使用了此项技术，但未达到商业规模。

有关人士称，干热岩发电潜力非常大，无论环保还是经济都具备成功的机会。这可能是澳洲发展史上最伟大的发展之一，澳大利亚未来的电力可能出自这里。人们可能还需要石油和天然气供汽车使用，但有理由相信，干热岩能将在10年之内，对澳大利亚的发电做出贡献。目前准备在库坡盆地建设一座小型地热能电厂，售电要等到明年晚些时候。

专业人士称，干热岩资源非常大，是许多燃煤电厂的替代品。从理论上讲，库坡盆地一公里干热岩所发的电就够澳大利亚用75年。如果成本降低，干热岩发电即可成为胜者。目前获得科学家、工程师、市场的支持仍是个问题。政府已经意识到，这是个巨大而独特的资源，全世界都在观望。澳大利亚环境部长西尔说，开发干热岩技术是很好的一件事。

（2）着手建立首座使用干热岩技术的地热发电站。2005年11月，澳大利亚"地球动力"公司宣布，将建造全球首座使用干热岩技术的用地热发电站。建成后的发电站，将完全依赖通过钻探所获取的地层深处热能。

地下热能，是一种可用来替代石油等化石燃料的"清洁能源"。目前，地热资源在美国、冰岛、日本、新西兰和菲律宾等国均已投入商业应用。俄罗斯也于数年前在堪察加半岛建造了首座"穆特诺夫"地热发电站。但是，到现在为止，所有的地热发电站使用的，均是直接来自地下热源的水蒸气。而澳大利亚"地球动力"公司计划建造的地热发电站，将首次直接从地层深处获取发电所需的热能。他们使用的是一种被称为干热岩的技术——先通过加压的方式，把水注入深度在3000~5000米之间的钻孔中，当遇到地下高温的花岗岩后，这些水会在瞬间被加热为沸腾状态握，并从附近的另外一处钻孔中喷出地面。喷出的热水，将被注入一个热交换器中，以便把其他沸点较低的液体加热到气态，这样生成的气体，将用来驱动蒸汽涡轮机以产生电能。

据专家们介绍，干热岩存在于地壳浅层的某些构造区，是一种清洁的热能供应源。初步的计算显示，地壳中干热岩所蕴含的能量相当于全球所有石油、天然气和煤炭所蕴藏能量的 30 倍。当然，并不是在任何地区都可应用这项技术，电站所在地必须埋藏有温度不低于 250°C 的花岗岩。"地球动力"公司的负责人表示，温度在这里起着关键性的作用——花岗岩的温度每下降 50℃，发电成本便会增加一倍。

幸运的是，"地球动力"公司在南澳大利亚沙漠中，找到一处理想的建站地点。目前，该公司已在那里钻探出两个深度达 4.5 公里的深孔，分别命名为"强辣酱 1"和"强辣酱 2"。据悉，钻孔底部的温度达到了 270~300℃。"地球动力"公司，现在正在对该地区的热能储量进行评估。初步的分析显示，从这两个钻孔中至少可以获取 10 亿瓦的电能。预计，"地球动力"公司将在 2006 年年初做出建造首座应用干热岩技术的地热发电站决定。

据"地球动力"公司公布的数据，利用地热进行发电的成本，与那些以煤炭和天然气为燃料的火力发电站的成本大体相当，是风力发电的一半，只有太阳能发电的 1/8~1/10。需要提醒的是，澳大利亚并未签署有关限制温室气体排放的《京都议定书》。不过，澳大利亚政府已计划拨款 3.65 亿美元，用于支持一系列长期发展计划，以便将温室气体排放量减少 2%。

2. 开发深层地热资源的新进展

利用增强型地热系统开发深层地热资源。2008 年 8 月，有关媒体报道，澳大利亚有关机构着手研究增强型地热系统开发问题。所谓增强型地热系统，是指在干热岩技术基础上提出来的，采用人工形成地热储层的方法，从低渗透性岩体中经济地开发出相当数量深层热能的人工地热。

增强型地热系统，通过注入井注入水在地下实现循环，进入人工产生的、张开的连通裂隙带，水与岩体接触被加热，然后通过生产井返回地面，形成一个闭式回路。这个概念本身是一个简单的推断，是模仿天然发生的热水型地热循环系统，即现在全世界大约 71 个国家，商业生产电能和直接利用热能所采用的系统。

建立增强型地热系统的第一步是进行勘探，以鉴别和确定最适宜的开发区块。然后施工足够深度的孔钻，达到可利用的岩体温度，进一步核实和量化特定的资源及相应的开发深度。如果钻遇低渗透性岩体，则对其进行水压致裂，以造成采热所需的大体积储水层，并与注入井、生产井系统，实现适当的连通。如果钻遇的岩体，在有限的几何界限内，具有足够的自然渗透性，采热工艺就可能采用，类似于石油开采所采用的注水或蒸汽驱油的成熟方法。其他的采热办法有井下换热器或热泵，或交替注入和采出（吞吐）。

干热岩地热电站在运行中没有温室气体排放，土地使用适度，总的环境影响小，成本低廉，技术也较成熟，具有深度开发的潜力。

（二）海洋能与动能开发利用的新信息

1. 开发利用海洋能的新进展

研制成功利用海洋能的水下发电机。2004年11月，随着近期油价飙升，人们越来越认识到节约能源和寻找替代能源的重要性。澳大利亚一位研究人员，最近研制出一种利用海洋能的水下发电机，有望让沿海地区和海岛居民从中受益。

利用海洋能水下发电机的研制者迈克尔·佩里原来是个渔民，他表示，他研制的水下发电机基本不会对海洋造成环境污染，是一种可持续性的清洁能源。

分析人士指出，这种利用海洋能的水下发电机，将非常适用于澳大利亚、加拿大和太平洋群岛等海水资源丰富的地区。目前，已经有一家澳大利亚能源公司决定购买由水下发电机产生的电能。利用海洋能的水下发电机，将很快在偏远海岛和一些落后的沿海村庄得到利用。

2. 开发利用人体动能的新进展

研制把人体动能转化为电的服装"充电器"。2007年12月，国外媒体报道称，澳大利亚联邦科学与工业研究组织能量技术部门首席研究科学家亚当·贝斯特领导的一个研究小组，正在设计能够从人体获得能量的超能衣服，将来只需把电子装置的插头插入外套，就可以为MP3播放器和手机等电子用品进行充电。

据悉，这种外衣与一套能量转换装置结合在一起，可以把人体运动的振动能转换成电能，先进的传导布料将把这种能量带到灵活的电池。贝斯特说："它看起来像一件普通的外衣，但拥有超凡的能力。"

　　贝斯特还补充说："这种技术对战场上的士兵拥有重要的应用价值，它可能意味着他们不再需要携带笨重的电池。实质上，士兵们将是穿着电池，而不是带着它。"除了帮助士兵之外，这种外衣还能让普通老百姓受益，比如为收音机、手机、MP3 或监控系统之类的医疗设备充电。

第七章　环境保护领域的创新信息

澳大利亚在环境污染治理领域的研究，主要集中于发现北半球永冻土中的温室气体潜在来源，发现温室气体会导致地球气候敏感地变化，发现二氧化碳排放使农作物减少养分，发现温室气体实际排放量被低估。减少工农业生产过程的温室气体排放，加强大气污染的防治与管理。研究增加可用水资源的必要性，研制节水家用电器，探索减少水污染的新方法，研究治理水污染的新技术，开发治理水污染的新材料。此外，还对综合利用固体废弃物、防治辐射与噪声污染，以及研制节能环保产品等做出探索。在影响生态环境气候变化领域的研究，主要集中于全球变暖、干旱气候和风暴天气引发的自然灾害，气候变化对生物生存的影响，气候变化对区域及经济的影响。认为近期全球变暖减缓不影响长期趋势，发现太平洋在帮助地球降温，发现大型食草动物也有助于对抗全球变暖影响，认为忽视植物水流失会影响气候模型精度。在生态环境变化与保护领域的研究，主要集中于研究海平面、海底和沿海潮滩等海洋生态环境基础变化，研究海洋典型生态系统珊瑚礁区的变化与保护，研究海洋生态环境变化对海洋生物和渔业生产的影响。另外，还研究南极生态环境变化与保护、地震灾害及其防护、生态修复与可持续发展等问题。

第一节　环境污染治理的新进展

一、大气污染防治领域的新成果

（一）防治大气污染研究的新发现

1. 研究温室气体来源的新发现

发现北半球永冻土中的温室气体潜在来源。2009 年 7 月，由澳大利亚联邦科学和工业研究组织、加拿大农业和粮食部，以及美国佛罗里达大学研究人员，共同组成的一个国际研究小组，在《全球生物地球化学循环》杂志上，刊登出他们联合完成的研究报告，称北半球永冻土层中冷冻碳的储量可能超过1.5万亿吨，是此前估计的两倍左右，这是一个巨大的温室气体潜在来源。

研究人员表示，这些冷冻碳主要分布在北极，以及加拿大、哈萨克斯坦、蒙古国、俄罗斯、美国、格陵兰岛等国家和地区，储量约为目前大气中碳含量的两倍。

一旦气温升高导致永冻土层开始融化，大气中两种温室气体——二氧化碳和甲烷含量将急剧增多，从而进一步加速全球变暖。研究人员预计，这些永冻土层中的碳，在21世纪全球气候变化过程中将产生重要作用。

2. 研究温室气体增加带来影响的新发现

（1）发现温室气体会导致地球气候敏感的变化。2014年1月，澳大利亚悉尼市新南威尔士大学大气科学家史提芬·舍伍德领导的研究小组，在《自然》杂志上发表论文称，他们对大量气候模型进行的一项新研究显示，地球气候变暖的实际情况，可能会大大超过对于大气中二氧化碳水平翻番的预期响应。

研究人员认为，其原因在于，目前的模拟只能反映有限的变暖，而不能精确描述低层大气中云层形成的数量，因此其所冷却的气候远远超过现实世界的数据所暗示的实际情况。如果真是如此，地球变暖将走向过去30年中每位专家提出的气候评估范围的高端。

二氧化碳是一种所谓的温室气体——大气中的这种气体越多，其所捕获的热量就越多，并且使全球的平均温度爬升。长久以来，科学家一直在争论地球气候对于这种全球变暖痕量气体到底有多敏感。他们特别提出，在人类活动将二氧化碳释放到大气中之前，如果这种气体的水平翻一番，全世界到底将升温多少？

舍伍德表示，目前的模型和各种观测资料表明，一旦二氧化碳的含量是工业化前含量280ppm（百万分之一）的两倍，地球将变暖1.5℃到4.5℃，并且气候系统也将做出调整。舍伍德强调，这一研究是很宽泛的，自从第一台计算机，于20世纪70年代开始模拟气候以来，这种情况就从未改变过。他指出，广泛的分析表明，一个模型的气候敏感性在很大程度上，取决于该模型如果评估低空云层的形成。如果一个模拟生成了大量的低端云层，则有更多的阳光被反射回太空，大体上看，地球会比没有云层时更冷。

在一项试图缩小气候敏感性范围的研究中，舍伍德及其同事分析了，来自43个不同气候模型的研究结果。他们还特别着眼于考察，这些模拟如何展现最低几千米大气中的混合情况，那里正是许多云层形成的地方，从而使气候变得更热。随后，研究人员将这些模型研究结果与从世界各地搜集来的数据进行了比较。

研究人员分析具有较低气候敏感性的全球气候模型发现，其中15个模型在二氧化碳水平翻一番后，全球平均气温升高不足3℃，因为产生了太多的低空云层。舍伍德说："这些低敏感性的模型正在做的一切都是错的。"他和同事认为，基本上大气最低部分增加的对流，往往会吹干这里的空气，使得云层的形成变得比较不易。研究人员指出，反过来，这意味着低敏感性的模型，是不值得被信任的，并且随着二氧化碳含量翻一番，地球升高的温度很有可能超过3℃。

日本筑波国立环境研究学院的气候科学家，英朗盐釜和智男小仓，在同一期《自然》杂志上评论道，该小组的研究结果表明，大约一半的气候敏感性变化，可以用气候模型描述低层大气混合情况的差异加以解释。他们同时强调，剩下的变化则不能用这种方法加以解释，其中重要因素包括，模型如何模拟海冰数量或高层大气的总变化。

（2）发现二氧化碳排放使农作物减少养分。2014年5月，一个澳大利亚环保专家参加，其他成员来自美国和日本等国的国际研究小组，在《自然》杂志发表研究成果说，大气中二氧化碳含量增加，会使小麦、大米等主要农作物养分减少，进而影响民众健康。

研究人员表示，二氧化碳排放导致全球变暖，不仅会降低农作物产量，还可能减少其营养成分。他们在澳大利亚、美国和日本等国的实验田中，种植了41种农作物，研究大气中二氧化碳含量，对不同农作物营养有何影响。结果发现，二氧化碳增加，会普遍降低这些农作物的营养价值。按照目前大气中二氧化碳的增加趋势，到21世纪中叶，大米、小麦、大豆等主要农作物中锌、铁和蛋白质的含量最多可减少10%。

研究人员说，新研究表明，二氧化碳排放增多不只会使农作物产量减少，还会降低其营养，这将在很大范围内影响人类健康。研究人员认为，除了加强研发对二氧化碳耐受性强的作物，更应从根本上减少二氧化碳排放量。

3. 研究温室气体实际排放量的新发现

（1）发现植物呼吸释放的二氧化碳被低估。2017 年 12 月，澳大利亚国立大学、英国生态与水文研究中心、英国埃克塞特大学等机构的相关学者组成的一个研究小组，在《自然·通讯》杂志上，发表题为《气候变化下植物呼吸改善的意义》一文指出，全球范围内，植物呼吸作用释放的二氧化碳，比之前预测的要高出许多。

一直以来，植物光合作用对于二氧化碳的吸收，是大气—植被相互作用研究的焦点，植物呼吸作用释放的二氧化碳往往被忽视。该研究小组通过测量澳大利亚炎热的沙漠、北美和欧洲的落叶林和北方森林、阿拉斯加的北极苔原，以及南美和澳大利亚的热带森林等 100 多个地区，近 1000 种植物的呼吸作用数据，构建了一个新的全球数据集，使用全球网格模型，研究不同气候变化模式下，植物呼吸作用对二氧化碳排放量的影响。

该研究表明，随着气温的升高，植物通过呼吸作用排放到大气中的二氧化碳也随之增加。在全球范围内，植物呼吸所释放的二氧化碳比之前预测的高出约 30%。研究人员认为，随着全球平均气温的升高，植物呼吸作用排放的二氧化碳量将会继续增加。

（2）研究表明旅游业碳足迹高于预期。2018 年 5 月 7 日，澳大利亚悉尼大学学者阿鲁尼玛·马利克、曼弗雷德·伦岑领导的一个研究小组，在《自然·气候变化》杂志网络版上发表的一篇论文称，国际旅游业的碳足迹占全球温室气体排放的 8%，是之前预计的近 4 倍。这一发现表明，旅游业去碳努力不敌高能耗旅游需求增加。

国际旅游业规模达上万亿美元，对环境具有重大影响。过去有关旅游业碳足迹的量化研究认为，旅游业的碳排放占全球温室气体排放的 2.5%~3%。但这些预估，一般没有考虑到，旅游过程中的交通运输及目的国的餐饮、基础设施和零售服务产生的碳排放。

该研究小组采用两种不同的核算程序，对国际旅游业进行全面分析，一种把碳排放分配到目的国；另一种把碳排放分配到居住国。这样一来，研究小组可以计算国际旅游整个生命周期的碳排放预估值。

他们的发现表明，旅游业占全球温室气体排放的 8%，国际旅游业的碳足迹在 2009—2013 年增加了。他们还发现，高收入国家之间的旅游是旅游业碳足迹的主要来源，推动碳排放增加的是不断增长的财富。研究小组在论文中总结表示，鼓励低碳旅游的措施，目前并不能限制国际旅游业碳足迹的增加。

（二）减少温室气体排放的新信息

1. 减少工业生产过程的二氧化碳排放

（1）成功完成燃煤电厂碳俘获试验。2008 年 7 月，有关媒体报道，澳大利亚联邦科学和工业研究组织，日前已完成电厂烟气俘获二氧化碳首次试验。其所使用的技术，旨在从燃煤发电减少温室气体排放。这是目前在南半球首次应用该技术的成功例子。

该组织称，试验是在维多利亚省一家电厂完成，该厂一台专门设计的机组每年可俘获二氧化碳 1000 吨。该组织指出，澳大利亚电力 80% 多为燃煤发电，释放二氧化碳比天然气燃料多。所谓的快速燃烧俘获技术，可以把已有机组碳排放削减 85% 以上。

该组织技术负责人表示，这项技术对澳大利亚非常重要，它是唯一一种可以从现有电厂俘获二氧化碳技术。如果要改变温室气体现状，澳大利亚有能力从现有电厂去除二氧化碳。

（2）为减少温室气体排放而叫停煤矿开采。2019 年 2 月，国外媒体报道，近日，澳大利亚新南威尔士州土地与环境法庭，驳回了一项露天煤矿的申请，理由是露天煤矿可能导致温室气体排放和全球变暖。这项被驳回的是格洛斯特资源公司的上诉，该公司此前曾试图推翻政府反对在猎人谷格洛斯特镇附近建立煤矿的决定。

这是全球最大煤炭出口国澳大利亚，首次拒绝开采新煤矿，原因是它可能加剧全球变暖。首席法官布莱恩·普雷斯顿在判决中说，该项目应该被拒绝，因为煤矿的温室气体排放及其产品将增加全球温室气体的总浓度，而现在人们迫切需要为了实现气候目标，快速、大幅减少温室气体排放。

1月份，澳大利亚经历了有记录以来最热的一个月。与此同时，极端天气事件在澳大利亚大部分地区造成重大破坏，大火烧毁了约3%的塔斯马尼亚州，而昆士兰州北部被雨水淹没，并出现前所未有的洪水。

据预测，随着南极和北极冰盖继续融化，2019年全球各地的极端天气事件可能会更多、更严重。研究人员表示，以北大西洋为例，融水的汇入将导致大西洋深层水循环显著减弱，从而影响沿海洋流，这将造成中美洲、加拿大东部和北极高地的气温升高。与此同时，西北欧的气候变暖会有所减弱。

2. 减少农业生产过程的温室气体排放

（1）建立旨在减少家畜甲烷气体排放的"甲烷室"。2005年2月2日，美国"每日科学"网站报道，澳大利亚作为一个农业大国，在农业生产以及家畜饲养方面，具有得天独厚的优势。然而，牛羊成群，给这个国家带来的也并非全都是好事。因为农业发展的需要，澳大利亚成为受家畜排放出的大量甲烷气体困扰最为严重的国家之一。该国科学家正致力于减少家畜排放甲烷气体的研究工作，在这一研究领域里取得了最新进展。

为了解决家畜排放出大量甲烷气体的问题，一种新型的"甲烷室"在澳大利亚应运而生。它有望帮助澳大利亚本国，从牛羊排放的大量甲烷气体中解脱出来，同时也可以减轻温室效应引起的全球变暖现象。

澳大利亚联邦科学和工业研究组织，家畜产业部的科学家们，一直致力于减少家畜排放甲烷气体的研究。近日，他们建立了4个"甲烷室"。它们就像4间透明的小卧室，研究者可以通过它们，准确地测出家畜在24小时里连续排放出的甲烷量。目前，这些"甲烷室"已经在一项旨在减少甲烷气体排放的试验中，有效运转了4个多月。

这项研究的负责人丹尼斯·赖特博士表示，这种新型的"甲烷室"，与以前在家畜身后附上一个大桶来测量甲烷排放量比较，无疑是一个明显的进步。他说："在这里，家畜（羊）可以看到自己的同类和研究人员，这样它们的压力才会更小，行动才会更自然。家畜的进食也不会因此而受到影响。"

赖特博士还表示，这种"甲烷室"具备的户外系统，可以让研究者，不受间断地随时记录下家畜排放的甲烷量，同时这种方法也更精确，效率也更高。报道说，这种新型的"甲烷室"还将被更广泛地用在其他研究项目中。

以前曾有研究显示，牛、羊等动物会排放出甲烷气体，而甲烷与其他物质燃烧后所产生的废气，则会加重温室效应，对地球的大气环境构成威胁。目前世界上共有大约 10.5 亿头牛和 13 亿只羊，它们所排放的甲烷，占全世界甲烷排放量的 1/5。

2002 年的一份统计资料显示，在澳大利亚的温室气体中，甲烷占 14%，而在新西兰，这一比例竟然高达 50%。尽管其他国家的温室气体主要来自工业和汽车排放，但是这两国的温室效应，却应归咎于成千上万头牛羊排放的甲烷。澳大利亚有关部门说，该国每年由牛、羊排放的甲烷有 6000 万吨。

对此，赖特博士也表示："牛、羊等家畜排放的甲烷气占澳大利亚人造温室气体的 14% 之多，所以致力于减少甲烷排放量的研究工作非常重要。"

（2）利用消化道内菌群减少牛、羊的甲烷排放。2009 年 4 月 6 日，澳大利亚联合新闻社报道，澳大利亚将启动一项利用袋鼠消化道内的菌群，减少牛、羊甲烷排放的研究计划。

甲烷是一种温室气体。澳大利亚昆士兰州州政府基础工业部长蒂姆·马尔赫林，当天发表声明说，很多人没有意识到，牛、羊排出了大量甲烷，对地球的气候造成影响。在澳大利亚，牛、羊打嗝等行为排出的甲烷，占澳大利亚全国温室气体排放总量的 14%。

马尔赫林说，昆士兰州将研究能否把袋鼠消化道内的菌群移植到牛羊体内，利用该菌群产生甲烷量较少的特点，降低牛、羊的甲烷排放。昆士兰州将为此拨款 71 万美元，整个研究项目为期 3 年。

据专家介绍，袋鼠菌群之所以可能帮助降低牛、羊的甲烷排放，是因为把它们移植到牛、羊消化道内后，将会杀死牛、羊消化道内原先大量产生甲烷的细菌，并取而代之。

（3）拟培育少打嗝绿色绵羊遏制气候变化。2009 年 12 月，英国媒体报道，澳大利亚绵羊合作研究委员会罗杰·赫加尔蒂等人参加的一个研究小组表示，他们希望能够培育出打嗝次数更少的"绿色"绵羊，这是遏制全球气候变化所做努力的一部分。为了做到这一点，他们正试图确定，导致一些绵羊打嗝次数低于其他同类的基因链。他们表示，绵羊被打上温室气体排放源标签的更大因素，是打嗝而不是肠胃气胀。

澳大利亚气候变化部门称，澳大利亚大约有 16% 的温室气体排放来自农业。澳大利亚绵羊合作研究委员会表示，66% 的农业温室气体排放，主要是以来自于牲畜内脏的甲烷形式出现的。新南威尔士工业与投资部的约翰·戈普伊，在接受澳大利亚广播公司采访时指出："绵羊、牛以及山羊产生的甲烷中有 90% 来自瘤胃，并以打嗝的形式被排出体外。除这些牲畜外，另一个重要的排放源就是马。"

新南威尔士的科学家正在专门设计的围栏内进行实验，测量绵羊通过打嗝排放的气体数量。根据他们对 200 只绵羊所做测试得出的发现，绵羊吃得越多，打嗝次数越多。戈普伊表示，即使将这一因素考虑在内，绵羊个体之间仍存在"明显差异"。

澳大利亚科学家的长期目标，是培育出甲烷气体排放数量更少的绵羊，这种气体让全球气候变暖的程度是二氧化碳的很多倍。赫加尔蒂表示："我们正在寻找自然变异，希望能够以这种方式控制绵羊的行为。"

（三）加强大气污染防治与管理的新信息

1. 加强大气污染防治的新进展

（1）构建 300 万年来二氧化碳数据。2015 年 2 月 5 日，澳大利亚国立大学网站报道，该校地球科学研究院埃尔科·罗林教授与英国南安普顿大学加文·福斯特博士率领的一个研究小组，在《自然》杂志上发表论文称，他们已构建的约 300 万年以来地球生物圈二氧化碳变化详细数据，印证了二氧化碳排放与海平面上升之间的关联。

这些二氧化碳数据的时间跨度上限正值上新世中后期，这一时期的地球冷暖特点与今天近似，动植物分布范围变动较大，猿人的祖先开始出现。

研究人员介绍说，此前科学界缺少上新世的二氧化碳变化详细数据，如今这个空白得到了填补。该研究小组通过研究海床中动物甲壳化石所含硼元素的水平，推算出约 300 万年来二氧化碳的变化走向。这是因为二氧化碳含量引起的海水酸度变化，会影响海洋动物甲壳中硼同位素的水平。

罗林说，他和同事依据这些二氧化碳数据推测，如今的地球气候可能正朝着上新世的某些气候特点迈进，当时的气温比现在高出约 2.5~3℃，海平面至少比今天高出 9 米。

罗林还指出，该研究显示，现代气候对二氧化碳变化的敏感程度与上新世的气候一样。他说："这意味着，我们在未来多个世纪之后，可能遇到类似于上新世的海冰融化和海平面上升"。上新世时大气中的二氧化碳浓度为 350~400ppm（1ppm 为百万分之一），与地球近年来的二氧化碳浓度相仿。

福斯特说，地球会对二氧化碳浓度增高导致的气候变暖做出反应，已经获得的那些上新世数据，记录了当时地球对气候变暖做出的全部反应。

该专家还表示，今天的地球也在渐渐适应人类活动导致的二氧化碳含量升高。未来地球海平面的上升幅度，将取决于极地冰盖在适应变暖时做出的延迟反应。单从自然变化角度看，地球可能需要 20 万~30 万年，才能将人类已经排放的温室气体中的碳清理干净。

（2）绘制全球人均氮足迹地图。2016 年 3 月，澳大利亚悉尼大学、日本横滨国立大学和九州大学联合组成的一个国际研究小组，在《自然·地球科学》杂志上发表题为《国际贸易中嵌入大量的氮污染》的文章，评估了全球 188 个国家的人均氮足迹，以及氮足迹的主要来源和流向，指出各国的人均氮足迹范围为 7 千克~100 千克氮/年。

人为排放到大气和水体中的活性氮，会损害人体健康和生态系统。为衡量一个国家对这种潜在损害的贡献程度，一个国家的氮足迹，被定义为商品在生产、消费和运输中排放的活性氮的数量，而不论这些商品是在国内生产还是国外生产。该研究小组利用全球排放数据库、全球氮循环模型和国内外贸易的全球投入产出数据库，计算了 188 个国家的氮足迹，作为向大气中排放的氨气、氮氧化物和一氧化二氮的总和，以及潜在地向水体中输出的氮。

结果显示，人均氮足迹范围从发展中国家，如利比亚、巴布亚新几内亚的 7 千克氮/年，到富裕国家及地区，如中国香港、卢森堡的 100 千克氮/年。中国大陆、巴西、印度和美国境内的消费排放的氮，占全球氮排放量的 46%。大约 1/4 的全球氮足迹来自跨国界交易的商品。主要的氮净出口国有显著的农业、食品和纺织品出口，且往往是发展中国家，而重要的氮净进口国几乎全是发达国家。

2. 加强温室气体排放管理的新进展

研制出新型温室气体排放管理软件。2007 年 9 月，澳大利亚一家绿色供应链咨询公司，开发出一种新型的查碳软件，它能帮助分析、跟踪、控制整个生产链上温室气体的排放。用户可以借助查碳软件和碳排放的数据分析复杂的供应链各环节。这能帮助人们直观地了解供应链各环节的碳排放实时水平，以便加以控制，并帮助公司做出经济可行的决策。

绿色供应链咨询公司的市场营销经理约翰·纳德沃尔尼克，在一份报告中说："像杜邦、IBM、3M 和沃尔玛这样的大公司，很早就开始在生产销售过程中采用环保措施。如今，凡有社会责任感的企业，都应该有一套自己的碳排放管理方案，有前瞻性的企业已经开始打造他们的'绿色供应链'，并将在环保方面提高自身的竞争力。"他同时指出，虽然很多公司都意识到"绿色供应链"的意义所在，但却始终停留在口头上，对如何迈出实际的第一步很茫然。

纳德沃尔尼克进一步说："这就是我们为什么要建立'碳排放管理'模型，它只需五个步骤就能在全公司范围内实施碳排放管理措施，并使用碳观察平台，这为后台支持提供了技术保证。"

该软件还能真实展现生产周期评估数据，帮助企业记录产品生产过程中、整个企业内和所关联的外部供应链环境中的碳排放的痕迹。研究人员指出，它能帮助公司监控碳的释放，当其超过正常水平时，仪器便会自动报警。同时，它还能帮助用户明确碳排放管理和经济效益之间的关系，即通过减少碳等温室气体的排放来提高效益。

二、水体污染防治领域的新成果

（一）增加可用水资源研究的新信息

1. 增加可用水资源的必要性

（1）全球 50 亿人面临水安全问题。2010 年 9 月 30 日，一个澳大利亚专家参加，其他成员来自美国、德国的国际研究小组，当天在《自然》杂志刊登的一份研究报告说，全球 80% 的人口，即约 50 亿人面临水资源安全问题，发展中国家面临的主要是基本用水需求困难，发达国家则需解决水生物种多样性受威胁问题。

据悉，该研究小组搜集了世界各地的水文资料，绘制出一份全球水安全示意图。这里的水安全包含两方面含义：一是基本供水安全；二是水环境的生态安全。示意图显示，非洲、印度和东亚部分地区，难以充分保证基本用水需求。美国和欧洲部分地区的水生物种多样性，正面临严重威胁。

研究人员说，发达国家修建了许多运河、水坝、水渠等设施，满足了居民的基本用水需求，但同时改变了当地的天然水环境。比如欧洲90%的湿地都已被改造，这影响了湿地的水循环和动植物生存，破坏了那里的物种多样性。

研究显示，由于人类活动影响，分布于非洲、美洲和亚洲的世界知名大河，都面临有效供水不足和物种多样性受威胁等问题。但人迹罕至地区的水资源通常受影响最小，比如南北极水域和非洲、南美洲热带雨林腹地的河湖。据估计，为应对水安全问题，到2015年前后，全球需在相关基础设施上每年投入约8000亿美元。

（2）过度用水引发大规模鱼类死亡事件。2019年1月17日，国外媒体报道，在澳大利亚达令河因过度用水造成水位降低，成千上万条原生鱼，在蓝绿藻大规模暴发和一些极端天气出现后死亡。据报道，两次大规模死亡事件，发生在新南威尔士西部的梅宁迪附近。第一次发生在2018年年底，之后又发生了第二次。

蓝绿藻在温暖水域迅速蔓延而爆发，这在干旱期间并不少见，但这种藻类不会直接引发鱼类大规模死亡。新南威尔士初级产业部资深渔业经理安东尼·汤森表示，迅速变冷和强降雨，可能扰乱了藻类生长并且使水中溶解氧的数量减少，从而导致鱼类死亡。不过，过度用水导致河流水位降低，才是使鱼类死亡的根本原因。这已经极大影响到当地物种，比如北澳海鲹、圆尾麦氏鲈、澳洲银鲈和更加脆弱的虫纹麦鳕鲈。

墨累—达令盆地管理局，是一个监管该河流流经盆地的法定机构，其工作人员表示："不幸的是，这一悲惨事件的主要起因，是缺少流入北部河流的水，以及受100年来对整个盆地内宝贵水资源的过度分配的影响。"

按价值计算，该盆地为澳大利亚约40%的农业产出提供支撑，其中大部分水流向奶牛场、棉花田和稻田。不过，将水资源过度用于农业已经引发了严重的环境问题，包括盐度增加、河流流量减少。目前，该河流系统正受到威胁。

2012 年，新南威尔士州和澳大利亚政府通过了一项耗资 130 亿澳元的计划，旨在重新分配 3.2 万亿升水资源，包括从农民手中回购水资源，以及于 2024 年建设节水设施。

不过，一项 2017 年对该计划进行的独立评估显示，进展已经停滞并且有失败的风险，部分原因在于澳大利亚政府减少了可被购买并且回归到天然河流中的水量。该国绿党成员汉森·杨表示，这导致了目前的水流枯竭。他已经敦促政府，使更多水流回归环境。澳大利亚反对党工党领袖比尔·肖特呼吁政府，建立应急科学工作组调查鱼类死亡事件。

相关机构则提醒说，考虑到最近在澳大利亚东南部可能出现的热浪，以及将持续下去的干旱事件，鱼类进一步的死亡事件可能在接下来几个月发生。

2. 研究海水淡化增加可用水资源

通过大规模海水脱盐来应对水危机。2004 年 7 月，有关媒体报道，气候变化引起海平面上升，使澳大利亚这个正遭遇特大旱灾的国家更加缺少淡水。为此，该国科学家近日建言，对海水及含较多盐分的地下水进行脱盐，可解决该国缺少淡水的问题，并认为这是应对长期淡水危机的切实可行的办法。

科学家们指出，在澳大利亚对淡水的需求在不断上升的同时，水脱盐成本在下降，而且，正遭遇历史上最大旱灾的澳大利亚有可能接连遭遇另一个旱灾，因此，现在澳大利亚，应该大规模地对海水和质量差的地下水进行脱盐，以应对淡水危机。

目前，澳大利亚堤坝水位下降至历史最低点，农民想方设法用淡水浇灌庄稼，主要城市的居民按照严格的用水，限制规定使用饮用水。位于澳大利亚首都堪培拉的联邦科学与工业研究组织的科学家们，近日告诫人们，澳大利亚利用大量的海水和含盐地下水为其水源的时期已经到来。

2004 年 6 月下旬，澳大利亚各州及联邦政府领导人，在一次特别会议上，共商解决缺水问题方案，力图使该国最大的河系之一墨累河恢复生机。这条河从昆士兰州起源，穿越新南威尔士和维多利亚州，最后到达阿德莱德，它不再汇入大海，其河口还吸入一些含盐的水。

澳大利亚和新西兰，地处世界上最干旱的有人类居住的陆地，前者是世界上最大的水消费国之一。长期以来，水脱盐一直被认为太昂贵，但位于堪培拉的联邦科学与工业研究组织土地与水部门副主任汤姆·哈顿说，水脱盐成本以平均每年 4% 的幅度下降。

水脱盐技术在一些国家被广泛应用，如沙特阿拉伯半岛国家广泛采用这项技术，以色列建立了 50 个水脱盐工厂，美国得克萨斯州和佛罗里达州也采用这项技术。哈顿认为，水脱盐技术，是当今世界上，解决水供应问题的一个非常好的办法，尤其是在干旱地区。他指出，在西澳大利亚州边远地区，由一些采矿公司建造的约 10 个水脱盐工厂非常成功。西澳大利亚州政府，正在考虑是否建造一个耗资 2.42 亿美元的工厂，以满足佩思 15% 的饮用水需求。

3. 寻找可用水资源的新发现

惊喜发现海床下储存着大量淡水资源。2013 年 12 月，澳大利亚弗林德斯大学文森特·波斯特等人组成的一个研究小组，在《自然》杂志上发表论文称，他们在海床下发现大量淡水，有助缓解日益严峻的水资源危机。

研究人员为科研和油气开采目的探究海床下水资源状况时发现，澳大利亚、中国、北美和南非附近大陆架海床下存在低盐度水，总量估计达到 50 万立方千米。

波斯特说："研究人员确认，海床下淡水属于常见现象，并非特殊环境下才能产生的反常事物。这些淡水储备的形成，始于数十万年前。"

那时海平面远比现在低，雨水得以渗入海床以下。海平面升高后，位于海床下的蓄水层因覆盖层层黏土和沉积物而保存完好。波斯特说，海下淡水资源储量，比人类 1900 年以来抽取的地下水量高 100 倍。

(二) 节约用水与防治水体污染的新信息

1. 研制节水家用电器的新进展

发明可以不用水的节水洗衣机。2006 年 8 月，有关媒体报道，位于悉尼市近郊的新南威尔斯大学，今年刚毕业的华裔学生黄承义，在澳大利亚各地闹水荒声中，设计出一款无水洗衣机，这或许能对节约用水尽绵薄之力。这款洗衣机样机，已由瑞典电器公司的仿真专家制造，目前在悉尼动力博物馆的澳洲设计奖展览中展出。

刚获得新南威尔斯大学工业设计一级荣誉学位的黄承义，在求学时发明用阳光代替水来洗衣，设计出节能洗衣机和风干机，不用水，也不用洗衣粉。

黄承义在 2002 年参加瑞典家庭电器公司的家庭用品设计比赛时，从一次在悉尼晒太阳得来灵感，用阳光的紫外线 C 来洗衣服，紫外线 C 可以氧化很多种类的有机物质。

依据黄承义的设计，用家居内的光线便可产生强力的氧化剂自由基氧，将污垢分解为二氧化碳和水。

2．探索减少水污染的新方法

发明不用洗衣粉也可去油渍的绿色洗衣法。2005 年 1 月，澳大利亚国立大学一个研究小组，在《物理化学通讯》上发表研究成果称，他们近日发明了一种绿色环保的洗衣方法：不使用洗衣粉或清洁剂，就可把油渍和污渍清除干净。

其实，研究人员发明的这种方法很简单，就是把自来水中的气体全部除掉，普普通通的水就具备了强大的除污效果。研究人员报告说，他们在实验中对蒸馏水和经过除气处理的水进行了比较。他们将两种水分别装在油迹斑斑的试管中，然后再将两支试管晃动几秒钟。结果，装有除汽水的试管明显浑浊，试管壁上的油污在水中形成微小的油滴，这说明除汽水能将衣物上的油渍去除。

报告称，普通水中含有氮气和氧气泡，能够在类似油渍表面形成气泡层，气泡层的表面张力会将油分子紧紧锁住，因此油渍就不可能被洗净。传统洗衣粉就是在油分子周围形成一层亲水物质，就可以将油渍去除。而新发明的这种方法除去了水中的所有气体，无法将油分子锁住，因此就可以将油渍轻松洗掉。

科学家指出，这种方法不使用洗衣粉，可将环境污染降到最低。另外，通过一些简单的工业方法，就可以用非常低的成本将自来水中的气体有效除去，因此这种方法值得提倡。

3．研究治理水污染的新技术

（1）研制出把酒厂废水转化成清洁能源的新技术。2007 年 5 月 2 日，国外媒体报道，澳大利亚昆士兰州大学废水研究专家尤尔格·凯勒教授带领的一个研究小组，与澳大利亚啤酒酿造商合作，开发出一种新型废水处理技术，由此可以把酒厂废水转化成清洁能源。

报道称，近日，澳大利亚昆士兰州大学对外公布了这项实验技术。研究小组在昆士兰州首府布里斯班附近一家啤酒酿制厂内，安装了一台微生物燃料电池装备，通过分解酿酒废水，可以产生电力和无污染的水。

啤酒酿制过程中产生的废水含有大量有机原料，如糖类、淀粉还有酒精等，但其中混合了不少微生物。过去，这些有机原料只能随废水排出，既污染环境，又浪费资源。但这种微生物燃料电池，利用细菌分解酿酒废水中有机物质时散发出的化学能，然后把化学能转化成电能。凯勒说："酿酒厂废水是一种非常好的资源，可生物分解且高度浓缩，有助于改善这种燃料电池的性能。"

这家酿酒厂属于福斯特集团。据报道，微生物燃料电池的实验研究经澳政府批准，由政府资助 14 万澳元。凯勒预计，安在啤酒厂的燃料电池设备每月可发电 2 千瓦，满足一个家庭的用电量。

（2）开发用牵引波束在水面移动污染物体的新技术。2014 年 8 月 11 日，物理学家组织网报道，澳大利亚国立大学物理与工程研究院豪斯特·庞茨曼教授、迈克尔·夏茨教授领导的一个研究小组，在《自然·物理学》杂志上发表论文称，他们造出了一种"牵引波束"：用造波器在水面生成特定波幅和频率的波，漂在水面的污染物体就会逆着水波传播方向朝波源运动。

在实验中，研究人员把一个乒乓球放入造波池，计算出让乒乓球向他们希望方向运动的波幅和频率，用垂直振动活塞发出向外传播的衍射波产生表面涡流，就会形成与水波传播方向相反的水流纹路，牵引乒乓球按他们希望的路径移动。

庞茨曼说："我们计算出了一种产生波的方法，能迫使漂浮物逆着水波方向运动，没人猜到会有这种结果。"目前，还没有数学理论能解释这些实验。他接着说："这是最大的未解难题之一，迄今还没人能在浴缸里造出这种波，我们很惊讶以往没人描述过它。"

研究小组引入了一套新的概念框架来理解这种波驱动水流，以此设计出向内、向外的表面推进，静态漩涡及其他更复杂的水流。在实验中，他们用不同形状的活塞造出了不同的涡流路径。

据报道，研究人员在论文中指出，法拉第准驻波会产生水平漩涡，但迄今尚不清楚衍射波能否产生大范围的涌流，因为小振幅无漩涡的波只会推动物体沿着衍射方向移动。而此次实验证明，通过调节波幅变化把它们变成三维波，水面上的漂浮物就会被迫向着波源移动。

夏茨说："我们发现超过一定的高度，这些复杂的三维波会在水面产生水流纹路。牵引波束就是这种纹路的一种，能向内流、向外流或形成漩涡。"这种技术为人们提供了一种前所未有的方法，控制那些漂在水上的污染物体，就像科幻小说中移动物体的牵引光束。

牵引波束有着极为广泛的用途。研究人员指出，他们的发现为遥控水面污染物体、限制漏油带来了一种全新的技术，还有助于人们理解海洋漂浮物运动和波浪对海滨造成的破坏，以及制造出波驱动推进器。

4. 开发治理水污染的新材料

铁基金属玻璃有望成为治理污水优良材料。2018 年 11 月，澳大利亚埃迪斯科文大学张来昌教授领导的研究团队，在国际期刊《先进材料》上发表论文称，他们发现一种铁基金属玻璃，对处理染料工业以及矿业产生的污水带来了无限可能性。专家说，这种看起来就像一片普通家用锡纸，但却可以有效去除污水中的有机物以及重金属。

金属玻璃又叫非晶材料，它是一类以金属元素为主的固体材料。非晶材料通常通过快速冷却熔融合金得到，最大程度保留了液态金属的结构，使其拥有许多优越性能。然而，并不是所有材料都能从快速冷却的熔融合金中得到完全非晶结构。如何有效利用部分晶态化的非晶材料，成为一项新课题。

张来昌研究团队发现，在过氧化氢和完全晶态化铁基材料共同作用下，能快速降解亚甲基蓝染料。他们采用高温热处理的方法，将金属玻璃中原有的无序结构重新排列，从而得到一种蕴含多相金属间化合物的晶体材料。在热处理的过程中，随着温度的升高，形成的晶粒会持续增大，这为电子在晶粒内部的快速转移提供了便捷通道。而且，因为多相金属间化合物存在着明显的电势差，容易在材料的内部形成无数微小的原电池，从而使电子在反应过程中自发产生转移。在污水处理中，快速的电子转移能使污染物有效转化为水、二氧化碳、无机小分子等无害物。也就是说，电子转移越快，去污效率越高。

实验结果表明，这种铁基金属材料，比现有去除重金属以及染料等有机物的技术都要快。据统计，使用这种新型材料处理 1 吨污水成本只需 15 美元左右。更重要的是，块状条带的形式更有利于实际应用，其可循环次数在 5 次以上，有着可观的经济效益。

5. 维护污水排放管道设施的新对策

发现改变化学物质能挽救行将毁坏的下水道。2014 年 8 月 15 日，澳大利亚伊尔杰·皮卡尔等人组成的一个研究小组，在《科学》杂志上发表研究报告称，他们研究发现，改变水处理的做法，可防止影响世界上许多下水道混凝土的腐蚀。

全球下水道系统正以惊人的速度受到侵蚀，并让各国政府花费数十亿美元来进行替换。这一侵蚀的主要原因是污水中存在有硫化物，它是在添加硫酸盐化合物后形成的。

在饮用水中添加硫酸盐是为了净化饮用水，它也在用于生产饮用水的水源中及在污水废料中自然存在。在像下水道等氧气少的环境中，它会转变为硫化物（并最终转变成为腐蚀性的硫酸）。有些供水公用事业部门会在其形成后尝试除去硫化物，但其花费巨大且收效甚微。

现在，新的研究提出了一种替代做法：通过减少添加的硫酸盐而在源头控制硫化物的产出。根据在澳大利亚各地所做的一项广泛的业界调查及取样活动，皮卡尔等人指出，硫酸铝是在饮用水处理时作为一种凝固剂或净化剂加入的，是污水中硫化物的主要来源，它们比来自地下水或废物中的硫酸盐产生了更多的硫化物。

研究人员说，在澳大利亚下水道中有 50% 的硫酸盐浓度来自硫酸铝。在他们的模拟中，在饮用水处理阶段用无硫酸盐化合物，来取代硫酸铝大大减少了对下水道混凝土的腐蚀，在 10 小时后减少腐蚀达 35%，并在更长的时间内减少腐蚀达 60%。这项研究，凸显了以无硫酸盐凝结剂取代基于硫酸盐凝结剂的裨益。

三、防治其他污染与节能新成果

（一）处理固体废弃物的新信息

1. 固体废弃物处理的新发现

海洋塑料垃圾导致珊瑚患病风险骤增。2018 年 1 月，由澳大利亚环境专家参加，美国康奈尔大学乔利娅·兰姆领导的一个国际研究团队，在《科学》杂志发表论文称，塑料垃圾对生态系统的危害越来越受到重视。他们研究发现，由于容易携带细菌等微生物，海洋中的塑料垃圾会大幅增加珊瑚的患病风险。

该研究团队对印度尼西亚、澳大利亚、缅甸和泰国等地的159个珊瑚礁展开研究，检查了约12.5万个珊瑚的组织损伤和病灶。结果发现，当珊瑚遇到塑料垃圾时，患病风险会从4%骤增至89%。

兰姆说："塑料是微生物的理想寄居场所，这些微生物接触珊瑚后，很容易引发疾病，导致珊瑚死亡。"在全球范围内极具破坏性的珊瑚"白色综合征"就与此有关。"白色综合征"是一种在珊瑚之间传播的传染病，染病珊瑚会逐渐变白，死亡率很高。澳大利亚大堡礁海域的珊瑚都曾大面积染病。

研究人员估计，亚太地区珊瑚礁上的塑料垃圾数量约为111亿个，并且这一数字还将会增长。

海洋塑料垃圾的危害，已经引起广泛关注。联合国环境规划署于2017年2月宣布，发起"清洁海洋"运动，向海洋垃圾"宣战"。该机构指出，过量使用的一次性塑料制品等是海洋垃圾的主要来源。

2. 减少固体废弃物的新措施

开发出遇水分解的包装材料。2007年12月，澳大利亚种植工艺技术公司一个研究小组，在英国《食品工程和配料》科技杂志发表研究成果称，他们已经研究开发成功，一种用后可以舍弃的塑料包装新容器。研究人员开发的是一种在外形和手感上与日本化成公司生产的塑料材料完全一样，而且同样可以进行彩色印刷的生物分解性新包装材料。

这种以玉米淀粉为原料加工制成的包装材料，同样可以进行裁切和成形的加工处理。新生物分解性包装材料的原料是玉米淀粉，其结构适合于塑料制作。这就是需要特殊栽种的高直链淀粉，即具有长链分子结构的直链淀粉。新包装材料不仅可以加工成对环境保护有利的塑料制品，而且其相对价格也比较低廉，有利于推广使用。

应用试验说明，这种新材料，作为巧克力和饼干等干燥食品的包装材料，是稳定而又稳妥的。新包装材料，一旦投放在水中，就可以立即开始分解，直到最终完全分解而消失。

3. 固体废弃物综合利用的新进展

（1）发明把废塑料用于炼钢的新方法。2004年12月3日，英国《金融时报》，发表了一篇题为《看废塑料如何使炼钢变洁净》的文章称，澳大利亚新南威尔士大学维娜·萨哈吉瓦拉教授领导的一个研究小组，研发出一种将废塑料用于生产钢铁的新方法，不仅减少了环境污染，而且降低了钢铁生产的成本。

按传统方法，将100吨废铁转化为钢，需要大约1吨煤或焦油，钢中的含碳量最多达1%。萨哈吉瓦拉所提出的新方法，则可以用废塑料代替一半的煤或焦炭，且钢的质量不会打折扣。

人们通常需要对处理过程进行严密监控，以保证碳溶解到钢中，使其坚硬，并拥有钢应有的其他特性。在这一过程中，还需要用碳来形成一层一氧化碳"保温层"，正是由于该保护层的保护，热量才不会大量流失。

萨哈吉瓦拉介绍道，塑料替代物可以使钢铁工业产生的温室气体大大减少。这种方法，对环保的益处很快就会进一步显现。长期以来，大量的废塑料被倾倒在垃圾站或是送进焚烧炉，而大多数焚烧炉的温度都比较低，只有1000℃左右，因此塑料燃烧并不充分。这就意味着有毒气体会伴随二氧化碳气体一同产生。而炼钢所需的温度要高达1600℃，足以使主要由碳、氢组成的塑料材料充分燃烧，并最终分解为水和二氧化碳。虽然我们还在不断产生二氧化碳，但至少那是制造必需品的化学反应所产生的。

她说："我们还通过其他方式，减少二氧化碳排放量。例如，把小型钢铁企业移到人口密集地区的附近，以节省运费。大多数回收再利用都是在这些地区进行的。与远距离运煤相比，将塑料废品运送到几千米之外则更简单、更合算，也更环保。"

这些塑料必须经过粉碎、球化，再注入电弧炉中，才可用来冶炼废旧钢铁。这种煤和焦炭的替代物，特别适于在电弧炉中使用。在欧洲，41%的钢铁都来自这种电弧炉。在美国，这一比例更是占到了51%，因此，采取这种新工艺，可以节省大量能源，并大大减少温室气体排放量。

许多废塑料，包括购物袋、洗涤剂瓶、饮料瓶等都含有足够多的碳，对炼钢非常有用。将废弃的塑料用来炼钢，大大缓解了将它们作为垃圾填埋对环境造成的污染问题。适用于电弧炉的塑料制品包括：聚乙烯、聚对苯二甲酸乙二醇酯（又叫 PET，用来制造饮料瓶或其他包装物）。含有聚氯乙烯等影响钢铁质量的化学成分的塑料制品，则是不适合的。

目前，澳大利亚第一钢铁公司已经决定把这项技术投入生产。该公司技术与发展部主任保罗·奥凯恩说，这是一个让人振奋的消息，公司的生产在减少污染方面有了很大的改善，同时耗电量与成本也降低了。

（2）从食品废料中提取乳清衍生物。2005 年 4 月，有关媒体报道，澳大利亚一个研究小组的研究人员，最近从奶酪制造后的副产品中，成功提取出营养物质乳清，应用到药品和保健增补剂当中。这一副产品，过去一般被转化为低价值乳糖乳清粉，或作为废料丢弃。

食品废料的提取过程有四个阶段，即离子交换、纳滤、套色版和结晶化。利用这一技术，可以开辟全球功能性食品和营养产品市场，这一市场的价值达 900 亿美元，并在持续增长中。

据悉，该技术除从奶酪加工废料中提取生产保健食品外，还可以从葡萄酒、食糖、水果和蔬菜的加工废料中，提取有价值的物质，如低聚果糖、天然香料、色素、抗菌蛋白、酚类抗氧化剂、有机酸和矿物质等。目前，该研制小组正在寻求伙伴来拓展研究。

（3）发明把香蕉杆转化为造纸原料的新技术。2009 年 5 月，国外媒体报道，澳大利亚昆士兰北部的一家造纸公司称，该公司已经发明一种以生态的、可持续发展的方法，进行造纸的技术；也就是说，用香蕉树干为原料进行造纸的技术。

该公司的首席业务官格兰特·皮戈特先生说，由于香蕉树干的纤维太长，一般的生产流程不能使其作为造纸的原料；但是他们的公司却已经开发出这种技术，能够把香蕉的树干，用于造纸和生产供表面镶饰（或生产胶合板）用的材料。

估计在几周之后，将在澳大利亚凯恩斯地区的西南部开始投产，因为香蕉杆就来源于该地区的当地香蕉种植园；厂家的年产量可达到 2 万吨。

据说，基本的生产方法就是：把香蕉杆切成短条，然后通过一种特殊的生产流程，将短条制成纸张和纤维制品。同时，可将原料经过干燥的程序，把它投放到市场上，这样还可以作为多种不同用途的材料。

（二）防治辐射与噪声污染的新信息

1. 辐射污染防治的新进展

研制出一种安全检测放射性铀污染源的新方法。2006 年 11 月，有关媒体报道，面对脏弹和核电站的使用带来的威胁，澳大利亚昆士兰技术大学化学物理学院雷·弗罗斯特教授领导的一个研究小组，发明了一种安全检测地表放射性污染的新方法。

弗罗斯特表示："这一技术能很容易的探测到铀源，特别是次级铀。这在今天的恐怖主义和持续增加的铀矿开采氛围中显得尤为重要。很多人并不知道，铀矿特别是次级矿能溶于水，所以能被水带到远离源的地方。这意味着土壤中的铀含量可能因为一个未知源而上升，源可能离污染很远。"

弗罗斯特表示，利用一种近红外光谱的技术，科学家可以探测到距离污染源很远的放射性物质。他说："使用光纤探针和近红外光谱，我们能检测土壤中是否存在铀，并且判断铀的种类。这意味着科学家可以发现放射污染是否存在，或者对环境和人类有多大程度的威胁。"

近红外光谱是利用光源扫描材料表面以确定表面化学性质的技术，进而科学家就可以确定地表是否存在放射性物质。弗罗斯特表示，澳大利亚和其他国家广泛利用核能发电可能造成未来铀开采量的增加。他说："这会形成矿物废料以及大量危险矿物质的积累。"再加上恐怖主义以脏弹等作为武器，更加说明了这种技术的重要性。因此，他说利用这种技术能探测到很大区域的放射性污染，这无疑是非常需要的。

2. 噪声污染防治的新进展

研发从噪音中提炼出说话声的新型仿生耳。2010 年 5 月，澳大利亚拉筹伯大学副教授托尼·鲍里尼领导的研究团队，在《神经工程》杂志上发表论文称，他们正在研发新型的可移植仿生耳，通过模拟大脑使用电信号捕捉他人谈话，能够让耳聋患者重新恢复听力，让他们清楚地听到人们的说话，并且享受音乐。

研究人员指出，当人们倾听他人说话时，沿着神经从耳朵到大脑的电脉冲频率和响应时间非常重要，大脑使用神经细胞中的电脉冲频率和放电时间，来对被听到的声音进行编码，以便将说话者的声音从背景噪声中区别开来。

鲍里尼表示，通过把与神经细胞放电的确切时间相关的信息考虑在内，大脑能够更好地理解声音。接受这些信息的人接受声音的能力大大加强，接受的音量范围也更大，而这两方面对于患者理解他人说话都非常重要。因此，复制这些信息，将有望提高病人理解他人说话的能力。

目前，耳聋病人要么进行人工耳蜗植入，要么进行听觉脑干植入。据统计，每年约有 20 万名患者进行人工耳蜗植入手术，约有 1000 名患者进行多道听觉脑干植入手术。但是，这两种情况都要求耳聋之人能够辨别出背景杂音中的声音，而且即使接受了植入手术，他们也很难享受音乐。

鲍里尼说，听力是辨别出声音的能力；而言语感受能力是理解他人话中之意的能力。多道听觉脑干植入，能使因双侧听神经瘤而全聋的患者产生有意义的听觉，但是，这些患者依旧无法说出声音来源于何处。许多进行了移植手术的患者也发现，很难区别出犬吠声和汽车喇叭声。

研究人员据此在研究新的仿生耳，希望这种仿生耳能够让耳聋病人恢复听力，让他们在嘈杂的环境中能够听到他人的说话，甚至能够享受音乐。研究人员在实验老鼠身上测试了设备，希望能够研发出新的设备用于人类。

（三）研制节能环保产品的新信息

1. 研制节能环保型电器设备的新进展

（1）推出恒热灵感辨温数码节能热水器。2005 年 4 月，有关媒体报道，澳大利亚恒热热水器公司，新推出一款家用节能产品——恒热灵感辨温数码节能电热水器。该产品除了更趋于完美的人性化设计之外，节能技术的升级，更是受到市场前所未有的关注。

热水器的节能指标，主要体现在保温层保温能效、智能控制技术、热效率提高等方面。恒热的灵感辨温热水器，除了沿袭专有的恒热数码控制、64 线均衡注水等节能技术外，还新增设了"辨温感应系统"。它是一套自主节能的系统，能使热水器一直在最节能的状态下运行。它就像一个心思细腻、善于变通又不失沉稳的管家，随时会对主人室内的平均温度、用水习惯和自来水温度等环境状况，进行全方位的自动感应，再通过记忆性辨别及信息处理，自动选择启动当前环境下的节能模式，以获得预置的当前热水使用最佳温度。

恒热的 64 线均衡注水系统，还具有不容小视的节能效果。该系统安装在热水器底部，冷水通过时，受压自动均分成 64 线注入，延缓冷水与上部热水的接触，既保持热水温度，又减少了因温度下降过快、热水器重复加热的次数。蕴含当前高端制造技术，综合节能可达30%以上的恒热灵感辨温节能新品，一经推出，必将成为市场的节能新宠。

（2）推出可降低用电成本的节能电表。2005年9月，有关媒体报道，对于澳大利亚人来说，如何节电节水，是每个家庭主妇的"必修课"，在用电高峰的冬夏两季，这一问题尤为突出。最近，一套称作"数字智能测量仪"的新型节能电表，深受人们的欢迎，成为澳大利亚政府极力推荐的"节能先锋"。

在澳大利亚，居民缴纳电费通常都是依据统一的固定价格，每季度向供电公司交费一次。面对3个月的账单，再精明的人，恐怕也记不清楚自己到底什么时候用了电？用了多少电？电费里又有多少属于"不划算"的"高价电"？因为用户从传统的电表上根本无法了解自己用电的具体情况，更不要谈什么"避开用电高峰""降低用电成本"了。

事实上，由于收费、服务等问题而引发的对电力公司的投诉事件，近年来在澳大利亚"屡见不鲜"。居民用电价格在扣除物价上涨因素后，比2000年上涨了30%以上。一份调查报告显示，有近80%的被调查者对电力收费表示不满，认为"需要立即改革"！

人们所有的"疑惑""抱怨"和"不满"，现在终于有了解决的办法。由澳大利亚一家能源公司开发研制的一种"聪明电表"，通过在用户家中安装的一个"数字智能测量仪"，可以精确显示使用者在每分钟内的实际用电量和不同时段的具体价格。

更让人"称奇"的是，"聪明电表"可以分类注明家中各个电器的耗电量，并通过分析向主人提出各种实时的"节能小建议"，比如，不要在用电高峰时洗衣服。

另外，"聪明电表"还可以监测家庭及单位用户的能源使用和温室气体排放情况，并通过网络将计算后的结果传送到一个小型接收器，供有关部门进行数字统计和分析。

这家能源公司的首席运营官佐伊称，这套售价200~400澳元的"智能装置"，能保证普通居民用户每月节电12%~35%；通过准确掌握自己的实际用电量，人们完全可以避开用电高峰期，降低用电成本。

2. 设计建造节能环保型建筑

建成随时向阳的转动型节能房屋。2009年12月6日，英国《每日邮报》网站报道，澳大利亚卢克·埃弗林厄姆和黛比·埃弗林厄姆夫妇，想让自己的房间随时充满阳光，着手建造一座能像向日葵一样随太阳转动的房屋。目前，这座旋转房屋，已经矗立在澳大利亚东南部新南威尔士州温纳姆镇，它依山傍水，大部分由玻璃和钢材搭成。

该房屋呈八边形，直径约24米，外围有一条约3米宽的游廊环绕。房屋可以绕中央转轴做360度旋转。在卧室墙上装有一块液晶触摸屏，只需按照选择要求点击，便可以控制房屋转动的方向和角度。这种设计不仅让每个房间采光更好，而且比一般设计更宽敞。驱动房屋转动的，是两台比洗衣机马达大不了多少的电动机。

这座房屋，不仅能够利用自身旋转获得理想的自然光以节省电能，而且还包含其他一些符合生态环保理念的设计。例如，房屋利用地热供暖。一条120米长的地热管道埋入地下2.5米，再通过中央转轴通往屋内各个房间，以保证屋内温度维持在22℃左右。

第二节　影响生态环境的气候变化

一、研究气候影响生态环境的新成果

（一）气候变化引发自然灾害研究的新信息

1. 全球变暖引发的自然灾害

（1）全球变暖将导致干旱和洪水更加剧烈。2013年10月，澳大利亚气象局斯科特博士等人组成的一个研究小组，在《自然》杂志上发表研究成果称，他们发现在全球变暖条件下，厄尔尼诺现象（ENSO）驱动的干旱和洪水将更加激烈。现在比以往任何时候都更加确定，全球变暖对这个关键天气模式存在影响。

厄尔尼诺—南方涛动现象，虽然发生在太平洋，但其在全世界的气候系统中，都扮演着重要而复杂的角色。直到现在，研究人员尚不能确定未来气温上升将如何影响厄尔尼诺，但是这项新研究表明，由厄尔尼诺驱动的干旱和洪水将会更加激烈。

该研究发现，在未来的厄尔尼诺年，干旱和洪水两种异常现象将会更加剧烈。厄尔尼诺现象的一部分是在东部和热带太平洋可观察到变暖，而其"姊妹"拉尼娜犹如冷却器，会使这些地区变得更为寒冷。

如同浴缸里的水，更暖或更冷的水域来回搅动整个太平洋。它们负责在澳大利亚和赤道地区的降雨模式，但其影响也正渐行渐远。例如，在北半球冬季期间，美国南方部分地区在更温暖的厄尔尼诺阶段可以获得更多的强降雨。

多年来，科学家一直在关注这一敏感的天气系统，如何可能由全球变暖引起温度上升而改变。采用最新一代的气候模型，研究人员得到未来厄尔尼诺一致的推测，并给出了其最"稳健"的预测。

斯科特博士说："全球变暖，妨碍厄尔尼诺现象的温度模式影响到降雨。这种干扰导致由厄尔尼诺驱动的西太平洋干旱加剧，以及赤道太平洋中部和东部降雨增加。"

澳大利亚联邦科学与工业研究组织蔡文举博士认为，该研究很有意义。他指出："到现在为止，不同计算机模型，一直存在关于厄尔尼诺现象如何在未来改变的认同差异。而该论文明显在不同的气候模型间预测未来的影响有较强的一致性。"

（2）全球变暖导致极端降水增加。2016年3月8日，澳大利亚新南威尔士大学气候科学家马库斯·多纳特主持的一个研究团队，在《自然·气候变化》杂志上发表论文称，气候变化已经开始导致全球大部分地区极端降雨和降雪的增加，哪怕在干旱地区也是如此，并指出这种趋势将随着全球变暖持续下去。

多纳特表示："无论在潮湿还是干旱的地区，我们都能看到强降水显著而猛烈地增加。"

温暖的空气中含有更多的水分，而之前的研究发现，全球变暖已经增加了极端降水事件的可能性。但对于其如何在区域尺度上发挥作用，气候模型通常有不同的结论。一些模型显示，干旱地区可能变得更加干燥，然而新的发现证实，这种情况并非适用于所有地区。实际上，一些地区会越来越干燥，但大多数地区则变得更加湿润。

苏黎世瑞士联邦理工学院气候科学家索尼雅·塞内维拉特指出："这篇论文是有说服力的，并且提供了一些有用的见解。"他说："这项工作的新颖之处在于，证明了在干旱地区观察到的变化。"

多纳特研究团队把"极端降水"定义为一天中的最大降雨或降雪量，并采集了约1.1万个气象站，从1951年到2010年的极端降水数据。

研究人员确定了比全球平均水平更潮湿和更干旱的地区，然后跟踪了日常降水情况的变化，以及这些地区积累的年降水量。

研究结果表明，在干旱地区，年降水量和极端降水每10年增加1%~2%，这些地区包括北美洲西部、澳大利亚和亚洲部分地区。而包括北美洲东部和东南亚在内的潮湿地区，在极端降水的规模上则表现出了类似的增加，而年降水量则增加得较少。

研究人员随后把实际观察结果，与根据政府间气候变化专门委员会第五次评估报告开发的气候模型进行比较。多纳特表示，全球气候模型很难模拟极端条件，并且在局部和区域尺度上它们经常会讲述不同的故事。

为了解决这个问题并确定一致的降水模式，研究人员着眼于随着气候变暖，每个单一模型的湿润与干旱地区是如何变化的。虽然每个模型对于在哪里以及如何降雨降雪存在差异，但它们都在自身模拟的气候中表现出了相同的趋势：随着温度上升，极端降水在最潮湿和最干旱的地区都在增加。多纳特表示："我们在观测结果和模型之间取得了很好的一致。"

这项研究结果，与2015年由德国波茨坦气候影响研究所科学家进行的一项研究相匹配。德国学者发现全球变暖，已经提升了创纪录的降雨事件数量。领导该项研究的气候分析专家雅沙·莱曼认为，他们的方法提供了哪里正在发生巨大变化的更多地理细节，而多纳特研究团队则在潮湿和干燥地区平均了这一趋势。他说："这两种方法都有各自的优点和缺点，应该被用来评估和理解极端降水的变化。"

2015年共同的研究者、德国波茨坦气候影响研究所极端天气研究人员迪姆·库姆强调："科学家正在达成共识，即每日时间尺度上的极端降水，正在大部分陆地区域增加。"

这些研究，支持了认为更多极端天气正在路上的模型的预测，同时确认了即便是不习惯强降水的干旱区域，可能都会受到影响。多纳特表示，这项研究，可能不会提供应该为什么样的事件做准备的任何细节，但它能够为各国政府敲响警钟。他说："投资于基础设施建设可能是一个好主意，它将有助于应对更加严重的降水，特别是如果你还未曾处理过此类事件的话。"

2. 干旱气候引发的自然灾害

干旱产生多尘天气引发超强红色沙尘暴。2009 年 9 月 23 日，美国《连线》杂志网站报道，今天早晨，一场超强沙尘暴突袭澳大利亚海滨城市悉尼，将城市天空染成橘红色，能见度很低，以至于很多居民担心世界末日即将到来。

悉尼市民马库斯·沙比，在发给美国《连线》杂志网站的一封邮件中描述道："好像一觉醒来就到了火星上。"从悉尼当地拍摄的许多照片显示，悉尼早晨的天空血红一片，不过随着时间的推移，已经明显亮了很多。只是在临近中午的时候，太空显得更加昏暗。尽管悉尼位于海边，碧海蓝天、空气清新，但是，其实澳大利亚东部居民，一直以来都不得不努力抗击变幻莫测的沙尘暴，因为来自干燥的内陆地区的劲风会卷起沙尘，吹到城市里来。

新南威尔士州气象局负责人巴里·汉斯特鲁姆，对美国彭博通讯社说："北部强低压地区产生风力，形成强西风，从澳洲大陆干燥的中部地区携带起大量的沙尘。"

尽管事先知道将要发生什么，强烈的沙尘暴还是让悉尼居民措手不及，因为没有人曾经见到过如此强度的沙尘暴。在近期澳大利亚历史上仅有一次相似的情况，那就是墨尔本在 1983 年发生了超强沙尘暴。

在澳大利亚南部其他地区，如新南威尔士州西部内陆地区的布罗肯希尔，风暴一直是更加剧烈。沙尘暴也时常导致天昏地暗，就像在一些大片中看到的那样。虽然造成这种恶劣天气的直接原因是风，但很难弄清楚澳大利亚气候的潜在变化，是否也为风暴的产生推波助澜。

气候学家凯文·轩尼诗，是世界政府间气候变化专门委员会报告澳大利亚章节的主要撰稿人。他认为，不可能直接将恶劣的风暴归咎于气候变化。轩尼诗说："你不能简单地把每个单独的极端天气状况和气候变化联系到一起，情况远比这要复杂得多。"

事实上，澳大利亚东部地区的干旱已经持续了 13 年，干旱产生的多尘天气很容易引发风暴。而且干旱还似乎与全球变暖关系密切。政府间气候变化专门委员会的澳大利亚影响摘要中坚称，该国已经产生了地区性的气候变化。1950年以来，气温升高了0.4~0.7℃，而且澳大利亚南部和东部降水量越来越少。

3. 风暴天气造成的渔业灾害

风暴卷起河塘中的鱼并从天上落下来。2010年3月2日，英国《每日电讯报》报道，澳大利亚偏远沙漠小镇日前连续两天下"鱼雨"，一些气象专家认为可能是风暴将河塘中的鱼卷走，又通过雨降落下来。但距离这个小镇最近的河塘，也有500多公里。

这个小镇名叫拉贾曼努，位于澳大利亚北部，全镇人口669人。最近两天，一种白色的鱼随着雨水从天而降，许多鱼甚至还活着。澳大利亚气象专家认为，这些鱼可能是被风暴从河塘中卷起，后来随雨水在小镇降落。一些专家表示，这些鱼可能被卷到1.3万~1.7万米的高空，被迅速冷冻，因此有的鱼降落到地面时还活着。

据悉，这是30年来拉贾曼努小镇第三次下"鱼雨"。1974年和2004年，小镇也曾下过"鱼雨"。

（二）气候变化对生物生存影响研究的新信息

1. 揭示受气候变化影响的物种

（1）绘制受气候变化影响的物种地图。2014年2月10日，一个由来自澳大利亚、加拿大、英国、美国、德国、西班牙等国家的18位科学家组成的国际研究小组，在《自然》杂志上发表研究成果称，他们绘制出了气候变化对物种影响的地图。

研究小组通过分析1960—2009年期间，海面和陆地温度数据，并对未来气候变化进行评估，用地图方式显示出未来气候变化的速度、方向，以及气候变化对生态多样性的影响。研究结果显示，由于气候变化仍在持续，动、植物需要适应变化，甚或通过迁移以寻找适宜的气候。

澳大利亚联邦科学和工业研究组织科学家，埃尔薇拉·博罗赞斯卡认为，这一研究成果将为保护动、植物提供重要信息。

生态地理学家克里斯滕·威廉姆斯说，澳大利亚也在经历气候变暖。在陆地，已有很多生物开始向更高海拔或更高纬度地区迁移。但也有一些物种无法长距离移动或根本无法移动。

另外，海水的变暖和不断增强的东澳洋流，也在改变着海洋生物的生存环境。原本"足迹"最南只达新南威尔士南部海域的长刺海胆，如今也出现在塔斯马尼亚州附近海域，导致那里的海藻林大面积消失，对当地的岩龙虾养殖业造成严重影响。

昆士兰大学的安东尼·理查森指出，面对前所未有的气候变化以及已经被过度索取的地球，人们需要迅速采取行动，尽可能地保护地球生物资源在气候变化中得以幸存。

（2）揭示太平洋岛屿上受气候变化威胁的物种。2017年7月，澳大利亚新英格兰大学拉利特·库马尔与马赫雅·特赫拉尼等人组成的一个研究小组，在《科学报告》发表的一项研究成果，揭示出太平洋岛屿上因受气候变化影响，而可能最易灭绝的陆生脊椎动物。

研究小组在23个太平洋岛国中，鉴定出150种被世界自然保护联盟数据库收录的易危、濒危或极危陆生脊椎动物物种。研究人员将该信息与涵盖1779个太平洋岛屿的数据库结合起来，根据各岛屿对气候变化的敏感性，鉴定出了灭绝风险可能最大的物种。他们发现，其中59个对气候变化影响具有极高敏感性的岛屿，拥有12种当地特有物种，而178个具有高敏感性的岛屿，拥有26种特有物种。

此外，研究人员还在这些岛屿上，鉴定出大量因为气候变化而面临极高风险或高风险的极危物种，包括金狐蝠、大锥齿狐蝠、斐济带纹鬣蜥和玛利安娜狐蝠。有关专家认为，这种鉴定方法或可用于按轻重缓急分配资源，保护最脆弱的物种。

2. 研究气候变化对动物的影响

（1）证实大堡礁海水变暖会增大珊瑚死亡风险。2012年9月，堪培拉媒体报道，澳大利亚一项新研究证实，世界最大的珊瑚礁——大堡礁水域的海水温度正在上升。专家认为，这一变化将给这一区域及其周边区域的生态环境带来影响。

澳大利亚研究理事会合理利用珊瑚礁研究所研究人员报告说，他们分析了1985年以来的卫星数据，发现有"明显证据证明"大堡礁水域的大部分区域海水温度上升，其中南部水域海水温度上升了0.5℃。研究人员认为，海水温度升高意味着珊瑚的死亡风险增大。

研究同时表明，季节变换的规律正在发生改变，在某些区域夏季开始得比往常更早，且持续时间更长。这种改变也将影响大堡礁海域的生态环境。

（2）发现全球变暖致北极候鸟体型缩小。2016年5月12日，有关媒体报道，一个澳大利亚鸟类专家参与，其他成员来自法国、荷兰、波兰和俄罗斯等国的国际研究团队，在《科学》杂志上发表研究成果称，他们研究发现，随着气候变暖，在北极繁殖的一种叫作红腹滨鹬的候鸟体型，正在日益变小。这是全球变暖，对北极地区动物产生影响的一个代表性现象，值得人们关注。

研究人员指出，体型缩小对红腹滨鹬不是一个好消息。这种可连续飞行5000千米的小鸟，会跨越半个地球到热带过冬，但届时可能会因它们的喙变短，吃不到深埋在沙滩中的食物而死亡。

红腹滨鹬繁殖于环北极地区，属长距离迁徙鸟类，每年秋天从北极飞到西非等地的热带沿海地区过冬，每年春天又飞回北极繁殖，中国的渤海湾等地是它们的中途停歇地。

原本，红腹滨鹬飞到北极正是这里冰雪开始融化之时，昆虫的数量最为丰富，而昆虫是红腹滨鹬幼鸟的主要食物。

研究人员分析了卫星图片后发现，过去33年来，红腹滨鹬繁殖地的冰雪融化时间提前约两个星期，这意味着红腹滨鹬的孵化期与昆虫的繁盛期错开了约两个星期，其结果就是，在北极暖和年份所生的红腹滨鹬因食物不足而体形缩小。

由于这些红腹滨鹬的喙都比较短，当它们飞回西非过冬时，就吃不到深埋热带沙滩之下的双壳类软体动物，只能以海草等为食。因此这些红腹滨鹬在第一年的存活率，只有体型较大红腹滨鹬的一半左右。

研究人员认为，由于短喙不利于红腹滨鹬生存，这些候鸟最终可能进化成身体较小但有着长喙的模样。

他们还据此提出，未来在北极繁殖的动物发生身体大小与外形的变化，可能是一个普遍现象，从而可能对它们的种群数量产生负面影响，这是一个亟须关注的情况。

（3）认为气候变化导致袋狮灭绝。2018年10月，国外有关媒体报道，一个国际研究团队的最新分析显示，澳大利亚迄今最大的有袋类动物捕食者袋狮，可能以茂密森林中的动物为食，但由于气候变化导致袋狮在4万~3万年前最终灭绝。

研究人员表示，3.5万年前，澳大利亚日益干旱的环境令这片大陆的森林缩减，并导致林地猎物种群衰退。这让它们的捕食者，比如袋狮，很容易走向灭绝。

大多数关于袋狮的研究，聚焦于解剖学以及关于其头骨、四肢、爪子和牙齿的生物力学。此前研究显示，这种动物是"伏击"捕食者，会从树间跳到猎物身上。但关于其饮食和生活习性的研究一直鲜有线索。

为了解更多信息，研究人员采集了袋狮的35颗牙齿化石，并且分析了牙齿中两种稳定碳同位素的比率。这可以提供关于袋狮栖息地的线索。该研究团队还研究了106颗袋狮牙齿表面的微小凹坑和划痕。这可以提供关于这种动物饮食结构的信息。

研究人员介绍说，植物中两种碳同位素的比率，在开阔和森林密集的环境中是不同的。他们能从在这些栖息地中觅食的食草动物，及以其为食的食肉动物的牙齿和骨头中，探测到这种化学特征。

该研究团队对较大牙齿样本表面的磨损进行的分析显示，袋狮拥有与同时食用骨头和肉而非仅吃肉相一致的进食风格。这很像现代非洲狮。同位素证据还表明，袋狮可能狩猎一种食用叶子、被称为沙袋鼠的动物。这种袋鼠的牙齿拥有同袋狮类似的化学特征，表明两种动物均在森林栖息地中觅食。

3. 研究气候变化对植物的影响

发现全球变暖削弱植物"吸碳"能力。2017年11月，国外媒体报道，澳大利亚国立大学生物研究所教授欧文·阿特金及校内同事，与英国、美国和新西兰等国相关专家组成的一个研究团队，近日发现研究报告说，植物可以通过光合作用吸收并转化二氧化碳。不过，他们近日研究显示，随着全球变暖的加剧，植物的这种"吸碳"能力受到削弱，人类应对气候变化行动需考虑到这一因素。

植物吸收二氧化碳之后，除了将部分二氧化碳和水合成有机化合物并释放出氧气，还有一部分二氧化碳会通过植物的"呼吸"再次排出到大气中。

该研究团队发现，植物释放出的二氧化碳要比人们预计的多出 30%，而且随着全球变暖，植物的二氧化碳释放量还会进一步增加。

澳大利亚国立大学研究人员负责这项研究的数据采集部分，100 个采集点广泛分布在全球各地：从澳大利亚的荒漠到北美、欧洲的落叶林，从北极苔原到南美热带雨林，他们共收集了约 1000 种植物的二氧化碳排放量数据。

阿特金说，目前使用化石能源排放的二氧化碳，约有 25% 被植物存储和转化，但植物的这一贡献在未来可能要打折扣，因为气候变暖使植物本身的二氧化碳排放有所增加。

（三）气候变化对区域及经济影响研究的新信息

1. 研究气候变化对南极的影响

首次量化气候变化对南极无冰区的影响。2017 年 7 月，澳大利亚昆士兰大学生态学家贾斯敏·李领导的一个研究小组，在《自然》杂志发表的一篇论文，报告了关于 21 世纪气候变化对南极无冰区影响的量化评估结果，这在国际生态研究上尚属第一次。

无冰区仅占南极洲面积的 1%，但却是南极全部陆地生物多样性的所在。一直以来，无冰区基本被研究人员忽略了，因此，有关气候变化对于南极物种、生态系统及其未来保护的影响，存在着较大的认知空白。

长期以来，大量资源都被用来研究气候变化对于南极冰盖和海平面的影响。相比之下，人们近来才开始评估气候变化及相关冰融对南极原生物种，如海豹、海鸟、节肢动物、线虫、微生物和植物等的影响。

此次，澳大利亚研究小组发现，南极半岛未来的预期气候变化最大。在联合国政府间气候变化专门委员会模拟的两种气候作用力场景中，他们取其中更极端的一种场景：到 21 世纪末，无冰区将扩大约 1.7 万平方千米，增长近 25%；而南极半岛无冰区若扩大三倍，则可能彻底改变生物多样性栖息地。

南极洲栖息地扩大和连通性提高，一般被解读为对生物多样性变化有正向意义。但现在科学家们仍不清楚其潜在的负面效应是否会超过生物多样性收益。论文中假设，这些变化最终也可能导致区域尺度上生物同质化，竞争力较弱物种灭绝，入侵物种扩散。

他们研究的结论表示，如果温室气体排放减少，并且人为造成的升温维持在2℃以内，那么，无冰区栖息地以及依赖于它们的生物多样性，所受影响将有望降低。

2. 研究气候变化对一国经济的影响

研究表明高温使澳大利亚一年损失62亿美元。2015年6月，澳大利亚学者克斯汀·赞德等人组成的一个研究小组，在《自然·气候变化》上发表的论文称，由高温天气导致的旷工和生产力下降，或许让澳大利亚在2013—2014年里损失了约62亿美元。

自1950年以来，热浪在澳大利亚出现的频率越来越高，而且随着未来气候变化的影响，热浪出现的次数还会进一步增加。极端酷热天气已被认为是对该国最具威胁的自然灾害，其导致的死亡人数，已超过其他自然灾害死亡人数的总和。

该研究小组对澳大利亚1726名成年劳动力进行了调查统计，研究高温是如何影响员工的工作效率。他们发现，75%的受访者表示其在工作环境中受到高温影响，70%的人表示至少有一天会因为高温的影响而使得工作效率下降，约7%的人表示至少有过一天的旷工。

工作效率下降与劳动者身体需求的关联最为密切。研究人员估算，由于工作效率下降带来的平均损失为每人每年932美元，而由于高温致使劳动者旷工所带来的平均损失则为每人每年845美元。

研究人员建议，如果高温天气将如预计的那样出现的更频繁和密集，应该采取一系列措施，比如减少劳动者在高温中的暴露时间、为劳动者提供饮用水和进行身体锻炼的条件，从而避免大量的经济损失。

二、研究气候变化及其影响因素的新进展

（一）气候变化趋势与对策研究的新信息

1. 研究气候变化趋势的新进展

认为近期全球变暖减缓不影响长期趋势。2015年5月，有关媒体报道，近些年来全球变暖速度有所放缓，引起关于气候变化问题的一些争议。澳大利亚研究委员会气候系统科学研究中心首席研究员、新南威尔士

大学教授马修·应格兰等人组成的一个研究小组，在《自然·气候变化》上发表文章说，近来全球变暖的减速，只是一种短期波动，对长期的变暖趋势没有影响。

研究小组分析了约 200 个气候预测模型，将它们分为两组：一组包含了近来气候变暖减速的相关因素；另一组则不包括。对于到 21 世纪末的全球升温情况，两组分析都预测在 5℃ 左右，结果相差不到 0.1℃，几可忽略。

研究结果说明，虽然近来全球变暖速度放缓，但这种现象对气候变化长期趋势没有多大影响，其变化可能是一种短期的自然波动，而人类排放温室气体的作用最终会抵消这种波动，使它的影响几乎为零。

研究人员说，5℃ 的升温幅度，已经超过了国际上公认的 2℃ 门槛，如果全球碳排放量在未来几十年内没有骤降，气温会上升至十分危险的水平。

应格兰就此表示，本次研究证明长期来看全球变暖仍不可避免，一些人炒作全球变暖已经改观这种论点，是为了分散人们对减排的关注。

2. 研究适应气候变化对策的新进展

认为政府目前的气候政策难以适应气候变化的要求。2019 年 3 月，澳大利亚媒体报道，该国政府计划花费 35 亿澳元减少温室气体排放，但这一计划遭到科学家的批评，因为它无法帮助该国实现其在巴黎气候大会上做出的承诺。

近日，澳大利亚总理斯科特·莫里森宣布了气候解决方案的核心内容，其中包括设立一个 20 亿澳元的气候解决方案基金，该基金将向工业界和农民支付费用，促使其在 2020—2030 年间自愿减少碳排放。

在 2015 年巴黎气候大会上，澳大利亚同意到 2030 年将温室气体排放量，在 2005 年的基础上减少 26%~28%。澳政府表示，其减排努力，是 20 国集团（G20）中力度最大的。然而，2018 年 11 月，在这项政策宣布之前，由联合国发布的一份报告显示，澳大利亚是 G20 中不能实现其 2030 年减排目标的几个国家之一。

科学家表示，这项新政策是一个微不足道的努力，无助于澳大利亚从使用燃煤发电站和天然气转向使用可再生能源，而可再生能源是减少碳排放、实现 2030 年减排目标所必需的。墨尔本莫纳什能源材料与系统研究所副所长、物理学家阿里尔·利伯曼在一份声明中表示："我们需要一套政策，鼓励老化的煤炭'船队'逐步、快速退役，这已经显示出当前政策的不可靠性。"

新的基金将延续之前的一项政策，即减排基金。2014 年，时任澳大利亚总理托尼·阿博特，斥资 25.5 亿澳元成立了该基金。这项政策被批评未能针对污染最严重的行业，且缺乏透明度。

新南威尔士大学悉尼分校能源研究员伊恩·麦吉尔在一份声明中说："他们选择延续澳大利亚迄今为止最受质疑的气候政策之一，并扩大其适用范围。"

在过去 6 年里，澳大利亚保守党政府已经放弃了一些减排政策。在莫里森成为领导人后不久，他放弃了前总理马尔科姆·特恩布尔提出的要求电力公司达到排放目标的政策。

（二）气候变化影响因素研究的新信息

1. 发现帮助地球降温的因素

（1）自然因素：研究发现太平洋在帮助地球降温。2014 年 2 月，有关媒体报道，尽管大气中的二氧化碳及其他温室气体的含量一直在上升，地球的平均气温自 2001 年以来却基本保持稳定，这一趋势令许多气候学家感到费解。一项最新研究显示：这些"丢失"的热量实际上"藏"在西太平洋相对较浅的海域。

在过去的 20 多年里，赤道附近自东向西信风变得更加强烈，自赤道太平洋海域，"卷走"了大量温暖的海水，使南美洲西海岸较冷的深层海水上涌。

以澳大利亚新南威尔士大学研究人员牵头组成的一个研究小组，使用天气预报和卫星数据、气候模型进行分析。气候模拟显示，深层海水的上升，极大降低了全球气温，如果没有出现如此反常的信风，2012 年全年的气温还要高出 0.1~0.2℃，研究者把这一结果，发表在《自然·气候变化》网络版上。

无论是实地观察，还是研究小组的模拟结果都表明：反常的强烈信风，已经把"丢失"的热量暂时"藏"到西太平洋的中层海水中。这种自然变化，是长期气候循环的一部分，也被称为太平洋年代际振荡。科学家认为，这股反常的信风，最终将不可避免地减弱，其时间可能不会晚于2020年。此后，被"藏"在中层海水中的热量，将"逃回"表层海水，然后被释放到大气层中，从而加快全球变暖的进程。

此前，联合国政府间气候变化专门委员会（IPCC）的科学家曾指出，过去15年里，尽管被普遍认为是气候变化"罪魁祸首"的温室气体排放稳步增加，地球表面的气温升高速度却放缓。因此，有人质疑人为因素不是全球变暖的原因，并不需要迅速采取行动。

（2）生物因素：大型食草动物有助对抗全球变暖影响。2018年10月，澳大利亚塔斯马尼亚大学生态学家克里斯托弗·约翰逊领导的研究团队，在英国《皇家学会哲学学报B卷》发表论文称，他们近日研究表明，恢复驯鹿、犀牛和其他大型哺乳动物种群，或能帮助保护草地、森林、苔原，免受同全球变暖相关的灾难性野火和其他威胁的影响。这项发现为所谓的"营养再野化"，即重新引入丧失的物种以重建健康食物链的倡导者提供了新论据。

再野化，通常与一项雄伟的生态计划相关联，它设想在俄罗斯一个巨大公园恢复大型哺乳动物，甚至包括冰河时代的猛犸象。不过，复活猛犸象只是一个梦。大多数再野化对象，包括巨型陆龟、建造水坝的海狸，或者成群的食草动物。

如今，再野化似乎提供了一种气候方面的恩惠。约翰逊介绍说，随着地球变暖，火灾季与30年前相比延长了25%，同时更多区域正在经历严重火灾。他和同事梳理了1945年以来的文献，并且搜寻了关于已经失去或者拥有大型食草动物的全球栖息地的数据，以确定它们是否在火灾频率或者强度上发生了变化。约翰逊等人找到了最久可追溯至4.3万年前的关于14种古代景观的研究。在约一半景观中，当食草动物消失后，火灾增加并且植被发生变化。

研究人员还分析了来自3种现代景观的记录，包括100年前的南非野生动物公园。数据显示，当这家南非公园的管理者，宰杀或者移走白犀牛、牛羚、斑马、水牛和黑斑羚等大型食草动物后，火灾发生的规模更大且更加频繁。以白犀牛为例，当这种动物存在时，火灾波及面积平均仅有

10万平方米。但在它们销声匿迹后，平均的火灾波及面积增加到500万平方米。白犀牛让植物保持着不断被"修剪"的状态，同时它们在通过的路径创建了"防火墙"。

类似的，在澳大利亚草原，约翰逊研究团队发现，成群的野生沼泽水牛，通过类似方式帮助控制了野火。研究人员分析美国西南部的食草动物和火灾历史时，发现包括叉角羚、沙漠大角羊、北美野牛甚至家牛在内的其他食草动物，似乎也通过食用充当燃料的草，帮助控制了火灾。

其他研究还表明，食草动物能帮助维护冻土地带，即在北极和高山地区出现的半冻结、没有树木的生态系统。

2. 发现影响气候模型精度的因素

忽视植物水流失影响气候模型精度。2017年7月，澳大利亚国立大学植物生理学家苏珊娜·卡默勒、美国新墨西哥大学植物生理学家大卫·汉森共同领导的一个研究小组，在夏威夷火奴鲁鲁举行的美国植物生物学家年会上发表研究报告称，科学家在解释植物叶片水流失中的错误，可能会让植物从光合作用中生成多少能量的评估发生错误。这反过来会波及单个叶片如何发挥作用乃至气候变化模型。当植物水供应有限时，这一错误的效应尤其显著。

汉森说："如果你在设法了解种植的作物为什么能够生存，且在更加干旱的条件下适应得更好，你可能会曲解它。"研究人员一直认为，植物失去水分的主要方式是通过被称为气孔的叶片孔。当水分充足时，气孔会打开吸收二氧化碳，从而让光合作用最大化，但却会让水分流出。植物还会通过蜡状外表面或角质层失去水分，但这种效应被认为可以忽略不计。

这种理解反过来影响了科学家推断二氧化碳如何流向叶片。测量一个叶片中的二氧化碳需要烦琐的定制设备，为此，研究人员经常利用水流失因子和其他因子计算其内部的二氧化碳。一旦他们评估了叶片内部的二氧化碳浓度，研究人员将能计算植物将气体转化为食物的效率有多高，这是初级生产力的一个组成部分，这一举措在一些气候模型中是一个重要因子。

但一些算法是基于气孔流失的水分，并不考虑直接经过角质层的水蒸气。汉森的实验表明，当水分充足时，这是一个可行的近似值，但当水分稀少时，气孔会关闭，大量水分会通过气孔流失。他表示，如果不能调节这一因素，将会推翻植物如何在光合作用过程中将二氧化碳转化为糖的评估。当气孔关闭时，这个小误差将会成为大错误。

卡默勒认为，即便是轻微的干旱也足以影响水利用措施。她说："我们有设法捕集全球二氧化碳吸收和水流失的模型。这正是这项研究的重要之处。"

（三）研究气候变化的新方法

1. 用海洋机器人研究气候变化

2005年1月，有关媒体报道，澳大利亚科学家，计划在南大洋投放机器人，收集更多的海洋信息，从而更加清楚地了解海洋物质的改变，以及更为精确地了解长期气候变化趋势。这次考察工作，由在南极气候和生态合作研究中心和澳大利亚联邦科工组织工作的斯蒂夫·林托博士主持。

不久前，从澳大利亚西部的弗若曼托起航的"南极星"号补给研究船，将在为期10天的科学考察活动中，投放17个可以自由漂浮的"亚古尔舟"浮球机器人。在未来5年的观测期内，这些浮球每10天会下潜到海底2000米的深度，然后在上升过程中测量温度和盐浓度数据。该计划是一项全球海洋监测项目的重要组成部分。由浮球收集到的信息，将通过法国ARGOS卫星传送给澳大利亚的科学家，进而对海洋变化进行持续测量，同时浮球的漂流将提供洋流速度的信息。这项为期10天的考察，得到了澳大利亚南极局、南极气候和生态合作研究中心，以及澳大利亚"温室效应办公室"的资助。

不久前，由澳大利亚环境部长伊恩·坎贝尔参议员率领一支代表团，在参加布宜诺斯艾利斯召开的联合国气候变化大会时说，这些"亚古尔舟"浮球机器人，将对像南大洋这样偏远和气候恶劣地区进行海洋研究产生极大的帮助。

坎贝尔说："这些研究，对于我们了解气候变化是非常重要的，与相对明显的每天温度的起伏相比，海洋比大气的变化慢得多，因此这些缓慢地变化能提供更清晰的有关长期气候变化趋势的信息。"

研究人员还将在这次考察中开展其他的测量工作，包括使用一个探测器，在弗若曼托和南极洲之间的一条横断面上，每隔30海里测量盐浓度、温度和不同深度的氧气浓度变化。林托博士说，这些数据的任何变化，都可能表明世界最大的洋流"南极绕极流"发生变化，而这一变化，将反过来影响全球气候模式。虽然这些变化将是很微妙的，不会在短期内影响海啸活动，但它们将显示海洋循环体系是如何变化的。

另外，南大洋通过吸收大气中的二氧化碳，减缓了气候变化的速度，而模型实验表明，随着气候变化将导致南大洋吸收二氧化碳的能力降低。因此，必须有科学数据，来确定南大洋是否仍在吸收二氧化碳、吸收的速度如何，以及吸收的最大限度是多少。在"南极星"号上工作的美国科学家，将通过测量海洋中的湍流，为解答这些问题提供更多的信息。

与海洋地理学和气候相关的一个基本问题是：海洋中的冷暖海水混合处在哪里？林托博士说："我们知道密度大的水，会流向南极洲附近并下沉到海洋的底部，而较暖的水会通过某种方式流向南部做补充。冷水和暖水一定会在某处汇合来完成这个环状运动。我们怀疑这个汇合处就在南大洋，因为这里有世界最大和最强的洋流，与崎岖不平的海底相互作用。此次考察中，将通过收集南大洋海水混合的第一手资料，来对这个假设进行测试。"

2. 赴南极考察未知海床来解开气候变化之谜

2011年1月4日，悉尼媒体报道，澳大利亚一支科考队，当天从位于澳南端的霍巴特出发，前往南极考察因2010年默茨冰川断裂而暴露的部分海床。

2010年2月，南极洲默茨冰川因遭遇一座冰山撞击而发生崩裂，形成一座面积约2550平方公里的新冰山。据澳大利亚可持续发展、通信、环境和水资源部下属的南极司首席科学家马丁·里德说，这次撞击使部分冰川下海床暴露出来，为科学家提供了难得的考察机会。

里德还介绍说，这支由40名科学家组成的科考队装备了深海摄像机，可在3000米深的海水中进行拍摄。科考队将通过考察海底生物遗存和二氧化碳含量等，了解南极洲千万年来气候变化情况。

第三节　生态环境变化与保护研究的新进展

一、海洋生态环境变化与保护研究的新成果

（一）海洋生态环境基础变化研究的新信息

1. 海平面变化研究的新进展

（1）研究表明70年内海平面将上升60厘米。2013年12月，澳大利亚国立大学气候科学家埃尔克·罗林主持的一个研究小组，在《科学报告》杂志上发布研究成果称，他们的一项研究显示，就在接下来的70年内，海平面将上升60厘米，到2200年会上升2.4米。这项研究表明，数以百计的沿海城市面临消失的危险，而这只是个时间问题。

科学家现在称，海平面将持续上升，直到比现在高出7.5~9米。这个预测，是基于现在大气中的二氧化碳含量做出的，而未来大气中的二氧化碳含量还会增加，所以海平面上升的速度和幅度，应该比这个预测还要严重。

目前，约6亿人生活在高于海平面10米以内的空间，这些地区的GDP约占全球GDP总量的10%。海平面上升、地面沉降和人口增长的联合作用，意味着到21世纪70年代暴露在洪水危险的人口可能增加3倍。研究人员发现，现在海平面上升的速度，约是冰川世纪中的其他任何时期的两倍。与此同时，大气的温室气体水平和其他因素使温度上升，其速度比工业革命前其他时期，最高快10倍。

罗林表示："我们已经唤醒一个沉睡的巨人，它现在就待在这里。"科学家说，由于地球持续变暖，格陵兰和南极洲的主要冰原将开始融化，这个过程的开始和停止都需要一个很长的时间。

科学家根据现在大气中的二氧化碳水平得出上述结论。如果这个水平继续上升，南极洲东部冰原等被认为稳定的冰雪地带，可能也会开始动摇。罗林说，如果二氧化碳水平达到最坏情况，地球将面临"灭顶之灾"。

（2）分析表明海平面上升速度超过预期。2015年5月，有关媒体报道，澳大利亚塔斯马尼亚大学克里斯托弗·沃森领导的一个研究团队，发

表研究成果称，过去10年所记录的海平面上升放缓，竟然是因为测量出现误差。事实上，海平面正在以比任何时候都要快的速度上升。

报道称，在20世纪的100年里，海平面上升了约0.2米，并且上升的速度越来越快。不过，这种趋势在过去10年变得令人困惑。卫星数据显示，过去10年海平面的上升速度比前10年稍微放缓。如果这是真的，将是个好消息。然而，结果却有点奇怪，因为其他研究表明，来自融化冰川和冰盖的比以往更多的水正在流入海洋。沃森表示："这让人有点困惑。"

一种可能的解释，是一些地方降水量增加导致更多的水在陆地上聚集。毫无疑问，这会引发海平面波动。如今，沃森研究团队发现，海平面上升速度实际上并未放缓，相反仍然在增加。研究表明，明显的速度放缓，要归咎于自1993年起，被用于测量海平面的卫星数据产生的。

沃森研究团队通过把卫星数据和更多数量的测潮仪进行比对，确认出卫星记录中的误差。他们的分析表明，上升速度明显下降是校准误差所致，这意味着最先于1993—1999年运行的TopexA卫星稍微高估了海平面。这掩饰了正在进行的海平面持续加速。

最新研究结果同对冰川损失的测量和未来海平面上升的预测更加符合。沃森说："它和所有的预测都吻合。"

（3）海平面上升可能导致海岸筑巢鸟类灭绝。2017年6月，澳大利亚国立大学网站报道，该校生物学博士利亚姆·贝利领导的一个研究团队，对一种名为欧亚蛎鹬的海岸筑巢鸟类跟踪研究20年后发现，海平面上升及由此造成的潮汐洪水频发，可能使全球范围内海岸筑巢鸟类面临灭绝危险。

欧亚蛎鹬是一种主要分布在欧洲至西伯利亚地区的鸟类，它南方越冬，平时栖息在海岸、沼泽、河口三角洲等地，在海滨沙砾中筑巢，退潮后在泥沙中搜索食物。

贝利认为，随着气候变暖及海平面上升，全球范围内潮汐洪水的发生将更加频繁，严重威胁着以海岸为栖息地的鸟类生存状况，一个主要原因是这些鸟类对环境变化缺少调适能力。

贝利进一步解释说，他们通过对欧亚蛎鹬的跟踪研究发现这一结果。这种鸟生活在潮汐洪水泛滥的地区，即使巢穴被洪水破坏，它们也不会提高筑巢的海拔，可能是因为高海拔存在有威胁的捕食者，那里的植被种类也不适合它生存。

据贝利介绍，其他几项国际同行的研究也印证了同样的结果。例如，据另一个国际团队预测，海平面上升及洪水事件增多，可能导致栖息在美国沿海的尖嘴沙鹀在20年内灭绝。

贝利说："越来越多的研究都表明了海岸鸟类的脆弱性，我们的研究是其中一部分，这些物种未来需要额外的保护和关注。"该研究团队希望通过研究，帮助这些鸟类找到免受洪水威胁的方法。

2. 海底变化研究的新进展

（1）绘制出基于大数据的首张海底数字地图。2015年9月，澳大利亚悉尼大学地球科学学院地理地质专家组成的一个研究小组在《地质学》杂志上，刊登题为《世界海洋海底沉积物的普查》一文，表明他们创建了世界首个海底地质的数字地图。这能帮助科学家们更好地了解海洋如何适应环境的变化，同时也揭示出深海盆地远比预想的复杂。

洋底地质记录，是深入认识海洋环境变化的基础。此次海底地图绘制，距最近一次即20世纪70年代手绘地图已有40年之久，首次成功绘制了覆盖地球表面70%面积的海底构成。研究人员在分析半个世纪的研究数据和14500个海底样本，以及游轮地图数据的基础上，与大数据专家合作，成功绘制出首张地球海底数字交互地图，其能够揭示深海盆地的更多信息。通过这张数字地图，可以呈现出"裸体海洋"，了解海底"奇妙"的环境特征。

交互数字地图，提供了关于全球海洋深度的最新视角，以及海洋深度如何受气候变化影响。海底地图中最重大的变化，发生在澳大利亚周围的海域：旧地图显示澳大利亚南大洋洋底被陆源黏土所覆盖，而新地图显示，该区域实际上是由微生物化石遗骸的复杂混合物组成。该研究为未来海洋研究开辟了新途径。

（2）确认最大规模海底火山喷发。2018年1月17日，澳大利亚塔斯马尼亚大学火山学专家丽贝卡·凯丽领衔的一个国际研究团队，在《科学进展》杂志上发表论文称，他们通过海上浮岩等分析发现，新西兰附近海域阿夫尔海底火山2012年的一次喷发，是迄今已知最大规模的深海火山喷发。

论文写道，研究人员 2012 年通过卫星成像技术，在新西兰附近海域，勘测到一块约 400 平方公里大小的巨型火山浮岩。分析发现，这一浮岩，是由距离新西兰北岛约 1000 公里远的阿夫尔火山喷发产生的。

2015 年，研究团队使用自主式水下航行器、无人遥控潜水器等设备，对来自阿夫尔火山的样本进行绘制、观测和收集。研究结果显示，阿夫尔海底火山 2012 年的那次喷发，是百年来最大规模的深海火山喷发，其规模大约相当于 20 世纪在陆地上发生的最大规模火山喷发。

由于地球上近 80% 的火山为海底火山，因此了解海底火山喷发至关重要。此外，该项研究收集的数据，还将有助于生物学家更好地理解海底火山爆发后生态系统的重建过程。

3. 沿海潮滩变化研究的新进展

70 万张卫星图像绘成全球潮滩地图。2018 年 12 月 20 日，澳大利亚昆士兰大学科学家尼古拉斯·莫雷主持的一个研究团队，在《自然》杂志网络版发表的一项生态学研究成果，发布了一份全球潮滩地图，其根据 70 万张卫星图像绘成，描述了这些海岸生态系统的变化。研究发现，1984—2016 年期间，在有充足数据的区域（占绘制面积的 17.1%），16% 的潮滩已经消失。

潮滩指经常发生潮汐泛滥的沙滩、岩石或泥滩，主要受潮流影响。对人类来说，潮滩生态系统非常重要，可以提供关键防护，如防风暴、稳定海岸线和粮食生产，全球数百万人的生计有赖于此。

然而，此前的研究报告显示，潮滩正承受着来自各方面的巨大压力，包括沿海开发、海平面上升和侵蚀。尽管潮滩是分布最广泛的沿海生态系统之一，但是迄今为止它们的全球分布和状态仍然未知，这阻碍了人类针对它们的管理和保护工作。

鉴于此，该研究团队使用大约 70 万张卫星图像，绘制出 1984—2016 年全球潮滩的分布范围和变化。研究团队发现，地球上潮滩生态系统至少有 127921 平方公里，类似于全球红树林的覆盖面积。大约 50% 的潮滩位于 8 个国家，分布在亚洲、北美洲和南美洲三个大洲。

报告显示，按国家划分，印度尼西亚的潮滩最多，其次是中国和澳大利亚。就研究团队已收集到充足卫星数据的区域而言，其中的潮滩面积在33年的时间内减少了约16%。这意味着自1984年以来，全球范围内损失的潮滩面积可能超过2万平方千米。

（二）海洋典型生态系统珊瑚礁区变化与保护研究的新信息

1. 珊瑚礁功能研究的新发现

发现珊瑚礁或为海洋生物的"防晒油"。2009年11月25日，澳大利亚昆士兰大学海洋生物学家露丝·丽芙主持的一个研究小组，在《科学公共图书馆·综合》网络版上发表论文称，他们的研究表明，珊瑚礁能够吸收紫外线，起到遮光剂的作用，从而可减少太阳光对生活在珊瑚礁上居民的伤害。

寄生在珊瑚礁上，多少有点儿像在日光浴床上生活一样。随着太阳光穿透海水，并反射到珊瑚礁上，这些光线会穿透珊瑚、与珊瑚共生的促进光合作用的海藻，以及其他生活在珊瑚礁上的生物。那么究竟是什么原因让这些生物避免了被烤焦的厄运呢？该研究小组就是针对这个问题展开探索的。

之前的研究表明，构成礁体的珊瑚的碳酸钙外骨骼，能够在紫外光下发出荧光，这意味着珊瑚礁能够吸收紫外线。为了搞清这种物质是否能够保护生活在珊瑚礁上的有机体，研究小组对海葵进行了研究。这些珊瑚的亲戚具有同前者类似的组织，并且同样是共生光合海藻的家。

在实验室中，研究小组把海葵放在珊瑚骨架或白色铅管的上面。与铅管不同，珊瑚骨架几乎能够吸收所有有害的紫外线，并释放出黄色的荧光。此外，与放在铅管上的海葵相比，放在珊瑚上的海葵接受的紫外辐射，只是铅管的1/4，并且它们遭受的脱氧核糖核酸损伤也仅是前者的1/7。即便将这些珊瑚骨架研磨成细小的粉末，研究小组依然发现了类似的现象，这意味着这种保护作用是因为珊瑚骨架的化学构成所致，而不是其粗糙而复杂的表面对紫外线产生的散射作用。

丽芙指出，生活在海洋中的许多光合生物也会形成碳酸钙，而它们也可能通过这种方式保护自己免受紫外线辐射。她说："石灰化过程大约出现在6亿年前，当时的紫外线水平要远远高于今天。"

此外，丽芙强调："在大约发生于5.3亿年前的寒武纪大爆发期间，珊瑚骨骼异常丰富且多样，这可能反映了该时期自然界对珊瑚积聚的一种迫切需求，那时许多生物体都向着较浅且富含氧气的水域迁徙，而那里的紫外线水平都很高。"发球海洋学研究机构的摩纳哥科学中心科学主管丹尼斯·阿勒曼德则表示："这种新被发现的特性，是宿主针对共生生物的一种额外的、意想不到的适应。"

研究小组注意到，蝎子、蜘蛛，以及其他一些生物在暴露于紫外线下时也会发出荧光，这意味着遮光剂效应不止进化了一次。

2. 珊瑚礁生态环境变化研究的新发现

（1）发现大堡礁在过去27年中消失了一半。2012年10月2日，澳洲网报道，澳大利亚海洋科学研究所科学家近日发表研究报告称，他们发现，大堡礁的珊瑚礁，正在受热带气旋和一种本地海星破坏等因素的影响，在过去27年中消失了一半。

大堡礁位于澳大利亚东北部，是世界上最大的珊瑚礁区，也是世界七大自然景观之一。大堡礁有600个大小岛礁，绵延2400千米，宛如一道天然海堤，像堡垒护卫着海岸，故称堡礁，总面积20.7万平方千米。在这片珊瑚礁区，有300多种活珊瑚，色彩绚丽，千姿百态，构成一幅景色迷人的天然艺术图画。礁群所环抱的湖，水深一般不到60米，礁外波涛汹涌，礁内湖平如镜，海水澄清，生存着各种美丽、稀奇的鱼类、蟹类、软体动物类、海藻类、琳琅满目、异彩纷呈。大堡礁是澳大利亚人最引以为自豪的天然景观。

科学家在发表的报告中提醒，大堡礁的珊瑚礁消失速度比原来预测的要快，如果按照目前的趋势发展下去，到2022年大堡礁的珊瑚礁规模将继续减少，生物多样性将降低。在调查的214处珊瑚礁中，珊瑚覆盖率从1985年的28%下降至2012年的13.8%，只有3处未受到明显影响。

报告称，全球气候变暖，海水温度的上升，以及热带风暴的侵袭，是导致大堡礁缩小的原因之一，而洪水和含有农药废水的流入也在危害着大堡礁环境，蚕食着大堡礁的珊瑚群。如果珊瑚礁消失的趋势不能阻止，会有更多的生态系统面临威胁。

不过，大堡礁的有些地点仍保持着健康状况，这使研究人员感到欣慰，增加了他们努力恢复大堡礁生态的信心。科学家称，减少棘冠海星的数量，是控制大堡礁缩小的重要一环，同时要做好大堡礁的生态环境保护工作。

（2）研究预测珊瑚礁生态系统对气候引发损伤的反应。2015 年 1 月，澳大利亚詹姆士库克大学，尼古拉斯·格雷厄姆领导的一个研究小组，在《自然》杂志发表的研究报告表明，印度洋—太平洋中的珊瑚礁，对于气候引起损伤的长期反应和珊瑚礁生态系统的结构复杂性，以及水深等可测量因素有关。组合在一起，对于这些特征的量化测量，可以用 98% 的准确率，解释珊瑚礁的恢复或者以藻类为主的生态系统的转变。增强对于这些变化事件的了解，可以更好地采取预防措施，应对气候变化对热带珊瑚礁产生的影响。

研究小组采用了塞舌尔群岛，受到 1998 年厄尔尼诺严重褪色事件影响的 21 个珊瑚礁，历经 17 年的数据，测量了 11 个珊瑚礁的指标与珊瑚礁恢复或者转变的关联。他们发现了可预测的生态系统反应的阈值。

据预测，全球珊瑚礁褪色事件的频率，在未来还会增加，因此此项研究发现让珊瑚礁易于恢复的因素，可以更好地指导管理珊瑚礁的工作。水深和珊瑚礁初始结构复杂度是主要因素，而这方面的测量容易达成，作者指出，可以在更少的时间内，在更大的面积中，收集更多的数据。

（3）分析显示大堡礁白化已不可逆转。2017 年 3 月，澳大利亚詹姆斯库克大学科学家特里·休斯领导的一个研究团队，在《自然》杂志上发表一项气候科学研究成果。他们通过详细分析大堡礁过去 20 年的情况表明，极端高温正是造成大规模白化事件的主要原因。目前，大堡礁已不可能从 2016 年的严重白化事件中完全恢复，为避免珊瑚礁系统走向绝境，必须立即采取行动缓解全球变暖。

大堡礁是全世界目前最大最长的珊瑚礁群，具备得天独厚的科学研究条件。但全球变暖引起的海水温度上升，已经导致这些热带珊瑚礁发生了严重的白化，这种破坏对这些脆弱的生态系统产生了致命性影响。受 2015—2016 年厄尔尼诺事件中的创纪录高温驱动，2016 年发生了最严重的白化事件，波及 90% 以上的大堡礁珊瑚。

为了进一步了解气候变化对珊瑚礁的影响，澳大利亚研究团队评估了 1998 年、2002 年和 2016 年大堡礁发生的三次重大白化事件。通过分析单个珊瑚礁，研究人员确定了某些珊瑚比其他珊瑚更易发生白化的原因。

他们发现，白化事件表现出明显的地域特征，而这主要受海水温度模式驱动。一般来说，未白化的珊瑚礁位于大堡礁南端，那里的海水温度整体更低。同时，当地对沿礁渔业和水质进行管理，研究团队表示，这些做法可能有助于珊瑚礁从白化事件中恢复。

研究人员最后总结：大堡礁已不太可能从 2016 年发生的严重白化事件中完全恢复。随着温度持续上升，还有可能发生进一步的白化事件，导致珊瑚礁系统彻底陷入不可恢复的境地。为了保障其安全，必须迅速采取全球性行动遏制未来气候变暖。

（4）研究显示世界最大珊瑚礁群曾因气候剧变多次毁灭和重生。2018 年 5 月 28 日，澳大利亚悉尼大学科学家与多国同行联合组成的一个研究团队，在英国《自然·地球科学》杂志上发表研究报告说，世界最大的珊瑚礁群澳大利亚大堡礁，可能比人们认为的更顽强，他们这项新研究显示，过去 3 万年里它曾因气候剧变毁灭 5 次，随后又涅槃重生。

研究人员说，岩芯记录显示，大堡礁在末次冰期期间，以及随后的气候变暖中，多次遭受灭顶之灾，但残存的珊瑚虫总能适应新环境、重建珊瑚礁。不过，当前人类活动导致的环境变化，与历史上任何一次相比都更为剧烈，全球珊瑚礁均面临严重威胁，很难预料大堡礁能否挺过这次危机。

珊瑚礁由死亡珊瑚虫的碳酸钙质外骨骼沉积而成，为多种海洋生物提供栖息地，被比作海中的热带雨林。大堡礁位于澳大利亚东北海域，由数以千计的独立礁石和岛屿组成，覆盖范围约 34 万平方千米。

该研究团队在大堡礁的 16 个地点钻取岩芯，分析 3 万年来大堡礁的变化。结果显示，在距今 3 万年至 2.2 万年的末次冰期期间，海平面下降使露出水面的珊瑚大量死亡，导致大堡礁两次毁灭。冰期最盛、天气最冷时，海平面比如今低约 120 米，幸存的珊瑚虫随着海水下移，重新繁衍。

另外三次毁灭发生在末次冰期结束后，气候变暖使海平面回升，加上进入海水的泥沙增加，珊瑚虫接收到的阳光减少，共生藻类的光合作用效率降低，给珊瑚礁带来新的灾难，必须向浅水区迁移，寻找新的生存空间。

分析还显示，沉积物增加对珊瑚礁的威胁特别大。泥沙使海水浑浊、阻隔阳光，沉积物附着在珊瑚礁表面，会伤害珊瑚并致其死亡。当前，人类活动正使大量泥沙从陆地进入海洋，且气候变暖导致海水升温的速度比历史上快得多，也有可能加速大堡礁再次灭亡。

3. 保护珊瑚礁生态环境研究的新进展

（1）通过冷冻珊瑚精子恢复珊瑚来保护大堡礁。2013 年 12 月 2 日，澳洲网报道，澳大利亚昆士兰州史密森研究中心教授玛丽·哈格多恩领导的一个研究小组当天表示，为了保护珊瑚，研究人员把"精子冷冻方法"引入到珊瑚物种中，希望能够维护澳大利亚大堡礁的珊瑚。

在过去的 30 年中，大堡礁近一半的珊瑚已经绝迹，研究人员担心，脆弱的生态系统将导致这一物种遭到灭顶之灾。

研究小组将启动保护工作，用人工繁育技术"冷冻珊瑚精子"。在过去两周的珊瑚繁育季节中，他们收集了数以亿计的珊瑚精子，这些珊瑚精子可以冰冻保存数千年之久。研究人员将用部分精子来帮助大堡礁的珊瑚恢复新生。

据哈格多恩介绍，珊瑚精子在液氮中低温冷冻，这些精子将以每分钟 20℃ 的冷冻速度，被保存在零下 196℃ 的液氮环境中。然后，这些冷冻精子将被存贮在干燥的环境中保存。

哈格多恩说："我们将建立一个珊瑚生育诊所，把珊瑚精子存储在精子银行中，以便未来使用。我们希望，用这种冷冻技术来保护并延长大堡礁的寿命。"

（2）运用基因分析助力防治危害珊瑚礁的棘冠海星。2017 年 4 月 6 日，澳大利亚布里斯班昆士兰大学生物学家伯纳德·德格南主持的一个研究小组，在《自然》杂志网络版发表论文称，他们通过分析最新测序的棘冠海星基因组及其分泌的蛋白质，重点揭示了可能是棘冠海星赖以相互交流的因子。该研究成果，或有助于制定新型策略，帮助防治这种多产的珊瑚礁捕食者。

棘冠海星在印度洋—太平洋区域泛滥成灾，导致珊瑚覆盖面和生物多样性受损。澳大利亚研究小组，对两种分别来自澳大利亚大堡礁和日本冲绳的棘冠海星，进行基因组测序。他们还研究了棘冠海星分泌至海水中的一种蛋白质。研究人员重点强调了大量信号转导因子和水解酶，其中包括一套已扩充并快速演变的海星特异性室管膜蛋白相关蛋白质，这可能是未来生物防治策略的重点。

这种基于基因组的方法，有望广泛应用于海洋环境中，用以鉴定靶向并影响海洋有害物种行为、发育与生理的因子。这些数据也将有助于研究棘冠海星灾害暴发的起因，为在区域尺度上管理这种危害珊瑚礁的动物做出贡献。

（3）采取可降解"防护膜"防治珊瑚白化。2018年4月，澳大利亚大堡礁基金会发表新闻公报说，针对危害极大的珊瑚白化现象，研究人员研发出一种超薄、可降解的"防护膜"，能有效过滤太阳辐射，使珊瑚免受白化影响。

公报介绍说，大堡礁基金会、墨尔本大学、澳大利亚海洋学研究所等机构，共同研发出了这种薄膜，其厚度仅为头发丝直径的五万分之一，由可通过生物降解的材料制成，一定时期内可被微生物完全分解，不会造成海洋污染。这种薄膜只需覆盖在珊瑚上方的水面上，即可将珊瑚受到的太阳辐射减少约30%。

大堡礁基金会负责人安娜·马斯登介绍说，研究人员在实验室模拟了珊瑚白化现象，并在7种不同的珊瑚身上测试这种薄膜是否有效。结果显示，薄膜能对多数珊瑚起到保护作用，并且不会对珊瑚造成有害影响。

马斯登说，这一研发项目，是跨学科研究生态保护的成功尝试，参与研究的有化学工程师、高分子材料专家、海洋生态学家以及珊瑚领域的专家。

研究人员同时指出，这一方案，目前还无法应用于面积巨大的整个大堡礁地区，但可以在较小的范围内使用，重点保护较珍稀的珊瑚品种或白化风险较高的珊瑚礁区域。

大堡礁是世界上最大的珊瑚礁生态系统。近年来，大堡礁出现大规模珊瑚白化现象，造成珊瑚大范围死亡。科学界认为，海水温度升高、海洋污染、太阳辐射过强等，可能是引起珊瑚白化的重要原因。

（4）通过减少人类活动干扰来提高珊瑚礁的承载力。2019年3月11日，有关媒体报道，澳大利亚联邦环境部部长梅利莎·普赖斯宣布，澳大利亚特有物种珊瑚裸尾鼠已经灭绝。相关报告指出，人类活动导致的气候变化，是该物种灭绝的主要原因。气候变化造成海平面上升和极端天气事件频发，使得珊瑚裸尾鼠栖息地布兰布尔礁多次被海水淹没，生存"家园"遭到严重破坏。

事实上，这并不是第一个因珊瑚礁被毁而灭绝的物种。布兰布尔礁位于大堡礁的最北端，有"自然遗产"之称的大堡礁是世界上珊瑚礁最为集中的地区，近几十年来，由于其屡遭破坏而持续退化，不断有物种被宣告进入"濒危""极危"状态，甚至永久灭绝。

除了大堡礁，世界各地的珊瑚礁生态系统也都面临着同样的困境。科学家们早已形成共识：保护物种，最重要的是保护它们的生存环境，珊瑚礁更是如此。《自然·生态与进化》聚焦珊瑚礁生态系统，讲述它正经历的"阵痛"，警示人类必须有所为、有所不为。通过减少人类活动的干扰来保护珊瑚礁，逐步提高其承载力，减少珊瑚礁生态系统中稀有或特有物种的灭绝。

广阔而蔚蓝的海洋中，一团团一簇簇的珊瑚礁千姿百态，犹如颗颗璀璨明珠。

在科学家眼中，珊瑚礁是海底城市，是海洋中的热带雨林。珊瑚礁是地球上生物多样性最丰富的生态系统之一，许多稀有物种，尤其是海洋生物依傍而生，是整个海洋经济资源的主要依靠和来源之一。仅在地球南北纬25°范围内生存的珊瑚礁却"养育"了1/4的海洋生物。

然而，全世界的珊瑚礁如今正经历着一场前所未有的大规模"团灭"，光芒渐失。

珊瑚礁及其形成的生态系统严重退化的同时，也伴随着珊瑚物种多样性的加速减少。但我们却并不了解这将会带来怎样严重的后果。

研究人员指出，生物多样性是增强生态系统功能的重要措施。要想恢复受到重大损害的珊瑚礁，不仅取决于珊瑚的生长和幼体的补充，也取决于原有和补充的珊瑚的多样性，以及物种间如何相互作用。不同物种间可"联手对抗"破坏性竞争对手，同时繁衍自身和增强生存能力。

（5）提出必须重视海洋酸化造成的珊瑚白化现象。2019年6月，有关媒体报道，由澳大利亚学者参加的国际研究团队，经过多年研究认为，如果不及时采取保护措施，到 21 世纪末，人类可能将面对一片没有珊瑚的海洋。与此同时，数万种以珊瑚礁为家的海洋生物也将一同消失。

珊瑚礁是海洋特别是热带地区海洋生态系统的重要组成部分。珊瑚虫通过分泌碳酸钙，在身体四周筑造了一间"小房子"，而珊瑚礁就是一代代珊瑚虫留下的"空房子"。神奇的珊瑚礁还为众多海洋生物提供了生存家园，堪称"海中热带雨林"。

珊瑚将从海洋中消失的预测并非危言耸听。近日，对澳大利亚大堡礁的研究发现，新生珊瑚数量比历史同期下降了 89%。如果没有新生珊瑚不断合成新"房子"，即便像大堡礁这样绵延 2000 多千米的巨型珊瑚礁群，也会在几十年内被海浪逐渐瓦解。

究竟是什么导致了珊瑚的减少？珊瑚的缤纷色彩主要源于体内共生的虫黄藻。这种单细胞生物能为珊瑚提供能量物质。当海水升温到一定程度时，虫黄藻的生活状态发生改变，不生产能量而产生有毒物质。珊瑚于是会将虫黄藻全部吐出体外，造成所谓的"白化"现象。失去虫黄藻这一重要的能量来源，珊瑚只能面对死亡的结局。

全球性的珊瑚白化浪潮越来越频繁，每五六年就会出现一次。不过，由于白化的诱因在于气候变化造成的海水温度上升，而高纬度海区原本寒冷的海水，升温后可能就会变得适宜珊瑚生长了，所以这并不是珊瑚面对的最大危机。

与海水温度上升相比，海洋酸化才是珊瑚无处可躲的困境。海洋酸化也是由于二氧化碳过量排放造成的。随着大气中二氧化碳浓度的不断攀升，溶解在海水中的二氧化碳也会越来越多。实际监测表明，全球海洋表层的 pH 值已经从工业革命初期的 8.2 下降到 8.1，而到 21 世纪末很可能会降到 7.8。

虽然 7.8 的 pH 值仍代表碱性环境，不会溶解构成珊瑚礁的碳酸钙，但是近年来的研究发现，pH 值每降低一点，合成碳酸钙所需要的能量就会变高一点。随着珊瑚虫把越来越多的能量用于碳酸钙合成，它们可用来抵御病虫害、抵抗环境压力甚至是繁育后代的能量就会越来越少，濒临灭绝。

珊瑚的问题只是冰山一角。海洋中还生活着数量众多、像珊瑚一样需要在生命过程中合成碳酸钙的生物，大到贝类、海螺，小到某些单细胞的藻类，统称为钙化者。许多实验证实，当 pH 值降到 7.8 时，钙化者将无法再利用自身能量来合成碳酸钙。换句话说，如果海洋持续酸化，在 21 世纪末的海洋中，现有的多数钙化者都可能无法生存。

更令科学家们担忧的是，钙化者虽不起眼，但却是海洋食物链网的重要基础。如果不能尽快减少二氧化碳的排放，一旦海洋环境发生显著改变，面临消失的将不仅仅是珊瑚。

（三）海洋生态环境变化影响研究的新信息

1. 海洋生态环境变化对海洋生物影响研究的新进展

（1）分析表明海洋酸化和变暖或导致海洋生物食物链崩溃。2015 年 10 月 12 日，每日科学网报道，二氧化碳排放不断上升会对海洋造成什么影响？最近，澳大利亚阿德莱德大学环境研究所副教授伊凡·纳杰克肯和海洋生态学教授肖恩·康奈尔领导的研究小组，在美国《国家科学院学报》上发表了世界第一份全球性分析，对未来渔业和海洋生态系统勾勒出一个严峻未来：海洋酸化和变暖可能造成生物多样性下降和大量关键物种数量的减少，甚至海洋食物链物种崩溃。

据报道，该研究小组对已发表的 632 个实验数据进行了统合分析，这些实验覆盖了从热带到北极的多个水域，涵盖了从珊瑚礁、大型褐藻林到开放海洋多种生态系统。

迄今为止，已有的定量研究通常只集中在单一压力因素、生态系统或物种。而新的分析则把所有这些实验结果结合起来，研究整个群体中多压力因素的联合效应，包括物种间的相互作用和它们对气候变化的不同反应。

研究人员发现，生物适应海水变暖和酸化的能力是有限的，很少物种能避开二氧化碳增加的负面影响，预计全球海洋的物种多样性和数量都将大大减少。但微生物是个例外，其种类和数量预计都会增加。纳杰克肯说，这种海洋"简单化"会给人类目前的生活方式带来深远影响，尤其是对沿海居民和那些依赖海洋食物和贸易的人们。

从整个食物链来看，在更温暖的水中，最小浮游生物的初级生产会增加，但这通常不能转化为二级生产（浮游动物和较小鱼类），这表明在海洋酸化情况下海洋食物产量会降低。而纳杰克肯则指出,在更温暖的水中海洋动物的代谢率也更高,需要更多食物,而食肉动物可得到的食物却更少,因此从食物链顶端向下很可能会发生物种崩溃。

分析还显示,在更温暖或更酸化或二者兼有情况下,会对原产地物种造成有害影响。另一个发现是,酸化会导致海洋浮游生物产生的二甲基硫醚气体下降,而二甲基硫醚有助于形成云,因此酸化也会影响地球的热量交换。

(2)发现海水二氧化碳过高可致鱼类迷失方向。2016年1月,澳大利亚新南威尔士大学海洋学家本·麦克尼尔主持的一个研究小组,在《自然》杂志上发表论文称,他们研究显示,随着全球二氧化碳排放增加,海水中的二氧化碳含量会越来越高,这会导致鱼类中毒并失去方向感,可能对海洋生态系统产生重大影响。

研究人员报告说,他们分析了近30年来,全球多个海洋学项目收集的海水所含二氧化碳数据。研究结果显示,如果某区域海水所含二氧化碳的浓度超过650ppm(1ppm为百万分之一),该海域的鱼类就会出现高碳酸血症。这会影响鱼类大脑,使其失去方向感,有时甚至无法发现天敌在哪个方向。

这份研究报告还指出,如果人类不采取有力的减排措施,大气中二氧化碳含量持续上升,到21世纪中期,南太平洋及北大西洋海域的鱼类就会出现这种情况。到2100年,全球海洋表层海水中,多达一半的生物可能都会出现高碳酸血症。这会对全球渔业和整个海洋生态系统产生巨大影响。

有研究显示,在人类使用化石燃料所排放的二氧化碳中,约有1/3被海洋吸收。这导致了海水酸化问题,从多方面威胁海洋生物的生存。例如,除本次研究提到的高碳酸血症以外,许多珊瑚虫可能会因其含钙骨骼无法适应酸化环境而死亡。

(3)发现北方海洋生物可能入侵南极海域。2016年5月24日,澳大利亚国立大学环境和社会学院首席研究员凯丽德温·弗雷泽博士领衔的一个国际研究团队,在《描述生态学》杂志上发表论文称,有证据显示北方的海洋生物可以轻易入侵南极海域,并可能在迅速升温的南极海洋生态系统中扎根下来。

冰冷的南极海水与来自北方的温暖海水相遇，会形成南极极锋，这一度被视为防止海洋生物迁徙的"屏障"。但新研究发现，褐藻可以形成团块，夹带着甲壳动物、海洋蠕虫、海螺和其他藻类，在开放海域中漂浮数百公里穿越南极极锋。

弗雷泽说："截至目前，北方的物种并不能在冰冷的南极海域长时间生存。但随着气候变化和海洋升温，很多非南极物种会迅速侵占这一区域。"

弗雷泽说，现在来自北方的海洋物种已经可以轻易进入南极海域。南极是全球升温最快的区域之一，一旦新物种扎根，将导致生态系统的巨大改变。

研究人员针对漂浮的褐藻展开调查。在 2008 年、2013 年和 2014 年的三个不同航次中，他们统计了在亚南极和南极海域中漂流的藻类。尽管更多藻类出现在南极极锋以北，但在南极海域特别是极锋以南也发现了大量褐藻。

弗雷泽认为，新研究将有助于科学家制定保护南极特有海洋生物的战略。他说："我们一直尽力减少动植物被人类意外带入南极，如通过船舶压舱水等途径。这项研究表明，一些物种不要人类'帮助'，也可以进入这一区域。"

（4）鲨鱼减少导致其他鱼类眼睛变小。2018 年 1 月，西澳大利亚大学等机构相关专家组成的一个研究小组，在《海洋生态进展系列》上发表论文称，鲨鱼是海洋中的主要捕食者，近年来由于人类大量猎杀，多种鲨鱼濒临灭绝。他们近日的研究发现，鲨鱼数量减少会给海洋生态系统造成重大影响，其他鱼类的形态会发生明显改变，如眼睛变小。

此前研究得知，海洋中的许多小鱼，都有较大的眼睛和有力的尾鳍，帮助它们及时发现并快速躲避鲨鱼。但是，该研究小组发现，鲨鱼数量明显减少后，小鱼的眼睛及尾鳍也随之变小。

研究人员在论文中写道，他们对澳大利亚西北海域罗利沙洲和斯科特礁两个珊瑚礁系统中，7 种不同的鱼类，进行了对比分析。这两个珊瑚礁有着相似的自然环境，但有所不同的是，罗利沙洲禁止捕鱼，鲨鱼数量较稳定，而斯科特礁允许对鲨鱼进行商业捕捞，且已经持续了 100

多年。

研究人员分别在两个珊瑚礁海域进行采样捕捞，并测量出所捕捞鱼的体长、体宽以及眼部和尾鳍大小。结果发现，与罗利沙洲的鱼类相比，斯科特礁同种鱼类的眼睛尺寸小46%、尾鳍尺寸小40%。

研究人员解释说，眼睛尺寸对于鱼类察觉鲨鱼等捕食者非常重要，尤其在海下鲨鱼出没捕食的低光环境下更是如此；一定尺寸的尾鳍则可以保证鱼类突然加速，逃离鲨鱼的追捕。而这次的研究发现，人类捕捞鲨鱼使其数量减少，已显著地改变了其他鱼类的身体部位尺寸。

2. 海洋生态环境变化对渔业生产影响研究的新进展

分析发现全球渔船数量显著增加而渔获量却大不如前。2019年5月，澳大利亚塔斯马尼亚大学渔业生态学家雷吉·沃森，及其实验室研究生扬尼克·卢梭主持的一个研究小组，在美国《国家科学院学报》上发表论文称，他们通过全球分析发现，自20世纪中叶以来，捕捞海产品的渔船数量显著增加，甚至远高于一些科学家的假设。与此同时，船舶的发动机越来越强劲，扩大了它们的活动范围，并能把更多的鱼带回港口。但他们提醒说，随着竞争加剧，渔业生态发生变化，鱼类资源正在逐渐减少，寻找鱼类需要付出更多努力。这一趋势可能会持续下去，进而凸显出在许多地方改善渔业管理的必要性。

并未参与该项研究的美国西雅图市华盛顿大学渔业生物学家雷·希尔伯恩说："这项新研究，在理解全球渔业的本质方面迈出了一大步。"

以往对全球捕鱼船队的研究通常依赖于政府间机构，比如联合国粮食及农业组织，然而这些机构并没有完整的记录。在这项新研究中，卢梭等人从大约100个国家收集了额外的数据，梳理了当地报告、国家注册和科学论文。他们分析了不同类型渔船的状况，如机动和非机动小型渔船，通常被称为手工渔船，以及长度通常超过12米的工业渔船，它们可以航行到更远的海域。

研究小组在论文上写道，1950—2015年间，全球的渔船数量增加1倍多，达到370万艘。在亚洲，这个数字翻了四番。另一个重要趋势，是发动机的普及。在20世纪50年代，世界上只有20%的渔船装有马达。到2015年，68%的渔船做到了这一点，其中大多数的马力不足50千瓦，比如小型发动机或舷外发动机。

　　研究小组把所有这些数据制成表格，进而发现小型船只的总发动机功率，与工业船队相当。卢梭说："鉴于公众和政界通常更关注大型渔船，这是一个非常违反直觉的结果。"

　　尽管如此，加拿大圣约翰岛纽芬兰纪念大学，研究小型渔业的政策专家拉塔娜·丘恩帕格迪提出不同看法。她说："仅仅因为一支小型船队拥有和大型拖网渔船一样的引擎动力，并不能说明其会产生同样的影响。"她指出，渔具的种类会对生态健康产生影响，同时政治也在其中发挥了重要作用。当一个社区控制了渔业资源，当地的船队可能会比来自其他地方的大船更有保护鱼类资源的动力。

　　如今工业渔业中，使用的巨大引擎，使得船只能够航行得更快、更远，从而花更多时间在遥远的水域捕鱼，并将其储存在冰柜中。沃森说："这些船只的杀伤力越来越大。这真的让比赛变得更加精彩。"

　　然而与20世纪50年代的渔船相比，同样情况下，如今的全球捕鱼量仅为当时的20%。这被称为单位产量渔获量，有时用海上日数来表示。这个标准是衡量鱼类种群规模和责任管理的一个关键指标，它限制了渔船数量或防止其过度捕捞。

　　在过去20年里，这些措施稳定了北美、西欧和澳大利亚的鱼类资源。在这些国家，政府监管机构收紧了渔业规定，同时，相关补贴也增加了渔船退役的吸引力。但在东南亚、地中海和拉丁美洲却并非如此。

　　情况可能正在变得更糟。以目前的速度，研究人员预计，到2050年，将有100多万艘渔船成为机动渔船，而其他渔船的发动机功率也将增加。更大船只组成的船队将继续进入其他国家的领海和公海。沃森指出："这些趋势将使得鱼类资源的可持续开发，变得更加困难。我们还没有达到密集捕鱼的顶峰。"

　　沃森说，许多发展中国家将需要帮助以改善它们的渔业管理水平，以及获得更好的鱼类资源信息。有关船只的新数据可能会有所帮助。在生物学家尚未评估鱼类种群规模的地方，人们可以利用船队信息估计当地鱼类面临的压力。

　　希尔伯恩说："渔业科学家和海洋生态学家也将对新的数据感兴趣，从而更好地了解全球情况。这将是未来许多工作的基础。"

二、生态环境变化与保护研究的其他新成果

（一）南极生态环境变化与保护研究的新信息

1. 南极生态环境变化研究的新发现

研究发现南极冰层总面积在扩大。2009 年 4 月，堪培拉媒体报道，澳大利亚科学家伊恩·艾利森负责的南极冰川研究项目组，最新发表的研究成果显示，与人们普遍认为全球变暖导致南极冰层融化、冰层面积缩小相反，南极冰层的总面积仍在扩大。

艾利森说，通过分析冰盖深层冰芯和海冰的数据，他们发现过去 30 年，南极大陆东部的冰层面积在持续增加，所增加的面积超过了西部冰层融化的面积。艾利森认为，南极冰层的整体情况比较稳定。

据报道，美国的一项研究已发现，人类所用冷冻剂和发胶含有的化学物质，排放后导致大气臭氧层遭到破坏，形成平流层臭氧洞，由此引起的大气压力变化导致南极洲以北的南大洋上西风增强，这使得南极洲许多地区免受全球变暖的一些影响，一些地区甚至还在变冷。

南极大陆东部地区的面积是其西部的 4 倍，近年来的许多国际研究成果显示，大部分东部地区还在不断变冷。有关专家认为，这可能是南极冰层总面积还在扩大的原因。

2. 南极生态环境保护研究的新见解

研究称不应忽视南极洲陆地生物多样性。2017 年 6 月，澳大利亚布里斯班昆士兰大学贾斯敏·李及同事组成的一个研究小组，在《自然》杂志发表的论文，报告了首个有关 21 世纪气候变化对南极无冰区影响的量化评估结果。无冰区仅占南极洲面积的 1%，但却是全部陆地生物多样性的所在。一直以来，无冰区基本上都被研究人员忽略了，因此，气候变化对于南极物种、生态系统及其未来保护有何影响，人们在这一方面存在认知空白。

大量资源都被用来研究气候变化，对于南极冰盖和海平面的影响。相比之下，人们近来才开始评估气候变化及相关冰融，对于南极原生物种如海豹、海鸟、节肢动物、线虫、微生物和植物的影响。

该研究小组发现，南极半岛未来的预期气候变化最大。在政府间气候

变化专门委员会模拟的两种气候作用力场景中，取其更强的一种场景，到21世纪末，无冰区将扩大约1.7万平方千米，增长近25%。南极半岛无冰区若扩大3倍，则可能彻底改变生物多样性栖息地的可得性和连通性。

现在，仍不清楚潜在负面效应是否会超过生物多样性收益，但是南极洲栖息地扩大和连通性提高一般被解读为正向生物多样性变化。作者则假设这些变化最终可能导致区域尺度生物同质化，竞争力较弱物种灭绝，入侵物种扩散。他们总结表示，如果温室气体排放减少，并且人为造成的升温维持在2℃以内，那么无冰区栖息地以及依赖于它们的生物多样性所受影响将有望降低。

（二）地震灾害及其防护研究的新信息

1. 地震灾害研究的新发现

研究古岩石发现地震触发机制。2009年6月26日，澳大利亚广播公司网站报道，由于技术手段的限制和难以开展相关研究，人们对地震发生的触发机制了解不多。不过澳大利亚科学家通过对古老岩石研究，找到了蕴含其中的某种类型地震的触发机制。他们的发现为研究地震是如何在地壳以下深处被触发带来希望。

西澳大利亚大学地质学家弗洛里安·福赛思博士领导的研究小组，把他们的研究成果发表在《自然》杂志上。

福赛思说，发生在美国加州圣安德烈斯断层的地震类型，是在地表以下8~15千米的深度被触发的，不过他表示引发此种类型地震的真正原因目前还是一个谜团。圣安德烈斯断层比较活跃，导致加州的几个大城市频繁遭受地震袭击，例如1769年和1994年发生在洛杉矶的大地震，以及1903年、1989年旧金山的大地震。

为了准确追踪圣安德烈斯断层的活动规律，美国科学家们对其进行了密切的观测研究，在地震带设立地震观察所。他们在加州圣安德烈斯断层的一个地震活跃区域开凿了一个宽2.59米、深3218.69米的洞。此区域大概每两年就会发生一次二级的轻地震。但是尽管投入了大量的人力物力，该断裂带地震的真正触发机制还是很难确定。

为了查明加州圣安德烈斯断层地震类型的真正触发机制，福赛思研究小组对澳大利亚中部的爱丽丝泉的古老岩石进行了研究分析。这种古老岩石是在造山运动时期被抬升到地表的。福赛思说，这种古老岩石曾位于地表以下 15 公里处，那里温度高达 400℃，和处于同一深度的圣安德烈斯断层条件相似。这样的条件使岩石变得像塑料一样容易变形。

研究人员利用同步加速器 X 光线断层照相术和电子扫描显微镜，对 3.5 亿年高龄的岩石进行仔细观察。福赛思说，古老岩石的高分辨率照片清晰地显示，当地壳构造板块即将断裂时，古老岩石在巨大的剪切应力作用下会发生怎样的变化。

在巨大的压力下，岩石中的小颗粒相互滑动，岩石颗粒之间形成小洞。研究人员认为，当岩石颗粒之间出现小洞后，地壳以下深处由水、甲烷和二氧化碳构成的高压液体就会在岩石内部流动，就像水在海绵中流动一样。尽管研究人员先前已经知道这种现象在陶制品和金属中都能发生，但这是第一次在地球岩石中发现该现象。高压液体和岩石间的化学反应能导致岩石消融并凝结，加速岩石颗粒间小洞形成。福赛思表示，当小洞密度达到一定程度时，它们之间也会发生相互作用，放大岩石内部的地应力。这种现象循环往复发生，最终岩石会断裂，一场地震就被触发了。

福赛思说："那将触发我们称为延性破坏的现象。"研究人员认为，他们所发现的地震触发原理也能够解释，地表以下深处的高压液体，如何能够穿透岩石喷涌到离地表较近的位置，在那里它们就形成了矿藏。

2. 地震灾害防护研究的新进展

发现用竹子、绳子加泥土建造的土屋能抗震。2005 年 7 月，英国《新科学家》杂志报道，澳大利亚悉尼科技大学比扬·萨马利领导的一个研究小组，日前研究发现，使用绳子、泥土和竹子这些廉价的材料，可以帮助许多发展中国家将脆弱的土砖房变成坚固的抗震房。

据报道，当大地震袭来时，许多钢筋混凝土的现代建筑，都不能保证屋内的人员幸免于难，那些土砖修筑的房屋就更加不堪一击了。而全世界有 1/3 的人口都居住在传统的土砖房中，面临巨大的地震风险，比如 2001 年巴西萨尔瓦多的大地震就摧毁了 11 万间土砖房屋。

该研究小组试图找出加固土砖房的简单办法。传统的土砖是由晒干的泥土做成的，里头可能还含有一些稻草和沙子。萨马利研究小组用手钻在土砖上打出孔洞，然后将绳子穿过孔洞，如果绳子用聚丙烯这类耐用材料可能更好，再将孔洞填满泥土。泥土干了以后，他们用砖上的绳子将竹条竖着绑在房屋外面，每隔半米绑一根竹条，每两根竹条之间横着绑上铁丝。

研究小组认为，竹子因为高柔韧性，可以经受地震的考验，土砖结构在大地震中如果发生破裂，竹子可以保证砖块不会散开。他们对用这种技术制造的小房屋模型进行实验，将其放在一个震动的平台上，模拟当年萨尔瓦多7.7级大地震发生的情形。当模拟地震达到当年地震75%的强度时，未经改良的土砖房屋模型分崩离析，而改良过的模型安然无恙；即使强度加大到原来地震的规模，甚至125%时，房屋模型也只受到轻微的损伤。

《新科学家》杂志认为，这一研究非常难得，因为以前的房屋加固抗震办法都采用高科技手段，瞄准发达国家的人群；只有少数研究针对发展中国家的土砖房，但由于过去这些研究选用的材料往往是低收入建屋者的能力难以办到的，所以都不具备实际意义。而澳大利亚科学家此次发明的新技术，实用性比较强，在中南美洲、中亚和印度等地，应该有很广泛的应用前景。

目前，该研究小组正在对模型进行进一步的实验，他们计划在9月份召开的澳大利亚结构工程学会议上，报告自己的研究成果。

（三）生态修复与可持续发展研究的新信息

1. 生态修复研究的新进展

开发可修复受损生态系统的种子包衣技术。2018年7月，澳大利亚柯廷大学农技专家组成的一个研究小组，在国际学术期刊《种子科学与技术》上发表论文称，他们研发出一种子包衣技术，可以帮助退化的土地恢复生机，修复受损生态系统。

生态修复的目的，是回归健康的生态系统，最节省成本的做法就是种植当地植物种子。但在已经退化的土地上，由于土壤贫瘠或环境恶劣，种子往往难以发芽生长。

研究人员说，种子包衣技术以复合材料覆盖种子表面，提高对种子的保护，增强种子发芽和幼苗生长的能力。他们开发的新型种子包衣技术，能够为修复生态而"设计"出适应不同环境状况的特定种子，通过促进种子生长，恢复生态环境的活力。

现有种子包衣配方，多为私人种子公司作为商业机密所掌握，柯廷大学研究小组的这项研究，则是免费公开制备种子包衣的具体做法规程，有望为缓解生态环境恶化提供解决方案。

种子包衣原本是一种促进农业增产丰收的技术，即按一定比例将含有杀虫剂、肥料、生长调节剂、缓释剂等多种成分的种衣剂均匀包裹在种子表面，形成一层光滑牢固的药膜。随着种子的发芽、出苗和生长，种衣剂中的有效成分逐渐被植株吸收，起到防治病虫害、促进生长发育和提高作物产量的作用。

2. 生态系统可持续发展研究的新进展

（1）完成生态系统可持续发展一个研究项目。2012年3月，由澳大利亚国立大学环境与社会学院戴堡博士领导，德国、英国和美国同行专家参加的一个研究团队，在《生态学前沿》期刊上发表论文称，生态系统可持续发展最大的障碍，不再是缺乏对环境问题科学知识的了解，缺失的是公众将知识转化为行动。

研究人员表示，仅靠科学知识不足以拯救我们的星球。我们必须依据知识，从根本上改变我们的行为，才可能取得效果。

戴堡认为，对生态系统可持续发展迫切并现实的要求，是改变人类的行为。在具有很多有用知识的条件下，问题的焦点是，什么时候人类能有意愿地在他们所了解的基础上，改变自己的行为。他说："人类的行动和行为，包括来自个体的和社会的，是损害生态和造成生物圈退化的最大因素。我们知道需要做什么——现在是时候开始行动了。"

该研究团队表示，他们已识别出五个关键的优先领域，有助于人类改变行为来增加可持续性。它们是：形成正式的国家相关机构；强化公民社会和鼓励市民信守承诺；废物利用并降低人口增长；确保公平和社会公正的议题被包含在各个决策中；检查深层次的价值观和诚信体系，这些是形成行为规范的基本准则。

研究人员认为，要达到大范围的行为改变，需要在公民社会展开一场有力的运动。社会陋习流行会导致不可持续的行为，这种情况下的市场和管理机构会阻碍和破坏可持续的行为，以维持现状。同时，公民社会机制也缺乏动力来有效促进基本的改革。

戴堡指出，要取得更为充足支撑生态系统可持续发展的行为，需要打破陋习的流行。要推动社会变化，公民社会的各个阶层要允许人们参与，并为积极参与提供机会。在社会的顶端，可持续发展的信息，要以一种有效的方式传达到相关的民众。坦率地说，人们知道需要发生什么来推动一个更为可持续的未来；人们也知道，应对可持续发展的一个社会变革，是不可或缺的。现在的挑战，正在促使它启动。

（2）完成生态系统可持续发展一项基础性工作。2018年1月，国外媒体报道，澳大利亚宣布其完成一项确保生态系统可持续发展的基础性工作：首个覆盖全境的建筑物信息数据集问世。这个由数字地球公司与澳大利亚公共测绘机构合作完成的项目，把澳大利亚760万平方千米内的建筑物精确地描绘在一个数字化平台上。

这个数据集，涵盖了澳大利亚全境约2000万座建筑物的精准地理位置，以及建筑环境等信息，包括建筑物的占地面积和高度、屋顶材质、太阳能面板和游泳池等数据。

澳大利亚公共测绘机构首席执行官丹·保尔表示："获取建筑环境的精确信息，对澳大利亚的诸多行业至关重要，如保险、城市规划、应急管理和商业情报等。数字地球发射的商业卫星，提升了我们对高质量卫星影像的采集能力，尤其在土地覆盖面积、海拔高度、树木和建筑物高度方面，为项目全面更新数据提供了重要支持。"

目前，这项成果的应用前景，已引起保险、地方政府、能源、电信和跨国企业等多个行业组织和机构的关注。例如，能源公司希望探测并提取出分布于管线周围的建筑物蓝图，以管理和降低这些建筑物可能对油管造成的风险指数；政府部门希望了解机器学习和卫星图像如何作用于建立一个统一的、位于当地市政管辖领域内的建筑物数据库；而保险公司则表示成果可帮其有效判断该建筑物是否存在火灾或洪水的危险。

据了解，澳大利亚幅员辽阔却人烟稀少，在人口分布上两极分化，90%的人口聚集在仅占领土面积1%的东部及东南沿海地区。广阔贫瘠的无人区，与拥挤富饶的居民区形成了鲜明对比，这为澳大利亚大陆测绘工程带来了严峻挑战。

第八章 生命科学领域的创新信息

澳大利亚在基因领域的研究，主要集中于探索基因特征与功能、基因结构与变异、基因种类与遗传信息，研究基因破译及其相关技术，并开发基因技术在育人与寻人、粮食作物栽培和医疗健康方面的应用。在蛋白质领域的研究，主要集中于发现蛋白质的新种类，推进蛋白质性质和特征的研究，探索蛋白质的关联机制与功用，研究具有生物催化剂功能的蛋白质特殊形式酶，并对蛋白质水解的中间产物多肽展开生化分析。在细胞与干细胞领域的研究，主要集中于探明捣乱细胞被"刺杀"机制，成功促使心肌细胞形成再生现象，从深海鱼眼部发现新型视细胞；培育或编译干细胞，利用干细胞培育人类身体器官，干细胞修复疗法已在动物实验中获得成功。在生物与微生物领域的研究，主要集中于探索保护生物多样性，发现古生物分子化石。研究远古与新型微生物、微生物生存与发展趋势，探索共生细菌、肠道菌群和蓝藻等原核生物，发现奇古菌门类真核微生物，研究病毒起源与新型病毒，开发出研究病毒的新技术。在动物领域的研究，主要集中于研究动物生理现象，启动最先进的动物健康试验室，分析动物的起源与生态系统；研究远古动物，发掘和分析恐龙和古代鸭嘴兽化石。研究古人类家园及迁移地点，以及古人类工具与绘画。同时，研究哺乳动物、鸟类与鱼类、节肢动物、爬行动物、两栖动物、软体腹足类动物、软体头足类动物、刺胞动物和棘皮动物。在植物领域的研究，主要集中于研究植物适应性，开发利用植物功能，探索粮食作物生产与食物供应，研究蔬菜、果品和饮料类等经济作物。

第一节　基因领域研究的新进展

一、基因生理研究的新成果

（一）基因特征与功能研究的新信息

1. 基因特征研究的新发现

发现基因特征会帮人选择伴侣。2017年1月，澳大利亚学者马修·罗宾逊，是昆士兰大学遗传学家彼得·维舍尔实验室博士后，他与同事组成的一个研究小组，在《自然·人类行为学》杂志上发表论文称，人们可能会与跟自己有共同特征者结婚，彼此有相似的智力、身高、体重。他们针对数万对新婚夫妇的研究显示，这并非偶然。而且，这些选择参数是由基因特征决定的。

为了完成该调查，研究人员分析了包含人类身体和基因信息的大型数据库。他们提炼了一个人的身高和身体质量指数等性状基因标记，以预测其伴侣的身高和身体质量指数。

研究人员计算了2.4万多对夫妻的欧洲祖先数据后发现，人们的身高基因标记和伴侣的实际身高之间存在较大的统计相关性。他们还发现，身体质量指数方面也存在这种相关性：人们通常会选择与自己有类似基因特征的伴侣。

这是人类存在选型交配的证据。这种性别选择模式，是指个体更倾向于选择具有相似特质的伴侣。这种伴侣选择模式在自然界中也有迹可循，例如"鸟以群分"。

此外，研究人员还检验了在其他特质上的选型交配，例如教育。他们研究了一个包含7780对夫妇的英国数据库，寻找这些夫妻在与受教育年限有关的基因标记上的一致性。当然，这并不意味着人们依据受教育实际年数选择配偶，而是他们倾向于选择具有与受教育程度有关的相似兴趣的另一半。

罗宾逊表示，这些发现表明，伴侣选择也能影响与人类特征有关的基因组结构。选型交配有助于将身高等特征传递给后代。这也提示了能预测一个家族成员遗传特征的基因模型，例如，推断该家族是否有精神分裂症等疾病的遗传风险。

下一步，研究人员希望验证夫妻间更多的相似特征。对于自己的另一半，罗宾逊提到，"我们都有博士学位，而且都是高个子，正好满足这一理论"。

2. 基因功能研究的新发现

（1）发现老鼠性别发育基因具有可激活功能。2015年3月，澳大利亚昆士兰大学，分子生物学研究员彼得·库普曼领导，赵亮博士等人参与的一个研究小组，在《发育》杂志上发表论文称，把一个"退休"的哺乳动物的性别决定基因 Dmrt1 引入生物体内，发现它仍可以管控老鼠的雄性发育。

库普曼认为，这项新发现，有助于理解那些决定人类和动物性别的基因功能演化。他说："Dmrt1 是一种古老的遗传基因，被认为在哺乳动物性别决定方面失去了作用。现代哺乳动物的性别，是由被称作 Y 染色体性别基因（Sry）决定的。当 Dmrt1 被 Sry 替代时，通常人体会停止维护它。但这类'退休'基因，可能在失效的同时获得新的功能。"

赵亮说，他们能通过对 Dmrt1 基因进行超常表达，去完成老鼠性别的完全逆转。

研究小组希望这项新发现，能够有助于开发出在农业、虫害管理、濒危物种的保护工作中管理性别比例的更好方法。

（2）发现藻类基因的中和功能可使珊瑚避免白化现象。2016年6月15日，澳大利亚新南威尔士大学网站报道，该校教授彼得·斯坦伯格、博士生蕾切尔·莱文，以及悉尼海洋学研究所、澳大利亚海洋学研究所和墨尔本大学等相关专家组成一个研究团队，在英国学术期刊《分子生物学与进化》上发表论文称，他们首次发现，藻类基因的"中和"功能和作用，能够解释为何一些珊瑚能够承受海洋温度升高，并避免珊瑚白化现象。

热带珊瑚和寄居于其体内的藻类，是互惠共生关系。微小的共生藻通过光合作用，成为珊瑚90%以上的食物来源。没有了这些藻类，热带珊瑚也无法继续生存。

共生藻受到海水升温的刺激，会释放过量有毒化学物，包括臭氧，这些有毒物质会同时破坏藻类自身及其赖以栖身的珊瑚，导致珊瑚因排斥共生藻而最终白化死亡。

莱文说，研究人员首次发现，为应对海水升温，有些共生藻会激活某种基因功能来生成特定的蛋白质，以中和有毒物质。

研究人员从澳大利亚大堡礁附近两处不同水温海域采集了珊瑚，对比了其中的共生藻类。结果发现，水温较低区域的珊瑚在温度升高时，其体内的藻类受到破坏并被珊瑚排出体外。而水温较高区域的珊瑚在温度升高时，其体内的藻类仍然很健康，并没有被珊瑚排斥。

莱文说，只有与温水区珊瑚共生的藻类，才能在受到升温刺激时，激活特定基因功能来对抗有毒物质。

研究还发现，与冷热不同区域珊瑚共生的藻类在热力作用下，有可能从普通的无性繁殖转化为有性繁殖。有性繁殖可以加速进化，使某些藻类尽快适应海水温度升高，同时也避免了珊瑚白化。

斯坦伯格说："海洋系统不断遭受多重环境威胁的挑战，我们不能只是描述这些威胁的严重性，还应该了解海洋生物和海洋生态系统适应并克服这些威胁的能力，这至关重要。"

（二）基因结构与变异研究的新信息

1. 基因结构研究的新发现

发现人体细胞内存在全新的 DNA 结构。2018 年 4 月 23 日，美国每日科学网站报道，澳大利亚伽尔文医学研究所生化学家丹尼尔·克里斯特领导的一个研究团队，在《自然·化学》杂志上发表论文称，他们首次在人体活细胞内，发现一种新的 DNA 结构：被称为"i-基元"的"DNA 扭结"。这表明，除了众所周知的双螺旋结构外，人类 DNA 还拥有更复杂的结构，这些结构也影响着人们的生物学功能，对其进行深入研究，将促进人们对 DNA 的理解。

克里斯特指出："当大多数人想到 DNA 时，脑海中浮现的是双螺旋结构，但新研究提醒我们，存在着完全不同的 DNA 结构，i-基元是 DNA 的四链'结'，与双螺旋结构大相径庭，且其很可能对我们的细胞至关重要。"

尽管科学家此前曾看到过 i-基元，并进行了详细研究，但这些 i-基元都是在试管中而非活细胞内发现的。实际上，i-基元"结"是否存在于所有活体内部，一直存在争论，而新发现让一切盖棺论定。

为了探测细胞内部的i-基元，研究团队研发了一款精确的工具：一个抗体分子的片段，其能精确识别并紧密依附到i-基元上。使用荧光技术，他们揭示了i-基元在多个人类细胞系中的位置。研究人员称："我们可以看到这些绿色的斑点，随着时间的推移而出现和消失，所以，我们知道i-基元正在形成、溶解、再形成。"

研究人员也证明，大多数情况下，i-基元形成于细胞"生命周期"的某个特定时刻，那时，DNA已经被"阅读"。i-基元出现在某些控制基因是否被打开或关闭的DNA区域，以及对衰老过程至关重要的端粒内。

研究人员认为，i-基元可能与基因的打开和关闭有关，而且还可能会影响基因是否被很好地"读取"。揭示细胞内全新的DNA结构令人振奋不已，将有助于人们真正理解DNA，以及其对健康和疾病的影响。

2. 基因变异研究的新发现

（1）发现一种基因变异与黑素瘤风险有关。2014年4月，由澳大利亚医学家参加，其他成员来自英国、荷兰和美国的国际研究小组，在《自然·遗传学》杂志上发表研究成果称，他们研究发现，一种基因变异可增加黑素瘤发病风险。新发现，有助于医学界开发出防治这种恶性皮肤癌的更有效方法。

研究人员对184名黑素瘤患者进行了基因测序，结果发现，名为POT1的基因如出现变异，会显著增加患上黑素瘤的风险。

分析显示，该基因变异会抑制与之相应的蛋白质发挥作用，而这种蛋白质的主要功能就是保护染色体，防止其受损。皮肤癌等癌症与染色体受损有密切联系。

进一步研究发现，带有这种基因变异的家族，出现白血病等其他类型癌症的概率也高于正常水平，这可能预示着该变异与其他类型癌症的患病风险也有关联。

研究人员说，这一发现，不仅有助于对黑素瘤这种难治癌症进行风险筛查，未来还有望将这种基因变异作为治疗靶点，开发出有效的治疗方法。

黑素瘤是由于皮肤中的色素细胞发生病变而引起的一种癌症。据统计，最近30年全球黑素瘤发病率上升4倍，但一直缺乏有效的治疗药物。此前研究发现，黑素瘤发病风险与日光照射、皮肤类型和家族病史等有关。

（2）发现8个影响脑组织的基因突变。2015年2月，由澳大利亚新南威尔士大学生物专家参与，成员来自约30个国家，近300名科学家组成的一个国际研究团队，在《自然》杂志上发表报告说，不同人的大脑有很大差异，这是生活中一个显而易见的事实，不久前他们发现了其中的部分原因。一项大规模国际研究显示，一些基因变异会显著影响大脑不同区域的大小，进而影响人的能力和行为。

研究人员分析了3万多人的基因数据和脑扫描图像，揭示了较小规模研究无法发现的一些现象。研究人员说，这项研究专注于人类大脑的"皮层下区域"，该区域与运动、学习、记忆和激励密切相关，其脑组织的大小直接影响人的总体认知能力。

此次研究发现，影响脑部关键区域大小的8个基因突变，它们可导致大脑组织总量缩小。其中影响最为显著的是"KTN1"基因，决定着大脑"壳核区域"的脑细胞分布，壳核区影响人的行走、奔跑等运动能力。

壳核区的另外两个基因突变，关系到该区域脑细胞的数量。其余5个基因突变，也有着各自的功能，其中包括抑制细胞凋亡。细胞凋亡是一种自然过程，如果出现异常，可能导致大脑区域缩小。

这8个基因中的大部分在大脑发育过程中非常活跃，可能与自闭症、精神分裂症等神经疾病相关。新南威尔士大学的专家认为，这项研究，将促进对大脑生物学的理解，可能有助于寻找神经性精神病的遗传基础。

（3）研究显示脑筋反应快慢与基因变异有关。2015年4月，由澳大利亚医学专家参与，其他成员来自英国、美国、德国和法国的国际研究小组，在英国《分子精神病学》杂志上发表论文称，有些人脑筋反应比较快的确是天生聪明，因为这其实与基因有关。他们研究表明，基因变异对中年以上人群大脑处理信息的能力，存在一定影响。

据研究人员介绍，他们让来自12个国家的共3万名45岁以上志愿者，接受认知功能测试，并将所收集的数据与每人的基因组数据进行对比分析。

他们发现，这些志愿者中，脑筋反应较慢的人存在基因变异，这种变异与一种名为 CADM2 的基因相关，而 CADM2 与脑细胞间的信息传递具有密切关系。CADM2 在脑部前额叶和扣带皮层区域都非常活跃，这两个区域本身对人脑思维反应有着重要作用。

研究人员说，这一基因变异，部分解释了为什么不同人大脑处理信息的速度存在差异。有关专家指出，这一研究成果，有助于科学界更深入地探讨思维能力形成的生物基础。

（4）发现与阿尔茨海默病有关的三种基因。2018 年 5 月，澳大利亚昆士兰大学和英国爱丁堡大学相关学者共同组成的一个国际研究团队，在《自然·转化精神病学》杂志上发表论文称，他们确定了 3 种与罹患阿尔茨海默病相关的风险基因。

为了找到阿尔茨海默病等疾病的遗传风险因子，通常采用的方法是将该疾病患者的 DNA 与正常人相比较，以确定患者的基因变异。目前用这种方法已经发现了大约 30 种与阿尔茨海默病有关的风险基因。而在新研究中，研究人员使用了一种可行的操作技巧，以扩大遗传学分析的样本人群。

该研究所涉及的遗传信息，取自英国生物银行，样本人数达 30 多万人。由于其中绝大多数人都太年轻，不可能被诊断为阿尔茨海默病，研究团队便考察了其父母的相关医疗信息：这些老人很多都罹患阿尔茨海默病。研究团队深入分析了上述数据，并结合了 7 万人（包括阿尔茨海默病患者和非患者）的现有遗传信息，最终发现了可能导致人们罹患阿尔茨海默病的 3 种新基因。

这一新发现，有助于人们更好地理解阿尔茨海默病的机理，进而开发出新的治疗方法。研究人员说："新发现能提供涉及阿尔茨海默病生物过程的关键线索。但基因组合并非患病的唯一风险因子，我们正致力于将人们的遗传学数据与生活方式信息相结合，以便更为综合性、更具个性化地理解罹患阿尔茨海默病的风险，从而制定有针对性的风险降低策略，为精确治疗阿尔茨海默病铺平道路。"

（5）发现三种基因变异与非酒精性脂肪肝病相关。2018 年 11 月，澳大利亚韦斯特米德医学研究所专家领导的一个国际研究团队，在欧洲肝脏研究协会旗下期刊《肝脏病学杂志》上发表论文称，他们发现了三种可能导致非酒精性脂肪肝病的基因变异，新发现有望用于开发新的肝病治疗方法。

非酒精性脂肪肝病是一种非过度饮酒所致、以肝脏脂肪堆积为主要特征的常见慢性肝病。研究发现，FNDC5rs3480、PNPLA3 1148M 和 TM6SF2 E167K 三种基因变异，与患者肝脏中的脂肪增加相关，且一个人携带的变异基因越多，肝脏中脂肪堆积的可能性越大。

研究人员说，了解与非酒精性脂肪肝病相关的遗传因素至关重要，有助于针对这些基因变异开发出新的治疗方法。

（三）基因种类与遗传信息研究的新进展

1. 基因种类研究的新发现

从南极草中发现一种抗冻基因。2006 年 4 月 10 日，有关媒体报道，澳大利亚维多利亚州拉特比大学的戈尔曼·斯格伯克教授、维多利亚州技术创新部负责人约翰·博伦等人组成的一个研究小组宣布，他们发现一种能让南极草在零下 30℃的环境中生存的抗冻基因。抗冻基因的应用，有望使农作物经受住严寒的冰霜，由此可避免每年几百万美元的农业经济损失。

抗冻基因，又称冰结晶抑制基因。斯格伯克介绍说，他们是从一种移居南极洲半岛的叫"南极草"中，发现这种抗冻基因的。抗冻基因能够保证植物阻止冰水结晶生长，具有抗冻基因的植物，可以在冰封的环境中存活，并具有让冰融化的能力。同时，研究人员就这种抗冻基因，对农作物进行转基因移植试验，发现转入抗冻基因的作物，显示出较好的抗冻特性。斯格伯克说，转基因试验情况说明，抗冻基因可以广泛用于改进农作物和树木的抗冻性能。

维多利亚州技术创新部负责人约翰·博伦比表示，有关抗冻基因的发现与应用，将有助于避免农作物因冰霜而造成的经济损失。目前全球每年有 5%~15%的农业产量损失，是由于冰霜引起的。随着对抗冻基因功能的深入研究，可以预计，人们在未来几年内，将会更多地看到，有关农作物抗冰霜技术的进一步开发与应用。

2. 基因遗传信息研究的新进展

（1）认为男性基因正在退缩并慢慢消失。2009 年 5 月 21 日，英国《每日邮报》报道，澳大利亚国立大学著名基因学家珍妮弗·格雷夫提醒说，男性基因正在退缩和慢慢消失，男人正处于灭绝的路上。这位从事人类性染色体研究的科学家表示，男性 Y 染色体正在退化，有一天可能会消失。这是她当天在爱尔兰皇家外科医学院（RCSI）给学生演讲时说出这一暗淡前景。不过，我们现在还不用担心，这一结果至少要等 500 万年才会发生。

她说："300 万年之前，Y 染色体大约有 1400 个基因，可如今只剩下 45 个基因，这样的话，Y 染色体大约将在 500 万年才会失去全部的基因。Y 染色体正在退化，问题的后果会是什么？男性 Y 染色体有负责发育成睾丸的基因，而睾丸分泌雄性激素，这是呈现男子汉特征的重要成分。"

一旦 Y 染色体消失，她表示她不知道会发生什么。人类不可能像一些蜥蜴那样实现单性生殖，因为几个关键的基因得来自男性，如雄性的性别决定基因，即 SRY 基因。但好消息是一些啮齿目动物，如东欧的鼹鼠和日本的野鼠就没有 Y 染色体和 SRY 基因，但仍有大量健康鼹鼠和野鼠在四处乱窜。

她接着说："一些其他基因，可能顶替了这些关键基因的工作，我们很想知道这些代工基因是什么。"她表示几个候选基因可能接管了 SRY 基因，而且，来接管的基因可能是随机的。不同种群中可能存在两个或以上的性别决定系统，这是由不同基因决定的。如果人类不再是两性生殖，将会导致出现两种不同的人类。

珍妮弗·格雷夫由于在研究哺乳动物体内基因演化方面的贡献巨大，曾获得 2006 年教科文·欧莱雅世界杰出女科学家成就奖。

（2）发现新几内亚岛民最具遗传基因多样性。2017 年 9 月，由澳大利亚国立大学进化遗传学家西蒙·伊斯特、美国犹他大学人类学家波莉·威斯纳参加讨论，英国威康基金会桑格研究所遗传学家克里斯·史密斯领导的一个研究小组，在《科学》杂志上发表论文称，新几内亚岛上显著的语言多样性，反映了真实的基因差异。

据悉，如果沿着新几内亚岛蜿蜒曲折的塞皮克河旅行，那么很快就会发现，从河流的一个拐弯到下一个拐弯，沿岸居民说着完全不同的语言。更令人意想不到的是，研究小组得出的结论是，这种遗传变异，可以追溯到距今 2 万年前到 1 万年前，而不是 5 万年前人类首次到达这里的时候。

1 万年前，新几内亚岛独立发展的农业，并没有抹去基因上的差异。利用农业，人们往往倾向于获得在基因上均质化的社会。在欧洲，来自阿纳托利的农民取代了当地的狩猎—采集者，并抹去了他们的大部分遗传贡献。史密斯指出，而这并不是在新几内亚岛所发生的一切，这真是一个巨大的惊喜。

在这项研究中，科学家分析了 381 个巴布亚新几内亚居民基因组中，170 万个脱氧核糖核酸（DNA）标记中的变异，他们同时还比较了另外 39 个人的完整基因组。研究人员得出的结论是，新几内亚人在史前的大部分时间里都与亚洲人相互隔绝，并且该岛高地居民和低地居民，在距今 2 万年前到 1 万年前就彼此分开了。在高地上，过去的 1 万年里，人们在开始耕种庄稼后不久便分裂成 3 个截然不同的社会群体。而在低地上，北部地区和南部地区出现了两个主要人群。

研究人员表示，对这种模式的最好解释是，一旦人们开始种植作物，他们就会在整个岛屿上连同技术一道传播他们的基因。但不久之后，他们的后代显然停止了融合，并进化出了不同的地方基因型。尽管研究人员长期以来一直认为，新几内亚岛的山地地形使生活在高原地区的人群与世隔绝，但这项新研究发现，在高地地区和地势平坦的低海拔地区都形成了不同的人群。研究人员认为，对于妨碍人群融合来说，文化因素，例如，战争或群体内部婚姻，比地理障碍更为重要。

但威斯纳发现，想要用农民的基因统治整个新几内亚岛几乎是不可能的。她认为是贸易网络，而不仅仅是农民，使石臼和石杵在狩猎—采集者群体之间传播，用于捣碎芋头和其他庄稼食物。他们在群体中结婚的做法，扩大了两者之间的遗传差异。威斯纳说："据我所知，没有证据表明农民取代了狩猎—采集者。"

不管原因是什么，巴布亚新几内亚居民强烈的遗传差异性表明，农民的扩散可能不足以使整个地区的 DNA 均质化。另外，后来的移民潮可能已经消除了欧洲人和亚洲人之间的差异。伊斯特补充说："巴布亚新几内亚居民没有经历过青铜时代和铁器时代的转变。"他说："这项新的研究表明，在人群中，与技术变革相关的当地人类基因组多样性受到了普遍的侵蚀，而这一过程至今仍在继续。"

新几内亚岛是太平洋第一大岛屿和世界第二大岛，仅次于格陵兰岛。它是马来群岛东部岛屿，位于澳大利亚北部、太平洋西部、赤道南侧。新几内亚行政上分为两部分，其中西半部为印度尼西亚的巴布亚和西巴布亚两省；东半部是巴布亚新几内亚的主要部分，巴布亚新几内亚于 1975 年成为议会制的独立国家。

二、基因破译及其技术研究的新成果

（一）基因破译方面研究的新信息

1. 微生物基因破译研究的新进展

（1）构建出迄今最久微生物基因组草图。2017 年 3 月，由澳大利亚阿德莱德大学演化学家劳拉·维利驰及其同事组成的一个研究团队，在《自然》杂志网络版发表的一项演化学研究报告，近乎完整地构建出一种口腔细菌的基因组，这个有 4.8 万年历史的微生物的基因组，是迄今为止历史最悠久的微生物基因组草图，研究同时揭示了尼安德特人的饮食结构。

尼安德特人的 DNA 序列和现代人类的 DNA 序列非常相似。他们是现代欧洲人祖先的近亲，从 12 万年前开始"统治"着整个欧洲、亚洲西部以及非洲北部，但在 2.4 万年前，这些古人类却消失了。

此次，该研究团队，对 5 个来自欧洲各地的尼安德特人样本的牙结石，即一种硬化斑块进行 DNA 测序，几乎完整地"再现"了这些尼安德特人的口腔微生物组，得以评估他们的健康和疾病情况。结果表明，在西班牙发现的尼安德特人样本患有牙脓肿和胃炎，并且使用了天然止痛药白杨和能产生抗生素的青霉菌进行自我治疗。

研究团队还对尼安德特人饮食和健康情况，进行了遗传重建。他们发现，来自比利时斯柏村的尼安德特人吃过犀牛和野羊，而在西班牙发现的个体则吃过松子、苔藓和蘑菇。在以往对尼安德特人饮食的研究中，虽然强调了可获得的当地食物的重要性，但对于尼安德特人吃过的具体动植物种类只提供了非常有限的数据。

这项研究，不但构建了一种口腔细菌的基因组，而且还贡献了有关饮食结构的发现：利用保存在牙结石中的 DNA，揭示出尼安德特人在饮食方面明显的区域差异。研究人员表示，他们此次对尼安德特人牙齿沉积物的遗传分析，有助于阐明我们的人族亲戚饮食习惯，包括他们摄入肉类的水平。

（2）绘制出甲型流感病毒基因组结构图。2019 年 8 月，由澳大利亚医学专家参与，其他成员来自英国和美国的国际研究团队，在《自然·微生物学》杂志上发表论文称，甲型流感病毒已经对人类健康构成重大威胁。近日，他们已绘制出甲型流感病毒基因组的结构图，并描述了他们对病毒的遗传分析以及所了解到的情况。

随着时间的推移，微生物学家和各国的卫生官员，都担心未来致命性流感病毒会更加容易传播，甚至这种病毒会引发大规模流行，导致全世界数百万人死亡。因此，科学家们继续深入研究流感病毒。

在这项新的研究中，研究人员绘制出甲型流感病毒的基因结构图，清楚显示其蛋白质的排列状况以及遗传的表现，并指出这种病毒会造成严重的健康威胁，为医学研究和疫苗开发提供基础材料。

2．植物基因破译研究的新进展

（1）基因测序揭示小麦驯化的关键基因突变。2017 年 7 月，由澳大利亚悉尼大学、以色列特拉维夫大学等多家机构相关专家组成的一个研究团队，在《科学》杂志上发表论文称，他们对野生的四倍体圆锥小麦进行基因测序，分析小麦驯化过程的关键基因突变，利用软件重建了其 14 条染色体。

野生小麦的麦粒成熟时，穗轴变脆，容易碎裂，有助于在风力作用下把麦粒散播出去、繁殖下一代。但这对人类采集麦粒非常不方便，带有使穗轴不变脆的"硬轴"基因突变的小麦受到青睐，并逐渐被人类驯化。现在经过驯化的小麦品种都有硬轴，穗轴在收割时仍保持完整。

研究人员把野生小麦与驯化品种的基因进行对比，发现有两个基因簇在驯化品种中失去了活性，它们可能是穗轴易碎性的关键。通过基因改造技术，恢复其中一个基因簇的活性后，小麦穗轴呈现出上半部分易碎、下半部分不易碎的特征。

除了使穗轴不易碎的突变，小麦还有一些重要基因突变对人类种植者有利，但对植株在野生环境中的繁殖不利，例如使种子不再休眠、一经种植就立刻发芽生长的突变，以及使麦粒外壳容易脱落的突变。

（2）公布最完善的小麦基因组图谱。2018年8月17日，有关媒体报道，包括澳大利亚在内，由20个国家的学术和行业研究人员组成的国际小麦基因组测序联盟，当天在《科学》杂志上公布了小麦复杂基因组的相关数据：他们在用来制作面包的小麦的21条染色体上，确定了10.7万个基因。

研究人员称，新序列"迎来了小麦遗传学的新时代"。这将加快提高小麦收成的步伐，也为培育出非致敏品种带来新希望。

小麦是全球最重要的粮食作物之一，养活了世界上40%的人口。因而，小麦的研究，始终是国际科学家的心头大事。但经过数千年种间杂交形成的小麦基因组，大小是人类基因组的5倍，其包含三套非常相似的染色体，总共21对且拥有大多数基因的6个拷贝。

由于缺乏基因组图谱，小麦育种者很难跟踪基因的代序传递情况，试图改变特定脱氧核糖核酸序列的基因工程师也不知道如何入手。国际小麦基因组测序联盟从2005年发起至今，通过分别对每个染色体进行分解和测序，最终绘制出了这份完善的小麦基因组图谱。

国际小麦基因组测序联盟执行主任凯利·埃弗索尔说，迄今为止，联盟成员和其他人已针对这一基因组发表了100多篇论文。而且，新发现也已开始起作用。例如，比利时植物遗传学家安杰·罗德报告称，其研究团队确定了导致小麦发芽延迟的关键基因，她们希望使用CRISPR技术令该基因失效，从而缩短育种周期；美国加州大学戴维斯分校的乔治·杜布佐夫斯基教授最近发现了一种新的小麦高度基因。

基因组图谱还可帮助提高小麦对疾病的抵抗力，并保护人类健康。加拿大科学家声称发现了一种使小麦茎秆更硬，因此能更好地抵抗锯蝇这种茎蛀害虫的基因，为保护其他小麦品种指明了方向。

基因组图谱还可帮助提高小麦对疾病的抵抗力并保护人类健康。加拿大科学家声称发现了一种使小麦茎秆更硬，因此能更好地抵抗锯蝇这种茎蛀害虫的基因，为保护其他小麦品种指明了方向。而联盟联合负责人、澳大利亚分子遗传学家鲁迪·阿佩尔斯表示，他们发现了 365 种编码可刺激免疫或过敏反应的小麦蛋白的基因，有助于育种者培育出较少问题的小麦。

3. 哺乳动物基因破译研究的新进展

（1）完成牛的全基因组测序。2006 年 8 月，由澳大利亚联邦科学与工业研究组织、新西兰农业研究协会等机构科学家组成的一个国际研究团队，完成了牛基因组测序的大部分工作。这项成果，使科学家改善牛类健康和疾病控制、提高牛肉和奶制品营养价值的能力大幅提升。

据介绍，新的全基因组序列包含了 29 亿个碱基对，这比以前版本的牛基因序列多了 1/3 以上。除测序工作以外，科学家对这些碱基对的差异性，即单核苷酸多态性（SNPs）也进行研究。碱基对的差异可以影响一个基因的功能，决定牲畜产量的高低。作为一种基因标记，对 200 多万种的单核苷酸多态性进行研究，也是此项基因测序工作的一部分。

该项研究，得到美国 5300 万美元的资助。澳大利亚联邦科学与工业研究组织罗斯·特拉姆博士，是"牛基因组序列项目"的澳大利亚代表。

特拉姆博士说："我们可以用这些数据来对那些与牛哺乳、繁殖、肌肉生长、生长率和疾病抵御等重要功能相关的基因进行鉴别。新的牛基因图标志着基因测序阶段的工作已经接近尾声，现在主要任务就是对有用数据进行分析。这是一个非常重要的消息。在今后 50 年的时间里，我们将在牛畜饲养和生产方面取得长足进步，我们将结束传统畜牧模式。"

牛遗传学们将用牛基因组，作为一个模板进行同类牛群和不同类牛群之间，以及牛与其他类型哺乳动物之间遗传变异的研究。

澳大利亚家联邦畜业生物信息研究带头人布赖恩·达尔利姆勒认为，新的牛基因数据非常有价值，因为它能为研究人员提供一个更加完善的牛基因图谱，帮助研究人员修改脱氧核糖核酸代码以获得想要的产品特性。达尔利姆勒说："我们可以使用这些数据来对那些与牛哺乳、繁殖、肌肉生长、生长率和抗病性等重要功能相关的基因进行鉴别。"

赫里福种食用牛被选定为此项基因排序工程的样品牛。此项工程起始于 2003 年 12 月，科学家还对荷尔斯坦牛、安格斯牛、泽西种乳牛、利姆辛牛、挪威红牛和婆罗门牛的基因进行了排序，以鉴定这些不同种类牛之间的特殊遗传差异性。

达尔利姆普勒博士说："这只是我们制造动物和食物革命的开端。一旦我们拥有一套完整的基因，比如能影响肉嫩度的基因，我们将来就能对一种特定类型的动物喂养特定类型的草料或者谷物，使它们能始终长出特定标准的嫩肉和像大理石花纹一样肥瘦相间的肉。"他认为，尽管几个世纪以来一直进行的同系繁殖创造出了不同的品种，但是这种繁殖保持了"巨大"的遗传差异性。

（2）获得并分析已灭绝物种袋狼的基因组。2017年12月11日，由墨尔本大学发育遗传学家安德鲁·帕斯克与生物学家查尔斯·费金领导的一个研究团队，在《自然·生态学与进化》杂志上发表论文称，他们获得了袋狼物种的完整基因组。此项工作，为了解袋狼的衰退及其同远亲犬科成员的惊人相似性，提供了线索。

1936年12月7日，最后一头袋狼在澳大利亚霍巴特死去。袋狼是一种有袋类捕食者，曾经从新几内亚迁移到塔斯马尼亚岛。

此前，遗传学家曾利用从存放在美国华盛顿史密森学会的袋狼身上拔下的毛发，测序过袋狼的线粒体基因组：通过母系遗传的一小段DNA。在最新研究中，由帕斯克研究团队通过对1个月大袋狼的组织进行取样，获得了更长的核基因组。这头袋狼于1909年在其母亲的育儿袋中被发现，并被放在酒精中保存起来。

与线粒体基因组相比，核基因组含有关于物种祖先的更多信息。该研究团队发现遗传多样性的急剧下降，表明袋狼数量在约12万~7万年前开始下降。而这一时期，在人类到达澳大利亚之前。类似模式，曾在袋獾的基因组中被发现。费金怀疑，变冷的气候使两个物种的栖息地缩小，从而使其更容易受人类活动影响。

尽管袋狼同犬科动物并不存在特别密切的关联，但两种动物拥有一个生活在约1.6亿年前的共同祖先，且两者头部形状极其相似。这表明，两个物种可能以类似的方式，适应了食肉生活。

为测试这种趋同进化，研究人员辨别出81个蛋白编码基因。犬科动物和袋狼均在这些基因上获得了类似的改变，包括一些在头骨发育中起作用的基因。不过，发生改变的基因似乎均未在自然选择的条件下出现进化，因此自然选择导致两个物种拥有共同特征是不可能的。

相反，研究人员提出，并不影响蛋白序列但影响它们如何被表达的DNA，决定了两个物种均拥有长鼻子和一些其他特征。

（3）考拉有了高质量基因组图。2018年7月2日，澳大利亚博物馆研究员丽贝卡·约翰逊领导的一个研究小组，在《自然·遗传学》杂志网络版上发表的一项报告称，他们利用先进测序技术和光学成像，获得高质量的考拉基因组序列，报告数据涵盖迄今最全面的有袋类动物基因组记录。与此同时，该研究提供的考拉独特生物特征，将有助于开展考拉的疾病治疗和保育工作。

有袋类是哺乳类动物的一种，其最大特征是没有发育完全的胎盘，早产儿会待在母体的育儿袋里吸奶长大。该类动物以其口袋状的育儿袋而得名。人们熟知的现今存活的有袋类动物包括袋鼠、考拉、袋獾、袋熊。这一类群在兽类演化上十分独特，具有重要学术意义。然而，据此前调查研究显示，人类经济活动的扩展，给有袋类动物带来了很多不利影响。

此次，该研究小组运用长读长测序技术和光学成像，组装了高质量的考拉基因组序列。研究人员发现，基因组中与解毒酶相关的基因家族扩张了，这让考拉可以靠食用含酚量很高的桉树叶存活。他们同时还记录了考拉的嗅觉和味觉受体基因，这些基因可以帮考拉选择那些营养含量最高、含水量最高的树叶食用。另外，他们对免疫基因簇的注释，也可用于研究考拉种群中较常见的衣原体感染。

研究人员表示，基因组图将对未来的考拉保育工作提供丰富的借鉴资源。目前，考拉面临的威胁包括：栖息地日益减少、种群持续分散和患病率不断上升，而人类活动导致考拉栖息地丧失和碎片化，是这一种群面临的最大威胁。此次研究成果的新发现，有助于再现考拉的种群历史，评估当前考拉的种群多样性。

4. 两栖动物基因破译研究的新进展

破译一种毒蟾蜍基因组。2018年9月，澳大利亚新南威尔士大学网站报道，该校生物技术和生物分子科学教授彼得·怀特主持，悉尼大学名誉教授、蔗蟾蜍专家里克·夏因等人参与的一个国际研究小组，破译了蔗蟾蜍的基因组，新成果有助于找到生物防治手段来控制这种有毒蟾蜍的规模。

报道说，研究团队对超过 360 亿个蔗蟾蜍碱基对进行了测序，破译 90% 以上的蔗蟾蜍基因组。

蔗蟾蜍是澳大利亚政府 1935 年引进的物种，旨在减缓甘蔗种植园甲虫灾害，但蔗蟾蜍体型大且毒性强，在当地几乎没有天敌，如今踪迹已遍布澳大利亚 120 多万平方千米区域，严重危及当地的袋鼬、淡水鳄鱼、蛇类和蜥蜴等物种，对生态环境带来极大破坏。

夏因说，基因组研究有助于了解蔗蟾蜍的繁殖和毒性机制，并发展有效的新手段来控制蔗蟾蜍的数量。

怀特说，先前的捕杀方式对控制蔗蟾蜍数量收效甚微，基因研究将有助于找到仅作用于蔗蟾蜍的病毒，同时确保这种病毒不会伤害青蛙和蝾螈等其他两栖动物。

5. 多孔动物基因破译研究的新进展

绘制成海绵的基因组草图。2010 年 8 月 5 日，由澳大利亚专家参加，其他成员来自美国、德国的国际研究小组，在当天出版的《自然》杂志上发表文章称，他们绘制出了海绵的基因组草图，并从中发现了许多有助于探索多细胞动物起源的信息。

研究报告说，他们完成了大堡礁海绵基因组测序草图，结果显示其中包含约 1.8 万个基因。海绵 6 亿多年前就出现在地球上，是已知最古老的多细胞动物，研究人员也在其基因组中，找到了一些帮助单细胞动物进化为多细胞动物的关键基因，如指导细胞互相粘在一起的基因，以及使多个细胞能协调一致生长的基因。

虽然海绵结构简单，没有神经和肌肉等组织，研究人员还是在其基因组中发现了，与高等动物体内指导神经与肌肉活动基因相似的基因。研究人员认为，海绵基因组的复杂程度，说明进化成海绵的上一级动物比以前认为的更复杂，这将改变人们对多细胞动物起源的传统看法。

研究人员还在海绵基因组中找到了与细胞自杀有关的基因，这意味着这种原始多细胞动物有可能利用这一机制来对抗癌症等疾病。

6. 昆虫基因破译研究的新进展

（1）完成两种害虫基因组测序。2017 年 8 月，有关媒体报道，澳大利亚联邦科学和工业研究组织宣布，该组织科学家领衔的研究团队，完成了对棉铃虫和谷实夜蛾这两种害虫的基因组测序。这一成果，可能为全球农业防病害节省数以亿计的成本。

由该组织领衔、美德法等多国科学家参与的这项研究，成功地辨识出棉铃虫和谷实夜蛾基因组的1.7万多个能够编码蛋白质的基因。

据介绍，棉铃虫和谷实夜蛾的危害巨大，它们对全世界农作物造成的损失和人们为消灭它们投入的费用，总计每年超过50亿美元。

澳联邦科学与工业研究组织专家约翰·欧克肖特说，人们过去用杀虫剂等方式来对付这些害虫，但它们逐渐发展出抗药性，了解它们的基因组后，可以更有针对性地找出防治这两种害虫的新方法。

（2）绘制出埃及伊蚊的基因组。2018年11月，由澳大利亚伯格霍弗医学研究所科学家戈达娜·拉西奇等人组成的一个国际研究小组，在《自然》杂志上发表论文，绘制出埃及伊蚊的基因组，发现了几种新基因，包括一些能解释为什么蚊子喜欢叮咬特定人群的基因。这项成果有助于科学家研发新型驱蚊剂以及控制疾病传播。

埃及伊蚊是传播寨卡、登革热和黄热病等危险疾病病原体的主要物种，每年感染全球数亿人。科学家认为，更好地了解这种昆虫的基因组有助防治感染。

拉西奇说，"揪出"这种基因，或有助于研究人员控制疾病传播，因为他们可以采取各种方法修改蚊子的这种基因。

此前，研究人员只掌握了埃及伊蚊基因组的不完整片段。而该国际研究团队，是在应对2015—2016年的寨卡病毒疫情时，开始这项研究的。在基因组学最新进展的帮助下，他们现在拥有了最"全面的埃及伊蚊DNA目录"，从而确定了此前未确认的基因特征。

他们发现了一些特殊基因，比如为亲离子受体（IR）编码的基因，IR能助蚊子在环境中检测气味，并帮助引导蚊子靠近重要地点，如产卵地点或人类皮肤。这些新信息，可以帮助研究人员研发出新的驱蚊剂，干扰蚊子发现和叮咬我们的能力。

研究小组还发现，一些蚊子的基因组有多个编码谷胱甘肽S-转移酶基因的副本，这种酶可以抵消灭蚊剂的毒性，科学家或许可借此制造出能杀死具有抗药性蚊子的新型灭蚊剂。

除了开发杀死蚊子或驱除蚊子的新技术，新研究还有助于修改埃及伊蚊的基因，进而改变其种群规模，因为该物种只有雌性吸血，减少它们的数量才会降低疾病的传播率。此外，最新研究还有助于科学家研究其他动物物种。

（二）基因破译技术方面研究的新信息

1. 发现更便捷的"基因排序"方法

2006 年 7 月，由澳大利亚悉尼新南威尔士大学文特研究学院托斯顿·托马斯，以及他的同事和美国专家共同组成的一个研究小组，在美国《国家科学院学报》上发表论文称，他们创设了一套基因排序的新方法，能够比当前最先进的技术更快捷、更廉价地破解基因密码。

托马斯说："破解器官整个基因的密码是一个昂贵的项目，在此之前，我们一直是依赖于 30 年来的技术将基因分割，然后再对其进行破解。一种更新的方法，是在这些年来我们逐渐摸索出的基因综合法，可以进行实时、光电观察并揭示基因信息。这种方法，比以前的方法要快 100 倍。"

研究人员对 6 种海洋细菌进行了分析，评估了新旧方法下破解基因密码的性价比，证实这种新发明的混合法要更加廉价快捷。他们发现，将两种排序方法混合的好处，在于能够更好地揭示基因信息。

研究小组还发现，常见的"桑格"排序法，更适合于对稍大一点的基因进行排序，而所谓的"454 派罗斯排序法"则更适合于对稍小一点的结构更为复杂的基因进行排序。有了混合排序法，就能使研究人员更加轻松地对基因碎片进行排序。

研究人员认为，混合排序法更多地会应用于小块的微生物基因排序，而"桑格"排序法可能会更多地应该于稍大一点的基因排序。托马斯博士说："这种新的混合排序法，能够得出更好的排序结果，也希望它能够促进其他的基因研究项目。目前，很多的基因研究项目，出于经济考虑都被迫中止了。"

2. 发明"拼写检查"基因序列新方法

2012 年 5 月，澳大利亚昆士兰大学一个研究小组，在《自然·方法学》上发表研究成果称，他们发明了一种快速、可靠、简便的纠错方法，可如同计算机检查文字拼写错误那样，发现基因测序过程中产生的扩增序列 DNA 代码错误。

新方法编制的软件称为"刺槐"，特别适用于分析微生物基因的重要片段——扩增子。基因测序仪阅读 DNA 碱基代码的四个字母表：As、Cs、Ts 和 Gs，并拼写出不同生物体的基因后，"刺槐"软件分析输出结果。"刺槐"通过使用似然性的统计理论分析 DNA 的特定碱基序列，而这些碱基常常在基因测序中被错误地添加或删除。该方法集成了计算机科学，统计学和生物学属生物信息学范畴。

当前，冗长的 A、C、G、T 代码引起的机器错误，常常导致生物学家们误解基因的种类，误解诸如来自污水处理厂、海洋，甚至我们的肠道样本中可能存在的微生物种类。为此，科学家们主要使用双误差校正软件进行校正。同这些工具相比，"刺槐"不仅具有明显的优势，而且便于使用。

3. 运用"原子鸡笼"让基因测序更快更准更便宜

2015 年 3 月，由澳大利亚墨尔本大学吉日·塞维卡和尼古拉·杜斯科特领导的一个研究小组，在《自然·通讯》杂志发表论文称，石墨烯是一种由六角形蜂巢结构周期性紧密堆积的碳原子构成的二维碳材料，从外形上看就如同制造鸡笼的铁丝网一般，被形象地称为"原子鸡笼"。他们正是借助这种材料，开发出一种新的 DNA 测序技术，有望为这项广泛应用于多个领域的技术带来一次新的变革。

研究人员表示，他们发现石墨烯这种像鸡笼一样的材料，能够准确地检测出组成 DNA 的 4 种分子——胞嘧啶、鸟嘌呤、腺嘌呤和胸腺嘧啶。正是这 4 种分子以一种独特的结构组合在一起，才构成了基因中的 DNA 序列。

杜斯科特说："我们发现，每一个碱基，都可以通过影响石墨烯电子结构的方式进行测量。当石墨烯薄片与一个纳米孔结合起来使用的时候，单个 DNA 分子会穿过基于石墨烯的电传感器——这个过程就如同让一串珠子穿过鸡笼一样。高速、实时、准确、高通量的测序工作，就是在这一过程中完成的。"

目前，DNA 测序是医学诊断、法医检验和生物医学研究中，不可或缺的一个基本工具，重要研究、实验、检验都有赖于此。杜斯科特称，与目前普遍采用的测序技术相比，他们新开发出的这种基于石墨烯的测序技术，可大幅提高测序的速度、工作量、可靠性和准确性，同时也有望让测序成本更加低廉。

研究小组，用基于石墨烯的场效应晶体管，与同步加速器中的软 X 射线光谱进行了测试。结果发现，新技术能够准确地检测出通过石墨烯层的 DNA 分子。除墨尔本大学外，澳大利亚同步加速器实验室，以及拉筹伯大学的科学家也参与了这一课题。有关专家称，这项新的研究，有望为医学研究和科学实验带来一次革命性的变革。

石墨烯是世界上第一个二维材料，也是目前已知的最薄、最坚硬的纳米材料。石墨烯一直被认为是假设性的结构，无法单独稳定存在，直到 2004 年，两位来自英国曼彻斯特大学的科学家，安德烈·盖姆和康斯坦丁·诺沃谢洛夫，才真正找到了从石墨中分离出石墨烯的方法。2010 年，他们因此被授予了诺贝尔物理学奖。

三、基因技术应用研究的新成果

（一）基因技术在育人与寻人方面的应用

1. 运用基因技术培育运动员的新进展

以基因技术"设计"尖子运动员。2004 年 8 月，澳大利亚《每日电讯报》报道，得到政府资助的澳大利亚体育研究所，以及悉尼皇家艾尔弗雷德王子医院的科学家，已开始进行运用基因技术培育尖子运动员的有关研究。

研究人员首先收集了一些澳大利亚顶尖选手的 DNA 样本进行分析，并希望能够发现一些"顶级基因"，而后据此对儿童进行检测，以研究他们适合什么项目的运动，以及是否携带极有可能造就超级体育明星的基因。

报道说，澳大利亚正在研究利用尖端基因技术"设计"尖子运动员，具体说就是通过对尖子选手遗传物质的分析来发现特殊基因，然后以此为标准选拔、培养和训练运动员，最终达到使运动员能够获得优异成绩的目的。

研究人员已经发现了两个分别与力量和耐力有关的"顶级基因"。参与这项研究的科学家罗恩·特伦特说："通过对这些基因的鉴定，我们可以为运动员制定更有效的训练计划，或重新指导他们参加那些自己最有可能获得成功的体育项目。"

针对此项科研可能涉及的伦理道德问题，澳大利亚政府相关部门已经开了"绿灯"，予以首肯。澳大利亚法律改革委员会负责人戴维·韦斯布罗特说："基因科技的进步是可以用来造就下一代超级明星的。"

在刚刚结束的雅典奥运会上，澳大利亚运动员共获得 17 枚金牌，在奖牌榜上位居第四。对于人口仅 2000 万的澳大利亚来说，这一成绩实属不易。但澳大利亚一些专家称，如果不积极采纳基因检测技术，澳大利亚在体育领域注定将会落后。

2. 运用基因技术寻找土著居民祖先的新进展

利用古基因测序技术查明澳大利亚土著居民祖先。2019 年 1 月，由澳大利亚格里菲斯大学进化遗传学家大卫·兰伯特，与丹麦哥本哈根大学人口遗传学家马丁·西科拉共同领导的国际研究团队，在《科学进展》杂志发表论文称，他们使用古老 DNA 测序技术，鉴定了一些"暂居博物馆"的澳大利亚土著居民祖先遗骸，以确定其起源。这样，这些土著居民祖先的遗体或许将能重回家园。

研究人员表示，他们可以精确地把古澳大利亚土著遗骸的 DNA，与来自同一地理区域的现代居民的 DNA 进行比对。这可能使博物馆里成百上千的澳大利亚土著遗骨得以"回归"，这些遗骨一直以来缺乏来源文件。

墨尔本大学人类学家艾玛·科瓦尔说："这篇论文是'寻根'工作向前迈出的不可思议的一步。这为博物馆和土著社区带来了希望，他们将能够辨认出更多祖先，并将其带回家。"

1788 年，欧洲殖民者从土著居民的墓地中，移走了数千具人类遗骸和神圣物品，之后它们被分散到澳大利亚、英国、德国、北美和其他国家（地区）的博物馆。1976 年，第一具土著澳大利亚遗骸返回，并且送回这些遗骸和物品也成为澳大利亚政府政策的一部分。

负责这些工作的政府办公室称，到目前为止，澳大利亚博物馆的 2500 多具人体遗骸和 2200 件圣物已被送回原籍社区。澳大利亚还把从国际社会收集的大约 1500 具人类遗骸送回国。但目前仍在博物馆中保存的土著遗骨大多缺乏必要的文件，无法将其归还给适当的澳大利亚土著群体。

兰伯特说："多年前，如果有人在澳大利亚发现土著居民的遗骸，他们会将其放在一个纸板箱里，然后放在博物馆台阶上，几乎没有任何关于它们来自哪里的细节。"

对许多土著群体来说，将人类遗骸重新埋葬在祖籍是至关重要的。兰伯特说："你绝对不会想把遗体送回一个错误的地方和国家。"

2014 年，澳大利亚政府土著回归咨询委员会的一份报告建议，为那些来源不详的遗骸建立一个国家安息地。

兰伯特和格里菲斯大学古代 DNA 学家乔安妮·赖特领导的研究小组，从 27 具已知起源的古代土著遗骸中提取了 DNA。他们从 10 个标本中找到了部分或全部的核基因组。研究人员还对这些遗骸的线粒体 DNA 进行了测序。

接下来，研究人员将每组人类遗骸的基因组，与来自澳大利亚不同地区的 100 名现代澳大利亚土著居民的细胞核、线粒体基因组进行比对。在有核数据可查的 10 具遗骸中，最接近的是来自已知遗骸起源地区的个体。

不过，阿德莱德大学古遗传学家阿兰·库珀认为，该文表明古代遗骨与当代个体之间的匹配非常接近，如果遗骸来自没有当代基因组数据的地区，那么要找到匹配就会困难得多。

古朱·福迈尔是澳大利亚原住民的老年人，也是相关研究的合著者。他也认为，用古老的 DNA 送还未被证明来源的遗骸，存在一定程度的不确定性。他说，其他技术，如骨骼中的同位素，可以与古 DNA 分析相结合，以识别正确的群落。

兰伯特研究团队希望能很快在昆士兰博物馆的遗骸上测试他们的方法，然后扩展到其他澳大利亚博物馆，最终扩展到国际收藏。他说："原住民不能再等了。"

古 DNA 检测也可能使其他国家的土著遗骸得以回归。例如，美国联邦法律《印第安人坟墓保护与归还法案》规定，必须将遗骨和文物交还给予它们有关联的团体。

（二）基因技术在粮食作物栽培方面的应用

1. 运用基因技术提高谷物耐盐性

2009 年 7 月，英国《每日电讯报》报道，澳大利亚阿得雷德大学和英国剑桥大学植物科学系的研究人员，通过对谷物进行基因"手术"，提高谷物的耐盐性。专家表示，这将有助于缓解世界上最贫穷国家的饥荒。

研究人员对实验谷物中的某种基因进行修改，让它能更好地把钠离子锁定在植株的根部，而不是让其上移到芽部，从而提高植株的耐盐性。

研究人员说，在水稻植株上进行的初步测试表明，这种方式"非常具有前景"。如果能对大米、小麦和大麦等谷类作物进行同样的"手术"，可以大大化解目前的粮食危机。

2. 运用基因技术培育低致敏小麦

2018 年 8 月，由澳大利亚默多克大学农业生物技术中心高级研究员安格拉·尤哈斯主持，挪威生命科学大学相关专家参与的一个研究小组，在《科学进展》杂志上发表论文称，他们一项新研究，成功确定小麦基因组中产生致敏蛋白质的基因，这一成果将有助于培育出低致敏的小麦品种。

小麦是重要的主粮，但也是常见的食物过敏源之一，会引发麸质过敏，导致乳糜泻、职业性哮喘，以及"小麦依赖运动诱发的过敏性休克"。研究人员检测与麸质过敏相关的蛋白质，确定了小麦基因组中产生致敏蛋白质的基因序列及位点。

尤哈斯说："这项工作是培育低致敏小麦品种的第一步。了解小麦的遗传变异性和环境稳定性，将有助于食品生产商种植低过敏原粮食。相比完全避免食用小麦，这可以作为一种安全健康的替代选择。"

研究人员发现，生长环境对谷物中致敏蛋白质含量有很大影响。气候变化以及由全球变暖所引发的极端天气，都会对农作物生长造成压力，从而改变谷物蛋白的免疫反应性。

尤哈斯指出，谷物生长期结束时，与职业性哮喘及食物过敏相关的蛋白质明显增加。另外，开花期中遇到天气高温，会增加引发乳糜泻等腹腔疾病，以及"小麦依赖运动诱发的过敏性休克"相关蛋白的表达。

（三）基因技术在医疗健康方面的应用

1. 运用基因技术开发治病新方法

（1）通过基因技术开发出有望治疗镰状细胞贫血的新方法。2015 年 5 月，由澳大利亚新南威尔士大学、科学系主任默林·克罗斯利教授领导的一个研究小组，在《自然·通讯》杂志上发表论文称，他们通过一种新型基因技术，重新激活人体红细胞中一个"沉睡"的基因，成功提高了红细胞的血红蛋白产量。在此基础上，有望开发出治疗镰状细胞贫血等血液疾病的新方法。

研究人员说，在人类胚胎发育阶段，有特定基因负责编码合成胎儿血红蛋白，帮助胎儿从母体血液中获取氧气。但胎儿出生后，大部分人的这一基因自动关闭，另外一个基因开启，负责编码合成成人血红蛋白。后一基因发生变异会导致各种血液疾病。

研究小组发现，某些人体内的胎儿血红蛋白基因，并未如期关闭，而是一直保持开启状态，原因是该基因发生了微小变异。这些人即使通过遗传患上镰状细胞贫血，其症状也较轻。研究人员把这类特殊人群的胎儿血红蛋白基因的变异，引入目标红细胞中，相当于重新激活了胎儿血红蛋白基因，使红细胞内的血红蛋白产量显著增加，红细胞活力明显增强。

（2）用基因技术开发有望根治过敏的新方法。2017年6月，澳大利亚媒体报道，该国昆士兰大学科学家雷·斯特普托领导的一个免疫学研究小组，推出一种用基因技术开发的新方法，成功治愈实验鼠的哮喘，将来可望用于一劳永逸地治疗包括哮喘在内的各种过敏症状。

据报道，该研究小组这种用基因技术开发的新疗法，通过消除免疫细胞的"记忆"，使其不再攻击相关蛋白质，从而避免过敏。

免疫系统为生物机体抵御外来病原体侵袭，但有时会错误地把无害目标当成"敌人"攻击，从而引发过敏反应。人们经历的过敏症状或严重哮喘，就是免疫细胞与过敏原中的蛋白质反应引起的。一些严重过敏症状会大幅降低生活质量，甚至可能致死。

斯特普托表示，治疗哮喘和其他过敏症的难点在于，免疫细胞中的T细胞会对过敏原蛋白质留下免疫"记忆"，因而对治疗产生抗药性。

在实验中，研究人员把造血干细胞抽出来，把一种能调节过敏原蛋白质的基因移植进去，然后把造血干细胞移植到实验动物体内。这些改造过的干细胞会分化增殖形成新的能表达这种蛋白质的血细胞，并靶向"关闭"免疫细胞对这种蛋白质的过敏反应。

目前，这种用基因技术开发的新疗法，只针对哮喘进行实验，研究人员希望将它扩展应用于其他过敏症状，包括花生过敏、海鲜过敏等，目标是将其发展成简便、安全的疗法，一次性治愈过敏症状。

2. 运用基因技术选择和测定合适疫苗

用比较基因组学技术绘制 A 群链球菌候选疫苗图谱。2019 年 7 月，澳大利亚昆士兰大学等生物学家组成的一个研究小组，在《自然·遗传学》上发表论文称，他们利用大规模比较基因组学技术，绘制 A 群链球菌候选疫苗图谱。

A 群链球菌，也称化脓性链球菌，是链球菌中对人类致病力最强的细菌，其引起的疾病约占人类链球菌感染的 90%。

A 群链球菌在整个现代医学史上，一直是对科学家和临床医生的挑战。即使在合适的抗生素治疗的情况下，A 群链球菌造成的侵袭性感染，仍导致高死亡率的发生。然而，迄今为止，仍然没有安全有效的 A 群链球菌疫苗。

在这项研究中，研究人员利用 DNA 高通量测序技术在疫苗设计中的优势，分析了世界范围内采样获得的 2083 个 A 群链球菌基因组。A 群链球菌种群结构，显示了由同源重组引起的广泛的基因组异质性，并被可塑性水平较高的附属基因所覆盖。

研究人员在 22 个国家，发现了 290 多个临床相关的基因组系统群，这对全球实用性疫苗的设计具有一定的挑战性。

为了确定候选疫苗覆盖率，研究人员研究了，先前报道的所有 A 群链球菌候选抗原的基因携带和基因序列异质性情况，发现在 28 个候选疫苗抗原中，只有 15 个候选疫苗抗原的序列自然变异较低，同时对 A 群链球菌种群的覆盖率（大于 99%）较高。这一疫苗覆盖率测定技术平台，同样适用于在未来研究中，对前瞻性 A 群链球菌疫苗抗原的鉴定。

第二节 蛋白质与细胞研究的新进展

一、蛋白质方面研究的新成果

（一）发现和研究蛋白质的新信息

1. 发现蛋白质的新种类

（1）在硅树脂乳房灌输物上发现新蛋白质。2006 年 12 月，澳大利亚科学家乔格·韦克主持的一个研究小组，在美国化学学会《蛋白质组学研究》杂志上发表文章，声明他们研究发现，在硅树脂乳房灌输物被灌输入人体后，在其上会积累一种没被发现过的蛋白质。研究人员认为，这种蛋白质可能会产生乳房或其他部位灌了硅树脂患者的免疫反应。

这项研究，对 23 位因为化妆原因，而进行过乳房硅树脂灌输的年轻健康女性，进行了研究。其中一部分人，因为并发症等原因要求去除灌输的硅树脂。

在文章中，研究小组描述了他们使用标记蛋白质学方法，来分辨在硅树脂表面吸附的蛋白质。因为这些蛋白质，被认为是影响硅树脂附近免疫反应的主要因素。到目前为止，他们识别出 30 种在硅树脂上积累得最多的蛋白质，其中最多的一种蛋白质是以往从来没有见到过的。

目前，还没有任何结论表明，硅树脂灌输与自身免疫性疾病有关系，这次研究人员报道，只是确认了硅树脂至少提升了自蛋白改变和黏附，而这也许会引发免疫系统的自免疫反应。

（2）发现可阻神经细胞死亡的特殊脑蛋白质。2006 年 7 月，由澳大利亚墨尔本弗洛里研究所大脑科学家、华裔教授陈翔成领导的一个研究小组，在《美国脑科学月刊》上发表研究成果称，他们已发现，一种特殊蛋白质，可在受损伤的大脑中，起到一个勤力清洁工的作用，帮助拯救人的生命。

研究小组分析了大脑的 1.8 万种蛋白质，发现其中一种有能力阻止神经细胞死亡。研究人员发现，这种天然产生的蛋白质 BP5，在大脑中起着"住家工"的作用，能够清除坏死的细胞或神经元。

他们还发现，万一人的大脑遭受中风、撞车摔倒之类的创伤，这种蛋白质可成倍增加，变成一位勤力清洁工。陈教授介绍说："它像一位清道夫，立即行动起来，清除毒素和受损的神经元和清理混乱的细胞，帮助保住可存活的细胞。"研究小组对受创伤的老鼠大脑，进行研究和运用分子生物技术，把这种蛋白质放入细胞当中，能看到它拯救神经元的能力。

该研究小组在研究报告上，首次揭示这种蛋白质，可以被有效地利用来阻止大脑细胞死亡。研究人员表示，他们将继续研究因大脑受创伤而死亡的人脑，看看这些大脑中是否有较高数量的这种蛋白质。陈教授说，如果确实如此，下一步挑战将是了解 BP5，如何发挥它拯救脑神经元的功能，并研制可以发挥同样作用的药物。

（3）发现能够防止人类死于严重细菌感染的单个蛋白质。2006 年 2 月，澳大利亚莫纳什大学医学研究院一个研究小组，在《自然·免疫学》杂志上发表论文称，他们最近发现一种单个蛋白质能够防止人类死于严重的细菌感染，如败血性休克。

研究人员发现的这种蛋白质是 SOCS1，可以预防像切手指这样的外伤导致败血性休克而致死，它会和身体内免疫系统中一种关键蛋白质叫作 Mal 相互产生影响，而且这种作用正是身体防御系统中关键性的过程。

研究人员表示，正常情况下，在细菌感染发生时，免疫系统蛋白质 Mal 会触发一个多米诺骨牌式的效应，通过警示身体的免疫系统来对抗感染。一旦感染的危险过去，蛋白质 SOCS1 会向蛋白质 Mal 发出停止的信息。

但是，当患者发生败血性休克时，蛋白质 SOCS1 发出的停止信息就不会被传送到蛋白质 Mal，从而使身体免疫系统一直处于强烈的响应亢奋状态，这样就会导致免疫系统盲目地对抗每个细胞，并不分辨这些细胞是好是坏。

研究中发现，可以对蛋白质 SOCS1 进行操纵，使其摧毁蛋白质 Mal，从而达到关闭身体免疫系统响应的目的，这样可以减缓免疫系统的动作，极大降低了败血性休克的发生。败血性休克是人类健康潜藏杀手之一，每天世界上有 1400 多人死于这种疾病，远远高出了前列腺癌、乳腺癌和结肠癌的总和。

研究人员表示，这项研究成果的意义在于，它只对细菌感染产生影响，去除免疫系统中的蛋白质 Mal，不会打乱免疫系统对其他感染做出响应，如病毒感染。尽管这项研究尚处于起始阶段，但是很可能将被应用于败血性休克的临床治疗。

2. 研究蛋白质的新进展

推进跳蚤跳跃关节中节肢弹性蛋白质的研究。2013 年 8 月，国外媒体报道，"蜜蜂的膝盖"，是 20 世纪 20 年代以来在英语国家被使用的俚语，用来指出类拔萃的事物。而澳大利亚政府下属的联邦科学与工业研究组织的研究人员发现，跳蚤的膝盖也同样十分完美。

澳大利亚联邦科学与工业研究组织的科学家，通过研究昆虫的节肢弹性蛋白质而获取灵感，研制出了具有 98% 弹性的近乎完美的橡胶。许多昆虫，包括跳蚤的关节都是由这种蛋白质构成的。

研究人员把节肢弹性蛋白质看作一种弹簧，它能吸收能量或压力，而当压力去除时它能将储存的能量释放出来。节肢弹性蛋白质的弹性比合成橡胶甚至天然橡胶都高出许多。

节肢弹性蛋白质能让跳蚤储存足够的动能，跳蚤身长 0.5~3 毫米，一次跳跃的高度可达到其身长的 100 倍。它是迄今已知最有效的弹性蛋白质，将其工业合成后会有广泛的用途，如提升心脏瓣膜的响应能力，制造弹力极强的跑鞋等。

（二）蛋白质机制与功用研究的新信息

1. 研究蛋白质机制的新发现

（1）发现铁蛋白水平与认知能力相关。2015 年 5 月 19 日，由澳大利亚墨尔本大学弗洛里神经科学与心理健康研究所艾希礼·布什领导的一个研究小组，在《自然·通讯》杂志上发表论文称，他们的疾病研究显示，更高水平的铁蛋白（一种储存铁的蛋白质），与大脑认知能力的降低相关联。该研究结果，可用来预测一个患有轻度认知障碍的病人，是否会继续转化发展成为阿尔茨海默病患者。

作为一种进行性发展的神经系统退行性疾病，阿尔茨海默病的病因迄今未明。以往研究中，科学家就曾在阿尔茨海默病患者的大脑中，发现有更高水平的铁，但是大脑铁水平和这种病症的临床结果之间是否有关联，科学家并没有明确认识。

此次，该研究小组，检测了 302 个人脑脊液中的铁蛋白水平，以及 7 年当中各种结果之间的关系。这些数据，都源自一个阿尔茨海默病神经影像学行动，前瞻性临床追踪研究的参与者。

研究人员发现，铁蛋白水平和认知表现之间存在负相关关系。而在认知正常人群、轻度认知障碍者和阿尔茨海默病患者中，都发现了这种负相关关系，并且，铁蛋白水平，还被发现可以预测从轻度认知障碍，向阿尔茨海默病患者的转化。铁蛋白和阿尔茨海默病生物标志物载脂蛋白 E 也高度相关，在那些携带阿尔茨海默病风险基因变异 APOE-ε4 的人当中，铁蛋白的水平也相当高。

新的研究结果，把 APOE-ε4 变异基因和大脑铁水平联系在一起。同时，也指明一种潜在机制，即这种变异是如何提高阿尔茨海默病的患病风险。另一方面，这项研究，也支持采用降低大脑铁含量的方法，来治疗阿尔茨海默病的方法。但是，这一点，仍需要在未来的研究中，进一步加以探讨。

（2）超高温灭菌牛奶蛋白聚集或能揭示老年疾病成因。2017 年 4 月 20 日，澳大利亚国立大学网站报道，该校教授约翰·卡沃尔领导的研究团队，对超高温灭菌牛奶的研究发现，这有助于人们更好地理解阿尔茨海默病、帕金森症等老年疾病的成因，从而研制出有效治疗药物。

该研究团队对超高温灭菌牛奶进行研究发现，经超高温灭菌后的牛奶，在放置几个月后会发生蛋白质聚集，形成淀粉样蛋白，正是这种蛋白质聚集导致牛奶从液态变为啫喱状。而在阿尔茨海默病、帕金森症等老年疾病患者脑内，也发现了类似的蛋白质斑块沉积物。

卡沃尔说，超高温灭菌牛奶在加工过程中被短时加热至 140℃，导致牛奶的蛋白质结构发生变化，正是这一处理方法导致长期放置的超高温灭菌牛奶变成啫喱状。而经过巴氏灭菌法处理的牛奶，并不会出现这种变化。

巴氏灭菌法是以 72~75℃ 的温度把牛奶加热 15~30 秒，然后立刻冷却到 4~5℃。而超高温灭菌法是以 140℃ 将牛奶加热 2~3 秒，然后以室温保存。

卡沃尔说，如果能够找到阻止超高温灭菌牛奶蛋白质聚集的技术，那么也许就能找到治愈这些老年疾病的方法。他还特别强调，这项研究并不表明，饮用超高温灭菌牛奶与罹患老年疾病之间有任何关系。

2. 研究蛋白质功用的新发现

发现可用于兴奋剂检测的新蛋白标记物。2017 年 8 月，有关媒体报道，人体生长激素被认为是使用较多的违禁药物之一，然而目前的检测手段和方法难以令人满意。近来，澳大利亚麦考瑞大学阿拉姆吉尔汗博士领导的研究团队，发现新的蛋白质可以应用在兴奋剂的检测中，从而获得兴奋剂检测的新方法，这将使测出运动员是否服用违禁药物变得更加容易。

阿拉姆吉尔汗说，研究发现有 8 种蛋白质可以作为兴奋剂检测的生物标记物，有望在将来被世界各国的反兴奋剂机构使用。他表示，其中 6 种蛋白质是新发现的，之前从未有报道显示它们和生长激素有关。另外两种蛋白质曾出现在相关领域专家的研究中，研究发现服药后这两类蛋白质的含量会增加。

阿拉姆吉尔汗表示，尽管这些蛋白质本身无法替代现有的检测方式，但它们非常适合用来扩大检测范围，从而确保发现服药作弊的人。

兴奋剂检测的两种方式之一涉及蛋白标记物。目前使用的标记物有两种，但不确定现象时有发生。许多已发表的研究说，年龄、性行为、运动程度以及许多其他因素都会影响检测结果。新发现的蛋白标记物，将为兴奋剂检测提供额外参数，并增加结果的可信程度。

（三）酶与多肽研究的新信息

1. 酶方面研究的新发现

（1）发现导致关节炎关键性的酶。2005 年 3 月 31 日，由澳大利亚墨尔本大学与美国韦思研究所联合组成的一个研究小组，在《自然》杂志上报告说，他们发现通过抑制实验鼠体内产生的一种酶，就可以防止其罹患关节炎。

关节炎是由于关节周围的软骨退化造成的，当软骨的某一部分损坏后，骨头和骨头之间就产生摩擦，从而导致疼痛、关节僵硬等症状。

研究人员说，他们在研究中发现，一种名为 Aggrecanases 的酶能吸收软骨中的一种重要元素，而该元素可使软骨变得坚韧并有弹性。他们通过转基因技术培育出体内缺乏这种酶的实验鼠，随后再分别通过关节损伤和炎症，来诱发实验鼠出现关节炎。但是，结果表明，体内缺乏这种酶的实验鼠关节完好无损，关节周围的软骨也未出现任何问题。

专家认为，此项研究，首次识别了与关节炎有关的关键性的酶，有关结果将有助于开发防止软骨退化的药物。

（2）研究发现调节免疫反应的关键性酶。2017 年 10 月，由澳大利亚莫纳什大学等机构相关专家组成的一个研究小组，在《自然·通讯》杂志上发表论文称，他们研究发现一种对体液免疫机制至关重要的酶，医学界有望在此基础上开发出新药物。

体液免疫，即以 B 淋巴细胞产生抗体达到保护目的的免疫机制，是保护机体免受感染的重要途径之一。B 淋巴细胞经过抗原刺激后，进行一系列增殖、分化，最终产生抗体。

研究人员发现，一种名为蛋白质精氨酸甲基转移酶 1 的酶，对 B 淋巴细胞的激活和分化起到重要作用，这是产生抗体的必要条件。研究人员表示，他们还将对这种酶做进一步研究，希望其在开发治疗癌症及自体免疫疾病的新药中发挥作用。

（3）发现有望用于培育抗冻作物的酶。2018 年 10 月，由西澳大利亚大学植物学家尼古拉斯·泰勒、桑德拉·克布勒等人组成的一个研究小组，在英国《新植物学家》杂志上发表论文说，他们最新发现，植物在遇到低温时会放缓生长的现象，实际上与植物细胞中一种参与能量生产的酶，紧密相关。这一发现，有望用于培育抗冻作物，以减少农业损失。

三磷酸腺苷（ATP）是生物细胞中储存和释放能量的核心物质。研究人员说，他们研究发现，在接近冰点的环境中，植物细胞中产生的三磷酸腺苷会减少，进而导致植物生长放缓。

进一步研究发现，细胞内催化合成三磷酸腺苷的"三磷酸腺苷合酶"，在其中发挥了关键作用。泰勒说："先前一些研究认为，植物对低温敏感主要源自细胞中有关能量生产的一些其他物质，但我们惊奇地发现，三磷酸腺苷合酶才是关键因素。"

泰勒认为，随着气候不断变化，理解植物如何对温度做出反应变得越来越重要。克布勒说："这项新发现，对农业生产以及将来培育抗冻作物具有重要意义，更好地了解植物的能量生产如何随温度变化而变化，将有助于我们培育更适应气候变化的植物。"

2. 多肽方面研究的新发现

发现多肽与 G 蛋白偶联受体配对的信号系统。2019 年 11 月，由澳大利亚莫纳什大学等单位有关专家组成的一个研究小组，在《细胞》杂志上发表了题为"人类信号系统的发现：肽与 G 蛋白偶联受体的配对"的文章，发现了多肽与 G 蛋白偶联受体配对的信号系统。多肽是蛋白质水解的中间产物。

肽能系统是人类最丰富的配体—受体介导的信号传导系统。然而，大量多肽和超过 100 种 G 蛋白偶联受体的生理作用尚未研究清楚。

在这项研究中，研究人员发现同源肽和受体的配对。在人类 A 类 G 蛋白偶联受体所有蛋白质序列和结构上，整合了 313 种物种的比较基因组学和生物信息学，研究人员确定了其他潜在肽能信号传导系统的通用特征。

通过三个正交生化分析，研究人员把 17 个拟定的内源性配体和 5 个与疾病相关的（包括遗传，肿瘤，神经和生殖系统疾病）G 蛋白偶联受体孤儿配对。该研究还确定了具有公认配体和病理生理作用的 9 种受体的其他多肽。

该研究发现了多肽－G 蛋白偶联受体网络，并为研究这些信号系统在人类生理和疾病中的作用开辟了道路。

二、细胞与干细胞研究的新成果

（一）细胞方面研究的新信息

1. 细胞生理研究的新进展

（1）探明捣乱细胞被"刺杀"机制。2010 年 10 月，由澳大利亚莫纳什大学、墨尔本彼得·麦卡勒姆癌症中心和英国伦敦大学伯克贝克学院的研究人员组成的联合研究小组，在《自然》杂志上发表论文称，他们发现一种被称为穿孔素（Perforin）的蛋白质，可在细胞膜上打孔，从而杀死体内的无赖细胞（rogue cell）。无赖细胞也叫捣乱细胞，是入侵体内或不受控制的不良分子。专家指出，发现这种"刺杀"机制，有助于开发提高免疫力或是根据需要抑制免疫力的新方法。

研究人员指出，穿孔素是人体中的死亡武器和清道夫。它们能强行闯进被病毒劫持了的细胞或癌细胞中，从而使有毒的酶进来，从内部破坏细胞。没有它们，我们的免疫系统就无法杀死受感染细胞和癌变细胞。目前我们已经掌握穿孔素蛋白发挥作用的机制，这将为治疗癌症、疟疾和糖尿病带来福音。

诺贝尔奖获得者朱尔斯·波迪特，第一次观察到人类的免疫系统，能在目标细胞上穿孔，但它们是如何做到这一点的呢？

该联合研究小组通过为期 10 年的合作，共同分析穿孔素的蛋白质职能，也就是它的结构和功能。他们利用在澳大利亚的同步加速器，揭示了蛋白质的结构。然后通过伯克贝克学院强大的电子显微镜，根据单个穿孔素分子的精细结构，构建了穿孔素蛋白在样本膜上形成孔洞的系列模型，揭示了这种蛋白质是如何装配组合并在细胞膜上打出孔洞的。

新研究也证实，穿孔素蛋白分子，跟一些细菌分泌的毒素非常相似，比如炭疽病菌、李斯特菌和链球菌。

研究人员说，如果穿孔素不能胜任其工作，身体就无法和感染细胞战斗。实验室小鼠的研究显示，穿孔素缺乏，会导致恶性肿瘤细胞急剧上升，尤其是白血病细胞。但是，当正常细胞被误认为是应该清除的细胞时，穿孔素也会犯错误，这种情况就会导致自体免疫疾病，比如组织对骨髓移植的排斥。

目前，研究人员正在寻求一种方法，加强穿孔素在癌症防御方面的能力，用于治疗急性病。同时，他们也在研究一种抑制剂，抑制穿孔素以克服机体组织的排异反应。

（2）成功促使心肌细胞形成再生现象。2015 年 4 月，有关媒体报道，由澳大利亚新南威尔士大学张任谦心脏研究所与以色列魏茨曼科学研究所合作建立的一个研究团队，在《自然·细胞生物学》杂志上发表论文称，他们开发出一种新方法，成功地使实验鼠心肌大规模再生，给治疗心脏病带来新的希望。

人体的血液、皮肤等细胞再生能力较强，可以不断更新。心肌细胞则在出生后不久就基本上停止分裂增殖，这意味着此后心脏如果受损，将无法完全自我修复。

张任谦心脏研究所的科学家说，此前有一些研究团队成功诱导心肌细胞重新增殖，但增殖程度不大。他们的新方法可以使经历过心肌梗死的实验鼠心肌细胞数量增加 45% 之多。

新方法的关键，在于一种称为"神经调节蛋白 1"的激素，它在神经系统和心脏等发育过程中起到重要作用，是心肌细胞在胚胎和新生儿阶段可以再生的关键。

在实验鼠体内，出生一周之后，"神经调节蛋白 1"激素引发的心肌细胞增殖现象就停止了。研究发现，这是因为一种称为 ERBB2 的物质减少所致。科学家设法增强实验鼠体内该物质的活性，成功地使"神经调节蛋白 1"激素重新发挥作用，激发心肌细胞重新开始增殖，修复受损的心肌。

实验显示，该方法在青春期及成年实验鼠体内都能发挥作用。如果进一步研究证明它对人类也有效，有可能成为治疗局部缺血性心脏病的新疗法。研究人员说，未来人们有可能使心肌学会再生和自我修复，就像壁虎断掉尾巴之后还能长出新的来一样。

2. 细胞种类研究的新发现

从深海鱼眼部发现新型视细胞。2017 年 11 月，由澳大利亚、沙特阿拉伯、挪威等国相关专家组成的一个研究团队，在《科学进展》杂志上发表论文称，他们最新发现，生活在深海的"暗光鱼"，眼部存在一种新型视细胞，可让这种鱼在昏暗条件下也拥有良好的视觉。研究人员认为，这将有助于人们进一步了解动物的视觉系统。

包括人类在内的大部分脊椎动物，眼部视网膜包含两类光感受器，分别是负责白天视觉的视锥细胞和负责夜间视觉的视杆细胞。生活在海平面以下 200 多米的深海鱼，通常只在黑暗中活动，所以许多种类逐渐失去了视锥细胞，仅保留了光敏度高的视杆细胞。

本次的研究对象"暗光鱼"，在黎明或黄昏时最为活跃，且活动区域靠近光线水平中等的水面。研究人员先前认为，这种深海鱼的视网膜上也只存在视杆细胞，但研究发现，事实并非如此，"暗光鱼"拥有一套独特视觉系统。

在昏暗环境中，人类会同时使用两类光感受器，但效果并不理想。相比之下，"暗光鱼"结合二者特点，形成了一类更有效的光感受器。经显微镜观察后，研究人员将其命名为"杆状视锥细胞"。依靠这类独特的光感受器，"暗光鱼"的视觉，可以很好地适应昏暗的光线条件。

研究人员说，最新发现有助人们理解不同动物如何看世界，还挑战了人们对脊椎动物视觉的已有认识，强调了更全面评估视觉系统的必要性。

（二）干细胞方面研究的新信息

1. 培育或编译干细胞的新进展

（1）以人的鼻子为载体培育出干细胞。2005 年 3 月，路透社报道，由澳大利亚格里菲斯大学艾伦·西姆负责的一个研究小组，以人的鼻子为载体，成功培育出成熟的干细胞，从而避开了利用人类胚胎提取干细胞面临的一系列伦理和法律问题。

澳大利亚禁止培育人类胚胎以提取干细胞，不过，科学家们可以对试管授精过程中舍弃的多余胚胎加以利用。而通过鼻子等其他途径获取干细胞则完全合法。

西姆介绍道，从鼻子内部提取的成熟干细胞，可用于分化成为神经、心脏、肝脏、肾脏及肌肉等器官和组织的细胞。他说："我们获得的这种成熟干细胞，可以在任何人的鼻子中培育，我们将来可以大量培育这种干细胞，让它们分化成其他类型细胞。"

据悉，澳大利亚天主教教堂为这项研究捐赠 5 万澳元的资金。天主教人士表示，利用胚胎干细胞是一种对人类生命的践踏，而通过鼻子培育干细胞则不会触犯伦理道德。悉尼天主教大教主乔治·佩尔说："这项研究的重要性是多方面的，是一个重大进展，我相信它将造福民众。"

澳大利亚卫生部长托尼·阿博特认为，从鼻子中提取成熟干细胞，绕开了胚胎干细胞研究中涉及的有关伦理问题。他说："这项研究至少让我们知道，可以从成年人身上培育干细胞，而不必非得通过胚胎。"

（2）通过脂肪细胞再编译形成多功能干细胞。2010 年 7 月，由澳大利亚莫纳什医学研究院科学家保罗·威尔玛等组成的一个研究小组，在《细胞移植》杂志上发表论文称，他们成功地对成年实验鼠脂肪细胞和神经细胞进行"再编译"，从而获得能够分化成各种各样细胞的多功能干细胞。这些称为诱导多功能干细胞（iPS）的细胞与自然形成的多功能干细胞（如胚胎干细胞）十分接近。

研究人员表示，诱导多功能干细胞彻底改变了细胞的再编译。研究显示，成年实验鼠的神经干细胞（NSCs）和脂肪组织衍生细胞（ADCs）表达出了遗传多能性，它们能够分化成三胚层（内胚层、中胚层和外胚层）。

研究人员说，诱导多功能干细胞，表现出胚胎干细胞的许多特征。选择最适合于再编译的细胞，需要考虑细胞获取难易程度和在体外生长的难易程度。他们认为，某些诱导多功能干细胞，似乎具有更显著的分化成某些细胞系的倾向。

研究小组最终认为，脂肪组织衍生细胞，是一种与临床更相关的细胞类型，脂肪组织能够容易获取，并能在人工环境中方便且快速培养。脂肪组织细胞被再编译后，能够大量收获。他们表示，100 毫升的人体脂肪组织能够收获 100 万个临床有用的干细胞。这项新的研究，有助于利用诱导多功能干细胞，开发出用于治疗人类疾病的方法。

2. 利用干细胞培育人类身体器官的新进展

（1）利用胚胎干细胞培育出人类前列腺组织。2006 年 3 月，由澳大利亚莫那什大学免疫和干细胞实验室的雷内·泰勒博士、莫那什医学研究院的普律·高茵女士主持，成员来自澳大利亚和美国一个研究小组，在《自然·方法》上发表研究成果称，他们利用胚胎干细胞培育出人类前列腺组织。这有助于科学家们观察前列腺由健康到患病的全过程，从而找到前列腺疾病的致病因素。

论文讲述了人类胚胎干细胞，是如何在 12 周之内，被培育成相当于年轻男子所拥有的前列腺组织的。研究人员首先"告诉"胚胎干细胞，怎样长成人类前列腺组织。然后，把培育出的前列腺组织细胞，移植到老鼠体内，让其在老鼠体内发育为人类前列腺组织，并分泌荷尔蒙和前列腺特异性抗原。研究人员表示，培育出的是正常的人类前列腺组织，因此，它将是科学家检测导致前列腺疾病的不同荷尔蒙和环境因素的最佳实验品。

男性易患前列腺癌，良性前列腺疾病的影响亦非常严重，约有 90% 的男性到 80 岁时均患有良性前列腺疾病。这种病虽然不会对生命构成威胁，但却会大大降低生活质量。

泰勒博士说："我们需要对 15~25 岁男性的健康前列腺组织进行研究，以了解它的运行过程。不难理解，我们无法获得足够的这一年龄段男性的前列腺组织标本。因此，如何开辟一条源源不断地提供前列腺组织的途径，无疑是一个具有重要意义的里程碑。"莫那什医学研究院泌尿研究中心，主任盖尔·里思布里德尔教授也表示，这一发现，对前列腺癌和良性前列腺疾病的研究，有着重要意义。

（2）用干细胞培养出活动的心脏组织。2006 年 6 月 8 日，澳大利亚媒体报道，墨尔本大学莫里森教授负责的一个研究小组，在实验鼠体内用干细胞成功培养出活动的心脏组织。这一突破性进展，意味着也许在不久的未来，人们将无须担心在器官移植中出现排异问题。

据报道，该研究小组在一只实验鼠体内，植入一个有血管的特制空腔，然而把从其他实验鼠身上提取的干细胞加入这个空腔内。一段时间后，这些干细胞长成不同类型的组织，其中包括跳动的心脏组织。

莫里森说，这项成果将最终使得人们能用干细胞按需制造各种器官和组织，比如完整的心脏或修补心脏缺陷时所要用的"补丁"。如果器官和组织是用患者自己的干细胞制造的，移植后就不会出现排异反应。但他说："我估计这项成果要进入实用还需 10 年。"

目前，该研究小组已成功培养了乳房组织、肌肉、能产生胰岛素的胰腺组织等。研究人员计划在几年以后开始人体试验。

（3）发现干细胞可形成类似胚胎时期肾脏的结构。2015 年 10 月 8 日，澳大利亚昆士兰大学分子生物科学研究所高里实和墨尔本皇家儿童医院梅丽莎·利特领导的研究团队，在《自然》杂志上发表的一篇干细胞研究论文显示，实验室培养的人类干细胞，可以用来形成类似于胚胎时期肾脏的结构。研究表明，这种肾状结构可用于药物毒性筛选、遗传疾病的建模以及特定肾脏细胞治疗的来源。这项研究工作，代表了用干细胞合成全功能肾脏过程的重要一步。

人类胚胎时期的肾，由两种前体（祖）细胞群发展而来：一种形成肾当中的各种收集管道；另一种则形成功能性的肾单位。该研究团队过去曾证实，可发展成为任意一种细胞类型的人类多功能干细胞，能够通过引导同时形成这两种祖细胞群。

此次，研究团队鉴别出人类多功能干细胞，成为收集管还是肾单位祖细胞的信号传导因素及条件。他们在接下来的实验中，用这些新发现，培育出类似肾的结构（类器官），这个结构中肾单位通过收集管的网络相连接，而且还有连接组织和血管祖细胞，后两者在人类胚胎中会包裹着肾单位。在这些肾脏类器官中，表达基因和人类胚胎头三个月肾脏表达的基因极其相似，而且这些类器官在接触到已知的肾毒素时，也会表现出损伤。

在本期《自然》杂志相伴随的新闻与观点文章中，英国爱丁堡大学贾米·戴维斯评论认为，需要强调这些类器官还不是肾脏。他写道："它在精细尺度上的组织结构是真实的，但是还没有形成宏观意义上全肾的结构。离形成可以用于移植的肾还有很长的路要走，但是高里实和他的同事发现，研究是朝着正确方向上很可贵的一步。"

3. 运用干细胞治疗疾病研究的新进展

干细胞修复疗法动物实验获得成功。2016 年 4 月，澳大利亚南威尔士大学澳大利亚南威尔士大学生物学家瓦希·詹德坎然主持，该校副教授约翰·皮曼达、威尔士亲王临床学院神经外科医生拉尔夫·莫伯斯等人组成的一个研究团队，在美国《国家科学院学报》上发表论文称，干细胞疗法能使因创伤、疾病、老化而损伤的人体组织再生，他们在这一领域取得突破性进展，成功进行了动物实验，这种疗法有望在几年内变成现实。

这种修复方法的原理，类似于蝾螈的肢体再生，可用于修复多种组织类型。研究人员认为，这有望改变目前再生医学的治疗方式。

该研究中，研究人员抽取了骨骼和脂肪细胞，关闭了它们的记忆，将之变成诱导多能干细胞。他们用 5-AZA（5-氮杂胞苷）结合 PDGF-AB（血小板源生长因子-AB）处理约两天，再单独用生长因子处理 2~3 周，并将其插入到损伤组织部位，它们就会增殖，促进组织生长愈合。

皮曼达表示，这一技术是个基础性突破，因为诱导多能干细胞可再生成多种类型组织。詹德坎然说，许多其他干细胞疗法还在研究中，有许多不足之处，如胚胎干细胞不能用来修复损伤组织，因为可能形成肿瘤。而用病毒来诱导产生干细胞，这在临床上是不能接受的。相比之下，新技术是一个进步。他指出："我们认为，新技术克服了这些问题。"

莫伯斯说，这种疗法在治疗颈背部疼痛、椎间盘损伤、关节与肌肉退化等方面，有巨大潜力，还能促进骨与关节手术后恢复。通过移植重编程干细胞，能使椎间盘植入物和病人自己的骨骼更好地融合在一起。

目前，该研究团队正在评估，能否重新编程成人脂肪细胞使其变成诱导多能干细胞，安全有效地修复小鼠受伤组织。

第三节　微生物领域研究的新进展

一、生物与微生物研究的新成果

（一）研究生物方面的新信息

1. 保护生物多样性研究的新进展

（1）发现世界正面临新一轮生物物种大灭绝。2010 年 9 月 3 日，澳大利亚新闻网报道，澳大利亚麦考瑞大学古生物学家约翰·阿罗伊博士领导的一个研究小组公布最新成果显示，世界正面临一次前所未有规模的生物物种大灭绝，其程度远比恐龙大灭绝糟糕得多。

研究小组对来自全球的 10 万块化石进行了数据收集，希望能解开 2.5 亿年前生物大灭绝之谜。探索过程中研究人员发现，新一轮的生物物种大灭绝正在酝酿中，而此次灭绝的规模和程度远超恐龙大灭绝。

阿罗伊指出，将要发生的新生物物种大灭绝不是由行星撞地球引起的，而是"人为的"。外国物种的引进、各种肥料和杀虫剂的滥用、环境污染和滥砍滥伐等，都是造成新灭绝的原因。此外，全球气候的变化以及人口的急速增长也是"罪魁祸首"之一。

阿罗伊表示，尽管这次大灭绝比 6500 万年前恐龙大灭绝要严重得多，不过却比 2.5 亿年前的生物物种大灭绝规模小一些。

（2）生物分类混乱妨碍保护生物多样性工作。2017 年 6 月 1 日，澳大利亚查尔斯达尔文大学的斯蒂芬·加内特与科夫斯港南十字星大学的莱斯·克里斯蒂一起，在《自然》杂志发表文章。他们写道，生物分类混乱，会威胁全球为阻止生物多样性损失所做工作的有效性，损害科学的可信度，对社会造成巨大影响。

作者批评科学界未能对生物分类进行有效管理。"物种"一词至少存在 30 种定义，研究人员可能根据自己偏好的定义划分或组合物种，结果不一而足。例如，因采用的物种概念而异，某一种生物体面临的威胁似乎比另一种更严重，从而获得更多的保护经费份额。

加内特和克里斯蒂呼吁，高等生物的分类由国际生物科学联合会管理，并建议其设立一个分类委员会，制定适用于所有生命形式的规则，如果需要制定分类特异性定义，那么由委员会确定哪些需要分类特异性定义。

作者还说："模棱两可与保护工作背道而驰。为了保护生物多样性，法律需要对生物做出分类，各种分类必须具备法律上站得住脚的界定。"

2. 古生物研究的新进展

发现距今 6.5 亿年前的古生物分子化石。2017 年 8 月 17 日，澳大利亚国立大学网站报道，该校地球科学研究学院副教授乔臣·布鲁克博士率领的研究团队，在《自然》杂志上发表论文称，他们在澳大利亚中部古代沉积岩中，找到距今 6.5 亿年前的古代生物分子化石，并据此认为，此前的"雪球地球"时期与更复杂的生命演化有关。

报道称，该校研究人员把古代沉积岩粉碎成粉末，并从中提取出古代生物分子。布鲁克解释说："在 6.5 亿年前，地球生态系统发生了历史上最深刻的一场革命：藻类开始兴起。"如果没有这场生态革命，一切动物包括人类都不会出现。

布鲁克说，生态革命前，地球被冰冻了 5000 万年，那时候的地球，被称为"雪球地球"，此后，巨大的冰川将山脉冲击粉碎，山脉释放出其蕴含的营养物质。当极端全球变暖发生时，雪山融化的河流，将裹挟其中的营养物质冲入海洋。

如此一来，海洋中的营养物质含量极高，而当全球气温降低到恰到好处的水平时，藻类的快速繁殖传播也就成为可能。布鲁克指出，正是从那时起，以菌类为主的海洋开始演化为更复杂多样的生命世界。他说："食物链底部庞大而富有营养的生物，提供了复杂生态系统演变所需的能量，因此，包括人类在内的复杂动物才得以在地球上繁衍生息。"

古沉积岩中分子化石的现身，一方面佐证了"雪球地球"的假说；另一方面也让研究人员意识到，他们的发现确有突破性，即表明"雪球地球"直接参与了复杂生命的演化进程。

（二）研究微生物方面的新信息

1. 远古与新型微生物研究的新进展

（1）发现远古陆地热泉沉积物中存在微生物证据。2017 年 5 月 8 日，由澳大利亚新南威尔士大学科学家塔拉·德约基克领导的一个研究团队，在《自然·通讯》杂志上公布了一项最新生命科学和地质学研究成果，他们在澳大利亚一处拥有 34.8 亿年历史的陆地热泉的沉积物中，发现了重要微生物证据。这一发现，把地球上有生命存在的陆地热泉地质记录，向前推进约 30 亿年，为地球生命提供了部分最早的证据。

热泉分为海底热泉和陆地热泉两种。现在科学家已知深海热泉是最早的宜居环境之一，2017 年 3 月一份报告就证明，至少 37.7 亿年前，深海热泉内部及其周围就有微生物活动的证据。但陆地热泉中的生命发现却远远滞后，此前发现的生命证据只有约 4 亿年的历史。

该研究团队探索了西澳大利亚皮尔巴拉·克拉通地区，拥有34.8亿年历史的热泉沉积物。他们在其中鉴定出了硅华的存在，从而确定其为陆地沉积物而非海底沉积物。硅华是一种地下水或地表水经化学作用，由热二氧化硅流体形成的沉积物，是一种典型的化学成因的硅质岩，仅出现于陆地热泉中。

研究团队在这些沉积物中发现了叠层石，这是一种原核生物所建造的有机沉积结构，或可理解为只有出现微生物活动，才会产生这种层状结构。他们同时还发现了其他微生物特征。以上这些都表明，在34.8亿年前，此处存在各种各样的生命。

这项新研究成果，把生命在陆地热泉中活动的时间记录向前推了约30亿年，刷新了人们的认知。鉴于地球形成于大约45亿年前，这也是一批最古老的生物多样性样本。

（2）利用计算机筛选发现大量新型微生物。2017年9月，由澳大利亚昆士兰大学多诺万·帕克斯、悉尼大学尼古拉斯·科尔曼等生物学家组成的一个研究团队，在《自然·微生物学》杂志上发表论文称，他们用基因分析揭开了上千种微小生命形式的面纱。实际上，它们一直就在我们的眼皮底下。它们很多属于全新的种群，就像昆虫和黑猩猩一样，同其他微生物有着天壤之别。

地球上的细菌和古生菌两大种群，共同构成了地球上的大多数物种，但时至今日，人们也只是研究了其中很小一部分。这是因为仅有不到10%的微生物，能被分离并在实验室中被培养出来。其他的只能在原生环境中生存，无论是深海热泉还是牛的肠道。研究人员将它们称为微生物"暗物质"。

不过，一种被称为宏基因组学的技术将其带到了光亮处。该技术涉及采集环境样品、对里面的所有DNA——宏基因组——进行测序，然后将出现的每种微生物的基因组拼凑在一起。

帕克斯和同事分析了1500多个由全世界研究人员上传至公共数据库的宏基因组。每个均包括从诸如土壤、海洋、深海热泉、工业废液、牛和狒狒粪便等各种环境中收集的混杂在一起的DNA序列。

该研究团队利用计算机对这些脏乱的东西进行了筛选，并最终重建了

7280 个细菌和 623 个古生菌的基因组，这约占科学上的全新物种的 1/3。这些新近发现的微生物，为生命树增添了 20 个主要分支，或者说 20 个类群。

下一步将是搞清这些新的微生物看上去是什么样子。科尔曼表示："现在，我们需要弄清楚它们实际上在做什么，以及我们如何从中受益。"

其中一个方法，是扫描它们的基因组，以寻找和一些众所周知的生物体的基因相仿的基因。帕克斯说："例如，它们可能拥有看上去和甲烷代谢基因类似的基因。"不过，很多基因组是全新的，因此理解它们需要花费更长时间。

最新的微生物可能催生出新的抗生素。它们还可被用于工业和环境管理，比如分解塑料污染，或者制造燃料和工业用化学物质。科尔曼说："我们对细菌多样性的认识越深，能找到的有用东西就越多。"

2. 微生物生存与发展趋势研究的新进展

（1）发现南极微生物可依靠微量气体生存。2017 年 12 月，由澳大利亚新南威尔士大学科学家领导的一个研究团队，在《自然》杂志发表论文称，南极洲是地球上环境最严酷的地区之一，然而这里的微生物群落种类丰富，令科学家费解。他们最近的研究发现，南极洲一些微生物，可在极端条件下依靠空气中微量的氢气、一氧化碳等气体存活。

该研究团队在南极洲东部的威尔克斯地和伊丽莎白公主地两处无冰区，采集了土壤样本，两地都是原始极地荒漠，不存在能进行光合作用的植物。研究人员分析了在土壤表层生活的微生物的基因特征，并重建了 23 种微生物的基因组，包括两种以前未知的代号为 WPS-2 和 AD3 的细菌基因组。

分析显示，在土壤样本中占优势的细菌，能利用空气中的氢气、一氧化碳和二氧化碳，为自己提供能量来源和碳。虽然空气中只存在微量的氢气和一氧化碳，但它们也有办法从空气中吸取这些气体分子。

研究人员表示，这一发现，对在其他行星上寻找生命有参考意义，即地球外的微生物也可能依靠微量气体生存，他们将进一步研究，该现象在地球其他地方是否也存在。

（2）研究显示人类进化会导致微生物类群灭绝。2016 年 6 月，澳大利亚麦考瑞大学生物学家迈克尔·吉林斯领导的一个研究小组，在波士顿举行的美国微生物学会年会上发表研究报告称，人们正在驱动灭绝的不只是大象和老虎，还在大规模地消灭那些小很多的生物体。他们的一项研究显示，人类世带来的微生物类群灭绝，可能是一些身体和心理健康问题，以及目前出现的抗菌素耐药性危机的"幕后黑手"。

这一信息，来自对人类历史如何影响地球微生物，尤其是那些生活在人类体内的微生物类群进行的深度分析。吉林斯表示："肠道菌群的多样性，正随着文明的进步而衰退。"

吉林斯说，包括农业、饮食、卫生设施、对抗生素的广泛使用在内的文化实践，要对生活在富裕国家的人群肠道内微生物多样性的降低负责。他提出，这种多样性的丧失，开始于人类学会用火的 35 万年前。

通过烹饪，人类将更多卡路里从食物中释放出来，从而进化出更大的大脑和更小的消化系统。吉林斯说："如果你拥有较小的肠道，这意味着留给微生物群的空间也会变小。"

约 1 万年前，当人类发明了农业时，细菌多样性可能进一步衰退。在转向农耕的过程中，人类开始食用范围狭窄很多的食物，而这影响了体内的菌群。

如此多的和人类共同进化的细菌种群突然消失，被怀疑在诸如肥胖、哮喘、炎症性肠病、牛皮癣，甚至是心理疾病等一系列健康问题中起到了一定作用。吉林斯表示："微生物群似乎对大脑活动产生了影响，而焦虑和抑郁同肠道易激综合征存在关联。"

二、原核生物与真核微生物研究的新成果

（一）研究原核生物的新信息

1. 细菌方面研究的新进展

（1）发现共生细菌可让蚊子寿命减半。2009 年 1 月 2 日，有关媒体报道，澳大利亚科学家公布一项研究报告显示，沃尔巴克氏共生细菌，能让蚊子寿命减半，从而可较为简单经济地减少借蚊虫传播的疟疾、登革热等传染病。

沃尔巴克氏体广泛存在于果蝇等节肢动物体内，经宿主母系细胞质遗

传。由于它通常能让果蝇寿命减半，研究人员让埃及伊蚊感染上沃尔巴克氏体，置于严格受控的实验室中孵化后代。

结果显示，出生时携带沃尔巴克氏体的埃及伊蚊，即使在环境舒适的实验室内也只能存活 21 天，正常蚊子则能生存 50 天。

（2）研制出可模拟人类肠道细胞表面结构的细菌。2009 年 9 月 7 日，由澳大利亚阿德莱德大学生物专业学者组成的一个研究小组，在英国普通微生物学会召开的秋季研讨会上发表研究报告说，他们已研制出可在人类肠道表面生存，并能防治疾病的细菌。

细菌是人眼难以看见的小东西，并且往往给人以"病菌"的不良印象。但在这次研讨会上，来自不同国家的研究人员纷纷报告了他们在细菌研究方面取得的成果。这些成果都表明只要应用得当，小细菌也可以在医疗、能源、环境和材料等多个领域派上大用途。

在医疗方面，一些细菌能致病，但也可以利用细菌来"以菌治菌"。澳大利亚阿德莱德大学的研究人员说，他们研制出了可模拟人类肠道细胞表面结构的细菌。一些病菌常常通过与肠道细胞表面的受体结合，影响宿主细胞并导致疾病。如果使用这种模拟细菌，那么病菌就会和它们结合，从而避免影响人体。研究人员在报告中说，他们已经研制出可"欺骗"大肠杆菌的细菌，并且还可以用这种方法来防治霍乱。

（3）分析表明西方生活模式会改变肠道菌群。2015 年 4 月，由澳大利亚联邦大学微生物学家安得烈·格林希尔参与，加拿大阿尔伯塔大学农业、食物和营养科学学院延斯·沃尔特教授主持的一个研究小组，在《细胞·通讯》期刊上发表研究成果称，寄居在肠道内的天然细菌对健康十分重要，但他们的研究揭示，一种现代生活方式可能限制肠道积累细菌。虽然生活方式如何影响肠道菌群尚不得而知，但一项针对巴布亚新几内亚和美国居民肠道菌群的分析表明，西方生活方式可能通过限制其在人体中的传输能力，减少肠道中细菌的多样性。

研究人员说，假设西方生活方式的数个方面，能影响肠道菌群和减少其多样性。这其中包括饮食、环境卫生和临床实践，例如，使用抗生素和剖宫产手术，但人们不知道肠道菌群是如何被改变的。

该研究小组比较了来自巴布亚新几内亚两个乡村的成年人，与美国成年居民的粪便细菌。巴布亚新几内亚是全世界城市化水平最低的国家之一，这里的许多居民仍保留着传统生活习惯，坚持以农业为基础的生活方式。研究人员发现，与美国人相比，巴布亚新几内亚居民肠道菌群多样性更大、个人差异性更低，并且成分剖面迥然相异。美国居民缺乏近50种细菌类型，这些细菌属于巴布亚新几内亚居民肠道菌群的核心种类。他们的分析结果还显示了生态过程的相对重要性。尤其是细菌传播或细菌从个人到个人的转移能力，似乎是巴布亚新几内亚居民肠道细菌收集的主导过程，但美国居民不是如此。

研究人员说，这些结果表明，生活方式能影响细菌传播，尤其是环境卫生和饮用水处理，可能是肠道菌群变化的重要诱因。

另外，该研究还揭示，与西方化有关的菌群变化，可能影响人类健康，这可能会增加工业化国家非传染性慢性病的发病率。格林希尔说："但我们能想办法减少现代生活方式对肠道菌群的影响。该研究提供了能预防和纠正西方化可能对细菌传播产生影响的信息。"

（4）找到杀灭超级细菌的新方法。2018年3月6日，澳大利亚阿德莱德大学网站报道，该校科学家凯塔琳娜·里奇特主持的研究小组发表文章称，他们找到了一种杀灭超级细菌的新方法，即通过改变铁供应使其变弱，甚至死亡。

超级细菌指对多种抗生素都有耐药性的细菌，由于病人感染超级细菌后缺乏有效治疗药物，有人估计它们每年导致70万人死亡。世界卫生组织预计，到2050年这一死亡数字，可能达1000万人。因此，应对超级细菌成为医学界的紧迫任务。

里奇特介绍道，她在研究中针对超级细菌的噬铁特性，改变超级细菌的铁供应，使它们丧失致病功能，最终死亡。里奇特说："铁对细菌而言就像是巧克力，带给细菌能量，让它们不断长大、致病，并能抵抗人类免疫系统和抗生素的攻击。我们通过使用两种不同的化合物，先是让细菌缺铁，进而喂给它们对细菌而言有毒的物质，饥饿的细菌对这些有毒物质毫无抵抗力。"

这种方法，已经在动物实验中证明对金黄色葡萄球菌等超级细菌有效，下一步将运用到治疗鼻窦感染的人体试验中。两种化合物被包含在啫喱状物质中，可以只用于感染部位而无须全身施药。

里奇特表示，目前没有发现这种疗法有副作用，而且细菌在这种疗法下出现耐药性的风险也较低，因为细菌不大可能抗拒自己喜欢的食物。

2. 蓝藻方面研究的新进展

发现迄今最古老蓝藻沉积形成的化石。2016 年 8 月，由澳大利亚伍伦贡大学教授艾伦·奈德曼领导的一个研究小组，在《自然》杂志上发表论文称，他们在格陵兰岛发现了一些叠层石化石，其历史可追溯到 37 亿年前，比目前地球上已发现的最早生命化石还要早 2.2 亿年。

奈德曼称，他和他的同事是在格陵兰岛西南部伊苏阿的变质岩中，发现这些高 1~4 厘米的化石的。岩石的化学特性、沉积构造和所含矿物组成等多种证据表明，该叠层石由活有机体形成，时间可追溯至约 37 亿年前。

叠层石，是一种"准化石"，一般由原核生物产生的有机物沉积形成。由于蓝藻等低等微生物的生命活动，会引起周期性的矿物沉淀，加之其对沉积物的捕获和胶结作用，由其形成的化石一般具有叠层状的结构特征，叠层石的命名也因此而来。叠层石是藻类繁衍生息形成的生物遗迹，记录下了丰富的古环境信息，具有重要的科学研究价值。

格陵兰岛是世界上最大的岛屿，面积约 216.6 万平方公里，常住人口约 5.7 万人，地处北极地区，气候寒冷，超过 80% 的土地被冰雪覆盖，环境从未被污染，被誉为"世界最后一片净土"和"地球上的自然博物馆"。

研究人员称，这些化石被认为曾沉积在浅海环境中，是在近期常年积雪带融化后才裸露出来被发现的。此前有关基因分子钟的研究认为，地球生命起源时间是 40 多亿年前，新发现与其吻合，在某种程度上证实了这一点，为其提供了化石证据。

(二) 研究真核微生物的新信息

1. 探索奇古菌门生物的新发现

地下洞穴中发现酷似"外星史莱姆"的奇古菌门生物。2013 年 3 月，国外媒体报道，澳大利亚新南威尔士州麦格理大学首席教授伊恩·保尔森、生物学家萨沙·特图等人组成的一个研究小组，通过潜水员在澳大利亚的洞穴深处，发现了不可思议的水下生物，酷似"外星史莱姆"，俗称"黏液怪"，它生存于地下阴暗潮湿的环境中。

　　报道称，新发现的生物属于奇古菌门，是古菌域的一个主要类群，它们在漆黑的环境中繁衍生息，拥有独立的同化作用，可将外界物质以特有的机制转化为自身所需的能量。发现奇异生物的地方位于澳洲纳拉伯平原下方，这里充满了潮湿环境的地下洞穴。

　　特图等人正在探索这个酷似外星生物的生态系统，是如何进行工作的。他们在本周国际微生物生态学会期刊上发表了最新的研究成果，显示地下洞穴系统中存在不寻常的生物群。保尔森介绍："地下洞穴生态中存在不寻常的化学循环，但我们并不清楚微生物的生化作用，如何融入无机环境中。"

　　为了找到这"缺失的一环"，研究人员使用了一系列的新技术，比如新一代 DNA 测序仪、扫描电镜等，希望在纳拉伯平原的维布比洞穴中，研究奇异生存方式（氨氧化作用）的有机体。有研究认为，纳拉伯平原地下的洞穴过去发生过数次洪水事件，分析表明洞穴咸水环境中的生物群落可独立合成能量。

　　保尔森认为，维布比洞穴中的奇古菌门生物可能来自海洋。据悉，这些洞穴系统在中新世时期曾经位于海洋环境中，所以这可能是该生物来源的一种解释。研究结果暗示了在地球上其他黑暗深处，还存在更多奇异的生命形式，其中许多物种对我们而言都还是未知数。

2. 探索真菌起源的新发现

　　发现最早真菌或有 24 亿年历史。2017 年 4 月，澳大利亚科廷大学科学家斯特凡·本特森领导的一个研究小组，在《自然·生态与进化》杂志上发表的一篇论文，报告了一些拥有 24 亿年历史的化石，这些化石表现出一些与现存的真菌相似的结构特征。

　　研究人员表示，化石的丝状外形有力地表明，它们或是极早期的真菌，或是一种前所未知的丝状生物，同样属于真核生物，包括所有动物、植物和真菌，但不包括细菌或古菌的生物分支。这一发现，对理解地球早期生命的演化非常重要，因为它们要么是最早的真菌，比此前已知最早的真菌早 10 亿~20 亿年；要么是最早的真核生物化石，比此前已知最早的真核生物早 5 亿年。

　　据保守估计，真菌起源于约 4 亿年前，但近期的一些研究，报告了可能是 14 亿年前真菌的化石证据。有人提出，真核生物在约 27 亿年前就已演化出来，但目前已知最早的真核生物化石卷曲藻只有 19 亿年历史。

在该研究中，澳大利亚研究小组描述了，这些从南非 Ongeluk 组深处的岩芯中钻探出的化石，并使用了微观和光谱技术确认这些丝状生物的生物学起源。研究人员发现，这些化石是一种比头发丝更细的微小生物的遗迹，直径约为 0.002~0.012 毫米。它们生活在火山岩的空洞中。

人们此前认为真菌是在陆地上起源的，而在这些生物生活的年代，Ongeluk 组位于海平面之下。研究人员指出了这一点的重要性。这些化石表明真菌的起源或许非常早，也使人们猜测当时是否还存在着其他的重要真核生物分支。

三、非细胞型微生物研究的新成果

（一）研究病毒起源与新型病毒的新信息

1. 病毒起源探索的新进展

通过南极古生菌揭示病毒来源。2017 年 8 月，澳大利亚新南威尔士大学生物学家里卡多·卡维奇奥利领导、病毒专家苏珊娜·艾德曼为主要成员的一个研究团队，在《自然·微生物学》杂志发表论文称，他们发现一种罕见的南极微生物，或许为破解病毒起源提供线索，而这是进化过程中最大的谜题之一。

病毒和其他生命形式不同。可以说，它们根本不算活着。所有其他生命都由细胞构成，而细胞是能独立养活自己和繁殖的复杂机器。病毒则要简单很多。典型的病毒是一小片被包裹在衣壳中的遗传物质。仅靠自己的话，病毒几乎什么也做不了。不过，如果它进入活体细胞，便开始自身复制。病毒通常会伤害其宿主：如人体免疫缺损病毒在感染人类时会引发艾滋病。

几十年来，生物学家对病毒来自何处一直非常困惑。它们是更加古老、简单的生命形式，还是细胞进化后出现的寄生生物？

该研究团队在临近南极洲海岸的劳尔群岛湖泊中，发现了一种或许能为解决上述问题带来一些曙光的微生物。这种生物体是一种古生菌：看上去像细菌的单细胞生物，但实际上属于一个单独的生命领域。

研究人员早就知道，病毒通常在南极生态系统中发挥着至关重要的作用，因此，艾德曼着手在这种生物体的细胞内寻找病毒。她发现了一些意想不到的东西：质粒。

质粒是存在于活体细胞中的小型DNA片段，通常呈圆形。它们并不是细胞主要基因组的组成部分，但能独立地自我复制。通常，质粒携带着以某种方式对细胞有用的基因：如有时会在质粒上发现对抗生素有抗药性的基因。

艾德曼发现的质粒，被该研究团队命名为pR1SE，它看上去很不寻常。它携带的基因使其能产生囊泡，即主要由脂质构成的气泡。通过被包裹在具有保护性的气泡中，pR1SE能离开它的宿主细胞去寻找新的宿主。

换句话说，pR1SE的外表和行为很像病毒，但它携带着仅在质粒上发现的基因，并且缺少任何表明其是病毒的基因。它是一个带有病毒属性的质粒。

卡维奇奥利推测，在生命史早期，病毒可能从像pR1SE一样的质粒进化而来。它们从宿主那里获得了使其产生坚硬的衣壳而非软泡的基因。

2. 新型病毒探索的新进展

（1）发现一种能致死的新型病毒。2007年4月22日，国外媒体报道，澳大利亚维多利亚传染病实验室迈克·卡顿博士等组成的一个研究小组表示，有3位病人在接受了同一位捐赠者的器官移植之后，都迅速死亡。医生发现，他们都感染了同一种之前从未被见到过的病毒。

这种病毒是在3位来自墨尔本的病人体内发现的，他们在接受了一位57岁男性捐赠的器官之后的数周内死亡。捐赠者在从欧洲返回后的一周内死于致命的脑部大出血。

澳大利亚官方表示，这一感染类似一种淋巴病毒LCMV，2006年它在美国造成了数起移植病人的死亡。卡顿表示："死亡令人伤心，但是我们还是很高兴能成为世界上首个发现这些病毒的小组。这是一种新病毒，也是一种发现新病毒的方法。"

美国哥伦比亚大学的格林尼传染病实验室利用新型基因测序技术，分析了死亡病人的组织样本。结果在所有接受移植的病人组织中都发现了这些病毒，但是在捐献者体内却未发现。卡顿认为，医生们并不确定有多少人感染过这种病毒，以及它在过去造成了多少人死亡。但是，澳大利亚官方坚持认为，这一新病毒不会对人群造成威胁，也不构成传染病的标准。

在 2007 年 1 月，3 位接受移植的女性相继死去，其后澳大利亚医生开始调查原因。其中两位年龄分别为 63 岁和 44 岁的女性患者接受了肾移植，而捐献者的肝脏则移植给了一位 64 岁的女性。维多利亚州的健康官员约翰·卡尼博士表示，他希望这一发现，不会导致移植项目的停止。

（2）在脊椎动物中发现大量未知病毒。2018 年 4 月 4 日，澳大利亚悉尼大学进化病毒学家爱德华·霍尔莫斯、美国圣彼得斯堡南佛罗里达大学环境病毒学家米娅·布莱巴特、中国疾病预防控制中心病毒学家张永振和加利福尼亚州旧金山市血液系统研究所病毒学家埃里克·德尔瓦特等人组成的一个国际研究团队，在《自然》杂志上发表论文称，他们已经发现 200 多种以前不为人知的病毒，此类病毒能够导致包括流感和出血热等在内的疾病。他们同时还追踪了这些核糖核酸（RNA）病毒在数亿年前的起源，当时大多数现代动物才刚刚出现。

布莱巴特说，这些发现可以帮助科学家识别未来有可能感染人类的 RNA 病毒。由于 RNA 病毒能够在人类和牲畜中引发广泛的疾病，研究人员之前主要研究那些可以感染哺乳动物和鸟类的病毒。但是，为了了解 RNA 病毒的进化，研究人员已经开始调查其他脊椎动物，包括鱼类、两栖动物和爬行动物。

霍尔莫斯说，新兴的观点是 RNA 病毒比科学家之前所认为的要丰富得多，并且也更普遍。霍尔莫斯指出，由于存在这么多的 RNA 病毒，因此要想估计哪些病毒会感染人类是很困难的。

科学家之前的研究表明，已经在蜱螨体内发现了 RNA 病毒，但是他们对那些感染了其他两栖动物、爬行动物和鱼类的病毒并不是很了解。因此，霍尔莫斯和他的同事研究了其他脊椎动物类别中的近 190 种生物，它们从像七鳃鳗类这样的无颌鱼（其与自己的进化祖先相比几乎没有什么变化），到像海龟这样的爬行动物。

最终，研究小组通过分析从动物肠胃、肝脏、肺或鳃中提取的 RNA，发现了 214 种之前从未被描述过的 RNA 病毒。

研究人员指出，其中的大多数 RNA 病毒，都属于已知能够感染鸟类和哺乳动物的病毒家族。例如，一些鱼类携带了与埃博拉病毒相关的病毒，这种病毒会在包括人类在内的灵长类动物体内引发致命疾病。

霍尔莫斯说："这很令人惊讶，但这并不意味着这些鱼类病毒会对人类健康构成威胁。"他表示，人类和鱼类是如此不同，以至于感染其中一种动物的病毒很难感染另一种动物。

研究人员认为，这是因为大多数 RNA 病毒已经和它们的宿主一同进化了数百万年。当研究人员为新发现的 RNA 病毒建立起一棵进化树，并将其与脊椎动物宿主进行比较时，他们发现这两者的进化历史相互匹配。

研究小组由此得出的结论是，当脊椎动物从海洋迁移到陆地时，它们携带的那些微小的搭便车的家伙也是如此：今天感染人类的 RNA 病毒，很可能是从 5 亿年前能够感染我们的脊椎动物祖先的病毒那里进化而来的。

科学家之前曾认为 RNA 病毒是非常古老的，因为它们被发现存在于单细胞生物（如阿米巴虫）和无脊椎动物（如昆虫和蠕虫）中。德尔瓦特说："如今这项研究表明，这种观点非常令人信服。"

张永振表示，这项研究只是触及了大量病毒的数量和种类。他的研究团队主要从中国采集样本，通过将其基因序列和已知病毒的基因序列进行对比，从而寻找新的 RNA 病毒。张永振说，这些病毒的 RNA 序列与其他病毒没有相似之处。同时栖息在世界其他地方的脊椎动物，可能会携带其他尚未被发现的 RNA 病毒。

RNA 病毒直径为 80~160 纳米，为有包膜的单股 RNA。RNA 病毒在复制过程中变异很快，而疫苗是要根据病毒的固定基因或蛋白进行开发制作的，所以 RNA 病毒疫苗较难开发。RNA 病毒不可单独进行繁殖，必须在活细胞内才可进行。艾滋病病毒、烟草花叶病毒、SARS 病毒、MERS 病毒、埃博拉病毒、西班牙流感病毒、甲型 H1N1 流感病毒、禽流感病毒、噬菌体等都属于 RNA 病毒。

（3）动物实验发现与肾病相关的全新病毒。2018 年 9 月，澳大利亚百年研究所本·勒迪格作为第一作者，与美国同行一起组成的一个研究小组，在《细胞》杂志上发表文章说，他们在小鼠体内发现一种与肾病相关的全新病毒，有望为治疗慢性肾病和儿童遗传性肾病提供新思路。

慢性肾病包括肾炎、肾病综合征、膜性肾病等慢性肾脏疾病，若未及时发现治疗，病情可能发展为慢性肾功能不全、肾衰竭，最终形成尿毒症。目前，慢性肾病的治疗方式主要包括药物治疗和食疗，晚期患者大多需要透析或肾移植。

该研究小组进行的动物实验发现，一些免疫缺陷型小鼠在中年时就会死去，远小于其预期寿命。进一步调查显示，这些小鼠死于肾衰竭。研究人员随后通过 DNA（脱氧核糖核酸）测序技术确认，小鼠的肾衰竭源于其体内一种全新的细小病毒。细小病毒是极小病毒，如果免疫系统健全，这类病毒通常呈良性。

这种细小病毒对肾脏具有高度特异性。勒迪格在说："这一新发现，为研究病毒相关性肾病提供了新视角。"接下来，研究人员有望利用这种病毒的表面蛋白，开发出基因疗法，用于治疗儿童遗传性肾病。

尽管目前尚不清楚这种特殊病毒从何而来，但研究小组认为，这种病毒非常普遍，野生和实验室的小鼠群体可能都携带，研究人员只是借助最新的基因测序技术才得以发现它。

（二）研究病毒开发出的新技术

1. 开发出无危害研究 H5N1 病毒的新技术

2008 年 2 月，有关媒体报道，由澳大利亚昆士兰格里菲思大学糖体学研究所马克·冯伊兹泰恩教授、香港大学马里克·培瑞斯教授共同领导的一个国际研究小组表示，他们开发出一种解开致命性禽流感病毒 H5N1 编码的技术。该技术将帮助病毒专家和药物研究人员在研究 H5N1 病毒某个重要表面蛋白质时，免受被病毒感染的危险。此外，新技术还能帮助人们快速验证禽流感和其他流感病毒。

报道称，冯伊兹泰恩是抗流感药物"乐感清"（Relenza）的发明人；培瑞斯曾开发出了将灭活流感 H5 蛋白置入类无害载体病毒颗粒内的方法。

该新技术以培瑞斯开发的灭活流感 H5 蛋白置入类无害载体的方法为基础，利用这些类病毒颗粒作为病毒蛋白载体，研究人员可以无须高级防护实验室环境，也能完成相应的研究工作。

冯伊兹泰恩说："为更好地研究一种病毒蛋白，研究人员需要有能力观察和监视该病毒蛋白在与病毒颗粒结合时其作用的方式。"他同时表示，这是一项相当困难的工作，如同人们仅仅通过研究子弹来了解枪的功能。

2. 开发出用计算机绘制感冒病毒 3D 图的新技术

2012 年 7 月 25 日，英国《每日邮报》报道，澳大利亚墨尔本大学圣文森特医药研究院副主管迈克尔·帕克教授领导的一个研究小组，开发出计算机成功绘制感冒病毒 3D 图的新型成像技术，这种病毒引发了大部分伤风感冒病症。研究人员希望，这些惊人的成像结果，将帮助研发出更好的抗病毒药物。

该研究小组模拟了人鼻病毒的全基因序列，这种病毒导致了将近 50% 的感冒案例。他们希望利用这种模拟，来更好地了解澳大利亚制药公司正在开发的新型药物，如何能阻止病毒的扩散。目前，这种药物仍处于临床试验阶段，按照计划，这种药物将主要用于治疗慢性气管疾患，如哮喘、慢性阻塞性肺疾病和囊肿性纤维化等疾病，对于这些患者而言，一次普通的感冒就足以致命。

这些病毒的 3D 图像还只是这台超级计算机，即 IBM 公司与墨尔本大学帕克研究小组开发的"蓝色基因 Q"的初步结果。帕克认为，了解这种新型药物如何作用于这些病毒，将有助于应对更多种类的病毒。他说，人鼻病毒属和一个病毒家族联系紧密，这个病毒家族会导致一系列严重疾病，包括小儿麻痹症和脑膜炎。帕克教授表示："对于现有药物如何作用于某种病毒的机制的加深了解，将为未来开发针对与之相似病毒的新型抗病毒药物铺平道路，从而在全世界拯救许多人的生命。"

帕克教授与 IBM 公司，以及维多利亚生命科学计算项目的计算机专家共同协作，获得了这些珍贵的 3D 病毒图像。他说："超级计算机技术，让我们得以更加深入的了解人体细胞内部的运行机制，尤其是了解药物是如何在分子中发挥作用的。这项工作将有望加速新型抗病毒药物的开发进程，这将挽救许多人的生命。"

IBM 公司生命科学研究部门经理约翰·魏格纳说，这台超级计算机是南半球运行速度最快的计算机，在全球排名第 31 位。他表示这台计算机可以实现每秒 836 万亿次数值运算，同时它也是全世界能耗效率最高的计算机。

大约 70% 的哮喘病恶化和人鼻病毒感染有关，其中大约有一半的患者将需要住院治疗。每年大约有 35% 的患有急性慢性阻塞性肺疾病的患者需要住院治疗，其中就包括人鼻病毒的感染。

在可以造成感冒的大约 200 种病毒中，人鼻病毒是最为常见的一种。这是一种体型极小的病毒，大约 5 万个人鼻病毒排成一排长度才有 1 毫米长。

第四节　动植物领域研究的新进展

一、动物生理与远古动物研究的新成果

（一）动物生理与生态研究的新信息

1．动物生理现象研究的新进展

（1）研究表明动物拥有相当高的智力。2014 年 1 月，国外媒体报道，我们一直以来都认为人比其他动物聪明，但越来越多的科学证据显示，作为一个物种，我们过于自大了。进化生物学家表示，在某些情况下，动物拥有比我们还要出色的大脑，它们的许多能力只是被人类误解罢了。

这些科学家认为，从乌鸦到考拉等许多动物，都表现出这种普遍存在于动物界的智力。例如，长臂猿发出各种具有不同含义的声音，考拉用复杂方法在环境中做标记，家养宠物有控制人类的能力等，这些都是动物拥有智力的证据。

澳大利亚阿德雷德大学医学科学院客座研究员亚瑟·萨尼奥提斯博士说："千百年来，从宗教人士到学者等各个领域的权威人士一直都有个共识——人类是动物界最聪明的。但科学告诉我们，动物拥有比人类出色的认知能力。"

人类拥有更高的智力这一论断，可追溯到约一万年前的"农业革命"时期。那时，人类开始生产谷物和驯养动物。科学家说，有组织的宗教的发展，使这个论断进一步提升。宗教认为，人类是上天创造的物种中最高级的。

萨尼奥提斯表示："人类认知能力有优越性这一看法，在哲学和科学中根深蒂固。就连是最具影响力的思想家亚里士多德也说，人类比其他动物优秀，因为我们的推理能力独一无二。"

但阿德雷德大学比较解剖学和人类学教授马切伊·亨尼伯格认为，动物一直拥有各种被人类误解的能力。他说："事实上，它们不了解我们，而我们同样不了解它们，但这并不意味着我们的智力处于不同水平，而它们只是不同的物种。当一个外国人用我们语言磕磕绊绊地跟我们交流时，我们就会产生这个人很不聪明的印象。但真相并非如此。"

生物学家们表示，动物拥有社交和动觉等各种智力，但由于人类对语言和科技理解的固有模式，总是低估它们的这些智力。例如，长臂猿，它们可发出20种有截然不同含义的声音，使它们得以在热带雨林树冠上进行交流。亨尼伯格说："事实上，不建房子和长臂猿的智力毫无关系。许多四足动物在环境中留下复杂的嗅觉标记，如考拉就拥有做气味标记的特殊腺体。人类却不能测量这些嗅觉标记所含信息的复杂度。有种可能是，这些标记可能含有大量视觉信息。"

剑桥大学的一个实验证明，鸦科的许多成员不只是最聪明的鸟类，还比大多数哺乳动物聪明，可以完成对三四岁孩子来说具有一定难度的任务。科学家说，虽然拥有迥然不同的脑结构，乌鸦和灵长类动物，都结合使用想象力和对将来可能发生事件的预期等心智工具，解决相似问题。其他实验表明，克里多尼亚乌鸦可依次使用3种工具获得食物。牛津大学的行为生态学研究小组说，这首次验证了除人类外，一个物种具有自发连续使用工具的能力。

一项研究还显示，白嘴鸦可用石头升高一个容器内的水位，让虫子浮上来，然后吃掉。有人看到，生活在市区的小嘴乌鸦，学会借用路上的车辆压碎坚果的方法。它们耐心等在十字路口上，注视着红绿灯。交通中断时，它们就会取回已被汽车压碎的坚果。

亨尼伯格教授认为："家养宠物，也为我们进一步了解哺乳动物和鸟类的心智能力，提供了线索。它们甚至能向我们表达它们的需求，让我们做一些它们想要的事情。动物比我们想象的复杂得多。"

由于科学研究，我们现在已经知道大象会哀悼死去的同类。自然资源保护论者达米安·阿斯皮诺尔表示，猿能感受快乐、爱和悲伤，应该得到应有的"人权"。他说："在你了解它们后，你就会发现它们都有自己的性格，同时意识到猿和人类有很多地方相似。它们像我们人类一样彼此相爱。它们能感觉到忠诚和嫉妒等复杂情感。猿拥有许多和人类一样的特征和情绪。例如，它们在悲痛或孤独，或在失去家人时，就会陷入深沉的忧伤。看到这一幕，叫人心碎。"

（2）研究认为动物体内受精生殖方式起源早于以往认知。2014年10月，澳大利亚科学家约翰·朗，以及中国科学院古脊椎动物与古人类所研究员朱敏等多国科学家组成的一个研究小组，在《自然》杂志发表论文认为，绝大多数生物以有性生殖形式繁衍后代，而受精是动物有性生殖的核心。他们在研究中，发现3亿多年前泥盆纪，一种披盔戴甲鱼类，就存在着受精现象的"私密生活"。由此证明，体内受精的生殖方式，比过去所认为的起源更早，可以追溯到已发现的最原始的有颌脊椎动物类群之中。

研究小组对胴甲鱼类中仅有几厘米长的小肢鱼化石进行了大量研究。古怪的胴甲鱼类属于非常原始的有颌脊椎动物，与最早的有颌脊椎动物共同祖先相当接近，其身体前半部覆着笨重的骨甲，胸鳍也被有关节的外骨骼包覆。

该项研究发现，部分小肢鱼腹面甲壳末端有一对向侧面伸出的奇怪侧枝，而另一部分小肢鱼则在该位置长了一副骨板。专家推断，这种侧枝是雄性外生殖器的骨骼部分，而骨板应属于雌性。考虑到小肢鱼笨重的骨质外壳，科学家们推测：雄鱼会和雌鱼并排而行，用带关节的硬质胸鳍互相"拥抱"，随后将外生殖器伸到雌鱼下方，由雌鱼用骨板夹住，完成体内受精过程。

基于化石提供的一系列证据可知，体内受精在原始的有颌脊椎动物中广泛存在，却在进化到硬骨鱼时逐渐消失，反而在包括人类在内的陆生脊椎动物中再次演化出来。

分子生物学和发育生物学证据表明，陆生脊椎动物的后肢与外生殖器与胚胎发育阶段密切相关，鱼类的腹鳍和腰带受相同的基因控制。因此，包括人类在内的许多动物的性生活，仍可以说是建立在亿万年前盾皮鱼（属胴甲鱼类）祖先演化出的身体蓝图之上。

2. 加强动物生理和病理研究的新举措

启动最先进的动物健康试验室。2011年11月18日，国外媒体报道，世界上最先进的生物安全试验室合作型生物安全研究设施，在澳大利亚联邦科工组织的澳大利亚动物健康试验室正式启用。澳大利亚创新、工业与科研部部长金卡尔出席了仪式。

该中心是在具有生物病毒物理防护 PC4 级水平的基础上建设的，并得到了联邦政府 850 万澳元的支持，达到世界上最高等级的生物防护水平，它为澳大利亚与各国科学家针对人类、动物，以及农作物所面临的各种生物威胁进行科学研究提供了平台。就人类健康而言，生物学安全方法越发重要，因为各种新生的人类疾病有 70% 最先是来自动物，包括亨德拉（Hendra）、禽流感和严重急性呼吸道综合征等，人畜共患病更为常见。

澳大利亚动物健康试验室是世界上著名的动物生物学研究机构，联邦政府投资超过 5 亿澳元，它与澳大利亚微复制与微分析研究设施合作密切，能够从事感染性疾病的基础性研究和其他复杂的生物学研究。各国科学家，可以利用该机构最好的感染性微生物的生物防护设施–PC3 级和 PC4 级试验室从事多项工作，包括：科研课题合作、进行生物防护培训，以及应用生物安全微复制设施等。

3. 动物起源与生态研究的新进展

（1）用化学分析揭示地球最古老动物。2018 年 9 月，澳大利亚国立大学古生物地球化学家乔森·布鲁克斯领导的研究团队，在《科学》杂志上发表论文说，他们基于对保存在化石中的脂肪分子进行的化学分析，发现一种与蘑菇菌盖涟漪状内侧相像的化石痕迹，是地球历史上已知最古老动物的残留物。它或许改变了动物和其他复杂生命如何出现的现有故事。

20 世纪 40 年代末，研究人员首次发现了这种薄煎饼状并被称为狄更逊水母的生物。该物种是 5.58 亿年前埃迪卡拉纪全球海洋的最常见居住者之一。那期间的大多数生物非常微小，最大的只有几毫米长，但一些狄更逊水母能长到 1.4 米。

该生物的巨大体型令科学家感到困惑，因为狄更逊水母生活在寒武纪大爆发前的几千万年。寒武纪大爆发出现在 5.41 亿年前，当时的生物变得更大并且大多数主要的动物群体开始出现。科学家一直就狄更逊水母是否为原始动物（被称为原生生物的巨型单细胞生物体、细菌菌落）还是一种完全不同的生物而争论不休。

最新研究，试图通过分析发现在俄罗斯保存一组独特的狄更逊水母化石中的化学标记物，而非该古代物种的身体特征，终结上述争论。

该研究团队分析了被称为甾醇类的环状脂肪分子。它能渗入细胞周围的膜，使后者保持灵活多变。植物、动物、真菌和细菌均含有甾醇类，但在每个种群中占支配地位的甾醇类并不相同。动物主要产生胆固醇，而在岩石中形成五颜六色的硬壳状地衣的真菌，仅能产生麦角固醇。在合适的条件下，这些化学物质能存在上百万年，从而帮助判定形成化石的生物体的进化关系。

含有这些被保存下来的生物标记物的化石非常罕见，但俄罗斯西北部白海海岸附近，散布着包括狄更逊水母在内的埃迪卡拉纪化石。狄更逊水母镶嵌在变成化石的藻类垫中，有机物质和脂肪得到完美保存。

布鲁克斯团队的分析，揭示了生物标记物组成成分上的巨大差异。周围的岩石和藻类垫，仅含有约10%的胆固醇和75%的另一种在绿色藻类中常见的甾醇类，但狄更逊水母化石含有93%的胆固醇。这表明，它们是生活在寒武纪大爆发前1700万年的古代动物。

（2）研究显示人类活动严重影响脊椎动物的生态系统。2019年3月，澳大利亚昆士兰大学生物学家詹姆斯·艾伦领导的一个研究团队，在《科学公共图书馆·综合》杂志上发表的论文显示，1/4的脆弱脊椎动物物种在其90%以上的栖息地内受到人类威胁的影响，约7%的物种在其整个栖息地范围内受到人类活动的影响。

艾伦说："如果不采取保护行动，这些物种将在栖息地受影响地区衰落，甚至可能灭绝。完全受影响的物种几乎肯定会面临灭绝。"

该研究团队绘制了全球5457种受到威胁的陆生鸟类、哺乳动物和两栖动物的栖息地。他们将地球划分成一个个面积为30平方千米的格子，确定了每个格子中人类活动的数量，其中包括农作物和牧场、建筑环境、夜间照明、狩猎、公路和铁路等，并分析了每个物种对这些活动的敏感度。

这些人类影响发生在84%的地球表面上，同时每个物种平均有38%的活动范围受到其中一种或多种影响。哺乳动物受影响最大，平均每个物种有52%的活动范围受到影响。1/3的物种在其生存范围内未受到这些威胁。

艾伦表示，这些发现可能是保守的，因为他们没有考虑传染病（会影响两栖动物种群）或气候变化（会影响整个类群的物种）。

艾伦说："我们对哺乳动物面临威胁的了解，要比对两栖动物更深刻。"这可以部分解释，为什么该研究团队的研究结果显示哺乳动物生态系统受影响最大，尽管两栖动物通常被认为受到的生态系统威胁更大。

受人类活动影响最大的 5 个国家都在东南亚，包括马来西亚、文莱和新加坡。这些国家平均每个网格单元有 120.3 个物种受到影响，而全球平均为 15.6 个。受影响最严重的地区是红树林，巴西、马来西亚和印度尼西亚的潮湿阔叶林，以及印度、缅甸和泰国的干燥阔叶林。

（二） 远古动物研究的新信息

1. 发掘和研究恐龙的新发现

（1）首次发现大型食肉恐龙化石。2009 年 7 月，国外媒体报道，科学家通过新发现的恐龙化石首次证实，澳大利亚也曾生活过一种迅猛、可怕的大型食肉恐龙。科学家根据施瓦辛格电影将其命名为"南方猎龙"，古生物学家还发现了另外两种草食恐龙新物种。

此次发现，是迄今为止在澳大利亚所发现的最完整的食肉恐龙化石，也是澳大利亚时隔 28 年后再次发现恐龙化石。科学家认为，这一发现，使澳大利亚回到"全球恐龙地图"之中。

科学家是在澳大利亚昆士兰"温顿岩土层"中发现这三种新恐龙物种化石的，恐龙生活的年代可以追溯到大约 1 亿年前的白垩纪中期。在过去的 3 年里，古生物学家陆续发现了南方猎龙食肉恐龙的四肢骨骼化石、肋骨化石、上下颚化石和牙齿化石。

一同发现的，还有另外两种大型草食恐龙化石。根据发现的化石，古生物学家对这种大型食肉恐龙有了大概的了解。南方猎龙高 2 米，身长 5 米，善于奔跑。它的每个掌上有三个巨型长爪，样子凶猛。据澳大利亚昆士兰博物馆的古生物学家司各特称，它要比电影《侏罗纪公园》中的迅掠龙更加可怕。其他两种恐龙，分别被命名为"克兰西龙"和"马蒂尔达龙"，两者都是食草恐龙。

三个新恐龙物种化石的发现，使得"人们对澳大利亚的史前生命有了新的理解"，而澳大利亚第一次发现大型恐龙则要回溯到 1981 年，当时发现了一种大型食草恐龙木拖布拉龙。

古生物学家认为，随着三种新恐龙物种化石的发现，澳大利亚将会成为研究古脊椎动物的新前沿。此外因为澳大利亚发现的恐龙化石数量很少，古生物学家认为澳大利亚可能蕴藏着丰富的恐龙时代化石资源。澳洲大陆长期以来地质状态稳定，地表下深处的恐龙化石并没有被抬升到地表下较浅处，因而在澳大利亚恐龙化石非常罕见。而在其他大陆，因为剧烈的地壳板块运动，深埋于地表下的恐龙化石被抬升，因此较容易被发现。

（2）发现一种新的草食性蜥脚龙化石。2009 年 8 月 27 日，有关媒体报道，澳大利亚古生物学家说，他们在澳大利亚昆士兰州北部发现一具新种类恐龙化石。古生物学家将它取名为"扎克"，认为其是一种新的草食性蜥脚龙。"扎克"生活在 9700 万年前，体型庞大，长着长脖子、小脑袋和咀嚼植物的钝牙齿，用长长的尾巴保持平衡。

"扎克"的发现地点，位于昆士兰州伊罗曼加镇附近，这里曾是一个内海，埋藏着大量恐龙化石。古生物学家 2004 年在附近发现一条身长近 30 米的泰坦巨龙"库珀"，这是迄今为止在澳大利亚发现的最大恐龙。

昆士兰博物馆古生物学家斯科特·霍克纳尔说，"扎克"的骨骼比"库珀"小，但更完整。他指出，"扎克"是近期澳大利亚"恐龙潮"中的最新发现之一。他说："我们在昆士兰州各个地方挖掘出恐龙化石，澳大利亚已成为发现恐龙的中心。"报道称，澳大利亚已于 2009 年早些时候发现三种新恐龙，它们都来自距今约 1 亿年的白垩纪早期。

（3）在昆州内陆发掘出大量恐龙化石。2013 年 6 月 18 日，澳洲广播电台报道，在澳大利亚昆士兰州内陆，位于朗里奇东北部温顿的澳大利亚恐龙时代博物馆表示，科学家和志愿者通过为期两个星期的考古发掘工作，发现了大量恐龙化石"宝藏"。

报道称，由于发现了大量恐龙骨骼化石，已使博物馆的实验室无法容纳那么多化石，所以这次发掘的意义非常重要。据信，这些恐龙化石的年代，在 9800 万年前。

古生物学家埃利奥特说，他们挖掘出恐龙巨大的四肢、脊骨及两米长的肋骨化石。在发掘中，他们不断有新的发现，在挖出这个化石后，马上又发现另一块化石。这次实际发掘的恐龙化石达数十个，重量估计有几吨。这是非常成功、令人兴奋和收获很大的一次考古发掘。

埃利奥特说，澳大利亚科学家积极开展对恐龙化石的研究工作。目前科学家正在研究另一蜥脚类恐龙化石，研究已持续了 8 年时间。这个化石看起来可能是一个新种类，希望在半年内完成研究并做出结论。他说，澳科学家们在 2014 年开始对这次新发现的大量恐龙化石进行清理，展开深入的研究。

（4）在蛋白石中发现恐龙群化石。2019 年 6 月，澳大利亚新英格兰大学菲尔·贝尔博士领导的一个研究小组，在美国《古脊椎生物学杂志》发表论文称，他们最近发现，开采于澳大利亚新南威尔士州莱特宁岭的蛋白石中，包含着一个恐龙"群体"的化石，这是在澳大利亚发现的第一个恐龙"群体"，它们属于一个新的恐龙物种。

蛋白石是一种含水的非晶质二氧化硅，因主产地是澳大利亚又称"澳宝"。位于新南威尔士州内陆的小镇莱特宁岭是世界著名黑色蛋白石产区。该研究小组报告说，经鉴定分析，他们确认开采于莱特宁岭的一批蛋白石中包裹着至少 4 具距今 1 亿年前的恐龙骸骨，它们属于一种新的食草恐龙，其中一具遗骸是世界上迄今发现的最完整蛋白石恐龙骨骼。

贝尔介绍说，这组蛋白石化石中，约 60 块骸骨来自一只成年恐龙，其中还包含部分头骨，这具较完整的蛋白石恐龙骨骼十分珍贵。

澳大利亚各澳宝矿区，曾发现不少其他爬行动物的蛋白石化石，但它们通常埋没在未加工的蛋白石产品中，直到蛋白石经处理、切割、抛光后才被发现，此时大多化石已经残缺和破损，仅剩零星的残余。

这批蛋白石，由一位名叫罗伯特·福斯特的矿工在 20 世纪 80 年代发现，但直到 2015 年，它们才被福斯特的子女送往澳大利亚澳宝中心进行研究。

研究人员起初以为其中仅有一具骸骨，经仔细观察后发现有 4 块肩胛骨，而且大小不一，因此推断它们来自一个小的恐龙群或家族。

2. 研究古代鸭嘴兽的新发现

发现数百万年前鸭嘴兽化石。2013 年 11 月，澳大利亚新南威尔士大学阿彻教授等古生物学家组成的一个研究小组，在《脊椎动物古生物学期刊》上发表研究报告称，他们发现了一种生活在数百万年前的鸭嘴兽，从其巨型牙齿化石推断，这种鸭嘴兽可长到 1 米长，比现代鸭嘴兽大一倍，也比至今所知的最大型原始鸭嘴兽还要大，堪称是鸭嘴兽中的"大王"。

研究人员称，他们在东北部的昆士兰州的一个蕴藏动物化石的沙漠地区，发现了一个巨型鸭嘴兽牙齿化石。阿彻说："我们从没见过这么大的鸭嘴兽牙齿化石，很惊讶鸭嘴兽可以长到这么大。"目前，研究人员已确定，这种鸭嘴兽生活在 1500 万至 500 万年前。

据称，现代鸭嘴兽仅存于澳大利亚东部，成年鸭嘴兽不长牙齿，它生性胆小，只在夜间出没。阿彻指出，相比之下，新发现的绝种鸭嘴兽可不是"小巧可爱"的动物，它"绝对具有危险性"。他说："现代鸭嘴兽的后肢有尖刺，可分泌毒液，人若被刺到会感觉剧痛，几小时内无法行走。设想比这更大的动物，毒素强上两三倍，你会突然间发现这是只捕食性动物。"科学家推测，新发现的绝种鸭嘴兽生活在淡水池塘里，以甲壳类与脊椎类小动物为主食。

据报道，一直以来，科学家以为鸭嘴兽的进化过程是直线型的，意即同一个时候只存在一种品种，可是这新发现的品种，看似与原先已知但较小的鸭嘴兽同时并存，因此科学家猜测，鸭嘴兽这种属哺乳类但却产卵的独特物种的进化史，可能比直线型的进化过程更为复杂。

二、古人类研究的新成果

（一）古人类家园及迁移地点研究的新信息

1. 古人类家园研究的新进展

研究显示现代人类祖先"家园"可能在非洲南部。2019 年 10 月 28 日，澳大利亚加文医学研究所瓦妮萨·海斯教授牵头的一个研究团队，在《自然》杂志发表论文称，他们研究认为，现代人类祖先的"家园"，可能位于非洲赞比西河南岸一片区域，相关信息或许有助于加深学术界对现代人类早期历史的认识。

该研究团队使用来自当代非洲南部人口 1000 多个线粒体基因组的时间线、民族语言和地理分布数据，同时结合气候重建数据，对现代人类祖先起源的地点进行了深入分析。

海斯说："一段时间以来比较清晰的一点是，解剖学意义上的现代人，大约 20 万年前出现在非洲，但学术界长期有争议的是，我们这些祖先具体是在哪里出现并分迁到其他地方。"

研究团队分析后认为，现代人类祖先的"家园"可能位于马卡迪卡迪-奥卡万戈古湿地。这片位于非洲南部的区域，如今主要被沙漠和盐沼覆盖，但这里曾经有一个面积很大的湖，大约 20 万年前这个湖开始退化，形成一大片湿地。

研究显示，现代人类的祖先，在这块曾经草木繁盛的地方生活了 7 万年，直到气候发生变化才开始向其他地方迁移。随着湿度增加，在湖泊周围较干旱的地区出现了绿色"走廊"，促使他们一部分人首先向东北迁移，之后另一波人群向西南迁移，还有一部分人则继续留在当地。海斯说："与向东北迁移的人群相比，那些往西南去的人群似乎发展得更好，经历了比较稳定的人口增长。"

2. 古人类早期迁移定居地点研究的新进展

发现古人类出现在北非时间将提前约 60 万年的新证据。2018 年 12 月，由澳大利亚格里菲斯大学马蒂厄·杜瓦尔主持、阿尔及利亚等国专家参加的一个国际研究小组，在《科学》杂志上发表论文称，他们考古发现的新证据显示，距今 240 万年前就有古人类出现在北非，这比之前的发现要早约 60 万年。

在北非国家阿尔及利亚的艾因布舍里，考古工作者挖掘出了石器以及带有刻痕的动物骨头。研究人员测定，其中最古老的石器距今约 240 万年。这说明，那个时候当地就有古人类居住。

杜瓦尔说，此前的发现显示，古人类在北非的出现时间为约 180 万年前。新证据说明，古人类在北非出现的时间比此前认为的要早得多，有助学术界了解人类的进化过程。他还说，同此次发现的石器类似的是在东非出土的石器，后者距今约 260 万年。两者之间只差 20 万年，在古人类研究中这是一个相对较短的时间。

此前学术界认为，北非的石器制造技术是从东非传来的，经历了一个缓慢的传播过程。但此次新的考古证据则说明，相关石器制造技术的传播速度，可能比此前认为的要快得多，或者可能是东非和北非两地在差不多时候分别产生了这种技术。

3. 古人类迁移定居东南亚雨林研究的新进展

东南亚雨林约 7 万年前就有现代人居住。2017 年 8 月，澳大利亚和印度尼西亚古人类专家组成的研究团队，在《自然》杂志上发表论文称，他们重新分析了印度尼西亚一处古人类遗址后发现，在7.3万至6.3万年前，东南亚雨林里就有解剖学意义上的现代人居住。

此前，关于东南亚最早现代人的估计是约6万年前，但证据不够确凿。新研究以坚实证据显示，现代人到达东南亚的时间比原先预计的早得多。这也是现代人居住在雨林地区的最早记录。

研究人员报告说，他们重新造访了印尼西苏门答腊省一处名为"利达-阿耶尔"的洞穴，这处遗址早在19世纪末就被古人类学家发现，但由于缺乏可靠分析，科学界此前不确定洞穴里发现的人类牙齿化石是否属于现代人，也不知道它们所属年代。

研究人员此次详细分析了牙齿化石的形态特征，并测定了附近的洞穴沉积物、堆积物、动物牙齿等的年代，结果发现，这些化石确定无疑属于解剖学意义上的现代人，生活在7.3万至6.3万年前。而且，这一关于年代的结论与生物地层学、古气候学等其他多个领域的研究一致。

现代人所属物种称为智人，不同时期的智人生理上存在差异，解剖学意义上的现代人是身体结构与现今生存的人类相同的晚期智人。遗传分析显示，解剖学意义上的现代人约在7.5万年前走出非洲，新研究表明他们很快就到达东南亚，适应了与非洲稀树草原差异很大的雨林环境。

此外，由于东南亚被认为是人类从非洲迁徙到大洋洲的必经之地，这一发现也意味着现代人到达澳大利亚的时间可能早于预期。

4. 古人类迁移定居澳大利亚研究的新进展

（1）研究表明人类6.5万年前抵达澳大利亚。2017年7月，澳大利亚昆士兰大学克里斯·克拉克森领导的一个研究小组，在《自然》杂志上发表的一篇论文，提出了新的考古证据，表明人类大约在6.5万年前首次抵达澳大利亚北部，早于根据同一考古点过去挖掘结果所估计的时间，也早于澳大利亚巨型动物灭绝的时间。

人类首次抵达澳大利亚的时间，一直存在争议。目前，估计是在6万至4.7万年前。争议涉及的一个关键点，是位于澳大利亚北部的岩洞，它是澳大利亚已知最古老的人类居住点。之前，人们据此推测，现代人类在6万至5万年前出现在澳大利亚，但是对这里的人工制品的测年引发了质疑。

该研究小组，报告了来自这一考古点的最新挖掘结果。在2015年的挖掘中，人们在最底层的人工制品密集层中，发现了约1.1万件人工制品，包括石片石器、磨石和已知最古老的磨制石斧。

研究人员仔细评估了人工制品的位置，以确保它们与所在的沉积物年份相符，沉积物的年份则通过高级测年技术进行估计。他们的分析证实了该考古点的地层完整性，它整体呈现出越往深处年份越久的模式，因此所得的年份结果比过去更加准确。估计最深的部分约有6.5万年历史，将该区域首次有人居住的时间向前推了5000年左右。

上述结果，为现代人类走出非洲并在南亚扩散设置了一个新的最早时间点。不仅如此，这些发现，还表明现代人类在澳大利亚巨型动物灭绝之前就已抵达澳洲，而人类在其灭绝事件中的作用一直存在争议。

（2）考证人类最早定居澳洲干旱内陆的时间。2016年11月，澳大利亚拉筹伯大学吉尔斯·哈姆及同事组成的一个研究小组，在《自然》网络版发表的最新考古证据表明，人类约在4.9万年前定居澳洲干旱内陆，比此前报告的时间早1万年。该研究显示，人类在到达澳洲后的最初几千年内就在干旱内陆地区定居，并且形成了关键的技术和栽培实践，时间远早于此前对于澳洲和东南亚的预测。

人类约在5万年前到达澳洲。但是，关于人类何时定居澳洲干旱内陆并开发出具有技术创新意义的物质文化，如相对高级的石器，以及人类与现已灭绝的巨型动物的互动关系，科学界仍存在争议。

该研究小组对在南澳大利亚弗林德斯山脉的瓦拉提悬岩挖掘期间发现的材料进行分析，结果显示人类在4.9万至4.6万年前已定居在此，而在不同沉积岩层发现的物体，代表着澳洲已知最早对于各种重要技术的使用，它们包括加工过的骨器（4.0万至3.8万年前）、琢背石器（3.0万至2.4万年前）、使用代赭石当作染料（4.9万至4.6万年前）以及使用石膏（4.0万至3.3万年前）。

研究小组还介绍了，人类与已知最大的有袋类动物丽纹双门齿兽，以及巨型鸟牛顿巨鸟共存的证据，并指出，这项发现，与4.6万多年前的文物相联系，是关于已灭绝的澳洲巨型动物的唯一断代可靠且分层明确的记录，也是它们与人类共存的最清晰的证据。

（二）古人类工具与绘画研究的新信息

1. 古人类工具研究的新进展

（1）印尼苏拉威西岛或存在最早制造工具的人。2016年1月，澳大利亚卧龙岗大学考古学家格里特·贝尔赫率领的一个研究团队，在《自然》杂志上发表论文，报告了他们从2007—2012年间在印度尼西亚苏拉威西岛的发掘成果，研究人员发现，该岛上的石制工具可以追溯到11.8万年前，这意味着聚居在这个岛上的早期人类比以前认为的更早。

一个神秘的古人类群体，在至少100万年前，聚居在印度尼西亚的弗洛勒斯岛。5万年前，现代智人到达了澳洲莎湖。苏拉威西岛是分开亚洲其他地区与莎湖的岛屿中面积最大、历史最悠久的一个岛屿，研究人员认为它在人类从亚洲其他地区向莎湖扩散中起到了关键作用，此前的研究表明，苏拉威西岛4万年前已有人居住。

贝尔赫团队的发掘发现了4个新考古现场，研究者经过测年发现了距今19.4万至11.8万年前的石器。这些工具比智人到达苏拉威西岛的时间更早，这意味着此岛最初的住民可能是其他的古人类人种。

不过，由于岛上缺乏更新世人类化石，因此这些工具制造者的身份，以及最早达到苏拉威西岛的古人类，属于哪个人种依旧成谜。研究者认为，该地区的其他岛屿可能包含未发现的早期人类的证据，或将有助于填补该地区古人类多样性的未知空白。

（2）分析表明中国石器时代先进工具制造技术未必引自西方。2018年11月19日，澳大利亚伍伦贡大学一个由考古学家组成的研究团队，在《自然》杂志网络版发表的一篇论文，报道了中国最早的旧石器时代预制石核工具。这些工具可以追溯到17万至8万年前，填补了亚洲考古记录中的空白，其同时挑战了过去的一种假设：先进的工具制造技术引自西方。

非洲和欧洲的考古证据显示，在30万至20万年前，发生了所谓的第二技术模式石器，向更加精巧的第三技术模式（勒瓦娄哇技术）石器的转变。前者指双面斧，主要通过从石块上敲下石片，故意留下石核制成；后者通过从预制石核上打下的单个石片制成。

但是中国的考古记录显示，中国似乎未经过第三技术模式工具的发展，从第二技术模式石器，直接跃至 4 万至 3 万年前左右的第四技术模式刃石器。因此，有人提出，第四技术模式，从西方通过人口迁移传至中国。

此次，澳大利亚研究人员，分析了过去从中国西南地区观音洞挖掘出来的 2273 件石器，发现其中 45 件，包括 4 件工具、11 块石核和 30 块石片，具有勒瓦娄哇技术风格的敲击或凿剥特征。

研究团队利用光学刺激发光技术，测得上述石器的年代约在 17 万至 8 万年前，与西方使用第三技术模式的时代一致。这些发现意味着，可能是族群变化或是趋同技术进化，导致中国出现了类似西方的勒瓦娄哇工具。

2. 古人类绘画研究的新进展

（1）发现 4 万年前古老石洞的人类壁画。2014 年 10 月，澳大利亚格里菲斯大学教授马克西姆·奥伯特领导的一个研究团队，在《自然》杂志发表论文称，他们在印度尼西亚史前洞穴发现了一系列的手印和绘画。这些图像可以追溯到距今约 4 万年前，与这些图像年代相仿的西欧洞穴壁画，代表了世界上已知最古老的洞穴艺术。

此前，科学家虽已在欧洲发现了，距今 4 万至 3.5 万年前的一系列包括壁画在内的复杂艺术品，然而，同一时期同类作品的证据，在世界其他地方却寥寥无几。该研究团队利用铀系测年法，分析了印尼苏拉威西岛上 7 个洞穴遗址中和 12 个人手印及 2 个具象动物图画有关的洞穴堆积物。

研究人员表示，在苏拉威西岛发现的石洞壁画与已知最古老的欧洲艺术品年代近似。最古老的苏拉威西岛图像至少有 39900 年，是已知世界上最古老的手印。一幅鹿豚的画像被研究者追溯到至少 3.54 万年前，代表了世界范围内最早的具象绘画之一。

研究结果表明，人类在大约 4 万年前在更新世欧亚世界的两端，都在产生具象化的艺术。接下来，研究人员还需要进一步探讨，这些石洞壁画，是否是从西欧到达东南亚的第一个现代人类群体文化的一个组成部分，还是说这些行为独立发展于不同的地区。

（2）发现最古老的石灰岩洞穴人类具象画。2018 年 11 月 8 日，澳大利亚黄金海岸格里菲斯大学马克西姆·奥伯特领导的研究小组，在《自然》杂志网络版发表的一项新研究，描述了一幅迄今已知最早的人类具象绘画。他们在婆罗洲发现的这幅洞穴画，描绘了一只并不清晰的动物图案，可以追溯到至少4万年前。

印度尼西亚婆罗洲东加里曼丹省的石灰岩洞穴内含数千幅岩石画，主要分为3个阶段：早期为红橙色的动物（主要为野牛）画像和手印画；中期为深紫红色的手印画和复杂图案，旁边还有一些人物描绘；晚期为黑色颜料画的人物、船只和几何图案。不过，这些作品的具体创作时间一直有待考证。

澳大利亚研究小组，对卢邦·杰里吉·萨利赫洞穴中发现的一幅红橙色大型绘画，进行了研究。画中描绘了一只无法确定的动物。通过铀系法，研究人员对画上覆盖的石灰岩风化壳进行了测年。经测定，这幅被覆盖的画作最少可追溯到4万年前，从而成为迄今已知的最古老具象画。

据称，同一洞穴发现的另外两幅红橙色手印画，至少有3.72万年的历史，第三幅手印画的历史最长可达5.18万年。根据这些年代测定，研究人员认为，婆罗洲当地岩石艺术的创作时间约为5.2万至4万年前，与欧洲发现的由现代人创作的最早艺术作品约同一时间出现。此外，他们还对几幅深紫红色艺术阶段的作品进行了测年，推断其可以追溯至2.1万至2万年前。这一较后期的阶段常，证明了艺术作品从对大型动物的描绘，到对人类世界大量呈现的文化转变。

（三）古人类代表性分支研究的新信息

1. 弗洛勒斯人研究的新进展

（1）弗洛勒斯人历史被提前近4万年。2016年4月，澳大利亚卧龙岗大学考古学家托马斯·苏蒂柯纳率领的一个国际联合研究团队，在《自然》杂志上发表论文称，弗洛勒斯人（又名霍比特人）使用洞穴的时间，是19万至5万年前，而不是之前认为的1.2万年前，他们的历史或许比我们此前认为的更久远。

霍比特人的发现曾引发全世界的关注。这种身高仅有1米左右的古人类，证明了人类种群的进化远比料想的要丰富和复杂得多。而该研究团队这项最新的考古发现，又为这个故事增加了新剧情。

2004年，研究人员宣布，在印度尼西亚弗洛勒斯岛上的梁布亚洞穴中，发现了现代人类的一个细小分支——霍比特人，这是迄今为止，发现的这一时期最重要的人类化石。发现的沉积物中，还包括相关的石器和多种已经灭绝的动物遗骸，当时判定的年代是9.5万至1.2万年前。这些时间短得出乎意料，因为这意味着霍比特人很可能曾和我们同时存在过。

苏蒂柯纳研究团队，包括当年发现霍比特人原始研究团队中的许多成员，在新发表的论文中，报告了来自梁布亚洞穴新的地层和年代证据，对原先给霍比特人做出的年代判断提出了反对意见。

研究人员在2007—2014年期间，对原先研究中没有覆盖的洞穴部分进行了新的挖掘，发现洞穴中沉积物沉积得并不均匀。他们认为，霍比特人的遗骸和包含遗骸的沉积物应来自10万至6万年前，但附属的石器则来自19万至5万年前。而这就带来了一个新问题：霍比特人到底活了多久，是否生存到足以遇到现代人类？

研究人员称，霍比特人的终极价值并非其本身，而是他改变了人们的思考方式，打开了一扇门，让人们以更开放的思维看待一切事物。

（2）发现70万年前弗洛勒斯古人类化石。2016年6月，澳大利亚格里菲斯大学古人类家家亚当·布鲁姆领导的，与日本东京国立科学博物馆海部阳介领导的两个研究团队，分别在《自然》杂志上发表论文，报告他们在印度尼西亚弗洛勒斯岛上发现的古人类化石，可追溯至大约70万年前。这些化石是第一次在弗洛勒斯岛上梁布亚洞穴以外发现的古人类骨骼遗骸，梁布亚洞穴中曾经发现不少被称为"霍比特人"的弗洛勒斯人的化石。

梁布亚洞穴古人类的演化历史依然不清楚。一个假说认为，他们来自一个身体高大的直立人群落，到达弗洛勒斯岛后逐渐演化出了矮小身材。另一个假说是，弗洛勒斯人来自人属更古老的一位成员，例如能人。

日本研究团队报告了，他们2014年从距离梁布亚洞穴东侧70公里处，索亚盆地马塔蒙恩挖掘的古人类化石。这些化石中包括了至少来自3个小型古人类个体颌骨的一部分和6颗牙齿。下颌碎片来自一个成年人的下颌骨，比来自梁布亚洞穴的最小的弗洛勒斯人的下颌骨还要小20%。另外，研究人员报告了属于两个不同古人类婴儿个体的小小的"乳牙"。

澳大利亚研究团队在论文中说，他们对马塔蒙恩的样本进行了测年，判定这些样本来自大约70万年前。他们表示这些古人类曾经的生活环境，是炎热干燥的类似稀树草原的地形，但也拥有一些湿地的环境。研究人员也描述了，与古人类标本在同一砂岩层出土的动物化石和简单的石器工具。

研究报告称，这些化石的大小和形状意味着马塔蒙恩古人类，可能是弗洛勒斯人的祖先。此外，这两项研究支持弗洛勒斯人是直立人的矮化后代的观点。

2. 尼安德特人研究的新进展

（1）通过牙结石揭示尼安德特人饮食的区域差异。2017年3月，澳大利亚阿德莱德大学的劳拉·韦里奇及同事组成的一个研究团队，在《自然》网络版发表论文称，他们通过保存在牙结石（一种硬化斑块）中的DNA，揭示尼安德特人饮食明显的区域差异。对牙齿沉积物的遗传分析有助于阐明人族亲属的饮食习惯，包括他们摄入的肉类水平。

此前，对尼安德特人饮食的研究，强调了当地食物可获得性的重要性，但对其摄取的具体动植物种类只提供了有限的数据。

该研究小组对来自欧洲各地的5个尼安德特人样本的牙结石，进行了DNA测序，以对其饮食和健康情况进行遗传重建。他们发现，来自比利时的尼安德特人摄入了犀牛和野羊，而在西班牙尼安德特人个体中发现的则吃过松子、苔藓和蘑菇。

研究者还重建了这些尼安德特人的口腔微生物组，以评估他们的健康和疾病情况。结果表明，在西班牙发现的尼安德特人患有牙脓肿和胃炎，并且使用天然止痛药白杨和能产生抗生素的青霉菌进行自我治疗。

研究团队还近乎完整地构建出一种口腔细菌的基因组，这个有4.8万年历史的微生物基因组，是迄今为止历史最悠久的微生物基因组草图。

（2）用计算机重建尼安德特人的面部形态。2018年4月，澳大利亚新英格兰大学斯蒂芬·沃尔主持的一个研究小组，在英国《皇家学会学报B》上发表论文称，他们使用最先进的数字重建和计算机模拟，展示了尼安德特人详细的面部特征。

尼安德特人的DNA序列，与现代人类非常相似。越来越多的研究表明，现代人与尼安德特人之间的区别，并不像此前人们想象的那么鲜明。然而在一个方面，差异仍然很显著，那就是尼安德特人具有比现代人更向前突出的面孔。个中原因，一直以来都不甚清楚。

此次，该研究小组在文章中指出，这是为了适应冰河时代的寒冷空气与高能量的消耗。分析表明，尼安德特人面部真正"卓尔不凡"的地方，就在于其能够通过鼻部呼吸大量空气，这也意味着尼安德特人习惯于一种非常高能量的生活方式。

3. 丹尼索瓦人研究的新进展

推进占据丹尼索瓦山洞古人类的研究。2019 年 1 月 31 日，澳大利亚伍伦贡大学泽诺比娅·雅各布斯、理查德·罗伯茨领导的研究小组，与德国耶拿马普学会人类历史学研究所凯特琳娜·杜卡领导的研究小组，分别在《自然》杂志上发表论文。两篇论文报告的最新测年结果，对丹尼索瓦人和尼安德特人这些远古人类，占据丹尼索瓦洞的年代表做出了重新修正。

丹尼索瓦人属于古人类的一种，其唯一已知的化石，来自西伯利亚丹尼索瓦洞发现的一些骨骼和牙齿碎片。但限于丹尼索瓦洞的大小和复杂性，想要可靠地破解古人类占据丹尼索瓦洞的完整历史，具有一定难度。

澳大利亚研究小组的论文，对丹尼索瓦洞的沉积物展开了光释光测年研究，通过估算特定的矿物颗粒（如石英），从末次暴露在阳光下至今所经历的时间，进行年代测定。在此基础上，研究人员为洞内化石和人工制品的沉积物建立了年代表，时间跨度为 30 万~2 万年前。根据保守估计，丹尼索瓦人在 28.7 万至 5.5 万年前占据了洞穴，而尼安德特人则在 19.3 万至 9.7 万年前出现在洞穴中。

在另一篇论文中，德国研究小组报告了对遗址进行的 50 次放射性碳测年的最新结果，并描述了 3 个全新丹尼索瓦人化石碎片。通过对所有已知丹尼索瓦人化石进行分析，研究人员认为，最古老的化石显示丹尼索瓦人可能早在 19.5 万年前就出现在该遗址，而最新的化石则可追溯至 7.6 万至 5.2 万年前。对骨尖状器和牙齿吊坠的放射性碳测年表明，这些人工制品的制作时间为距今 4.9 万至 4.3 万年前，这使其成为欧亚大陆北部出土的最古老人工制品，并可能由丹尼索瓦人制作。

在相关文章中，英国埃克塞特大学的罗宾·丹尼尔评论道："虽然受沉积物的性质、复杂程度以及所用测年法所限，遗迹的具体年代仍存在一些不确定性，但大致框架已然清晰了。"

三、哺乳动物研究的新成果

（一）有袋类动物研究的新信息

1. 考拉研究的新进展

（1）受疾病威胁的考拉濒临绝种。2009 年 12 月，香港大公网报道，被视为澳大利亚国宝的考拉（树袋熊），受到成因不明的疾病威胁，濒临绝种。当地兽医警告，这种神秘疾病破坏它们的免疫系统引致死亡，考拉可能在 30 年后绝种。

据报道，在昆士兰野生动物医院，平均每月都有五六十只考拉被送来医病，其中大部分是免疫系统受到破坏。失去了免疫力，考拉容易患上癌症等致命疾病。医生都不知道成因，只知道这个病在考拉间散播得很快，现时没有疫苗预防。

无药可医的疾病，加上树林减少，考拉缺乏食物亦无处容身，过去 6年，澳洲考拉数目急跌 57%，仅剩下 4 万多只。按照这个趋势，它们可能在 30 年内绝种。考拉每年为澳洲带来数十亿美元的经济收益，有基金会指摘澳洲政府后知后觉，令考拉要面对现时的绝境。

（2）发现狐狸会爬树偷猎考拉。2017 年 2 月，有关媒体报道，澳大利亚悉尼大学瓦伦蒂娜·梅拉领导的研究小组，发表研究成果称，他们首次发现，澳大利亚红狐会爬上树，猎食考拉幼崽和其他毫无戒心的动物。

欧洲红狐，于 19 世纪中叶因娱乐消遣的目的，被引入澳大利亚。它们迅速发展出对当地袋狸、小袋鼠、袋食蚁兽等地面栖息物种的狩猎喜好，导致这些动物数量急剧下降。而在此之前，栖息在树上的动物一直被认为是安全的。但梅拉研究小组的研究成果表明，这并非实情。

2016 年夏秋之际，梅拉在距离悉尼西北部约 250 千米的利物浦平原研究考拉。作为研究的一部分，她会通过相机记录，从若干千里之外造访桉树林饮用泉水的动物。在浏览拍摄结果时，她惊奇地发现许多红狐在爬树。她说："我非常吃惊，因为我来自欧洲，从未见过那儿的狐狸会爬树。"

当地人告诉梅拉，他们经常看到红狐上树，有时会爬到距离地面4米的地方。梅拉说，尽管这些录像片段，并未捕捉到任何主动的捕食行为，而狐狸可能只是在四处转悠，跟踪其他曾在树上栖息的动物的气味，这些为它们正在狩猎提供了很好的证据。它们并未饮用泉水，这表明它们不会在口渴的时候去那里。

澳大利亚迪肯大学生物学家尤安·里奇曾从其他生态学家那里听过红狐会爬树的有趣例证。他说："这可能比人们认为的更加普遍。红狐是非常敏捷的动物，所以这非常合理。"

梅拉认为，红狐很可能会瞄准住在树上的物种，这是因为地面上的动物已对它们非常熟悉，而树上的动物则更方便它们悄悄靠近。她说："比如，狐狸可能很难捕捉到一只兔子，因为后者对狐狸非常熟悉，已经准备好逃跑。但如果是一只羽翼刚丰满的小鸟，或是一只考拉幼崽，它们通常会待在那里不动，所以成了唾手可得的猎物。"

（3）考拉无足够成年者繁衍后代出现"功能性灭绝"。2019年5月20日，澳大利亚《星岛日报》报道，澳大利亚考拉基金会发表报告称，由于有繁殖能力的考拉数量稀少，不足以支持繁衍后代，该物种已出现"功能性灭绝"。考拉命运将和绝种的渡渡鸟一样。

据报道，野生考拉目前数量已降至只有8万只，意味着并没有足够的有繁殖能力的成年考拉，可以支持延续下一代繁衍。

据悉，近年来受到气温上升及热浪袭击，大量森林减少，考拉的生存环境受到破坏。目前128个已知的联邦考拉生态环境中，只有41个仍有考拉生存。

如果一旦出现新的疾病或遗传上病毒，目前生存的考拉将会大量死亡。据报道，考拉保护积极人士，正要求本地政府有关部门介入协助。

澳大利亚考拉基金会主席塔巴特说，她知道澳大利亚民众十分关注考拉安全。她呼吁成功连任的总理莫里森，能够通过《考拉保护法案》去保护这种有袋动物。

（4）袋鼠岛考拉有望拯救考拉种群。2019年7月，澳大利亚阿德莱德大学动物与兽医科学院研究员杰茜卡·法比扬博士领衔的研究团队，在英国《科学报告》杂志上发表论文称，他们研究发现，南澳大利亚袋鼠岛上的考拉，可能是这个国家最后一群免于衣原体感染的考拉，有望成为拯救考拉种群的关键。

考拉主要栖息地是澳大利亚的桉树林区。衣原体感染会导致考拉不育及失明，严重影响考拉种群数量。

该研究团队对 245 只考拉的感染情况进行了测试，其中 170 只来自袋鼠岛，75 只来自南澳大陆。结果显示，约有 46.7% 的大陆考拉衣原体感染呈阳性，而袋鼠岛上的考拉均未呈现出患病迹象。

法比扬指出，这是最后一个数量庞大的、未被衣原体感染的考拉群体，作为这个种群未来的保障，该群体具有重要意义。他说："我们可能需要用袋鼠岛上的考拉，来补充其他地方急剧下降的考拉种群数量。"

由于疾病和死亡率升高，澳大利亚东北部的考拉数量大幅减少，但南澳的考拉数量则有所增加。研究人员表示，还需开展更多研究，来了解南澳和其他地区考拉感染衣原体严重程度的差异。

2. 袋鼠研究的新进展

研究发现小袋鼠奶杀菌效果为青霉素的百倍。2006 年 4 月 20 日，《苏格兰人报》报道，澳大利亚墨尔本维多利亚州初级产业部的本·科克斯等人组成的一个研究小组，在小袋鼠的奶水中发现了一种化学物质，抗菌效果极强。它杀灭包括大肠杆菌在内的病菌的效果，是效力最强的青霉素的100 倍。

研究人员在塔马尔小袋鼠的奶水中，发现的这种抗菌物质，可被医院用于对抗生素产生抵抗力的病菌。塔马尔小袋鼠刚出生时有心脏，但没有肺，它们爬进妈妈的育儿袋，在里面吮吸奶头。新生的小袋鼠没有发育完全的免疫系统，只是依靠妈妈奶水中的这种化合物来保护他们远离疾病。

科克斯说："小袋鼠的许多发育成长过程都是在育儿袋里完成的，在这段时间里，它们依靠的就是奶水。"

小袋鼠的奶水中的这种化合物的分子是 AGG01，会杀死其他种类的细菌和菌类。《新科学家》杂志报道说，这一发现，已经被提交到美国芝加哥生物技术组织。

3. 袋熊研究的新进展

（1）发现两只罕见的白化袋熊。2012 年 2 月，国外媒体报道，澳大利亚塞杜纳动物营救中心的野生动物营救人员，在塞杜纳附近的田野上，发现两只十分罕见的白化毛鼻袋熊。

毛鼻袋熊又名"灌木推土机"，在澳大利亚中部和南部地区的大草原很常见。这种动物生活在像迷宫一样的地下洞穴里，体长大约可达107厘米，高约40厘米。成年袋熊的体重可达32公斤，雌性略大，尾长可达5.5厘米，因而形成矮胖的体型，四肢粗短，前肢的趾头长，趾甲坚硬，常用以在地面挖洞筑巢。主要以长草和杂草为食，头有咖啡色毛茸，体毛长，呈绢毛状，外耳长，其尖有白色长毛。

营救人员说，能够在澳大利亚南部内陆发现白化毛鼻袋熊，感到非常吃惊。刚看到它们时，这两只小家伙又累又饿。于是，他们马上将其带回塞杜纳动物营救中心，交由经理瓦尔·萨尔蒙和她的团队照顾，最终恢复了健康。

该动物营救中心的工作人员，为了方便照顾可爱的白化袋熊，分别给它们起名为"艾斯"和"波拉"。萨尔蒙说，本营救中心在以往的30年多时间里，只见到一只白化袋熊，这次新来的两只，是他们看到的第二只和第三只白化袋熊。

（2）高热量饮食有望助袋熊对抗皮肤病。2018年4月，澳大利亚塔斯马尼亚大学生物学家阿林恩·马丁领导的一个研究团队，在英国《皇家学会开放科学》杂志上发表论文称，他们研究发现，高热量饮食可以帮助袋熊对抗可能致命的皮肤病兽疥癣，提高其存活率。

马丁说："兽疥癣是一种由寄生虫疥螨引起的皮肤病。这种螨虫会寄生在动物皮肤表皮层内，造成宿主动物瘙痒、脱毛、表皮层增厚等，严重的还会造成宿主死亡。全球有上百种哺乳动物都患有兽疥癣。"

马丁等人发现，由于兽疥癣造成的瘙痒症状，患病袋熊进食时间减少，休息及挠痒的时间增加，而新陈代谢率相较于健康的同类更高，热量损失也更大。此外，患病袋熊脂肪组织的脂肪酸构成也发生了改变。马丁指出："换句话说，患病袋熊的日常热量消耗更多，但因为进食量减少，他们摄取的热量不足以满足日常消耗。"

研究人员认为，高热量饮食可能有助于患病袋熊对抗疾病，提高存活率。增加能量补给或许可以抑制患病袋熊脂肪酸构成变化，使它们可以储存养分，满足新陈代谢需要，提高存活率。目前，研究团队正与塔斯马尼亚州政府合作，保护野生袋熊。

据马丁介绍，兽疥癣在塔斯马尼亚袋熊中的患病率约为 10%～15%，但区域性暴发会导致袋熊数量大幅下降。塔斯马尼亚州北岸的纳罗恩塔普国家公园曾暴发过兽疥癣，导致该地区的袋熊数量骤减 94%。

4. 袋獾研究的新进展

（1）发现具有"抗癌"能力的袋獾。2010 年 3 月 10 日，由澳大利亚悉尼大学教授凯茜·贝洛夫主持、哈米什·麦卡勒姆博士等人参加的一个研究小组，在英国期刊《皇家学会学报 B》发表论文称，他们在塔斯马尼亚岛发现具有独特遗传基因的濒危野生袋獾群。这些动物，对特定癌症具有免疫力，生存状况好于先前预期。

袋獾是世界上最大的有袋类肉食动物，因脾气暴躁、攻击性强而获称"塔斯马尼亚恶魔"，眼下仅存于塔斯马尼亚岛。

20 世纪 90 年代以来，袋獾群遭遇面部肿瘤威胁。这种疾病经由互相撕咬等肢体接触传播，致使袋獾数量剧降大约 70%。最新发现的袋獾群，栖息于塔斯马尼亚岛西北部，遗传基因谱系与其他袋獾不同，对面部肿瘤有免疫力。

贝洛夫说："我们认为，这些袋獾的机体把癌细胞当作外来物，有相应的免疫反应。这项发现，为今后研制疫苗和控制疾病提供参考。相较先前预计，更多数量袋獾有望在野外存活。"

麦卡勒姆说："我一直认为，最佳情况是袋獾体内存在针对面部肿瘤的抗体。我们先前怀疑，塔斯马尼亚岛西北部生存着拥有不同遗传基因的袋獾群。"

（2）预测灭绝的袋獾演化出"抗癌能力"。2016 年 8 月，澳大利亚学者参加，美国华盛顿州立大学安德鲁·斯托弗主持的一个研究小组，在《自然·通讯》杂志发表论文称，一个被传染性癌症"攻击"的种群，按人类预测目前应已灭绝，却发现仍有部分存活。他们的研究显示，已有证据表明，袋獾已经演化出对一种被称为袋獾面部肿瘤病的侵袭性癌症的抵抗力。

袋獾是它这一属中唯一未灭绝的成员，现今只存活于澳大利亚的塔斯马尼亚州，有"塔斯马尼亚恶魔"之名。而袋獾面部肿瘤病是一种传染性癌症。从1996年起，这种病开始在袋獾中作祟。2006年，科学家查看袋獾的癌细胞染色体，发现这种癌症通过袋獾之间的撕咬可以传染。

该病在大部分情况下是致命的，通常患病袋獾在12~18个月内，死亡的概率可高达100%。受其影响，过去20年来袋獾的数量已经减少80%以上。对该疾病的建模结果显示，袋獾面临灭绝威胁，即在我们有生之年就会看不到袋獾。但奇怪的是，在这个原本预测目前应已灭绝的种群中，仍有部分袋獾存活。

此次，该研究小组，研究了多个不同地理位置的袋獾，在患上袋獾面部肿瘤病前后的基因信息。研究人员在样本中发现，有两个基因组区域在得病前后表现出不同。在这两个区域所包含的7个基因中，已知5个与人类的癌症和免疫功能相关。

研究人员的发现表明，袋獾在4~6代的短时间内，快速进化出了对面部肿瘤病的抵抗力，加深对这一过程的理解，或能为人类与这项绝症斗争提供帮助。

5. 袋貘研究的新进展

考古研究发现袋貘体重可能超1吨。2019年9月，澳大利亚莫纳什大学等机构考古专家组成的一个研究小组，在美国《科学公共图书馆·综合》杂志上发表论文称，他们研究发现，澳大利亚一种已灭绝的有袋类动物袋貘，其体重可能超过1吨，而且前肢肘关节固定维持在100°左右的夹角，这种前肢形态在已知的哺乳动物中显得与众不同。

袋貘出现在大约2500万年前的澳大利亚东部，大约1万年前灭绝。此前考古研究已知，这种有袋类动物体型庞大、四肢强壮，但对于它的肢体形态缺乏详细研究。

该研究小组报告说，为了解袋貘的四肢功能和演化史，他们分析了60多个不同地质年代的袋貘化石标本。结果发现，袋貘的体重可能比此前认为的还要大，且前肢有着独特形态。

研究人员利用肢体比例来估测袋貘体型大小，发现最大的袋貘体重可能超过1000千克，而此前认为袋貘的体重一般在200千克左右。此外，袋貘的前肢肌肉非常发达，并且肘关节是固定的，维持在约100°的夹角，非常适合扒开树枝采集树叶等食物。

研究人员说，这项研究首次揭示了袋獏的前肢形态，不过由于缺失肩膀等部位的化石，很多问题还有待解答，希望能在现有的博物馆馆藏中发现更多材料以进一步研究。

（二）马科与牛科动物研究的新信息

1. 马科动物研究的新进展

发现斑马条纹具有"晃晕"天敌的功能。2013 年 12 月，澳大利亚昆士兰大学与英国伦敦大学皇家霍洛韦学院联合组成的一个国际研究小组，在《动物学杂志》上发表研究报告称，他们发现，斑马身上的黑白条纹，尽管与周围环境十分不协调，但可帮助斑马在运动时，扰乱捕食者的视觉判断，从而成功避开天敌。

研究人员说，人类和许多动物有着类似的"运动侦测机制"，都是通过观察物体在运动时呈现出的轮廓，来判断其运动方向等要素。但运动中的条纹会使这种机制产生偏差，比如理发店门口常见的柱状螺旋条纹装饰，它在转动时人们会觉得整个立柱在向上移动。

为证实斑马身上条纹在运动时的用处，研究人员建立起一个计算机模型，分析这些条纹对视觉判断，是否同样具有此类效果。结果发现，在运动时，斑马身体侧面较宽的斜纹和背部较窄的直纹能很好地扰乱观察者的视觉判断，尤其是一群斑马同时运动时。

2. 牛科动物研究的新进展

（1）用"连续细胞核转移"技术克隆出奶牛。2005 年 2 月 17 日，澳大利亚媒体报道，该国科学家瓦妮莎·霍尔领导，成员来自莫纳什医学院和澳大利亚基因公司一个研究小组，采用"连续细胞核转移"技术，克隆出一头名为"布兰迪"的奶牛。这是科学家首次采用这种技术克隆出奶牛。

克隆小牛于 2004 年圣诞节前出生，目前健康状况良好。据霍尔介绍，"连续细胞核转移"技术，以前曾用于克隆老鼠和猪，这是第一次用这一技术克隆出牛。

传统的克隆方法，是利用电脉冲把"供体细胞"细胞核和剔除细胞核的卵细胞融合，经过培养后植入代孕母亲子宫内，传统方法克隆出的胚胎存活下来的机会很小。"连续细胞核转移"技术，跟以往的方法不一样。除了传统克隆方法的步骤以外，在把克隆胚胎植入子宫前，科学家会先把一个新鲜受精卵的营养物质和克隆胚胎融合在一起。研究人员说，在克隆的胚胎里，加入更多营养物质可以促进 DNA 重组，提高胚胎的存活率。

霍尔说，有证据显示，传统克隆方法中胚胎成活率低的原因，可能是操作过程影响了胎盘发育，而"连续细胞核转移"技术虽然操作步骤较多，但有可能解决上述问题，提高胚胎的存活率。

（2）壁画和 DNA 记录欧洲野牛诞生。2016 年 10 月 18 日，澳大利亚阿德莱德大学阿兰·库珀及同事组成的一个研究小组，在《自然·通讯》发表论文称，他们通过对古代 DNA 和壁画进行分析，证明大约在 12 万年前，已经灭绝的西伯利亚野牛和现代牛的祖先杂交，诞生了现代欧洲野牛。

欧洲野牛与北美野牛截然不同，由于缺乏化石记录，有关它的起源一直模糊不清。尽管如此，本研究显示，通过壁画推断得出的欧洲野牛演化情况与基因证据准确匹配。

早期化石记录已经表明，欧洲存在两大类型的牛：原牛（现代牛的祖先）和西伯利亚野牛。欧洲野牛似乎在西伯利亚野牛消失之后不久，于 1.17 万年前左右突然出现，但是由于缺乏较古老的化石，人们对欧洲野牛的演化历史一直知之甚少。该研究小组通过分析 64 头欧洲野牛的古代基因组，得出了上述新发现。

此外，壁画记录的牛的外形变化，与欧洲野牛的出现相符。1.8 万多年前的壁画描绘了拥有长角和大体积前驱的生物，形似北美野牛（也被认为源自西伯利亚野牛），而年代更近，有 1.2 万~1.7 万年历史的壁画，描绘了犄角较短和背部较小的动物，形似现代欧洲野牛。

（三）犬科与猫科动物研究的新信息

1. 犬科动物研究的新进展

（1）利用去世冠军犬冷冻精子培育出幼仔。2011 年 8 月，国外媒体报道，参展犬冠军"格伦帕克守卫者"已经去世将近 20 年，但是它在去世多年后成为 3 只小狗仔的父亲。这只又被昵称为特洛伊的短毛猎狐梗犬的精子，在 1989 年初次采用试管授精时被冷冻起来。澳大利亚莫纳什大学医院兽医斯图尔特·梅森牵头的一个研究小组，通过一种创新方法，利用这只狗狗的精子给它的"玄孙女"斯塔人工授精。

现在，饲养者普莱斯·罗宾已经迎来斯塔的 3 只健康短毛猎狐梗犬小狗仔的降生，它们是 2 只公狗、1 只母狗。这位参展犬专家，为了储存精子和进行人工授精，前后花了大约 3500 英镑，她说："兽医采用一种新方法让精子重新恢复活力。然后他们又用导管和试管授精成功令斯塔受孕。他们能够保存精子，并让它们重新恢复生机，对此我感到很吃惊。这些小狗非常特殊，它们总是依偎在你身旁。我是如此激动，我紧紧抓住兽医的手，兴奋的拥抱他。想到这些你会感觉有点怪，不过这窝小狗是无价之宝。每个人都想拥有它们，它们世界闻名，因为它们的父亲是个传奇。"

"格伦帕克守卫者"1989 年首次在皇家墨尔本秀中获得冠军，然而不幸的是，它在 5 年后去世。一个实验室储存的它的精子被人淡忘了 20 多年，直到最近墨尔本莫纳什大学医院经过检测，发现这些精子目前的状况仍然很好。通过人工授精后的斯塔在 2011 年 7 月 8 日生下 2 个儿子和一个女儿。这距离这 3 只小狗仔的父亲去世已经超过 18 年。罗宾打算给 3 个新生儿取名永生、追忆和回到未来。兽医梅森表示，他采用一项欧洲新技术后欣喜地发现，保存时间如此之长的精子，竟能产生这么健康的一窝小狗仔。

梅森说："这是一次非凡经历。对这次成功，我们感到与狗狗的主人一样惊喜。澳大利亚利用这么久远的精子，进行人工授精取得成功的例子非常罕见。"这些小狗的母亲斯塔在恢复阶段，它们是由人工喂养，这包括它们被放置在温度 23℃ 的恒温环境下长达 10 天，每天隔几小时就用奶瓶喂奶一次。

（2）"锁定"史上传播癌症的第一条狗。2014 年 1 月 23 日，由澳大利亚生物学家参加，其他成员来自英国和巴西的一个国际研究小组，在《科学》杂志上发表论文说，目前在世界各地家犬中传播的一种癌症，可能起源于一条生活在 1.1 万年前的狗。这种癌症没有随着它的第一个宿主的死亡而消失，反而通过交配把癌细胞传给了其他的狗，并延续至今。

世界上已知的可传染性癌症只有两种：一种是在澳大利亚袋獾中传播的面部肿瘤；另一种就是在狗之间主要通过交配传播的犬传染性生殖道肿

瘤。科学界对这种肿瘤在犬中开始出现的时间一直存在争议。

该研究小组在论文上说，为了推断第一个宿主的特征，他们对一条澳大利亚土著营地狗，及一条来自巴西的美洲卡可猎犬的犬传染性生殖道肿瘤，进行了基因组测序。

结果发现，犬传染性生殖道肿瘤的基因组出现约 200 万个基因突变，这比在大多数人类肿瘤中所发现的基因突变多了约 100 倍。对这些基因突变的分析显示，犬传染性生殖道肿瘤的第一个宿主，生活在 1.1 万年前一个近亲交配的群体中，其外表特征可能类似于现代的阿拉斯加雪橇狗或哈士奇，皮毛短直，颜色为灰棕色或者黑色。但基因组测序结果无法断定它的性别。

研究人员说，这个癌症基因组相当"长寿"，只要有合适的环境，可以持续存在 1 万年以上。研究人员还说，犬传染性生殖道肿瘤的基因突变模式表明，在它 1 万多年的历史上，绝大多数时间只存在于一个孤立的犬类品种中，然后在过去 500 年中才发生了大范围传播。

2. 猫科动物研究的新进展

分析认为狮子起源于约 12 万年前。2014 年 4 月，由澳大利亚生物学家参与，其他成员来自英国、美国和法国的国际研究团队，在《BMC 进化生物学》发表论文称，他们通过基因测序，分析出狮子的进化轨迹。这种大型猫科动物起源于约 12 万年前，其重要一支目前正面临灭绝风险。

主要生活在热带地区的动物留下的化石通常较少，狮子也不例外。再加上受人类活动的影响，狮子的生活区域越来越小且更加分散，因此对其进化历史的研究往往很难获取足够材料。该研究小组从分布在世界各地博物馆中的古代狮子标本中取样，包括已经灭绝的北非巴巴里狮、伊朗狮等。研究人员对它们进行了基因测序，并将测序结果与现有的亚洲狮、非洲狮进行比对，得出了现代狮子的进化路线图。

结果显示，狮子起源于约 12.4 万年前的非洲东部和南部，大约 2.1 万年前，狮子才开始走出非洲，最远抵达亚洲的印度等地。从分支来看，现代狮子主要分为非洲东部、南部的一支和非洲中部、西部及印度的一支。后者目前已处于濒危状态，这意味着狮子面临着基因多样性减损一半的风险。

研究人员说，过去几十年来，生活在非洲中、西部的狮子数量大幅减少，这项新研究从基因多样性的角度说明，应该对这一支狮子加强保护，以维持整个狮子种群的生存和发展。

（四）其他动物研究的新信息

1. 鼠科动物研究的新进展

发现高纤维饮食能帮老鼠抵抗流感病毒。2018年5月，澳大利亚莫那什大学本杰明·马斯兰教授领导的一个研究团队，在《免疫》杂志上发表的一项临床前研究成果显示，膳食纤维通过将免疫系统设定在健康的反应水平上，提高了感染流感病毒小鼠的存活率。高纤维饮食会钝化肺部有害的过度免疫反应，同时激活T细胞，从而提高抗病毒的免疫力。这些益处，是由肠道细菌组成的变化调节的，膳食纤维的生物发酵，增加了短链脂肪酸的产生。

马斯兰说："膳食纤维和短链脂肪酸，能对多种慢性炎症产生有益影响，近年来得到了广泛关注。但是，我们担心，这些治疗可能会导致免疫反应的普遍减弱，并可能增加感染的易感性。"

甲型流感是最常见的病毒性疾病之一，每年有多达20%的人被感染。在这项新成果中，研究人员发现，用可发酵纤维菊粉或短链脂肪酸补充饮食，可以保护小鼠免受流感感染。具体而言，这些治疗导致了先天免疫反应的抑制，这通常与组织损伤有关，同时也促进了免疫反应的增强，这种反应负责消灭病原体。

此外，与以往的研究相结合，新结果表明，现代西方饮食中含有高糖、高脂肪和低纤维的食物，可能会增加炎症性疾病的易感性，同时减少对感染的保护。

马斯兰说："人们已经知道，某种治疗会使免疫系统开启或关闭，让我们吃惊的是，膳食纤维选择性地关闭了一部分免疫系统，同时打开另一个与免疫系统完全无关的部分。"

下一步，研究团队将研究饮食变化如何影响免疫系统，特别是肠道变化如何影响肺部疾病。目前，他们正计划在参与者身上进行饮食干预研究，以确定其结果如何最好地转化为日常生活标准。

2. 蝙蝠类动物研究的新进展

发现蝙蝠"全天候"免疫系统可能造福人类。2016年2月，澳大利亚联邦科学与工业研究组织专家领导和其下属机构澳大利亚动物健康实验室研究人员米歇尔·贝克等人组成的一个研究小组，在美国《国家科学院学报》上发表论文称，蝙蝠是百余种病毒的天然宿主，但它们并不会因此而染病，其原因何在？他们研究发现，这或许与蝙蝠独特的"全天候"免疫系统有关。这一特性，未来有可能为人类所用，以更好地保护人类健康。

有研究显示，蝙蝠这种飞行哺乳动物，很可能是多种病毒在自然界的最初宿主。其中就包括近年来在全球多地引发疫情的"非典"病毒、中东呼吸综合征病毒、埃博拉病毒等，但蝙蝠自身却从没有受到这些病毒影响。

澳大利亚研究小组发现，蝙蝠"携毒而不染毒"的关键可能在于，它们的免疫系统"全天候"运行。

贝克说，当我们的身体遇到病菌或病毒入侵时，会启动一系列复杂的免疫保护反应。为弄清蝙蝠体内类似的免疫反应，研究小组重点研究了蝙蝠免疫系统中的干扰素。干扰素是细胞受到感染后首先产生的物质之一，具有抵御病毒感染的作用。

结果发现，蝙蝠体内有三种干扰素，仅为人类的1/4。尽管数量不多，但蝙蝠的干扰素"工作强度"更高。比如，即便没有感染任何病毒，蝙蝠的Iα干扰素也会一直处于活跃状态，24小时"待机"。

贝克说，对于其他哺乳动物来说，长期开启免疫系统是危险的，比如可能使健康组织和细胞中毒，但蝙蝠的免疫系统"全天候"运行却没有带来此类问题。如果能将蝙蝠免疫系统的这一特性加以利用，未来有可能帮助人类抵御病毒，防控传染病。

3. 鲸类动物研究的新进展

（1）发现鲸类也有"流行歌曲"。2011年4月14日，英国广播公司报道，澳大利亚昆士兰大学埃伦·加兰博士率领的一个研究小组，在美国《当代生物学》杂志发表研究报告说，他们发现，鲸鱼也有"流行曲"，某一族群鲸鱼所唱"歌曲"不到两年传唱至数千公里外。研究人员说，这一发现显示，动物具有能够长距离传播的"文化趋势"。

雄性座头鲸，在求偶季节会大声吟唱又长又复杂的"歌曲"。加兰说："一个族群鲸鱼中，所有雄性鲸鱼唱同一首歌，但歌曲不断变化。所以，我们希望研究一个海洋盆地内歌曲的动态变化。"

该研究小组主要分析南太平洋鲸鱼。10多年来录制的6个族群座头鲸所唱歌曲。这些座头鲸合计775头,生活在太平洋海域。加兰说,每首歌曲由许多不同声音组成,包括低频呻吟、叹息、咆哮,然后是较高声的喊叫以及各种升调和降调变奏曲。每首歌持续10~20分钟,雄性鲸鱼能连续唱24小时。

研究人员报告说,声音分析软件确认,澳大利亚东部海域一族群鲸鱼,最先唱的4首歌逐渐往东传播,不到两年,生活在6000千米外法属波利尼西亚海域的鲸鱼开始唱同一"版本"歌曲。

加兰说:"澳大利亚东部族群是这一海域最大的鲸鱼族群,座头鲸数量超过1万头",唱歌的鲸鱼相应较多,对歌曲是否流行有更大影响力。

研究人员认为,生活在南太平洋的鲸鱼,可能在一年一度洄游至南极洲聚食处时,听到这些歌曲,随后学会这些歌曲;或者少数鲸鱼从一个族群"移民"至另一族群,带去原来族群的歌曲。

美国伍兹霍尔海洋学研究所生物学家彼得·泰亚克说:"鲸鱼流动性相当大,能够一天内游数百千米……它们的歌曲能在水下很好地传播。所以,一些流浪雄性鲸鱼充当'文化大使',由一个族群向另一族群传播歌曲。"泰亚克说,该项发现,显示关注这些动物的一种新途径。

这个发现,令一些哺乳动物专家惊讶,因为这是首次在动物王国确认如此大规模"族群间文化交流"。研究人员同时发现,鲸鱼所唱大多数"新歌",包含前一年"老歌"的一些素材,再加入一些新元素。加兰说:"这就像将甲壳虫乐队的老歌,与U2(组合)的歌曲剪接拼凑。偶尔,它们会完全舍弃现有歌曲,开始唱一首崭新的歌。"

研究人员认为,鲸鱼以唱新歌的方式彰显与众不同。加兰说:"我们认为,雄性鲸鱼之所以追求新奇歌曲,是希望显得不同,这样可能更易吸引异性。"研究人员至今无法确认雄性鲸鱼唱歌的原因。一些人推断,这是一种求偶方式;另一些人推测,唱歌有助于鲸鱼迁徙途中保持联系。

(2)发现座头鲸"唱歌"爱尝新。2018年11月,由澳大利亚海洋生物学家组成的研究小组,在英国《皇家学会学报B》上发表论文称,像任何一种时尚,座头鲸"唱"一首歌不会太久。每隔几年,雄性座头鲸就会换一首全新的歌曲。现在，他们已经搞清楚了这些"文艺革新"是如何发生的。

在一个种群中，所有雄性座头鲸都唱着同样的歌，但它们似乎也能学到一些新的东西，就像人类一样。例如，澳大利亚东部种群的雄性座头鲸，每隔几年就会在共享的觅食地或迁徙过程中，从西澳大利亚种群那里挑选一首新歌。于是，在接下来的几年里，这些歌曲传遍了南太平洋的所有居民。

为了解鲸是如何学习这种新民谣的，研究小组连续 13 年分析了澳大利亚东部座头鲸群的歌曲。通过分析 95 位"歌手"的 412 首歌曲周期谱图，科学家对每首歌曲的复杂程度进行评分，并研究单个雄性"歌手"对歌曲的微妙修改。

随着歌曲的演化，复杂性增加了，研究小组近日在论文中报道了这一发现。但是在"歌曲革命"之后，歌谣变得更短，声音和主题也更少。

就此，研究人员得出结论，因为鲸一次只能学习一定量的新材料，所以这些新歌曲可能没有老歌那么复杂。这可能意味着，尽管座头鲸是大海当之无愧的吟唱者，但它们的学习技能是有限的。

四、鸟类与鱼类动物研究的新成果

（一）鸟类动物研究的新信息

1. 恐鸟研究的新进展

（1）借助 DNA 还原古代巨型恐鸟模样。2009 年 7 月 1 日，物理学家组织网报道，澳大利亚阿得雷德大学古 DNA 中心主任艾伦·库伯教授、凯利·阿姆斯特朗博士、研究生尼古拉斯·拉维伦斯，以及新西兰土地环境保护研究所贾梅耶·伍德博士等人组成的一个研究小组，当天在《伦敦皇家学会会议录 B》杂志上发表研究报告称，他们利用在新西兰岩洞里发现的古代羽毛，"重建"了第一只以 DNA 为基础的巨型恐鸟。

该研究小组从被认为距今至少 2500 年的恐鸟羽毛里获得远古 DNA 后，已经确定出 4 种不同的恐鸟种类。

在新西兰出现人类以前，这种身高 2.5 米，重达 250 千克的巨鸟是最具优势的动物，但是毛利人在大约公元 1280 年到达该地以后，这种鸟类数量逐渐减少并走向灭绝。拉维伦斯表示，直到现在，科学界仍不清楚 10 种不同的恐鸟到底长什么样。他说："我们利用远古 DNA，已经能够把 4 种不同恐鸟的羽毛区分开来。"

这些研究人员把从沉积物里发现的其他羽毛，跟现在仍然存在的红额鹦鹉的羽毛进行对比，确定它们的羽毛颜色有没有变浅或者发生变化。然后利用研究数据重现了硕腿恐鸟、重足象鸟、高地恐鸟和南岛巨型恐鸟的外貌。

拉维伦斯说："虽然很多种类的恐鸟拥有非常类似的相对普通的土褐色伪装羽毛，但是有些拥有带白尖的羽毛，这使得它们的整体羽毛带有白斑。"伍德表示，这种土褐色的羽毛，可能是为了避免已经灭绝的哈斯特鹰捕猎，通过自然选择产生的结果。

该研究小组还证明，他们可以从这些远古羽毛的各个部位获得 DNA，并不像以前认为的那样，只能在羽茎的顶端获得 DNA。阿姆斯特朗说："这项发现意义重大，因为它为在不损害重要标本的前提下，研究从博物馆鸟类皮肤里获得的 DNA 提供了方法。因为这种方法只需要一点羽毛，就能获得 DNA。"

库伯表示，这项发现，说明我们或许可以利用从化石沉积物里获得的羽毛，重现其他已经灭绝鸟类的外观。他说："现实中有很多像谜一样的已灭绝物种，我们非常期待能重现它们的外观。"

（2）用新技术还原恐鸟饮食习惯。2016 年 1 月，澳大利亚古生物研究机构与新西兰坎特伯雷博物馆、奥克兰大学等组成的一个研究团队，在《皇家学会生物学分会学报》上发表论文称，他们通过医用扫描技术和软件建模，还原恐鸟的生活习性特别是饮食习惯，找到探索新西兰生态系统的新视角。

恐鸟是曾经生活在新西兰的巨型无翼鸟，现已灭绝。目前已知的恐鸟种类有 9 种，重量从 30 公斤到 250 公斤不等，其中最大的个体高度可达 3.6 米。不同种类恐鸟化石在新西兰南北两岛多数地方都有发现。研究人员猜想，同时存在的恐鸟，在个头和体重上的巨大差异，可能与恐鸟的觅食行为和饮食习惯有密切关系。

为验证这一猜想，该研究团队使用医用扫描技术分析现存恐鸟头骨化石，建立 3D 数字模型，并通过复杂的数码还原技术，重建不同种类恐鸟的数字化肌肉模型。

2011 年，新西兰坎特伯雷地区发生地震后，工程师曾使用一种软件测试震后房屋的结构和安全性。现在，研究人员又借鉴这种软件，分析不同种类恐鸟喙部的结构和力量。研究人员借助 3D 模型，模拟不同的咬合和进食行为，包括恐鸟如何咬住并拉扯树枝、旋转头部、扯下树叶等动作。

研究发现，恐鸟头部结构差异很可能是进食习惯和方式不同造成的。生活在林地的恐鸟喙部相对较短、边缘锋利，比其他恐鸟更适合咬断枝权，它们的主要食物是乔木和灌木中的纤维。而生活在海岸地区的恐鸟头部骨骼强度较弱，只能以质地较软的水果或叶子为食。

研究人员说，传统研究方法无法从功能意义上分析骨骼化石，而新技术给这些骨头赋予"新生命"，揭示恐鸟的生活方式。此前，由于无法了解恐鸟生存状况，研究人员很难了解新西兰整个生态系统的进化过程，而新方法能够帮助他们研究恐鸟在新西兰的活动对当地植被系统产生了哪些影响。

2. 叉尾卷尾鸟与冠鸠研究的新进展

（1）发现叉尾卷尾鸟是屡屡得手的"欺骗大师"。2014 年 5 月 1 日，由澳大利亚生物学家参与、其他成员来自英国和南非的国际研究小组，在《科学》杂志上发表论文，形象地描绘道，"狼来了"的寓言故事家喻户晓，故事的结局是老喊狼来了的小男孩失去人们的信任，哪怕他讲真话。但非洲一种会模仿多种动物报警叫声的小鸟，显然是此中高手，它们累累用同样的伎俩吓走其他动物，成功窃取逃跑者弃而不顾的食物。

研究人员说，这种聪明的小鸟是非洲的叉尾卷尾鸟，喜欢跟在猫鼬和斑鸫鹛等动物的身后。如果发现后者找到可口的食物，比如一条肥肥的虫子，叉尾卷尾鸟们便会发出有天敌逼近的虚假警报，把它们吓走，从而自己享用一顿免费美餐。

为什么叉尾卷尾鸟不像寓言故事中的男孩那样失去信用呢？在非洲南部的卡拉哈里沙漠，研究人员用近 850 小时观察了 64 只叉尾卷尾鸟的 688 次偷窃食物活动后发现，叉尾卷尾鸟会模仿多达 32 种物种的报警叫声。对于不同的对象，它们有针对性地采用不同的报警叫声。

不过，即便是斑鸫鹛，在连续上当 3 次后，也会自动忽略同一类型的报警声。叉尾卷尾鸟这时显示出"欺骗大师"的才能，它们会连续两次发出同一物种的报警叫声，第三次则换成另外一种物种的警报，这种组合报警方法会让斑鸫鹛继续"中招"。

研究人员说："叉尾卷尾鸟会策略性使用它们的叫声，它们会根据从目标获得的反馈来做出改变，这就是它们成功解决'狼来了'喊多了失灵的问题。"

此前研究曾表明，叉尾卷尾鸟与受害者之间进化出一种特殊的共生关系，比如当有叉尾卷尾鸟在身后时，斑鸫鹛会放松警戒，把更多精力用于寻找食物。叉尾卷尾鸟虽然会用虚假警报骗取食物，但有时也会发出真的警报。该研究小组认为，这种有真有假且灵活多变的"战术性欺骗"策略，可能说明叉尾卷尾鸟拥有类似于心智理论所认为的复杂认知能力。

（2）发现冠鸠等鸟类能用羽毛"吹响"警报。2017 年 11 月，澳大利亚国立大学生物学家罗伯特·马格拉特领导的其校内同仁特雷弗·默里为主要成员的一个研究小组，在《当代生物学》杂志上发表论文称，许多动物会对同伴发出警报，提醒它们即将到来的危险。他们最近研究发现，冠鸠等鸟类能用羽毛传递警报信号。

研究人员指出，冠鸠能以一种令人惊讶且不声张的方式做这件事。当它们在飞行时，这种鸟的翼羽能发出一种高音。当它们快速逃离捕食者时，警报信号会自动加快速度。重要的是，他们还发现，其他冠鸠在听到这种声音时会逃跑。研究证实，这种声音相当于一种示警信号，而不仅仅是飞行的"副产品"。

默里说："冠鸠用翅膀发出危险信号，而不是喉咙。这表明，鸟类可以用它们的羽毛作为'乐器'与同伴交流。"

大约 150 年前，达尔文就提出鸟类具有非声音"工具"的想法，但一直未被测试。科学家早就知道，鸽子在飞行时能发出巨大声响，他们有时称其为"鸽子的翅膀口哨"。马格拉特说，其他鸽子会注意这些声音。

该研究团队为了证实羽毛哨声确实是一种警报信号，研究人员拍摄了高速视频，并进行了羽毛清除实验。结果表明，冠鸠翅羽在每次向下飞行时，都能发出不同的音调。随着鸟类翅膀的拍打速度加快，声音也会发生变化，这样一来，那些忙于"逃难"的冠鸠，就会发出更高的翅膀声音。

事实上，鸟类翅膀在飞行中会产生交替的高低音调。实验表明，第八支主要翼羽负责高音调，而低音来自第九支羽毛。但回放实验表明，只有高音才是发出警报的关键。

当研究人员为其他冠鸠播放飞行录音时，这些冠鸠听到有完整的第八支羽毛的鸟飞行声音时通常会逃跑，但当播放的是第八支羽毛被移走的鸟发出的声音时，它们通常只是四处张望，而不是起飞。研究人员注意到，不只有鸠鸽科鸟儿能用翅膀发出异常声音，蜂鸟也以翅膀发音而闻名。他们希望未来研究，能探索其他鸟类翅膀声音的进化。

（二）鱼类动物及其产品研究的新信息

1. 鱼类动物研究的新进展

（1）发现鱼类或可快速适应升温环境。2011 年 12 月 6 日，法新社报道，澳大利亚政府资助的"卓越珊瑚礁研究中心"，其科学家珍妮弗·多纳尔森等人组成的一个研究小组，研究发现，一些热带鱼类，可快速适应升温的海水，它们对全球气候变化的适应能力超出研究人员的预期。

该研究小组发现，一些热带鱼类仅仅需要几代鱼的时间，便可适应在温度更高的海水中生存。多纳尔森说，通常情况下，当环境温度升高 $1.5 \sim 3$℃时，一些热带鱼类会出现明显的有氧能力下降现象，如影响它们的快游能力。

多纳尔森说："环境温度升高确实会使第一代鱼生存艰难，但当两代鱼一直生存在升温环境中后，它们的有氧能力明显改善，恢复到前几代在低温环境中的同等有氧能力水平。"

多纳尔森表示，一些热带鱼类，对气候变化表现出的快速适应能力超出预期，或者说，它们自我调节速度快于气候变化导致的海水升温速度。

这一研究，旨在模拟 2050 年和 2100 年澳大利亚附近海域海水变化环境下，鱼类的生存情况。

不过，研究人员提醒，这一研究存在局限性，因为鱼类生活在海洋生态系统中，海水升温可能打破生态平衡，进而破坏食物链结构，致使生物链的各环节受到连锁影响。例如，海水升温可能给珊瑚造成致命破坏，进而损毁一些热带鱼的生存环境。

（2）首次发现混血鲨鱼或更具威胁性。2012 年 1 月 3 日，国外媒体报道，海洋生物学领域的顶尖科学家，在澳大利亚昆士兰州到新南威尔士州间 200 公里海面上，发现世界上首批混血鲨鱼，他们指出，这一发现可能对全世界来说都具有重要意义。

这些异常凶猛的食肉动物，是普通的黑鳍鲨和澳大利亚黑鳍鲨的混血后代。科学家表示，这两个物种间的杂交繁殖，会让后代适应温暖水域，另外它可能使混血鲨鱼变得更加强壮更具威胁性。

报道称，科学家共发现了 57 头混血黑鳍鲨。昆士兰大学杰西·摩根博士说，这种杂交繁殖，对鲨鱼来说非同寻常，鲨鱼交配通常是为了避免串种。

詹姆斯·库克大学渔业研究中心的科林·辛芬多弗表示，如果这种杂交物种证实它们比其他两个纯种都强大，最后它们会取而代之。他说："我们现在还不知道这个猜想是否属实，但可以肯定的是它们存活下来，也开始慢慢繁殖，并有多样化杂交后代。当然，它们看上去都十分健康。研究结果表明，我们还有很多问题没有解决，对这些重要的海洋食肉动物还要进行更多研究。"

研究人员指出，杂交繁殖可能使这些鲨鱼逐渐适应环境变化，目前，体型较小的黑鳍鲨常在澳大利亚北部的热带水域活动，而较大的黑鳍鲨则更喜欢在澳大利亚东南海岸线一带的亚热带地区生活。

2. 海鱼产品研究的新进展

研究发现部分海鱼产品可能损伤人体神经系统。2005 年 3 月，澳大利亚一个研究小组发现，虽然鱼类食品有利于人的大脑发育，但是一些海产品中含有的天然毒素，会对人类神经系统产生潜在危害。

研究人员称，珊瑚鱼类中毒是全球范围内最常见的海产品中毒实例，这些毒素都来自藻类并在食物链中层层积累，很难通过冷冻或烹调等方法去除。经常在珊瑚周围生活的鲶鱼、笛鲷、海鳗、梭鱼和鲭鱼等都是引发中毒事件的罪魁祸首。此类中毒不会致命，但足以诱发神经系统病变，例如口腔和手脚麻痹、关节肌肉疼痛、肌肉协调困难和冷感觉超敏等，肚子疼、痢疾、恶心和呕吐等是中毒的症状。

不过，珊瑚鱼类中毒属偶发病，人们大可不必因噎废食，对海产品望而却步。除了这种病之外，一些贝类和河豚科鱼类也会引起中毒，全美国海产品中毒病例中有 1% 都属此类。藻类毒素积累、细菌和环境污染等都是造成这一现象的原因。

贝类食物中毒更为常见，会在食用后两个小时内引发病人面部和四肢等部位麻痹、头疼、头晕和肌肉协调困难等，也有少数病例会导致病人瘫痪、呼吸衰竭和死亡。河豚中毒在日本更为普遍，症状类似，河豚毒素在蟾鱼等其他某些鱼类的体内也能积累，蟾鱼在澳大利亚食用较多。

五、节肢动物研究的新成果

（一）蜘蛛与苍蝇研究的新信息

1. 蜘蛛研究的新进展

（1）发现罕见新种白化活板门蛛。2011 年 11 月 10 日，美国国家地理网站报道，澳大利亚发现一种新种白化活板门蛛，令科学家感到震惊。西澳大利亚博物馆馆长马克·哈维表示："看到它的白脑袋，我差点被吓倒在地。"由于体内仍有一些色素，新发现的活板门蛛，并不是真正的白化病患者。它的身体呈褐色，与其他活板门蛛一样。

该新种蜘蛛体宽 3 厘米。在以一种新物种身份被描述前，它将一直被称之为"白化活板门蛛"。这种长相怪异的新种蜘蛛，是澳大利亚西部一座小镇的一名当地人，在自家附近发现的。他将蜘蛛放进罐子里，而后送到博物馆。哈维说："不幸的是，我们对这种蜘蛛一无所知。据我们推测，它们一生都在洞穴中度过，与其他所有白化活板门蛛一样。雄蛛发育成熟后，它们会在洞中寻找潜在交配对象。"

活板门蛛之所以获得这个名字，是因为它们利用土壤、植被和丝建造洞门，丝充当合叶的作用。在感知到过往猎物的振动时，这种蜘蛛纲动物便会钻出洞，享受美餐。它们的食物包括昆虫、节肢动物以及小型无脊椎动物。哈维表示这种蜘蛛在洞内交配，雄蛛可能不得不将雌蛛的身体举起，才能接触到它们的生殖器。雌蛛的生殖器位于腹部下侧。

哈维指出，这种新发现的蜘蛛非常罕见，发现这种蜘蛛还是第一次。他说："蜘蛛家族富有多样性，很多人对它们充满兴趣，也有很多人对它们心生恐惧。在控制昆虫数量方面，它们扮演着至关重要的角色。如果没有蜘蛛，整个世界将变成一个非常贫乏的所在。"

（2）利用蜘蛛毒液研制不伤蜜蜂的杀虫剂。2014年6月3日，由澳大利亚农药专家参加的研究小组，在《皇家学会学报B》网络版上发表研究报告称，他们研制的一种新农药，不会使蜜蜂受伤害。

蜜蜂对世界上90%的开花作物进行授粉，但近年来它们的数量已大幅减少。积累的证据表明，一些常用的杀虫剂，与蜜蜂死亡有关，这就引发了对不伤害蜜蜂的农药的需求。

研究人员说，他们结合澳大利亚漏斗网蜘蛛毒液，与雪花莲蛋白质，发明了一种对蜜蜂友好的杀虫剂。据介绍，其毒素会选择性攻击常见农业害虫如甲虫和蚜虫的中枢神经系统，而不伤害蜜蜂。在让蜜蜂接触新农药7天后，研究人员发现并没有对蜜蜂造成不利影响。即使研究人员把该农药直接注入蜜蜂体内，也只有17%的蜜蜂在48小时内死亡。接下来，该研究小组计划，测试这种农药对其他有益的传粉者的影响，如大黄蜂和寄生黄蜂等。

（3）蜘蛛也有"蓝颜"知己。2015年8月，国外媒体报道，澳大利亚农业部小昆虫生物学家尤尔根·奥托，在该国西部奥尔巴尼附近沿海湿地发现了一种外貌特殊的跳蛛，它拥有一张吸引雌性蜘蛛的"绝色"蓝面孔，这张面孔为这种蜘蛛赢得了一个昵称："蓝颜"。

蓝颜跳蛛属于孔雀蜘蛛家族，其体长仅3~5毫米，它属于大洋洲本土生长的漂亮小蜘蛛。但是，这种蜘蛛与其他孔雀蜘蛛不同，雄性蓝颜跳蛛在吸引雌性时，没有像扇子一样可以伸展开来的腹部。与此相反，它要依赖蓝色的面孔与其周围标志性的白色绒毛，吸引一位"淑女"跳蛛。

发现蓝颜跳蛛的奥托，从2008年起，奥托开始进行一项记录澳大利亚孔雀蜘蛛的课题。那时，他曾从蜘蛛专家戴维·诺尔斯处得知，蓝颜跳蛛可能是一个新物种。

2013年，俩人一起启程寻找这种蜘蛛，但诺尔斯因故未能继续旅行。奥托一个人找了很长时间，终于在快要放弃的时候发现了蓝颜跳蛛。他不仅记录了野外的蓝颜跳蛛，而且还把几只蓝颜跳蛛喂养到成年。因为其中一只采集到的跳蛛产了卵，让他得以观察这种微小生物生长的全过程。

奥托希望，这些美丽甚至是有些可爱的孔雀属蜘蛛，可以有助于改变蜘蛛在人们心里留下的坏印象。

2. 苍蝇研究的新进展

发现幼虫寄居于蜘蛛体内的新种苍蝇。2012 年 3 月，澳大利亚生物研究员沙恩·维特顿领导的一个研究小组，在美国《生活科学》杂志发布研究信息称，他们发现 4 种令人恐怖的新种苍蝇，其幼虫会从里向外吞噬狼蛛等大型蜘蛛，最后只留下一副空皮囊。这种苍蝇是所谓的"蜘蛛蝇"家族成员，它们的幼虫在年幼蜘蛛体内"挖洞"，最后痛下杀手，吃掉蜘蛛。

实际上，蜘蛛蝇幼虫的入侵，能够延长蜘蛛的寿命，让它们在长达 10 年时间里停止发育，始终处于未发育成熟的状态。最后，蜘蛛蝇幼虫从里向外"享用"蜘蛛肉，只留下空空的皮囊。此时，蜘蛛蝇幼虫化蛹，发育成成年苍蝇。

维特顿说："蜘蛛蝇专找狼蛛等大型蜘蛛下手。这些蜘蛛的寿命可达到数年。体内存在蜘蛛蝇幼虫实际上能够延长蜘蛛的寿命，最长可达到 10 年。"

新种蜘蛛蝇，是维特顿研究小组在澳大利亚研究蜘蛛蝇时发现的。成年蜘蛛蝇是重要的授粉者，以花蜜为食。它们的身体通常呈圆形，色彩多变，既有黑色和蓝色，也有金属绿色，上面覆盖着浓密的毛发，好似宝石一般。所有蜘蛛蝇种群的幼虫，都以年幼蜘蛛为食。新种蜘蛛蝇幼虫尤其喜欢拿狼蛛、活板门蛛、漏斗网蛛等蜘蛛开刀。

(二) 蜜蜂与蝴蝶研究的新信息

1. 蜜蜂研究的新进展

(1) 开发出可提高蜜蜂授粉率的蜂群感应技术。2014 年 1 月 15 日，澳大利亚联邦科学与工业研究组织宣布，生物学家保罗·德索萨领导的一个研究小组，开发出蜂群感应技术。通过安置在蜜蜂身上的微小传感器监测蜂群及其周围环境，以提高蜜蜂授粉率，进一步提高农业生产力。

研究人员表示，这是第一次如此大规模地使用昆虫开展环境监测。在放归野外之前，他们将多达 5000 个传感器，放置在位于塔斯马尼亚首府霍巴特附近的蜜蜂身上。这些微型无线电识别传感器，可以像车辆的电子标签那样，记录蜜蜂通过特定检查点时的情况。这些信息随后将被发送到一个中央处理装置上，研究人员通过这 5000 个传感器的信息，来构建出一个全面的三维模型，并显示出这些蜜蜂如何在环境中运动。

蜜蜂会以一种可以预测的状态活动。蜜蜂的任何行为变化，都意味着它们周围的环境出现了变化。如果研究人员可以描绘出它们的活动模型，就可以非常快速地通过它们的活动来找出这种变化的原因。这将帮助研究人员找出如何提高蜂群生产力的途径，并监测任何可能出现的生物安全风险。

德索萨指出，近1/3人类食物生产依赖于授粉。"蜂群在野外扮演着至关重要的角色，它们的授粉行为提高了各种作物的产量。"

（2）发现蜜蜂能理解抽象数学概念"零"。2018年6月，澳大利亚皇家墨尔本理工大学副教授阿德里安·戴尔牵头的一个国际研究团队，在《科学》杂志上发表论文称，他们研究发现，蜜蜂可以理解"零"这个重要数学概念，与海豚、一些灵长类动物及学前儿童一样"聪明"。

这项研究表明，蜜蜂尽管脑子不大，却能理解复杂、抽象的数学概念，这为开发更加简洁的人工智能算法提供了新思路。

戴尔说，"零"是数学中的重要基石，它不是一种容易把握的数学概念，儿童都需要经过一段时间才能理解。

为了测试蜜蜂对"零"的理解，研究人员首先使用有不同数量黑点（1到5）的白色方块，训练蜜蜂在两个给定方块间选择数量较小的一个，例如，在3和4之间，如果蜜蜂选择了3，就会得到糖水奖励。随后，研究人员让蜜蜂在不含黑点的纯白色方块，与带有1或2个黑点的方块之间选择，蜜蜂会飞向纯白色方块，尽管它们此前没有见过纯白色方块。

研究人员指出，蜂脑只有不足100万个神经元，而人类拥有860亿个神经元。这说明理解数字不需要很大的脑容量。

戴尔说，人工智能发展中的一个问题是让机器人理解复杂的环境，例如像人类一样在过马路时能判断有无过往车辆，既然蜜蜂用不到100万个神经元就可以理解"零"，说明可能存在更加简单有效的方法促进人工智能在相关领域的发展。

（3）研究发现一只蜜蜂竟有4个父母。2018年11月，由澳大利亚悉尼大学生物学家莎拉·亚当领导的一个研究小组，在《生物学快报》发表论文称，对于基本的性知识，仍有很多东西需要学习，他们经过进一步研究发现，一些生来半雄半雌的蜜蜂最多有4个父母，其中一些根本没有母亲。

对于蜜蜂来说，非受精卵会发育成同蜂王交配的雄蜂，而受精卵通常发育成雌性工蜂。不过，蜂王至少同 10 只雄蜂交配，以产生新的蜂群成员。同时，不止一个精子进入每个卵子。在一些罕见情形下，蜜蜂最终可能生成一些源自受精卵、表现为雌性的器官，以及一些源自外来精子、表现为雄性的器官。

同时拥有雄性和雌性生殖器官的生物体，被称为雌雄同体。而像蜜蜂一样全身同时拥有雄性和雌性组织的生物体被称为雌雄嵌体。

该研究小组分析了来自一个蜂群的 11 只雌雄嵌体蜜蜂，旨在更深入地了解这些个体是如何发育的。其中 5 只蜜蜂拥有正常的工蜂卵巢，但另外 3 只拥有像蜂王一样的卵巢，含有大量被称为卵巢管的管状物。还有一只拥有正常的雄性生殖器官，剩下的两只则拥有部分雄性器官。

基因测试，揭示了雌雄嵌体不同寻常的家族历史。9 只蜜蜂拥有两个或 3 个父亲以及 1 个母亲。还有一只因为两个精子的融合而拥有两个父亲却没有母亲。

亚当说："产生雌雄嵌体并无进化优势。我们推断这是基因错误。"亚当认为，这个蜂群因为蜂王的一个基因突变而拥有较高数量的雌雄嵌体。至于哪个基因突变，使雌雄嵌体更有可能表现出来，目前尚不清楚。

雌雄嵌体在其他昆虫物种、甲壳类动物甚至鸟类中极少出现。有时，它们为科学家提供了了解特定行为同身体某个部分存在何种关联的珍贵视角。

（4）训练和测试蜜蜂做算术的实验。2019 年 2 月，澳大利亚墨尔本皇家理工学院的阿德里安·戴尔主持的研究小组，在《科学进展》杂志发表论文称，大脑袋或许并不是做数学题所必需的，在他们的实验中蜜蜂通过了一项可能要求其进行加减的算术测试，尽管有人质疑这是否是真的。

在测试中，研究人员首先向蜜蜂展示了含有 1~5 种形状的图片。图形颜色全部是蓝色或黄色，蓝色代表"加 1"，而黄色代表"减 1"。

随后，研究人员让蜜蜂在两个房间中做出选择：每个房间的入口处都挂有另一张图片。其颜色与第一次看到的相同，但图形数量多 1 个或少 1 个。同时，一个房间含有一滴糖溶液作为奖励，另一个含有不堪入口的奎宁溶液。

如果第一张图片中的形状是蓝色的，蜜蜂需要给形状数量加 1，以选择正确的房间。如果形状是黄色的，它们则需要减去 1。

14 只蜜蜂均接受了 100 次训练。在随后的测试中，它们在 67.5% 的时候做出了正确选择，远好于随机猜测的结果。戴尔表示，这对于蜜蜂来说是一项很难的测试，需要它们记住颜色规则，并将其应用于工作记忆中的形状数量。

不过，英国伦敦大学玛丽皇后学院的克林特·佩里认为，蜜蜂在做算术的观点是行不通的。如果它们只是选择了同第一次看到的最相似的图片，也能达到 70% 的正确率。佩里说："做加减法的能力是更高层次的认知能力。认为昆虫能做到这一点是非同寻常的，因此需要非常确凿的证据。"

很多动物似乎都能数数，但很少表现出算术本领。大象似乎能进行简单的运算，刚出生的小鸡好像也可以。在无脊椎动物中，关于计算能力的证据非常稀少，尽管有研究发现，蜘蛛能计算其放在"食物柜"中的猎物数量，并能注意到猎物的增加和减少。

（5）发现最大蜜蜂重现印度尼西亚密林。2019 年 3 月，澳大利亚媒体报道，该国悉尼大学荣誉教授西蒙·罗布森等人组成的一个国际研究团队宣布，在印度尼西亚的密林里重新发现世界上最大的蜜蜂"华莱士巨蜂"，并首次拍到这种巨蜂的活体照片和视频。

罗布森说，先前很多研究都证实全球昆虫的多样性正在减少，如今重新发现这种罕见巨蜂令人惊喜。

华莱士巨蜂大小相当于成年人的大拇指，翅展长度超过 6 厘米，最早由英国生物学家艾尔弗雷德·华莱士等人在印尼的巴占岛首次发现。当时华莱士形容一只雌蜂是："像黄蜂的黑色大昆虫，长着巨大的下颚又好像鹿角虫。"

生物学家于 1981 年再次发现这种巨蜂，之后就一直没有人再发现它的踪迹，因此华莱士巨蜂曾经一度被认为已经灭绝，直到 2019 年 1 月，才被上述研究团队在印尼的马鲁古群岛北部重新发现。

研究人员发现，这种巨蜂的雌蜂，喜欢在活跃的树栖白蚁穴中筑巢，并会用它巨大的下颌骨收集黏稠的树胶来保护蜂巢免受白蚁入侵。为此，研究人员在潮湿炎热甚至冒着倾盆大雨的情况下，连续观察了数十个白蚁穴，才在为期 5 天的考察之旅最后一天，在白蚁穴中发现一只雌蜂。

已有研究表明，这种巨蜂喜欢在有树栖白蚁穴和树胶的低地森林栖息，然而森林砍伐正威胁着这种巨蜂和其他许多生物的栖息地。研究人员说，希望通过此次发现，更深入了解这种巨蜂的生活习性，从而能够保护它免遭灭绝。

2. 蝴蝶研究的新进展

发现蝴蝶拥有极强的色觉感应。2016 年 3 月，澳大利亚科学家参加的国际研究小组，在《生态学与进化前沿》发表论文称，蝴蝶可能没有人类那样敏锐的视觉，但它们的眼睛却在其他方面胜过人类，它们的视域更加宽阔，擅长感知快速移动的物体，能够辨别紫外线和偏振光。

现在有证据表明，来自澳大利亚的一种燕尾蝶，即以明显的蓝绿色标记而闻名的常见青凤蝶，在这一视觉能力方面的装备更强。

研究人员说，它们的每只眼睛包含着至少 15 种不同的光感受器，即色彩视觉所需的光杆细胞。这些光感受器相当于人眼中的视杆细胞和视锥细胞。

为了了解蝴蝶极为复杂的视网膜是如何演化的，研究人员使用生理学、解剖学以及分子学实验，检测了收集到的 200 只雄青凤蝶的眼睛。科学家之所以仅采用雄蝶，是因为他们没捕获到足够数量的雌蝶。

研究人员发现，不同的颜色会刺激不同层面的视觉感受器。例如紫外线刺激一种视觉感受器，而颜色略有不同的蓝色会刺激其他 3 种感受器，而绿光则可以刺激另外 4 种感受器。大多数昆虫物种只有 3 类光感受器。其他蝴蝶也仅需要 4 个层次的视觉颜色接受器，其中包括紫外线区域的光谱。

那么，为什么这个物种会进化出另外 11 个感受器呢？科学家推测，对这类彩色蝴蝶来说，其中一些接收器必须被调准到可感知具体事物的程度，这些事物可能关乎巨大的生态重要性，如交配。例如，当它们的眼睛警惕地注视着蓝绿光谱的细微变化时，即便仍在天空飞翔，雄青凤蝶依然能够发现并追赶自己的竞争对手。

（三）蚂蚁与白蚁研究的新信息

1. 蚂蚁研究的新进展

发现蛛丝中的化学物质能驱除蚂蚁。2011年11月，澳大利亚墨尔本大学和新加坡国立大学联合组成的一个研究小组，在英国《皇家学会学报B辑》上发表论文说，他们发现，金圆网蛛的丝中，含有一种能驱除蚂蚁的化学物质，为人们开发天然驱蚁武器带来了希望。

金圆网蛛是澳大利亚、亚洲、非洲和美洲森林里一种常见的蜘蛛。尽管其生活环境中有很多蚂蚁，但在它们的网上却很少发现蚂蚁。

领导这项研究的新加坡国立大学生物科学系副教授李代芹说，我们发现大型金圆网蛛，在它们的蛛丝中添加了一种防御性的化学物质，当蚂蚁来碰触蛛网时，这种物质会阻止它们爬上去。

研究人员让金圆网蛛，在实验室里织网，分析蛛丝中所含化学物质后，发现其中含有一种有防御功效的生物碱，并用它测试了蚂蚁的行为。

墨尔本大学动物系教授马克·埃尔加说，这种化合物，名为吡咯烷生物碱，是一种掠食动物，用于警告其他动物的示警剂，驱除蚂蚁的功效很强，还能防止多种动物如蛾子、毛虫等入侵。

研究小组还发现，只有大型金圆网蛛，会产生这种具有防御性能的生物碱，更年轻或更小的蜘蛛是靠更细的丝，用物理防御的方法来防止蚂蚁爬上网。

埃尔加解释说，当金圆网蛛坐在自己网中等待猎物到来时，对潜在的蚁群攻击比较敏感，而蛛丝中的化学防御剂不仅能保护它们，还帮它们节省了时间和精力，否则，它们需要花更多时间驱逐入侵的蚂蚁。

2. 白蚁研究的新进展

发现一种无须雄性繁殖的白蚁。2018年10月，澳大利亚悉尼大学和日本京都大学联合组成的一个研究小组，在《BMC生物学》杂志上发表论文称，他们近日发现，一种树白蚁群体，可以在没有雄性的情况下，建立起成功的、可以繁衍的蚁窝。

论文通讯作者矢代敏久说："以前报道过的，完全没有雄性的现象，只出现在蚂蚁和蜜蜂中。白蚁的蚁窝，一直都是雌雄数量均等且进行有性繁殖的。我们的论文，第一次证明白蚁也可以完全脱离雄性生存，雌性们过得很好。"

研究人员在日本偏远沿海地区，发现了没有任何雄性的这个种群。他们把这些地区 37 个蚁窝中个体的形态，与日本其他地区发现的 37 个雌雄混合的蚁窝中的个体进行了比较。全雌蚁窝中的蚁后受精囊（一种雌性在交配后用来储存精子的器官）是空的，而雌雄混合蚁窝中的蚁后都储存了足够多的精子。全雌蚁窝中的卵，也都是未受精卵。

矢代敏久说："有趣的是，我们在雌雄混合种群中，也偶尔会观察到未受精卵的发育。这表明，用未受精卵发育出后代的能力，可能是从雌雄混合的祖先中演化来的，而这种能力为全雌蚁窝的演化提供了一种可能。我们还发现，全雌蚁窝中的兵蚁，与雌雄混合蚁窝的兵蚁相比，头部大小更均匀，总数量更少。这表明，'全女兵'的阵容在防御上更有效率，这可能有助于全雌蚁窝的维系和传播。"

这项研究表明，在一些先进的动物社会的维系中，雄性可能不是必需的，即便雄性之前在其中发挥过积极的作用。研究人员表示，尚需进一步研究，确认其他白蚁物种中是否存在全雌蚁窝的现象。

六、其他动物研究的新成果

（一）爬行动物研究的新信息
1. 鳄鱼研究的新进展

认为鳄鱼血有望制成特效抗菌药。2005 年 8 月，国外媒体报道，自从实验发现鳄鱼免疫系统能够杀死艾滋病病毒（HIV）后，澳大利亚和美国的两位科学家，正在澳大利亚北领地区收集鳄鱼血，希望能够开发出特效抗菌药。

鳄鱼免疫系统要比人类强很多。虽然激烈地域之争常常导致鳄鱼互相厮杀、留下残肢断体和累累伤痕，但强大的免疫系统可使它们没有性命之忧。

澳大利亚科学家亚当·布里顿说，1998 年开始的鳄鱼免疫系统研究发现，鳄鱼血液中的几种抗体可以杀死盘尼西林都无法杀死的细菌，比如葡萄状球菌。这些抗体也能杀死 HIV，而且比人体免疫系统更为有效。布里顿还说，鳄鱼免疫系统与人体免疫系统不同，它在发生感染后能直接攻击细菌。

美国科学家麦钱特说："我们或许能够拥有可口服的抗生素，或许还有可以直接涂抹在伤口上的抗生素，比如糖尿病溃疡伤口。"

10天来，布里顿和麦钱特一直在达尔文鳄鱼公园研究中心收集各种鳄鱼血液，包括野生鳄、驯养的淡水鳄和咸水鳄。两位科学家希望收集足够血液，分离出有用抗体，最终发明出一种对人类有效的抗生素。

尽管如此，利用鳄鱼免疫系统制造的药物，可能还需要通过合成才能为人类所用。布里顿说："还有许多工作要做。我们在把药物推向市场之前，可能还需要很长时间。"

2. 海蛇研究的新进展

环境污染致海蛇变色。2017年8月10日，由澳大利亚悉尼大学生物学家里克·希恩参与的一个研究团队，在《当代生物学》杂志上发表论文称，他们在调查栖息在印度洋—太平洋海域珊瑚礁中的鳌头海蛇时发现，这些蛇的色彩形状与众十分不同：栖息在珊瑚礁更原始区域的海蛇，身上通常有黑白相间的条纹或斑点。而栖息在受人类活动影响更严重的区域，即靠近城市或军事区的海蛇是黑色的。

研究人员报告称，这些颜色差异，可能与海蛇在污染物中暴露程度不同有关。城市海蛇的黑色皮肤，能使其在每次蜕皮时更有效地凝固和去除身体上的污染物，例如砷和锌等。该发现也将海蛇列入工业黑化名单。

希恩说："这些动物让我感到惊讶。我认为值得注意的是，工业黑化现象在不同的生物体中是不同的。"

该研究负责人、拉克斯—考勒—科尔多纳大学的克莱尔·戈兰，了解到栖息在巴黎的白鸽羽毛颜色较深，是因为与浅色羽毛同伴相比，其羽毛中"存储"了更多的锌，她想到海蛇更黑也可能与污染暴露有关。

为了找到答案，该研究团队与合作者研究了海蛇蜕皮中的微量元素。这些海蛇颜色有深有浅，有栖息在城市工业区附近的，也有远离人类的。结果显示，颜色更深的蛇蜕中包含的微量元素浓度也更高。研究人员还发现，颜色较深的蛇蜕皮更频繁。而面对污染物，这些深色蛇似乎比浅色同伴更有优势。

希恩表示，这些发现是动物快速适应性进化的另一个例证。这也暗示即便在海洋的珊瑚礁区域，人类活动也对栖息在那里的动物产生了严重影响。

3. 蜥蜴研究的新进展

（1）首次在野外环境发现野生蜥蜴发生性别逆转。2015年7月2日，由澳大利亚堪培拉大学克莱尔·荷乐莱伊领导的一个研究小组，在《自然》杂志上发表论文称，他们的研究显示，澳洲鬃狮蜥的野生种群，容易受到气候变化的影响，出现性别反转。从前，在蜥蜴中发现过从由染色体决定性别，转变成由孵化时的温度决定性别的现象。但是，这是第一次在野外环境中发现这样的现象。

研究小组，把131只成年蜥蜴，在田野调查中获得的数据，与受控的育种实验中的数据相结合。分子生物学分析表明，生活在该物种的适应温度范围偏高环境中的11只蜥蜴，虽然性染色体是雄性，实际表现出来的性别是雌性，而且这些个体，可以迅速从基因控制性别的系统，转变到温度控制性别的系统。

当这些性反转了的雌性蜥蜴，与正常的雌性蜥蜴交配后，它们的后代没有一个有性染色体，性别完全由蛋孵化时的温度决定。性反转的母亲生下的后代，也更容易性别反转，强化了这种性别转变的趋势，而且其下的蛋的数量，几乎是正常母亲的两倍，带来了更加雌性化的种群。

这项研究，还强调了极端气候，在改变对于气候敏感的爬行动物的生物学和基因组方面的作用。在性别决定方式上有更大的灵活性，可能是应对不可预知的气候的对抗手段，但还须进一步研究了解这种机制的真实成本和优势。

（2）发现一种南美蜥蜴进化"可逆"。2019年2月，澳大利亚国立大学的达米安·埃斯克雷主持，智利相关专家参与的一个研究小组，在美国《进化》杂志上发表论文称，他们发现，一种南美洲特有的蜥蜴，可以在生存环境改变后，重新获得进化过程中失去的生理机制，从而对生物学上的进化不可逆法则构成挑战。

这种平咽蜥属蜥蜴，主要分布于南美洲的安第斯山脉。研究人员发现，居住在安第斯山脉高山地区的这种蜥蜴，由于当地气温寒冷，不适宜产卵孵化，因此演化出胎生的功能。但有证据显示，迁移到山下的这种蜥蜴，又重新恢复了卵生能力。

埃斯克雷指出，这个发现显然对进化不可逆法则构成挑战。他介绍，根据进化法则，在进化过程中失去的功能就很难再重新获得。比如说那些长期生活在黑暗洞穴里的生物，一旦失去视力后就很难再恢复。

埃斯克雷说："从物种进化的角度来看，这种现象还讲得通。但从生理学角度来看，这种蜥蜴究竟如何重新演化出卵生的生理机制还是个谜。"他们下一步将从生理学及基因角度，进一步了解这种蜥蜴胎生和卵生的生理机制。研究人员分析认为，安第斯山脉的海拔高度，是当地拥有如此多样化的蜥蜴种类的一个重要原因。

埃斯克雷说，孤立的海岛对形成生物多样性有促进作用。与之类似，可以把高耸入云的安第斯山脉看成是"云中岛"，那些生活在山顶被隔离的蜥蜴，与那些向山下迁移的蜥蜴种群，逐渐会进化成不同的种类。

（二）两栖动物研究的新信息
——发现两栖动物蛙类新物种

2009年9月，美国国家地理网站报道，环保组织世界自然基金会澳大利亚分会9月公布了一份报告，公布了1999年以来发现的新物种，其中两栖动物蛙类新种主要有：

（1）库兰达树蛙。它是一种浑身上下光溜溜的两栖动物，其叫声非常特殊，科学家将之称作"快速交谈"。据一份最新报告显示，库兰达树蛙是在澳大利亚东部热带的昆士兰州发现的，它是自1999年以来在澳大利亚发现的至少1300种新的动植物中的一种。

世界野生动物基金会把库兰达树蛙划归到濒临灭绝的物种中，这种青蛙的栖息地占地面积仅有3.5平方千米。据该报告说，雄性库兰达树蛙竞争对手之间的"快速交谈"，很快转变成具有攻击性的摔跤，这篇论文发表是为了纪念9月7日澳大利亚濒临灭绝物种日。

世界野生动物基金会澳大利亚分部的迈克尔·罗奇在一份声明中说："澳大利亚拥有如此丰富的生物多样性，非常令人吃惊，在这里经常会发现动植物新种。"过去10年间，科学家在澳大利亚每周至少平均发现两个新物种。

（2）新种雨滨蛙。这种澳大利亚雨滨蛙属的新蛙，跟其"快速交谈"的近亲不太一样，它没有声囊。环保学家表示，这种青蛙通过发出微弱的咕噜咕噜震颤声吸引雌性。这种蛙类是在昆士兰州雨林中的河流里发现的。

（3）卡宾条纹蛙。据环保学家说，卡宾条纹蛙只生活在澳大利亚北部地区卡宾高原上气候凉爽，海拔较高的雨林里，这里容易受到全球变暖的影响。2007年纽卡斯尔大学的研究人员发出提醒说，由于气温迅速上升，它们可能会在2050年完全失去赖以生存的栖息地。

（三）无脊椎动物研究的新信息

1. 软体腹足类动物研究的新进展

（1）发现粉红蛞蝓和肉食性蜗牛。2013年5月，英国《每日邮报》报道，在澳大利亚偏远山脉地区发现两个新物种：一个是体型较大荧光粉红色蛞蝓，有20厘米长；另一个是肉食性蜗牛，它与素食蜗牛物种完全不同。

报道称，这两种奇异的新物种，发现于新南威尔士州卡普塔尔山脉，距离悉尼大约520千米。当地居民告知，曾看到过一种奇特的粉红色蛞蝓，尤其是在大雨之后生物分类学家发现，才正式把该物种归入红三角蛞蝓。

科学家认为，粉红色蛞蝓的历史可追溯至冈瓦纳古陆，1.8亿年前两个大陆板块形成泛古陆的一部分，这两个大陆形成了现今澳大利亚。蛞蝓新物种生活在100平方千米的一个独特山顶地区，它的近亲物种发现于新西兰和南非地区。

肉食性蜗牛被认为是卡普塔尔山脉地区非常独特的物种，是唯一在同一地区猎杀其他素食陆地蜗牛的物种。科学家认为，以上两个新物种起源于澳大利亚东部潮湿雨林，1700万年前，一次火山喷发导致该地区变得干旱，仅保留小块雨林生态环境，这很大程度地限制了无脊椎动物的生存方式。这种蛞蝓平时白天将身体掩埋在发霉树叶之下，有时夜晚会数百只爬出来吞食树上的霉菌和苔藓。它们长着与众不同的鲜艳粉红体色。

基于发现这些罕见奇特的物种，新南威尔士州科学委员会初步决定，把卡普塔尔山脉地区列为"濒危生态群落"，这意味着对该地区进行最高级别的生态环境保护。

（2）发现蜗牛分泌的天然胰岛素药效好。2016 年 9 月 12 日，由澳大利亚学者参加、美国犹他大学生物学家海伦娜·萨法威主持的一个研究小组，在《自然·结构与分子生物学》杂志上发表论文称，他们在蜗牛捕食时产生的毒液中，发现了胰岛素分子结构，这种天然胰岛素能在短短 5 分钟内调节血糖水平，而目前最快的人工胰岛素起效时间是 15 分钟。

人体胰岛素是由胰腺分泌的，与葡萄糖摄取相关的一种激素，它内含 A 区和 B 区。糖尿病一般因胰腺功能受损无法正常分泌胰岛素所致，目前最有效的疗法就是注射人工胰岛素。但胰岛素内的 B 区部分会造成胰岛素分子聚合成 6 个分子的聚合体，注射的胰岛素需要把聚集的胰岛素降解成单个分子后，才能对患者发挥作用，这个降解过程往往需要一个小时，即使市场上最快的胰岛素仍需 15~30 分钟才能发挥药性。科学家们曾试图移除 B 区部分，但这样做的后果是胰岛素完全失去药性。

该研究小组介绍，他们发现蜗牛毒液中的胰岛素并不含 B 区部分，因此不会造成胰岛素分子的聚集。实验室检测表明，虽然不如人体胰岛素，但蜗牛胰岛素仍然具有降血糖功能，并且能在 5 分钟内快速起效。

蜗牛在捕食鱼类时，往往会分泌一些毒液到水中，让附近的鱼血糖升到峰值再快速下降致鱼晕倒，蜗牛就可饱餐一顿。在长期的捕鱼行动中，蜗牛胰岛素不断进化，拥有了快速反应功能。

研究人员下一步，将根据蜗牛胰岛素的结构，不断修改人工胰岛素结构，让后者在失去 B 区部分后也能保持降糖作用；他们还将检测蜗牛胰岛素或修改后的人类胰岛素，注射到生物体内的功效。此外，研究人员还在研究人造胰腺装置，模拟人体胰腺根据血糖水平自动向体内传递胰岛素药量的功能，这种装置可能会在近期研制成功，未来或许可以把蜗牛胰岛素用在人造胰腺装置内。

2. 软体头足类动物研究的新进展

全球头足类动物数量显著增加。2016 年 5 月 23 日，澳大利亚阿德莱德大学海洋生物学家佐伊·杜布莉黛领导的一个研究小组，在《当代生物学》杂志上发表论文称，头足类动物以成长迅速、寿命短暂且生理敏感著称，比许多其他海洋物种的适应速度都快，因此海洋环境变化反而可能对它们有利。

报道称，无论人类怎样改变环境，总会有最后的赢家和输家。遍布世界的城市使得鸽子逐渐适应了在岩架上的生活；野草也学会了在农场的田地间茁壮成长。而受到温度上升、鱼类资源减少和人类活动带来的水质酸化影响的海洋也不例外。该研究小组的一项新成果表明，海洋环境的这些变化，正在促使包括章鱼、鱿鱼和乌贼在内的头足类动物蓬勃发展。

研究显示，过去60年里，全世界各地的头足类动物数量都显著增加，而且三大头足类动物章鱼、鱿鱼和乌贼的数量，均保持着一致的长期增长态势。

科学家从20世纪90年代末期，便注意到全球海洋中头足类动物数量的增长。但要想从各国渔业数据中获得结论是非常困难的。这不仅因为捕捞数字经常被误报，而且捕获量的变化也会受到成本、技术及价格等诸多因素的影响。因此，头足类动物捕捞量的增加，并不直接意味着海洋中出现了更多数量的头足类动物。

杜布莉黛等人，调查了1953—2013年间35种头足类动物的数量。研究显示，从新英格兰到日本，头足类动物总量，由20世纪50年代便开始增长，并且其数量并不局限于栖息在公海中的物种，如美洲大赤鱿。一些生活在岸边的物种，例如曼氏无针乌贼也出现了数量的稳步上升。至关重要的是，这种增加体现在科学调查数据和渔业记录中，因此它并不仅仅是技术进步的产物，或对鱿鱼圈及寿司的全球渴望。

那么为什么头足类动物会蓬勃发展呢？与啮齿类动物一样，头足类动物对周围环境的变化具有高度适应性，研究人员指出，这是因为大多数物种的寿命只有一到两年，并且在繁殖后便会死亡。这使得它们能够对干扰迅速做出响应。并未参与该项研究的澳大利亚塔斯马尼亚大学海洋生物学家格雷塔·佩克表示："我们称它们为海洋的杂草。"

想要追溯头足类动物数量增加的任一个因素都是非常困难的，因此这60年的时间尺度被指向了人类的影响——自然界的海洋周期太短了，因此不可能对此负责。然而人类可以通过许多途径改变这一平衡。

捕鱼是一个潜在的罪魁祸首：通过捕捞以头足类动物为食物或与其竞争食物的鱼类，人类制造了一个食物链上的缺口，而头足类动物恰好填补了这个缺口。而气候变化则可能是另一个因素：升高的温度能够加速头足类动物本以很快的生长速度，使得它们更快繁殖，从而加速了种群的扩张。但杜布莉黛表示："在进行更多的研究之前，这些对于是什么导致头足类动物数量增长来说都是推测。"佩克认为，更快的生长速度，同时意味着头足类动物将吃得更多：它们已经是贪婪的捕食者，其中一些物种每天进食的数量，已达到成年个体体重的30%。

英国南极调查局生物海洋学家保罗·罗德豪斯表示："这并非一个耸人听闻的头足类动物接管世界海洋的故事。"更进一步的气候变化，可能会带来不可预测的影响，将一代的时间挤压得不到1年，并在这个过程中抛弃一些物种每年的交配机会。

研究人员表示，头足类动物数量增长会带来什么影响，目前还不是很清楚。一方面，它们是猎食者，可能对许多具有商业价值的鱼类与无脊椎动物造成不利影响；另一方面，许多以它们为食物的海洋动物可能从中受益，头足类动物也是一种重要的渔业资源。

此外，头足类动物的未来情况也很难预测，尤其在捕捞压力持续增加的情况下。

杜布莉黛说："我们正在调查导致头足类动物数量增长的各种因素，这是一个很难回答但很重要的问题，因为它可能告诉我们有关人类行为改变海洋更全面的故事。"

除了人类持续捕捞的威胁之外，杜布莉黛强调，许多头足类动物都会同类相食。她说："竞争永远存在。我不知道是人类先吃掉它们，还是它们先开始自相残杀。"

3. 刺胞动物研究的新进展

研究揭示东沙环礁珊瑚的死亡率。2017年3月22日，澳大利亚西澳大学托马斯·迪卡洛、美国马萨诸塞州伍兹霍尔海洋研究所安妮·科恩及同事组成的一个研究小组，在《科学报告》上发表论文称，他们通过整理厄尔尼诺事件影响记录发现，2015年6月东沙环礁的温度上升了6℃，导致当地近40%的珊瑚群落死亡。

东沙环礁是位于中国南海北部的珊瑚礁，为了了解厄尔尼诺对它的影响，该研究小组记录了南海海平面温度上升2℃的后果。这种短期的温度升高现象本身，不太可能对该区域的珊瑚礁造成大范围破坏。但研究者发现，异常高压系统降低了南海北部的风速和海面浪高，使海平面温度变异值在 2℃ 的基础上再升高 4℃。他们还发现，在 6—7 月的 6 个星期里，东沙环礁的珊瑚死亡率达 33%~40%。

研究小组使用计算机断层显像技术证实，虽然 1983 年、1998 年和 2007 年的厄尔尼诺事件导致海平面温度上升，但东沙环礁的珊瑚群落仍得以幸存，这表明 2015 年的厄尔尼诺事件，至少是过去 40 年里对东沙环礁冲击最严重的一次。

研究小组认为，大部分关于珊瑚礁未来前景的预测，都依赖于对海洋水温升高的预估，而这些预测对于许多较浅的珊瑚礁生态系统而言可能过于乐观。

4. 棘皮动物研究的新进展

发现海洋酸化严重影响海胆繁殖能力。2018 年 5 月，澳大利亚南十字星大学海洋生物学家西蒙·多雅恩领导的研究小组，在英国《皇家学会学报 B》上发表文章称，他们开展了一项关于海胆的长期研究，表明海胆的繁殖能力受到海洋酸化的严重影响。

大气中二氧化碳浓度持续上升，使海洋吸收的二氧化碳量不断增加，导致海水 pH 值下降，这个过程被称为海洋酸化。而海水 pH 值降低，改变了海洋的水环境，进而影响到海洋生物的生物功能，如光合作用、呼吸作用、钙化作用等。

研究人员认为，在海洋酸化情况下，海胆、腹足类和双壳软体动物在胚胎发育和幼体生长阶段可能相当脆弱。此次，研究小组明确指出，海洋酸化严重影响了海胆的繁殖能力。研究人员认为，某些海洋生物可能因其独特的生理特征，会对海洋酸化很难适应，造成种群退化甚至灭绝。

七、植物方面研究的新成果

(一) 植物生理现象研究的新信息

1. 研究植物适应性的新进展

发现植物为适应环境采取有"策略"的水交换活动。2015 年 4 月，澳大利亚麦克里大学林博士为主要成员的一个研究小组，在《自然·气候变化》杂志上发表论文称，他们的研究表明，植物的水交换是"智慧"的，不同的植物种类有不同的水交换策略,这取决于它们获得水所需的"成本"。

林博士说:"我们的研究,是观察一种植物获得更多克数的碳,要用多少额外的水。我们预测,植物个体应该是保持交换率不变的,但交换率取决于植物类型和生长地。"

来自不同生态系统的数据对比结果显示,多数研究者的预测,已表明植物的用水策略与其所处的环境相适宜。而最令人震惊的却是,常绿树木是对水最挥霍无度的植物,尽管其生活在炎热和干旱的环境中。研究人员还预测,生长在寒冷或干燥环境中的植物,应该比那些适应了炎热或潮湿环境的植物更"吝啬"水。

研究人员表示,他们联合全球各地的研究人员,收集了各种生态系统的数据。从北极苔原、亚马孙雨林到澳大利亚人烟稀少的腹地都包括在内。

林博士说:"这项研究很重要,因为通过该研究,可以深入了解植物是如何适应环境的。植物在地球系统中发挥着重要作用,体现在储存碳、移动土壤中的水及给地球表面降温。这些结果,为我们提供了预测其作用的新的重要信息,特别是在不同的气候条件下。"

2. 开发利用植物功能的新进展

(1)用"吸血鬼"藤本植物寄生功能来帮助摧毁外来杂草。2016年4月,澳大利亚媒体报道,阿德莱德大学生物学家罗伯特·西罗科领导的一个研究小组发表研究成果称,一种能毁掉野生杂草生命的寄生性藤本植物,正被视为用于生物防治得颇有前途的新药剂。研究人员发现,无根藤属毛竹具有一项特殊功能,它可杀死所有外来杂草中的"大坏蛋":金雀花和黑莓,而这项功能是通过将小型吸根附着在这些植物的茎干上,并且吸取它们的水分和营养物质实现的。

经调查,无根藤属毛竹,是19世纪初被欧洲移民引入澳大利亚的入侵杂草的第一种本土植物。西罗科表示:"这很重要,因为每年我们要花费上百万美元清除这些杂草,更不要说它们对本地生物多样性造成的不可估量的损失了。"

在这些外来杂草中,最臭名昭著的是重瓣刺金雀。将其从自然生境和农场中清除,每年要花费700多万澳元。研究人员发现,利用无根藤属毛竹的寄生功能，可以通过减少其水分和营养物质的摄入，并反过来破坏光合作用而摧毁这种金雀花。西罗科说："光合作用减少，转化的碳水化合物便会减少，植物生长就会变慢。"

科学家研究的这种金雀花植物生活在澳大利亚南部山脉。在那里，很多金雀花已经自然而然地被该地区的无根藤属毛竹"感染"。此项工作，在日前于阿德莱德举行的自然资源管理科学会议上得以展示。

西罗科表示，把无根藤属毛竹作为潜在生物防治剂的最大好处是，它已在澳大利亚东部大片地区自然出现。因此，这种藤本植物本身将变成一种威胁的危险系数极小。

（2）利用植物叶子中"高速路"功能有望提高作物产量。2018年2月，澳大利亚国立大学网站报道，该校植物专家弗洛伦丝·丹尼拉等人组成的一个研究小组，近日发表研究报告说，胞间连丝是叶子中影响光合作用效率的"高速路"功能，一些植物胞间连丝的数量较其他植物高很多，在这个发现基础上，有望开发出提高粮食作物产量的方法。

胞间连丝是植物细胞之间由质膜围成的一种通道，可在细胞间传输各种物质。它的尺寸很小，一根人类头发的剖面上能放2.5万多根胞间连丝。

该研究小组发现，胞间连丝在植物中起着类似"高速路"的功能和作用，正如城市中更多道路能够使交通更顺畅，一些胞间连丝数量多的植物，进行光合作用的效率更高。比如玉米是一种光合作用效率高的植物，其叶子中胞间连丝数量是光合作用效率较低植物的10倍。

丹尼拉说，农作物的光合作用，通常采用名为 C_3 或 C_4 的方式，玉米、高粱等作物采用 C_4 方式，光合作用效率高，利用同样的太阳能可有更高产量。水稻、小麦等作物采用 C_3 方式，光合作用效率相对较低，而它们却是世界上非常重要的作物。

澳大利亚研究理事会光合作用研究中心副主任苏珊·克默雷尔说，新发现有助于人们找到将 C_3 类植物转化为更高产的 C_4 类植物的方法，从而帮助提高粮食产量和解决饥荒问题。

（二）粮食作物生产与食物供应研究的新信息

1. 研究小麦生产方面的新进展

（1）着手培育抗盐分的小麦新品种。2005年4月澳大利亚媒体报道，该国阿德莱德地区，在培育抗盐分小麦方面起到了重要的作用，如果培育成功，将解决全球数百万人的粮食问题。根据统计数据，到2050年全球食品谷物产量必须增长2倍，才能满足不断增加的人口的需求。

澳大利亚研究联盟驻阿德莱德大学的教授马克·太斯特说："即使条件非常理想，也很难将产量提高到现有水平之上。随着发展中国家城市人口的增长，这些城市的食品产量也需要增加。目前大部分种植条件都不理想，特别是面临作物种植面积减少、水资源匮乏和全球环境条件恶化如干旱和土壤贫瘠等挑战。"

受干旱、盐分和低温影响，全球谷物产量降低了近1/3。太斯特说："潜在产量和真实产量之间的差值，被称为'产量差距'。全球食品产量的实际增长，都要通过弥补这一差距才能实现，换句话说，我们需要培育具有忍受非生物压力能力的作物新品种，这些非生物压力是指干旱、盐分和低温。"

（2）培育出可在盐碱地中维持高产的小麦新品种。2012年3月，澳大利亚阿德莱德大学等机构组成的一个研究小组，在《自然·生物技术》杂志上发表研究成果称，他们开发出一种新品种耐盐小麦，它在盐碱地中的产量，最多可比某些普通小麦高出25%。

研究人员报告说，这个小麦新品种具有耐盐能力的奥秘，是研究人员为该小麦引入了一个名为"TmHKT1；5-A"的基因。这个基因是从野生小麦中得到的，这种野生小麦与现在广泛种植的小麦曾经是"近亲"，但后者已在长期人工种植过程中失去了这个基因。

据介绍，这个基因指导合成的一种蛋白质，可阻止盐分抵达小麦的叶片部位。通常在盐碱地中种植小麦会面临的问题，是盐分上升到小麦叶片部位并干扰光合作用等对小麦生存至关重要的机制，从而导致产量降低。此次培育的耐盐小麦，是把"TmHKT1；5-A"基因引入硬质小麦所得到的。硬质小麦多在意大利、北非等国家和地区种植，常用于制作意大利面等面食。

实验显示，在普通土地中，新品种小麦的产量与普通硬质小麦差不多，但在含有一定盐分的土地中，它的产量比对照组的某些普通硬质小麦最多高出25%。研究人员还指出，他们已将该基因引入了常用于制作面包的小麦品种,但还需一段时间才能获得田间实验结果。

研究人员介绍说,在培育耐盐小麦的过程中,他们采用的是传统杂交技术,而不是转基因技术,因此这个新品种小麦,在一些对转基因技术有限制的地方也能推广。

(3)开发出更有利于肠道健康的小麦新品种。2017年12月,国外媒体报道,澳大利亚联邦科学和工业研究组织发布消息说,该机构科学家艾哈迈德·雷吉纳领导的研究团队,开发出一种富含抗性淀粉的新品种小麦,它比普通小麦更有利于肠道健康,有助于抵御肠癌和Ⅱ型糖尿病。这一新品种小麦,含有比普通小麦多10倍的抗性淀粉。抗性淀粉又称抗酶解淀粉、难消化淀粉,在小肠中不易被酶解,但在人的肠胃道结肠中可以与挥发性脂肪酸起发酵反应。

雷吉纳说,抗性淀粉能改善消化系统健康,帮助抵御肠癌发生之前会出现的基因损伤,并有助于对抗Ⅱ型糖尿病。而大部分西方人的膳食结构中都比较缺乏这种淀粉。

小麦是膳食纤维最常见的来源,世界30%的人口食用小麦制品,但普通小麦中纤维含量达不到专家推荐的健康水平。这种富含抗性淀粉的小麦,可以让人无须改变饮食习惯就能增加这种重要纤维的摄入量。

雷吉纳等人发现,直链淀粉含量大幅提升会促进抗性淀粉含量提升。只要在小麦中减少两种特定酶,就能增加直链淀粉的含量。在取得这些突破性发现后,他们采取传统育种方法,把小麦籽粒的直链淀粉含量,从约20%提高到前所未有的约85%,从而把抗性淀粉的含量提高到谷物总淀粉含量的20%以上,而普通小麦的含量还不到1%。

2. 研究水稻生产方面的新进展

计划改造水稻以大幅提高产量。2009年1月14日,有关媒体报道,一个澳大利亚专家参加,其他成员来自美国、英国、德国、中国和加拿大等国的国际研究团队,正在拟订计划,准备利用现代分子技术对水稻进行改造,提高其光合作用的效率,使其单位面积产量提高50%左右。

光合作用是指植物利用光能,把二氧化碳和水转化为有机物并释放出氧气的过程。根据进行光合作用途径的不同,植物可分为C_3和C_4等类型。水稻属于C_3植物,在高温、强光下容易产生光抑制,使光合作用效率降低，而玉米等 C_4 植物则在上述环境中有较好的防御反应，保持较高效的光合作用。农作物光合作用效率的高低，直接影响到农作物的产量。

研究人员介绍说，在热带地区，C_4 植物光合作用的效率比 C_3 植物高50%左右，科学家可以通过现代分子技术把水稻改造成 C_4 作物，从而大大提高水稻的产量。水稻在经改造后其抗旱性也将明显增强。目前，这个项目已得到 1100 万美元的资助。

报道称，这一改造项目非常复杂，可能需要 10 年甚至更长时间才能完成。来自多国的科学家将共同努力，一起完成这个"雄心勃勃"的计划。研究人员指出，全球约一半人口以稻米为主食，他们大多集中在发展中国家。这个项目如果能取得成功，必将大大缓解全球的粮食压力。

3. 全球食物供应研究的新见解

认为中小型农场对维持全球食物供应非常关键。2017 年 4 月 4 日，由澳大利亚学者领衔的国际研究团队，在英国《柳叶刀·星球健康》网络版发表报告说，全球过半食物由中小型农场生产，这一比例在低收入国家中更高，因此未来各国有必要保持对这些农场的投资，以确保全球食物供应的质量和数量。

该研究团队对全球食物供应进行了深入评估。据报告介绍，为满足不断膨胀的全球人口对食物的需求，到 2050 年食物供应需要增加 70%，但仅增加食物数量还不够，食物的多样性，包括高营养价值的作物、牲畜以及鱼类，也需要提高，以确保整体的食物供应安全。

评估结果显示，全球 51%～77% 的主要食物种类，包括谷物、牲畜、水果、蔬菜等都由中小型农场生产。但这方面的情况地域差异性很大，比如在美洲、澳大利亚和新西兰，面积超过 50 万平方米的大型农场生产了75%～100% 的主要食物种类；在撒哈拉以南非洲地区、南亚、东南亚以及中国，面积小于 20 公顷的小型农场生产了 75% 的主要食物种类。

（二）经济作物研究的新信息

1. 蔬菜方面研究的新进展

（1）发现转基因豌豆可引发小白鼠肺部感染。2005 年 11 月 16 日，澳大利亚联邦科学与工业研究组织一个研究团队，在澳大利亚《农业与食物化学期刊》上发表研究报告称，被喂饲了转基因豌豆的小白鼠的肺部产生了炎症，并据此叫停了历时 10 年、耗资 300 万美元的转基因项目。

联邦科学与工业研究组织是澳大利亚最大的研究机构。被叫停的转基因豌豆研究项目，旨在通过转基因使豌豆能够产生一种蛋白质（称作淀粉酶抑制剂），以保护澳大利亚产值 1 亿美元的豌豆产业，免受豌豆象鼻虫的侵害。据悉，2005 年 3 月就完成的论文，是在经过 8 个月的同行评议之后，才由 10 位科学家联名发表了这篇研究报告。

研究发现，尽管在转基因豌豆中生成的蛋白质和原来豌豆中自然生成的几乎完全相似，但是转基因作物中的蛋白质，在物理机构中发生了出乎意料的改变，正是蛋白结构的微小改变，引起了致敏性等重大改变。

一般来讲，蛋白质的三维结构发生改变，可能会使该蛋白质引发过敏。而研究人员注意到，吸入转基因豌豆蛋白和进食过转基因豌豆的小白鼠出现了肺部炎症。此外，由于喂食转基因豌豆，小白鼠对其他致敏食物更加敏感等。

据澳大利亚《每日电讯报》报道，澳大利亚联邦科学与工业研究组织植物产业部门副主任希金斯博士说："这种感染不会致命，我们不确定试验结果能否表示在人类身上出现反应症状。"为防止意外，他们在发现小白鼠的反应后，中止了相关转基因豌豆项目。

当天，对记者披露这一研究成果的绿色和平组织国际科学顾问尹瑞莎指出，世界卫生组织等对于转基因食品的国际安全评估标准，至今还没有将蛋白质物理结构的变化纳入考虑范围，安全评估仍旧主要依赖化学成分分析，因此，迫切需要完善相关评价指标。

（2）研究显示大蒜有助于降血压。2008 年 8 月，澳大利亚媒体报道，该国阿德莱德大学卡林·里德博士的一个研究小组发现，食用大蒜对人们降低血压有帮助，而且其效果不亚于一些降压药物。

据报道，在试验中，研究人员要求受试者在 3~6 个月中，每天服用含有"蒜素"的营养补充剂，而对照组人员则服用安慰剂。研究结果显示，服用"蒜素"营养补充剂的高血压患者家，高压平均降低了 8.4 毫米汞柱，低压平均降低了 7.3 毫米汞柱。而且血压越高的患者，在服用该营养补充剂后，其血压降低的幅度越大。

研究人员解释说，试验中每日摄入的营养补充剂的蒜素含量为 3.6~

5.4 毫克，而一瓣新鲜大蒜中含有 5~9 毫克蒜素。

里德博士指出，从试验来看，大蒜的降压效果甚至不亚于一些常规降压药，如 β 受体阻滞剂和血管紧张素转化酶抑制剂等。但由此断言可用大蒜或蒜素补充剂替代降压药为时尚早，蒜素是否能长期起到良好降压效果还有待进一步研究。

2. 果品方面研究的新进展

（1）发现控制葡萄成熟的生化机理。2006 年 9 月，有关媒体报道，澳大利亚联邦科学与工业研究组织科学家克里斯·戴维发现，通过在葡萄皮上喷洒油菜素内酯（一种植物类固醇激素），可以让葡萄更快地成熟。

在葡萄刚开始上色的时候，他们给一部分葡萄喷洒上油菜素内酯，对其他葡萄则喷洒抑止油菜素内酯合成的抑制剂作为对比，然后每隔两个星期记录一次他们的类固醇和糖度。一个月过去之后，喷洒有油菜素内酯的葡萄糖度为 13.4，正常管理的葡萄糖度是 12.7，而喷洒抑制剂的葡萄糖度是 11.7。

克里斯·戴维说，油菜素内酯控制着很多其他基因的表现，比如：他们停止光合作用的基因，刺激促进细胞壁以及香气和糖分的基因，这样葡萄就加快成熟了。

不过，如果通过喷洒的方式来作业，费用将过于昂贵，科学家们正在考虑通过育种技术来实现催熟。

（2）找到控制葡萄酒口感的捷径。2007 年 3 月，国外媒体报道，近日，澳大利亚葡萄酒研究所理查德·高尔主持的研究小组，根据一组资深品酒师的品尝结果，得出一个结论：西拉子红酒的结构口感，与其酸度、青花素含量、酒精浓度、单宁含量有直接关系。

皮革质感是因为缺少多酚类物质，有的粉笔灰的味道是因为青花素的浓度比较高。分析还表示，酸度和酒精度如果比较高可以将青花素所带来的粉笔灰气味掩盖。

天鹅绒的口感和砂质的结构与多酚物质的含量相关。收缩的口感是因为青花素含量较低，酸度高，单宁浓度高，色素聚合物含量高这几个因素所致。

以前有很多研究，阐明了关于红酒收敛性口感与单宁浓度之间的关系，但是关于收敛性与其他性质的研究还很少。这些口感和红酒中的化合物之间的相关性研究，需要进一步的实验来确定。

这些结果，会成为酿酒师在做口感决定时的参考因素。然而，维多利亚的有机及生物动力学酿酒师罗恩·劳顿对此并不信服。他表示不需要科学家们告诉他们这些，因为他说酿酒师是靠舌头的直觉做出判断的。

（3）培育出对抗致命真菌的转基因香蕉。2017 年 11 月，澳大利亚昆士兰科技大学生物技术专家詹姆斯·戴尔主持的一个研究团队，在《自然·通讯》杂志上发表论文称，他们开展的一项田间试验表明，转基因香蕉树能抵抗引发巴拿马病的致命真菌。巴拿马病摧毁了亚洲、非洲和澳大利亚的香蕉作物，并且是美洲蕉农的主要威胁。一些农民可能会在 5 年后获得这种转基因香蕉树，但消费者是否买账仍不得而知。

20 世纪 50 年代，一种寄居在土壤中的真菌，摧毁了拉丁美洲当时最流行的香蕉品种：大麦克香蕉作物。随后，它被另一个抗病品种"卡文迪什"代替。如今，"卡文迪什"占据了全球 40% 以上的香蕉产量。20 世纪 90 年代，在亚洲东南部，出现一种叫热带枯萎病 4 号（TR4）的相关真菌，它成了"卡文迪什"的杀手。杀菌剂无法控制 TR4，虽然对水靴和农具进行消毒能起到一定作用，但这远远不够。

戴尔研究团队利用一种不受 TR4 影响的野生香蕉，克隆出名为 RGA2 的抗病基因。随后，他们将其插入"卡文迪什"，并且创建了 6 个拥有不同数量 RGA2 拷贝的品系。研究人员还利用 Ced9 创建了"卡文迪什"品系。Ced9 是一种抗线虫基因，能够抵抗多种杀死植物的真菌。

2012 年，该研究团队在距离达尔文市东南部约 40 千米处的一片农田中，种植了这些转基因香蕉，以及基因未经任何修饰的对照组。巴拿马病在 20 年前到达这里。为提高试验效果，这些植物均暴露于 TR4 中，研究人员在每棵植株附近埋下受感染物质。在 3 年的试验中，67%～100% 的对照组香蕉植株死亡，或者拥有枯萎的黄色叶子以及腐烂的树根。不过，若干得到改造的品系表现良好。约 80% 的植株未出现症状，同时两个品系：一个被插入 RGA2，另一个被插入 Ced9，完全未受到伤害。另外，两种抗病基因并未减小香蕉束。

美国佛罗里达大学植物病理学家兰迪·普洛特兹表示："这种抗病性

非常出众，并且让人们有了乐观的理由。"不过，隶属于非营利性农业生物多样性机构：国际生物多样性中心的植物病理学家奥古斯汀·莫利纳对转基因香蕉的吸引力持怀疑态度，他说："问题在于，目前的市场并不接受它。"

3. 饮料作物产品研究的新进展

指出苦味感知影响咖啡饮用。2018 年 11 月，澳大利亚昆士兰医学研究所专家王珏生、梁达煌主持的一个研究小组，在《科学报告》发表论文指出，人们对苦味物质的感知与拥有某组特定基因有关，这种感知会影响他们对咖啡、茶或酒精的偏好。

该研究小组，运用英国生物样本库中 40 多万名参与者的样本，通过分析与丙硫氧嘧啶、奎宁和咖啡因这 3 种苦味物质的感知有关的基因变异，评估了苦味感知对咖啡、茶和酒精摄入的影响。

研究人员发现，由特定基因决定对咖啡因苦味敏感度较高，与咖啡摄入较多有关；而对丙硫氧嘧啶和奎宁味道敏感度较高，则与咖啡摄入较少有关。对咖啡因苦味敏感度较高的人，更有可能成为重度咖啡饮用者。

对茶的摄入则相反，对丙硫氧嘧啶和奎宁敏感度越高，茶摄入越多；而对咖啡因敏感度越高，茶摄入越少。对酒精来说，对丙硫氧嘧啶的感知较强会导致酒精摄入减少，而对其他两类化合物的感知较强不具有明显影响。

这些研究结果显示，基因差异导致的苦味感知差异，或许能解释为何有些人喜欢喝咖啡，而有些人喜欢喝茶。

第九章　医疗与健康领域的创新信息

　　澳大利亚在癌症防治领域的研究，主要集中于探索癌症发病和扩散机理、癌症基因、癌症诱导因素、防癌因素及与癌症无关因素；开发诊断检测癌症的新技术，以及治疗癌症的新技术和新手术；研发防治癌症的疫苗和药物。在心脑血管疾病防治领域的研究，主要集中于探索血液与高血压，防治心脑血管疾病及中风；研究心脏疾病病理，开发防治心脏疾病的新方法、新药物和新设备。在神经系统疾病防治领域的研究，主要集中于探索大脑生理与大脑疾病防治、神经与脊髓疾病防治。研究记忆机理、认知与感知。探索防治精神疾病、痴呆症、癫痫病与亨廷顿舞蹈病。在消化与代谢性疾病防治领域的研究，主要集中于探索防治肝胆疾病和肠道疾病。探索防治糖尿病和肥胖症。在疾病防治其他领域的研究，主要集中于分析影响人体的健康因素，研究防治免疫系统疾病、呼吸疾病与结核病、五官科疾病、骨科与皮肤科疾病，以及艾滋病和虫媒传染病等烈性传染病。另外，还研发出一种可破坏细菌耐药性的新药，发现致命水母毒液的"解药"；发明使脂溶性药物溶于水的新方法，开发疫苗快速研发的平台技术；研制出世界上第一台医用 3D 生物打印机，对公众正式开放人体疾病博物馆。

第一节　癌症防治研究的新进展

一、癌症病理研究的新成果

（一）癌症发病和扩散机理研究的新信息

1. 癌症发病机理研究的新进展

（1）发现慢性肝炎的致癌机理。2017 年 11 月，澳大利亚阿德莱德大学与美国加利福尼亚大学圣迭戈分校、中国暨南大学等机构学者共同组成的一个国际研究小组，在《自然》杂志上发表研究报告说，他们最新发现，慢性肝炎会抑制机体免疫系统对抗癌症，使肝癌细胞的发生和扩散成为可能。这一发现将有助于人们更好地理解肝癌的形成机理，改进相关抗癌方法。

很多癌症都是由慢性炎症引起的，特别是肝癌，但其中机理尚不明朗。多年来，研究人员一直认为，炎症可直接影响肝癌细胞，刺激其分裂，助其生长扩散。

该研究小组说，他们在涉及实验鼠和人类患者的研究中发现，慢性肝炎会引发一种名为 IgA+ 的细胞聚集，而这种细胞表达的 PD-L1 蛋白，会抑制人体免疫系统识别和攻击新出现的肝癌细胞，帮助癌细胞不受阻碍地生长扩散。

研究人员在针对患有非酒精性脂性肝炎的实验鼠进行研究时发现，使用药物或基因工程方法抑制 PD-L1 蛋白后，免疫系统恢复正常，开始对抗并清除肿瘤细胞。

先前已有研究显示，抑制 PD-L1 的受体可调节免疫系统，起到抗癌作用。研究人员说，新研究不仅揭示了慢性炎症的致癌机理，还有助解释为何抑制 PD-L1 受体的药物可用于治疗肝癌。

（2）发现癌细胞形成肿瘤离不开线粒体。2018 年 11 月，澳大利亚和新西兰等国联合组成的一个研究小组，在《细胞·代谢》杂志上发表论文称，线粒体是细胞中提供能量的细胞器，被称作细胞的"能量工厂"。但他们发现，线粒体在肿瘤发展中扮演的一种全新角色，被剥夺线粒体的癌细胞无法形成肿瘤。

研究人员表示，癌细胞需要线粒体才能存活并增殖。这项研究增进了对线粒体在肿瘤形成过程中所发挥作用的认识，为癌症研究和治疗指出了新方向。

该研究小组曾于 2015 年发现，癌细胞在其线粒体受损后，会从周围健康细胞那里夺取线粒体，以恢复功能。但他们的最新研究显示，癌细胞"觊觎"的不仅是线粒体提供能量的能力。

研究人员解释说，他们一度以为线粒体的唯一作用是"能量工厂"，其实癌细胞即使没有线粒体也可以产生少量能量，这些能量足以维持癌细胞的生长和分裂。线粒体除了提供能量外，更重要的还在于，在生成遗传物质 DNA 基本组成单元核酸过程中发挥关键作用。

研究人员说："这是改变游戏规则的发现，虽然许多癌细胞可以不需要线粒体提供的能量就能存活，但癌细胞没有线粒体就不能生成新的 DNA 链（增殖形成肿瘤），所以线粒体在肿瘤形成过程中发挥关键作用。"

2. 癌症扩散机理研究的新进展

发现应激反应或促使癌症通过淋巴系统扩散。2016 年 3 月，澳大利亚莫纳什大学生物学家埃里卡·斯隆领导的一个研究团队，在《自然·通讯》杂志上发表论文称，他们基于一项小鼠的研究发现，应激激素通过影响淋巴系统，即一种在全身传输组织液的网状管道，可导致癌症扩散。研究表明，针对这种应激通路的疗法或有助于阻断癌细胞扩散。

有证据表明应激反应和癌症患者死亡的增加，以及动物晚期癌症的发展有关。此前的研究发现应激激素会影响血管形成，这在疾病扩散中很重要。淋巴系统也能促进癌症扩散，但这是否受到应激反应的影响却不清楚。

斯隆研究团队探索了淋巴系统如何受应激激素影响，并导致小鼠体内癌细胞的扩散。他们利用小鼠进行的多次研究表明，应激反应会增加与肿瘤相关的淋巴管的数量和直径。研究人员使用特殊显微技术，演示了应激激素能增加淋巴系统中存在荧光标记的纳米粒子流量。研究团队通过阻断能检测应激反应的蛋白质，或阻断能促进淋巴管形成的蛋白质的活性，发现减少了小鼠癌细胞的扩散。

（二）癌症基因研究的新信息

1. 胰腺癌与乳腺癌基因研究的新进展

（1）发现胰腺癌基因组中存有"弱点"。2015 年 3 月，澳大利亚加文医学研究所一个研究小组，在《自然》杂志上发表论文说，他们进行的一项基因组比较研究发现，部分胰腺癌患者的肿瘤基因组中存有"弱点"。这一发现，为开发个人订制式的治疗方法提供了可能性。

胰腺癌是第四大致死性癌症。研究人员说，他们的研究分析了 100 个胰腺癌病人肿瘤组织的基因组，并绘制了相关的基因组图谱。

研究人员说，图谱显示部分患者的胰腺肿瘤基因中隐藏着不稳定的区域，这些"弱点"有可能被现有药物攻破。在临床用于治疗乳腺癌的特殊化疗药物中，有一类药物通过攻击肿瘤中关键遗传物质脱氧核糖核酸来治疗疾病，这种药物或许也能用于攻击胰腺癌基因中的"弱点"。

研究人员说，他们正设计相关的临床试验，为特定的胰腺癌患者量身订制治疗方案，通过实践检验这一研究发现。

（2）乳腺癌基因组揭秘。2017年10月23日，澳大利亚和英国学者，分别发表于《自然·遗传学》和《自然》的两篇论文，介绍了与乳腺癌风险上升相关的遗传变异。人们希望全基因组关联研究（收集大量个体数据进行研究），能够改进该疾病的筛选、早期检测和治疗。

乳腺癌风险受遗传影响，虽然之前已知105个遗传区域与乳腺癌相关，但是它们对于患病风险的影响，在很大程度上仍未可知。

澳大利亚墨尔本维多利亚州癌症协会罗杰·米尔恩领导的研究小组，在发表于《自然·遗传学》的论文中，重点研究的是乳腺癌的一个特别亚型，他们比对了雌激素受体阴性肿瘤女性、BRCA1易感基因携带者和对照组的基因组，鉴定出10个与雌激素受体阴性乳腺癌风险相关的新位点。加上之前已报告的位点，它们共同可以解释该乳腺癌16%的家族性风险。研究还发现，BRCA1突变携带者的乳腺癌风险，与普通群体的雌激素受体阴性乳腺癌风险之间，存在强关联。

英国剑桥大学道格拉斯·伊斯顿领导的研究小组，采用一种新型靶向基因型分型阵列，比对了乳腺癌女性和未患乳腺癌女性的基因组，鉴定出65个与乳腺癌风险相关的新遗传区域。研究小组在发表于《自然》杂志的研究报告称，整体而言，它们可以解释18%的家族性乳腺癌相对风险。

2. 癌细胞休眠基因研究的新进展

发现可让癌细胞休眠的特定基因。2019年4月，澳大利亚悉尼的加文医学研究所副教授璀·梵等人，与以色列魏茨曼科学研究所同行组成的一个国际研究团队，在《血液》杂志上发表论文称，他们发现了可让某些癌细胞休眠的关键基因，这些基因是否发挥作用还与癌细胞所在微环境有关，这一成果未来有望帮助阻止特定癌症的转移和复发。

据介绍，癌细胞休眠后，人体免疫系统就难以识别从而发起攻击，化疗药物也难以对它们发挥作用，因此休眠癌细胞是癌症转移和复发的一大风险因素。

璀·梵表示，医学界一直在试图搞清楚癌细胞进入休眠状态的机制，这有助于开发出靶向药物，识别并杀灭这些癌细胞。

研究人员说，他们利用双光子显微镜，在实验动物身上识别出处于休眠状态的骨髓瘤细胞。研究人员对休眠骨髓瘤细胞进行基因组分析，找出所有被激活基因，发现其中某些特定基因在未休眠癌细胞中通常不会被激活。进一步研究发现，这些特定基因使休眠癌细胞释放出与人体免疫细胞类似的基因标识，从而躲避免疫系统与药物攻击，并且只有在癌细胞接近造骨细胞时这些基因标识才会被释放。研究人员认为，这显示出癌细胞所在的微环境，对其是否进入休眠状态具有关键影响。

璀·梵说："我们研究方法的不同之处在于，把癌细胞和其所在的生态系统当成一个整体加以研究。我们发现，不光是癌细胞本身，还有其所在的微环境，都会决定其是否处于休眠状态。"

研究人员说，下一步，将利用这一成果，尝试找出其他种类癌细胞在进入休眠时释放的基因标识，希望从中能找出共同特征，从而开发出专门针对休眠癌细胞的靶向疗法。

3. 关闭癌症基因研究的新进展

探开癌症基因"沉默"现象的面纱。2019年7月，澳大利亚悉尼的加文医学研究所，发育表观遗传学实验室负责人奥兹伦·博格达诺维奇领导的一个研究团队，在《自然·通讯》杂志上发表的论文显示，一种已经保存了4亿多年的表观遗传变化，可以使人类发育后期与癌症相关的一些基因失去活性。表观遗传变化是由DNA控制的一种形式。

人类某些癌症的基因，也存在于斑马鱼体内，但在受精后几小时内就会"沉默"下来。这项研究，为人们了解表观遗传学如何在进化历史上调控基因提供了新线索。它还揭示了斑马鱼和人类胚胎中表观基因组"自我重置"的显著差异，并将指导未来表观遗传研究。

博格达诺维奇说："我们已经证明，人类保存下了能关闭与人类癌症相关基因的胚胎事件。这很有趣，虽然我们还不知道为什么会这样，但它表明，保持这些基因沉默，对人类健康有多重要。"

乍一看，人类与一种原产于南亚的鱼类斑马鱼，似乎没有什么关联，但事实上，两者共同的进化祖先可以追溯到4亿多年前。

从遗传学角度而言，斑马鱼和人类并没有什么不同，两者共享了大约87%的基因。斑马鱼是开展生命科学、健康科学、环境科学研究的重要模式动物，有"水中小白鼠"之称。

中科院华南植物园研究员陈峰指出，斑马鱼具有繁殖能力强、体外受精和发育、胚胎透明、性成熟周期短、个体小易养殖等特点，使其成为功能基因组时代生命科学研究的重要模式脊椎动物之一。

该研究团队的研究，始于DNA"读取"。他们着手对胚胎发育过程中表观遗传变化的保持进行了研究，这些表观遗传变化控制了DNA"读取"方式。

基因在一定程度上受甲基化控制，甲基化是DNA上的标记，阻止基因被读取。博格达诺维奇说："人体的每一种细胞类型，包括精子和卵子，都有一种独特的DNA甲基化标记模式——DNA上的化学标签可以调节基因活动。"

甲基是由一个碳原子和3个氢原子结合而成的。DNA甲基化涉及甲基修饰DNA分子。作为一种最基本的表观遗传学现象，DNA甲基化即在基因的DNA序列不发生改变的情况下，基因表达发生了改变，是正常发育过程所必需的，但与包括肿瘤发生发展在内的许多重要病理生理过程也密切相关。

在受精后的第一周，人类和其他哺乳动物会"重置"它们的DNA甲基化模式，让胚胎发育并分化成不同的细胞类型。另一波DNA甲基化重置，发生在胚胎的原始生殖细胞精子和卵细胞的前体，时间是在人类胚胎发育的第三和第七周之间。然而，到目前为止，表观遗传重置的原则，是否在所有脊椎动物中都是在进化上保守的仍然是个谜。

研究人员首先从斑马鱼胚胎中分离出原始生殖细胞，即精子和卵子的前体细胞，并生成了全基因组甲基化测序数据：细胞中所有DNA甲基化的快照。

研究团队随后发现了哺乳动物和斑马鱼胚胎DNA甲基化的基本差异。在人类身上，当卵子受精时，这些DNA甲基化标签大多会被"清洗干净"，然后再次逐渐甲基化，以确保胚胎能够正常发育。相反，斑马鱼胚胎保留了父亲的甲基模式。在这项研究中，研究团队还发现，斑马鱼的原始生殖细胞也不会重置它们的甲基化模式，而是继承了父亲的 DNA 甲基化模式。

这与哺乳动物形成了鲜明对比：哺乳动物原始生殖细胞的 DNA 甲基化标签，会被第二次"扫描清洗"。研究人员表示，这一发现，揭示了生殖系统发育的分子原理，并强调斑马鱼是一个有用的实验模型，可研究表观遗传特征是如何代代相传的。

此外，研究人员还筛选了 DNA 在斑马鱼胚胎发育的 4 个阶段是如何甲基化的。他们发现有 68 个基因在胚胎发育早期，即受精后 24 小时内被甲基化并关闭。

该论文第一作者克塞尼亚·斯克沃茨娃说："有趣的是，这些基因中的大多数，都属于一组叫作睾丸癌抗原的基因。我们的研究表明，这些基因是最早在斑马鱼和哺乳动物中被'沉默'或 DNA 甲基化靶向的基因。"

睾丸癌抗原的编码基因只在男性睾丸中活跃，且在人类所有其他组织中都是关闭的。由于未知原因，睾丸癌抗原基因在一些癌症中被再次激活，比如黑色素瘤。

博格达诺维奇说："哺乳动物和鱼类在胚胎发育方面有非常不同的策略。但尽管有这些策略，它们对睾丸癌抗原基因的控制似乎在整个进化过程中都是守恒的。"

此外，DNA 甲基化标记作为一种全新的微创检测方式，只需检测少量组织即可获得足量的 DNA 用于分析，并能有效识别结直肠癌、肺癌、乳腺癌和肝癌等肿瘤。

无论如何，斑马鱼研究为了解人类进化提供了新线索，并可能对人类健康的未来产生潜在影响。科学家开始研究以睾丸癌抗原为靶点的药物治疗癌症的潜在效用。博格达诺维奇说："目前的研究提供了更多证据，说明睾丸癌抗原的重要性，以及它们在进化过程中受到了多么严格的控制。"

（三）癌症诱导因素研究的新信息

1. 推进癌症诱导因素研究的新举措

设计深度剖析癌症诱导因素的交互式健康指南。2016 年 3 月，英国每日邮报报道，澳大利亚肿瘤学家伊恩·奥尔弗领导的一个国际研究小组称，他们设计出一个交互式健康指南，评估了增大癌症发病率的多种因素。例如：性生活、饮食结构和生活方式等。

这项研究详细阐述了何种因素会导致癌症，以及易受影响的身体部位。通常癌症出现于身体细胞 DNA 发生变异阶段，细胞无控制地复制，并侵入其他人体组织。一些导致癌症的突变可以遗传，而其他是通过感染病毒或者疾病诱导等形式出现。

吸烟、强烈阳光照射、吃红肉将显著增大不同类型癌症的发病率，研究人员使用可靠、科学的问卷进行了民众调查，其中内容包括：选择何种生活方式、服用什么药物等，其中有避孕药和激素替代疗法的使用情况。这个交互式健康指南聚焦于"可修正因素"，阐明哪些因素可以避免、降低癌症发生。

奥尔弗说，人们期望得知身体组织和环境因素与癌症发生率的密切关系。因此，我们不能把单独的一种因素，作为现实生活诱导癌症的唯一条件。

研究人员强调称，值得注意的是，百分比概率是"相对危险"而不是"绝对危险"。例如：这个交互式健康指南显示，每天饮用酒精饮料的男性和女性，比那些不饮用酒精的人群患肠癌概率增大 10%。这并不意味着，如果你每天喝一次酒就会增大 10% 的概率患肠癌，这仅意味着你的这种生活方式比那么不饮酒人群患肠癌概率增大 10%。

2. 癌症诱导因素研究的新发现

（1）研究称铬元素膳食补充剂可能致癌。2016 年 1 月，澳大利亚新南威尔士大学与悉尼大学等科研机构共同组成的一个研究小组，在德国《应用化学》杂志上发表论文称，他们研究发现，备受减肥人士和健身爱好者欢迎的铬元素膳食补充剂，会在进入人体后部分转化成致癌物。

铬通常主要由两种形式存在：三价铬和六价铬。其中六价铬是强氧化剂，对人体健康危害很大；而三价铬是人体必需的微量元素，被制成膳食补充剂后，还可用于糖尿病辅助治疗，增强胰岛素和口服糖尿病药物的效应。但研究人员发现，膳食补充剂中的三价铬进入人体细胞后，会在一定程度上被氧化而变得具有致癌性。

研究小组在实验室中向动物脂肪细胞内注入三价铬，然后利用 X 射线荧光显微镜元素映射技术等对经过处理的细胞进行观察，发现这些细胞中的铬被氧化，丢失了电子，并转化为一种致癌的化合物。

　　研究人员发现，摄入低剂量的铬对人体几乎没有危害，但长期或大剂量服用铬片则可能有患癌风险。因此，研究人员呼吁公众谨慎服用相关产品。一些铬元素膳食补充剂的铬含量高达每片 500 微克，但澳大利亚健康部门建议，成年人每日只摄入 25～35 微克铬，以维持人体所需。

　　（2）研究显示女性糖尿病患者患癌风险更高。2018 年 7 月，澳大利亚新南威尔士大学、英国牛津大学和美国约翰斯·霍普金斯大学联合组成的一个国际研究团队，在欧洲糖尿病研究学会旗下期刊《糖尿病》发表论文称，他们近日的一项研究显示，患有 I 型糖尿病和 II 型糖尿病都会增加罹患白血病、胃癌、口腔癌和肾癌等癌症的风险，且女性糖尿病患者的患癌风险总体高于男性。

　　研究人员综合分析了 47 项研究，这些研究覆盖了来自美国、日本、英国、中国等国家和地区的约 2000 万人。

　　分析发现，与未患糖尿病的同性相比，女性糖尿病患者的患癌风险要高出 20%，男性糖尿病患者的患癌风险要高出 19%。从整体看，女性糖尿病患者比男性糖尿病患者的患癌风险要高出 6%。具体来说，在糖尿病患者中，女性罹患肾癌、口腔癌、胃癌和白血病的风险，分别要比男性高11%、13%、14% 和 15%。

　　研究人员分析，糖尿病患者患癌风险更高，可能与高血糖导致 DNA 损伤有关。女性糖尿病患者患癌风险更高的原因还需进一步研究。

　　（3）发现患癌风险增加与遗传多样性低有关。2018 年 3 月，澳大利亚伍伦贡大学遗传学专家托马斯·玛德森主持的研究小组，在英国《皇家学会学报 B》上发表论文称，他们的研究表明，低遗传多样性和近亲繁殖，与人类和动物患癌症的风险增加有关。

　　遗传多样性是指地球上所有生物所携带的遗传信息的总和，一般指一个种群内，个体之间或不同个体的遗传变异总和。这是生物多样性的重要组成部分，因为物种的多样性也就显示了基因遗传的多样性。

　　玛德森认为，一直以来，遗传多样性对癌症发展的影响，在很大程度上被忽视了。他们的研究表明，低遗传多样性如何直接影响到人类和动物的患癌症风险。而低遗传多样性与野生动物癌症之间的联系，还可能会进一步危害濒危物种的生存，因此需要考虑癌症研究在保护生物学中的影响。研究人员表示，这项课题的进一步的研究，对于阐明低遗传多样性、近亲繁殖和癌症的基础至关重要。

（四）防癌及与癌症无关因素研究的新信息

1. 防癌因素研究的新发现

发现常用防晒霜可降低患黑色素瘤风险。2018 年 7 月，澳大利亚悉尼大学公共卫生学院首席研究员安妮·卡丝特领导的一个研究小组，在《美国医学会杂志·皮肤病学卷》月刊上发表论文称，他们发现，从童年时期开始长期使用防晒霜可有效抵御紫外线辐射，降低 40 岁以下中青年人群患黑色素瘤风险。

研究人员选取近 1700 名 18~40 岁的澳大利亚人，进行了调查分析。发现从童年时期开始，经常使用防晒霜的人，与没有这一习惯的人相比，他们成年后患黑色素瘤的风险降低了 35%~40%。

卡丝特说："这项研究，证实了紫外线辐射与患黑色素瘤风险之间存在关联，特别是在儿童时期。当紫外线指数达到 3 级及以上时，就应定期涂抹防晒霜，以降低罹患黑色素瘤或其他皮肤癌的风险。"

紫外线指数是衡量紫外线辐射强度的国际标准尺度，从 1~11 级，紫外线指数越高，对皮肤的伤害也越大。卡丝特还指出，受性别、年龄、肤色以及皮肤对紫外线敏感程度不同等因素影响，不同人群使用防晒霜后的有效程度存在差异。黑色素瘤是致命性最高的皮肤癌，目前尚无有效治疗药物。澳大利亚是全球黑色素瘤发生率最高的国家之一。

2. 与癌症无关因素研究的新发现

研究发现喝咖啡与癌症无关联。2019 年 7 月，澳大利亚伯格霍弗医学研究所副教授斯图尔特·麦格雷戈主持的一个研究小组，在英国《国际流行病学杂志》上发表论文称，咖啡对人体健康的影响一直存在广泛争议，而他们这项最新研究发现，喝咖啡与癌症无关联。每日饮用咖啡既不会增加、也不会降低患癌风险。

研究小组报告说，他们从英国生物医学库中，抽取了 4.6 万名被诊断患有最具侵袭性癌症类型的患者数据，其中有大约 7000 人死于癌症。研人员把他们的遗传信息及对咖啡的偏好数据，与 27 万从未被诊断出患癌的人群相应数据进行比较，得出了上述结论。

麦格雷戈表示："我们的研究发现，一个人每天喝多少咖啡与他们是否会罹患某种癌症间没有真正的关联。研究还排除了喝咖啡与死于癌症间的关联。"

这项研究，观察了一些常见癌症类型，如乳腺癌、卵巢癌、肺癌和前列腺癌等，发现喝咖啡对这些癌症发病率的增减没有关联。但对结直肠癌的研究出现了一些不确定性。研究人员认为，还需进行更多研究，来确定结直肠癌与咖啡之间的关系。

咖啡含有的生物活性成分包括咖啡因、咖啡豆醇等物质，此前的动物实验已证明这些物质具有抗肿瘤作用，然而咖啡对人体的抗癌作用尚未明确。

二、探索癌症防治的新技术

（一）诊断检测癌症的新技术

1. 检测乳腺癌与血癌的新技术

（1）研究用头发检测乳腺癌的新方法。2006 年 12 月，有关媒体报道，目前世界很多医学家都在研究发现癌症的快捷方法，在澳大利亚，科学家正研究利用头发检测乳腺癌的新技术。

研究者们利用同步加速器，制造出高强度的 X 射线，对一小束头发样本进行照射，就得到相关的图像。放射专家在分析这些图像时发现，跟健康妇女的头发相比，患有乳腺癌的妇女的头发结构会产生一些变化。

研究人员在很多患者的头发样本中都发现了头发变异现象，但是仍然不能解释出变异的具体机理，他们因此呼吁更多的志愿者参与到研究中来。如果将来这种新方法能被验证，将会比传统的胸部 X 射线检测或是细胞组织样本检测等方法，要方便得多，而且对人体的伤害也小得多。

（2）发明快速和精准诊断血癌的基因测序技术。2015 年 3 月，新南威尔士大学网站报道，该校和加文医学研究所联合组成的一个研究小组，在《自然·方法学》杂志上发表论文称，他们发明了一种新的基因测序技术，其精度大大高于现有方法。它就像一台倍数更高的显微镜，可用于对基因组进行精细研究，并帮助快速诊断血癌，即白血病。

这项技术被称为"捕获测序"，它可以精确测量样本中多个特定基因的活跃程度，即使活跃程度非常低，也能检测出来。这种敏感性，使它在生物医学研究方面很有应用前景。

人体基因组中，除了约 2 万个负责制造蛋白质的基因，还有大量不制造蛋白质的"非编码基因"，它们在人体发育、大脑功能等许多方面起到重要的调控作用。但很多这类基因的活跃程度很低，往往只在少数细胞里发挥作用，很难对其进行详细研究。

"捕获测序"技术能以更高精度分析基因组，类似于用像素更高的数码相机去拍照片，可以更好地呈现当前测序技术难以探查到的细节，帮助深入了解非编码基因。该技术还能用于血癌等疾病的快速检测。

不同基因结合而成的"融合基因"，被认为与部分癌症有关，已知与血癌有关的融合基因就有约 200 个。当前检查技术，只能一个个地检测融合基因，而"捕获测序"能同时寻找上述全部 200 个基因，大大加快诊断速度，为救治患者争取时间。

2. 检测癌细胞的新技术

发明 10 分钟内完成癌细胞检测的新技术。2018 年 12 月 5 日，澳大利亚昆士兰大学医学专家马特·特劳主持的一个研究团队，在《自然·通讯》杂志发表的医学研究报告称，他们发明了一项快速检测癌细胞的新技术。这项检测，通过识别癌细胞和健康细胞之间的 DNA（脱氧核糖核酸）差异，来完成初步诊断。

以往研究可知，甲基基团附着到 DNA 上的过程被称为甲基化，这一过程受到遗传操控。DNA 甲基化作为 DNA 化学修饰的一种形式，能够在不改变 DNA 序列的前提下，改变遗传表现。在所有"成熟"的人类细胞中，DNA 都携带这些修饰。而癌细胞与健康细胞的基因组信息具有显著差异。癌细胞是一种变异的细胞，是产生癌症的病源，它与正常细胞最大的不同是有无限增殖、可转化和易转移的特点。基因组的差异也导致在大多数类型的癌细胞中，甲基化水平和模式都存在差异。

此次，该研究团队发现，癌细胞中不同的甲基化情况，会影响 DNA 的物理和化学性质。在这些特性中，研究人员发现 DNA 与金纳米粒子的连接尤为紧密，他们利用这一特性开发出了一种癌症检测方法。

新方法只需极少量来自患者的纯化的基因组 DNA，就能在 10 分钟内完成检测，且检测结果仅靠肉眼就能辨别。研究团队已经在代表不同癌症类型的 100 多个人类样本，包括 72 名癌症患者和 31 名健康个体的基因组 DNA 中，测试了这一方法。

研究人员表示，在目前的阶段，此方法只能检测是否有癌细胞存在，暂时还无法识别其类型或疾病进展。今后应对更多样本进行测试，并在可能的情况下开展更详细的分析研究。

（二）治疗癌症的新技术和新手术

1. 研究放射疗法副作用的新发现

发现放射治疗成神经管细胞瘤会削弱患者阅读能力。2005 年 8 月，国外报道称，澳大利亚皇家儿童医院与美国圣犹大儿童研究医院、得克萨斯儿童癌症中心共同组成的一个研究小组发表研究报告称，他们发现，对成神经管细胞瘤采取放射疗法，很可能会削弱患者的智商和阅读能力，这种情况在少儿身上尤其如此。相比较于大一点的孩子，即使减少放射剂量，对少儿来说其伤害也是非常大的。

研究人员在诊断中发现，那些放射治疗后智商和阅读能力下降严重的小孩年龄，都在 7 岁以下。那些治疗失败的小患者们在后续的治疗中出现了明显的阅读能力下降。在研究中采取了"危险控制法"，即对患者使用的放射剂量要根据其脑内癌细胞扩散情况和手术后癌细胞的剩余情况来酌情使用。接受研究的患者，被分为高度风险（37 人）和中度风险（74 人）两类，分类的依据是他们面临治疗的风险情况，也就是高度风险患者被认为更容易面临治疗失败，因此也需要承受更大的放射剂量。

这些高度风险和中度风险患者阅读能力的下降，很明显是由于大脑中基本的认知过程系统受到损伤引起的。而这个系统，在少儿早期形成各种技能中起着至关重要的作用。为了证明年纪越轻越容易导致认知缺陷的危险，研究人员采用一种新方法对那些小于 7 岁的患者（无论是高度风险的还是中度风险的），在诊断和治疗过程中对他们的智商指数的损失做出预测。

研究人员利用研究结果，来鉴定和帮助那些接受了成神经管细胞瘤放射治疗的少儿，训练提高他们的认知水平和机能。所有的孩子之后都通过了神经认知测试，其中104名患者还接受了复杂的测试，如韦彻斯勒智力水平测试和一系列的阅读、数学和拼写测试等。

2. 研究针对癌细胞的新疗法

（1）开发出治癌效果明显的"特洛伊木马"法。2009年6月28日，美国《纽约时报》报道，澳大利亚科学家詹尼弗·麦克戴米德和希曼苏·婆罗姆布哈特共同领导的一个研究小组，在《自然·生物技术》杂志上发表论文称，他们开发出一种"特洛伊木马"疗法来对抗癌症。该方法从细菌上摘取纳米细胞，让其渗透进入癌细胞并让癌细胞"缴械投降"，再用另一个带有化疗药物的纳米细胞杀死癌细胞。

研究人员表示，在过去的两年内，他们在具有人类癌症细胞的老鼠身上使用了"特洛伊木马"疗法，研究表明，老鼠的存活率为100%。他们计划在接下来的几个月内开始在人类身上进行临床试验，这种细胞传递系统的人体试验将从下周开始在皇家墨尔本医院展开。

麦克戴米德表示，"特洛伊木马"疗法同目前的治疗方法不一样，可以直接攻击癌症细胞。目前，医生一般将化疗药物注射进癌症病人体内，药物会同时攻击癌症细胞和正常细胞。

研究人员称，第一批的"迷你"细胞释放出核糖核酸分子，让癌症细胞不再能够生产对抗化学疗法的蛋白质。接着，第二批"迷你"细胞进入癌症细胞，释放出化学疗法药物，杀死癌症细胞。

研究人员一直使用核糖核酸干预法来使某些基因沉默，这些基因可能产生引发某些疾病的蛋白质，这些疾病包括癌症、失明以及艾滋病，很多公司都在前赴后继地寻找操纵RNA的方法。婆罗姆布哈特表示，传统的药物治疗会让一些癌症细胞死亡，但有些细胞也会产生使癌症细胞对化疗药物产生抗药性的蛋白质，导致病人因后续治疗失败而最终死亡。她指出，希望通过"特洛伊木马"疗法，将癌症当作一种慢性疾病来管理。

（2）开发可切断癌细胞营养通路的新方法。2016年5月，澳大利亚国立大学科学家斯特凡·布勒尔领导研究小组，在《生物化学杂志》上发表论文说，他们研究发现，通过基因技术可切断癌细胞获取营养的一条重要通路，这一发现可能有助于开发新的抗癌疗法。

此前研究发现，一种名为谷氨酰胺的氨基酸，对癌细胞吸收葡萄糖、获取能量十分关键。如果能限制癌细胞获取谷氨酰胺，则有可能抑制其生长和扩散。

该研究小组把谷氨酰胺的转运蛋白作为目标，试图通过抑制这类负责运输谷氨酰胺的载体，切断癌细胞营养通路。他们利用基因编辑技术，使多个谷氨酰胺转运蛋白不再发挥作用，结果发现癌细胞逐渐出现了"饥饿"迹象。

不过，研究人员发现，癌细胞并不那么"好对付"。在切断这条营养通路后，癌细胞内部发生一种生物化学反应，其作用就像"拉警报"，促使癌细胞打开一道"后门"，继续接收谷氨酰胺。针对这一情况，研究小组又通过"核糖核酸（RNA）干扰技术"抑制特定基因发挥作用，相当于关闭了癌细胞的"报警系统"，这才有效抑制了癌细胞生长。

布勒尔说："这有可能在多种癌症的治疗中奏效，因为这是癌细胞一种非常常见的机理。"同时，由于正常细胞不需要依赖谷氨酰胺，据此研发的新疗法有望避免伤害"好细胞"，减少化疗副作用。

3. 运用机器人辅助做肿瘤切除手术

为癌症患者带来更多选择的机器人辅助手术。2018 年 7 月，澳大利亚皇家布里斯班妇女医院等机构专家组成的一个研究小组，在英国医学期刊《柳叶刀·肿瘤学》上发表报告称，机器人辅助的前列腺癌根治手术为患者提供了安全的微创手术选择，其术后效果与开放性手术是一样的。

前列腺癌根治手术需要切除前列腺，机器人辅助前列腺切除术，是一种利用"达·芬奇手术机器人"系统，实施切除的微创手术。医生借助机器人系统，以更高的准确度和灵活性，在更短时间内完成手术。世界上越来越多的医生，正在采用这种手术方法，为前列腺癌患者切除前列腺。

该研究小组对比研究了约 300 名前列腺癌患者，术后两年间的康复状况。他们中一半人术前被随机分配接受机器人辅助的前列腺切除术，另一半则接受了传统的开放性切除手术。

结果发现，在术后 3 个月到两年间，接受机器人辅助手术患者的泌尿等功能恢复状况，与接受开放性手术的患者是相同的。两年后，结果显示，在前列腺癌首选标志物前列腺特异抗原重新升高概率方面，接受机器人辅助手术的患者低于接受开放性手术的患者。研究人员表示还不清楚其中原因，将继续开展相关研究。

三、防治癌症药物研发的新成果

（一）研发防治癌症疫苗的新信息

1. 研制能够治疗普通皮肤癌的疫苗

2004 年 8 月，国外媒体报道，在澳大利亚和英国能够治疗普通皮肤癌的疫苗，已经进入大规模的实验阶段。报道称，疫苗是以黑肿瘤为目标的。黑肿瘤是一种致命的癌症，每年英国大约 2% 的新发癌症是由黑肿瘤引起的。黑肿瘤一般是由于长时间暴露在阳光照射下引起。不及时治疗的话，肿瘤能够扩散到身体的其他部位。

研究人员认为，尽管黑肿瘤不是由感染造成的，身体的免疫系统仍然能够从一定程度上抵抗癌变的细胞。研究表明，黑肿瘤细胞能够产生一种特殊的蛋白质（NY-ESO-1）。免疫系统能够识别这种蛋白质，且一旦发现就会对产生这种蛋白质的肿瘤发起攻击。然而，当免疫系统发现肿瘤时，通常都已经太晚了。

研制的新疫苗，主要是人工合成的这种蛋白质，促使人体内的免疫系统较早地开始寻找肿瘤的存在。研究人员在注射这种蛋白质的同时，也向人体内注射了能够促进免疫细胞发现蛋白质的药物。在澳大利亚的鲁德维希癌症研究所已经进行了一次小规模的测试。测试结果是非常令人满意的。研究人员在切除患者体内的癌组织后，向患者体内注射了这种疫苗。结果表明，注射疫苗的人群与没有注射疫苗的人群相比，癌症的复发率只有原来的 1/3。

现在鲁德维希试验室计划对疫苗进行一次更大规模的临床试验，这项研究涉及澳大利亚和英国的大约 100 名患者，试验最终将在第二年完成。

英国伯明翰大学的癌症研究专家劳伦斯·杨表示，使用化学疗法治疗皮肤癌，一直以来收效甚微，而这种癌症疫苗恰好可以代替化学疗法，治疗皮肤癌尤其有效。而一旦临床试验取得成功，这种疫苗也能够用于激活类似蛋白质的其他癌症，比如乳腺癌和前列腺癌。

2. 成功研制出全球首例子宫癌疫苗

2006 年 4 月，有关媒体报道，最近，澳大利亚昆士兰大学免疫和癌症研究中心教授伊恩·弗雷泽，同他的主要合作伙伴周建博士等人组成的一个研究小组，成功研制了全球首例癌症疫苗，这将为全世界成千上万的患子宫癌的妇女带来福音。

这项研究历时15年，于2005年年底完成了最后的实验，实验取得了令人瞩目的结果。通过33个国家的2.5万名妇女为期6个月的试用表明，该疫苗能够使人完全免于两种人类乳头状瘤病毒16型和18型的感染，而70%的子宫癌是由这两种病毒引起的。

这是人类首次成功研制的抗癌疫苗，也是极少具有高疗效和很少起副作用的疫苗。该子宫癌疫苗主要适用于育龄期妇女，对年纪较大的女性和对患生殖器疣病的男性均有益。使用该疫苗只需在6个月内注射3次，实验数据显示它的免疫效果可长达10年之久。医学界人士认为，这是一项了不起的成就，将为防治其他癌症打开希望之门。

（二）研制防治癌症药物的新信息

1. 抗癌新药研制的新进展

（1）研制出抗癌新药替拉扎明。2005年12月，有关媒体报道，澳大利亚一个医学研究团队，经过多年努力，研制出一种可治疗多种癌症的新药"替拉扎明"（Tirapazamine），此药可大大提高患者的生存率。目前，研究人员正进行第二期临床试验，可望在一年内推出市场。

新研制的抗癌药"替拉扎明"，属于一种生物还原剂抗肿瘤药，除可治愈人类患有的颈部和头部癌症外，还可用来治疗肺部、喉部和颈部肿瘤。

负责这项研究的专家彼得斯表示，"替拉扎明"的效用是针对癌细胞，令其缺氧死亡或减慢增长，该药可与化疗及放射性治疗同时使用。

（2）在婆罗洲雨林发现可治疗癌症和艾滋病的植物。2006年4月27日，位于瑞士的全球性保护组织"世界野生动物基金会"网站报告说，澳大利亚制药公司叶绿体生物科学中心的研究小组，在婆罗洲雨林发现了据信可以帮助治疗或治愈癌症、艾滋病和疟疾的神奇植物。

报告说，该研究小组在婆罗洲的一种灌木体内，发现了具有开发潜力的抗癌物质；而在另一种树木分泌的乳液中发现的化学物质，可以有效阻止艾滋病病毒的复制。除此之外，研究人员还在另一种树木的树皮中发现一种前所未知的物质，经过实验室的测试，这种物质可以杀死人体内的疟疾寄生虫。

报告指出，在过去 25 年来，人们在由马来西亚、印度尼西亚和文莱共有的婆罗洲共发现了 422 种植物新物种；研究人员相信，其他很多物种也具有一定的医用价值。但世界野生动物基金会表示："如果婆罗洲中心地带的雨林因得不到充分保护消失的话，所有这些具有开发前景的发现只能是一句空话。"

澳大利亚制药公司叶绿体生物科学中心，对所发现的抗癌化合物进行了鉴定。报告引用公司"药物传输"副主管默里·泰特的话说："更多雨林的破坏导致科学研究机会的丧失，人们将无法发现和研制更多用于救生药物的潜在物质。"报告指出："20 世纪 80 年代中期，婆罗洲的雨林面积占领土面积的 75%，而现在却锐减到 50%。"

（3）研究显示安定类药物可有效杀死癌细胞。2009 年 8 月，澳大利亚新南威尔士大学和昆士兰大学的研究人员，在《国际癌症杂志》网络版上发表论文说，他们经实验证明，治疗精神疾病的安定类药物可有效杀死癌细胞，从而降低癌症发病率。这一发现，将推动关于使用安定类药物治疗癌症的相关研究。

流行病学研究显示，精神分裂症患者患上癌症的概率较其他人低。除去遗传因素和其他一些降低患癌症概率的可能性外，研究人员一直认为，是安定类药物发挥着一定的作用。

研究人员测试了 6 种安定类药物对癌细胞的作用，镇静剂匹莫齐特（pimozide）是这 6 种药物中药性最强的一种。体外实验表明，它可杀死肺癌、乳腺癌和脑癌肿瘤细胞。

癌细胞的快速分裂需要胆固醇和脂质，研究人员怀疑是匹莫齐特阻断了癌细胞中胆固醇和脂质的合成或运动，导致癌细胞死亡。为了测试它是否会打乱胆固醇的体内平衡，研究人员将它与美伐他汀（一种抑制细胞胆固醇的药物）结合使用。结果发现，对杀死癌细胞来说，这种药物组合比单独使用美伐他汀更为有效。

使用高剂量的安定类药物会有副作用，如颤抖、肌肉痉挛、口齿不清等。但研究人员认为，在其他治疗手段都失效的情况下，患者是能够忍受这些副作用的。而且这种药物也只是短期使用。如果与降脂类药物如美伐他汀结合使用，其副作用将会降低。

研究人员还测试了第二代精神病药物奥拉扎平（olazapine）的效果，发现它也能够杀死肿瘤细胞，而且副作用较轻。这种药物会在病人肺部聚集，表明它可能对肺癌最有疗效。

目前，研究人员正在测试这些药物，对脑癌肿瘤细胞和具有抗药性的癌症细胞的作用。脑癌非常难治疗，很难进行病况的预后诊断，一般被诊断出患有恶性胶质瘤的病人，活不到一年。而对于有抗药性的癌症肿瘤，目前的化疗方法，则根本无能为力。报道称，对脑癌肿瘤的测试结果令人鼓舞，与目前广泛应用的化疗药物相比，安定类药物能更有效地杀死恶性胶质瘤细胞，其效果要好 50 倍。

（4）"量身定制"设计出新型抗癌药物。2013 年 4 月，澳大利亚沃尔特与伊丽莎·豪研究所化学家纪尧姆·莱塞纳等人组成的一个研究小组，在《自然·化学生物学》杂志网络版上发表论文称，他们为癌症"量身"定做了一种新型药物，能遏制细胞内一种叫作 BCL-XL 的蛋白质，这种蛋白质会促进癌细胞生存，让许多抗癌措施效果不佳。研究人员指出，这是向设计新型抗癌药迈出的重要一步。

BCL-XL 是促生存 BCL-2 家族蛋白质中的一员，能阻止细胞死亡。而这种药物叫作 WEHI-539，专门设计来与 BCL-XL 蛋白质结合并遏制其作用，从而恢复细胞的死亡能力。死亡和清除体内异常细胞是对抗癌症发展的一项重要防护措施。但在固体肿瘤中，BCL-XL 常被过度表达，产生高水平的 BCL-XL 蛋白使癌细胞变得很长命，它们还与肺癌、胃癌、结肠癌和胰腺癌的恶化有关，使恶性肿瘤细胞能抵抗许多癌症治疗措施，如化疗。

遏制 BCL-XL 能提高细胞凋亡反应，由此可能广泛用于癌症治疗，而不用遏制许多促 BCL-2 家族的成员。WEHI-539 是一种专门针对 BCL-XL 的选择性抑制剂，有望将药物对正常组织的毒性伤害减到最小。

WEHI-539 属于一类叫作"BH3 类"的化学药品，它们都能跟 BCL-XL 及相关蛋白质在同一区域结合，其是莱塞纳等化学家，与罗氏集团基因技术专家合作的一个长期研究项目取得的成果。

莱塞纳说："我们非常高兴，研究小组开发出了专门遏制 BCL-XL 的化合物，这是研究工作的一个顶峰。WEHI-539 是我们的化学家从无到有开发出的第一个药品，还用了 BCL-XL 的三维结构来构建和完善药物设计。"

研究人员表示，在创造可能的新型抗癌药的道路上，开发出 WEHI-539 是一个重要的里程碑。尽管 WEHI-539 在使用效果上还未达到最优，但它是一个很有价值的工具，能用来把 BCL-XL 的功能与其同伴区分开来，以便详细分析 BCL-XL 如何调控癌细胞。

2. 预防肠癌新药研制的新进展

（1）发现抗性淀粉有助于预防肠癌。2012 年 5 月，有关媒体报道，澳大利亚联邦科工组织的科学家最新发现，摄入抗性淀粉有益于肠道健康，并能预防诱发肠癌的基因损伤。

肠癌是世界上最常见的恶性肿瘤之一。以往的科学研究认为，饮食结构中纤维摄入量较少是西方人肠癌发病率较高的原因。然而与之相悖的是，尽管澳大利亚人平均每天摄入的纤维数量高过其他西方国家，肠癌仍然在澳大利亚所有肿瘤发病率中排名第二，发现患有肠癌者平均每天新增30 位。

澳大利亚联邦科工组织的大卫·托平博士，称以上现象为"澳大利亚悖论"。在未来食物旗舰计划的支持下，联邦科工组织的科学家们发现，这一悖论的答案在于澳大利亚人没有摄入足够的抗性淀粉。托平介绍，人体摄入纤维的数量固然重要，但纤维的多样性则更重要；膳食纤维有益于人体健康，而抗性淀粉对人体则更为有益。

同时，在联邦科工组织健康预防旗舰计划的支持下，大肠癌研究专家特雷弗·洛克特博士发现，在饮食中增加抗性淀粉的量可以减少肠癌发病率。

研究结果显示，抗性淀粉的摄入量应该是每天 20 克左右，相当于每天吃 3 杯煮熟的扁豆，这比典型的西方饮食习惯中抗性淀粉的摄入量多出近4 倍。

专家们认识到，目前，从澳大利亚人习惯的饮食结构中，很难满足每天 20 克抗性淀粉的摄入量。因此，他们正在培育抗性淀粉含量较高的小麦等经常食用的谷物品种，然后，通过加工谷物制作面包等食品，使澳大利亚人更容易地从饮食获得足够的抗性淀粉。

（2）发现阿司匹林无助特定人群降低结肠癌风险。2015年2月17日，由澳大利亚医学专家参与，其他成员来自美国、德国和加拿大的国际研究小组，在《美国医学杂志》上发表报告称，常服阿司匹林或其他非甾体类消炎药，可降低绝大多数人患结肠癌的风险，但帮助不了带有罕见基因变异的少数人群。

研究人员报告说，他们分析了加拿大、美国、德国和澳大利亚的10个大型研究项目的数据，按年龄和性别对8600多名结肠癌患者与8500多名正常人进行对比。结果发现，对多数人而言，常服阿司匹林或其他非甾体类消炎药，可将患上结肠癌的风险降低约30%。

但是参与者中约有9%的人，其15号染色体出现基因变异，阿司匹林对这些人不具有防癌作用。参与者中还有4%的人发生12号染色体基因变异，这些人服用阿司匹林后，其结肠癌风险反而增加。

研究人员指出，阿司匹林等非甾体类消炎药具有副作用，如肠胃出血。以此为基础再确定哪些人群服用阿司匹林无效，就可以进一步指导癌症预防与临床治疗。但参与研究的专家也指出，上述研究的对象是欧裔白人，还需要在其他人群中进行更多验证，因此现在不建议通过基因筛查来指导人们如何服用阿司匹林。

（3）发现可预防结直肠癌的化合物。2019年9月，澳大利亚弗林德斯大学、南十字星大学和莫纳什大学联合组成的一个研究小组，在英国《科学报告》杂志上发表论文说，他们从当地一种小海螺的腺体分泌物中分离出一种化合物，该化合物不仅具有抗菌和抗炎的特性，还具有重要的抗癌特性，可以用来预防结直肠癌。

研究人员在实验中给患有结直肠癌的小鼠服用了这种化合物，并通过质谱技术追踪化合物中的溴，来研究其在小鼠体内的代谢过程。研究发现，该化合物能够准确到达小鼠患癌部位，并阻止肿瘤的进一步形成和发展。

论文共同作者、南十字星大学的海洋科学家柯尔斯滕·本肯多夫教授解释说："在这项研究中，我们不仅发现该化合物可以预防结直肠癌肿瘤的形成，还通过使用先进技术追踪其在小鼠体内的代谢，这对药物开发非常重要，因为它有助于发现药物潜在的毒副作用。"

结直肠癌是全球第三常见的癌症。研究人员表示，希望能基于这种海螺化合物来开发一种新药，用以预防结直肠癌的发生。

3. 防治肝癌与鳞状细胞癌新药研制的新进展

（1）抗肝癌药物 PI-88 二期临床试验取得突破性成果。2006 年 12 月，有关媒体报道，澳大利亚培罗成公司于 12 月 12 日宣布，其研发中的抗肝癌药物 PI-88 的二期临床试验，取得突破性成果。该试验证实，对于治疗手术切除后的肝癌患者来说，PI-88 能够显著降低其复发的可能性。

据了解，肝癌是目前世界第四大多发的癌症，并且是人类最致命，死亡率最高的疾病之一。专家指出，大部分肝癌患者都是由肝炎演变而成的，或是由肝硬化导致的癌变。而在肝炎低发的国家里，大部分肝脏的恶性肿瘤都不属于原发性肝癌，而是由人体的其他器官（如直肠）转移而来。因此，肝癌的治疗方式及其预后处理也会根据这些不同的因素来决定，但主要的依据还是肿瘤的大小及肿瘤的期别。

培罗成公司同时还透露了此次临床试验的部分资料，有数据分析显示，使用 PI-88 治疗组的患者在 30 周时的疾病复发率约为 20%，远低于未治疗组的 33%。

培罗成公司研发部副总裁、本次临床试验负责人阿南德高塔博士说："这些结果具有深远的临床意义。对于肝癌患者而言，没有肿瘤存在的每一天的生活品质，都将具有非常特殊的意义。众所周知，肝癌一旦复发，病人不仅面临着高死亡率的威胁，其生活品质也会急剧地恶化。"

香港大学医学院外科学系教授、香港皇家玛丽医院医师罗尼·庞恩说："培罗成公司的临床数据对于肝癌患者而言，无疑是一个震撼性的鼓舞。虽然手术切除已成为治疗原发性肝癌的一般标准的治疗方法，但其复发率相当高，长期的预后效果也不能令人满意，且目前尚无其他有效的疗法可以降低肿瘤的复发。今天培罗成公司的临床资料让我们感到兴奋，因为试验证明 PI-88 确实有助于改善患者手术切除后的预后效果。"如今，庞恩已受邀参与并主导该药物的第三期临床试验。

目前，培罗成公司正在积极准备进行 PI-88 更大规模的第三期肝癌人体试验，而该临床试验将包括美国、中国、韩国、新加坡，以及中国香港和中国台湾等地区的临床试验医学中心。

（2）发现有助于治疗鳞状细胞癌的新药物。2018 年 7 月，澳大利亚昆士兰大学副教授尼古拉斯·桑德斯牵头的一个研究小组，在《科学·转化医学》杂志上发表称，对于皮肤和口腔鳞状细胞癌，如果能把一种蛋白质留在癌细胞中，有助于防止癌细胞出现抗药性。

鳞状细胞癌多见于有鳞状上皮覆盖的部位，如皮肤、口腔和食管等。该研究小组发现，在皮肤和口腔鳞状细胞癌中，一种名为 E2F7 的蛋白质，对于细胞的抗药性有重要影响。在正常细胞里，这种蛋白质停留在细胞核内，并能防止细胞出现抗药性；而在癌变细胞中，这种蛋白质脱离了细胞核，导致细胞对药物不再敏感。

桑德斯说，他们发现一种新药物，能让 E2F7 留在细胞核中，从而使癌细胞对化疗药物敏感，提高治疗鳞状细胞癌的疗效。

4. 把蜘蛛毒液作为抗癌药物研究的新进展

尝试用蜘蛛毒液治疗乳腺癌。2011 年 10 月 24 日，澳大利亚《先驱太阳报》报道，众所周知，乳腺癌是女性健康的大敌。不过，澳大利亚昆士兰大学分子生物研究所大卫·威尔逊博士、诺雷勒·达利博士等人组成的一个研究团队，正在尝试用蜘蛛毒液治疗乳腺癌，有望在这一领域取得突破性进展，这可能为乳腺癌患者带来福音。

在过去两年中，威尔逊收集了近 10 只弗雷泽岛漏斗网蜘蛛的毒液。他接受采访时表示，经过上百万年的进化，蜘蛛的毒液中包含某些特定功能的分子："这些分子能针对某些特定的区域产生作用，而我们希望其中一些分子能帮助我们消灭癌细胞。"据悉，研究人员将从这些毒液中分离出将近 300 个分子，让它们与癌细胞接触，从而观察毒液分子的抗癌效果。

达利说，我们希望蜘蛛毒液可以帮助人类鉴别，甚至消灭乳腺癌细胞，但这项由澳大利亚国家乳腺癌基金会资助的研究，目前仍处在初级阶段。

澳大利亚医学机构，近年来在乳腺癌治疗的研究方方面面，成就颇丰。西澳大利亚大学的一个研究团队，开发出一种通过呼吸检测发现乳腺癌早期预兆的方法，目前正在美国和以色列进行进一步的验证。彼得·麦克勒姆癌症研究中心和墨尔本圣文森特研究所的科学家们，也分别在基底样乳腺癌和继发性乳腺癌的防治方面，取得了突破。

第二节 心脑血管疾病防治的新进展

一、血液与血管疾病研究的新成果

（一）血液与高血压研究的新信息

1. 血液测试与人工合成血液研究的新进展

（1）开发出新的微量血液测试技术。2007 年 1 月，澳大利亚莫纳什大学纳米物理实验室的黛安·阿里芬和莱斯利·姚和詹姆斯·芙兰德等人组成的一个研究小组，在《生物微流体》杂志上发表论文称，他们发明了一种在显微水平快速有效分离血浆的技术，这能让医生更快更容易的进行血液测试。

这种技术的原理，其实就类似杯子中的茶叶，旋转的茶会将茶叶都聚集到杯子的中央，这一现象在 1920 年就已经被爱因斯坦解释了。

把血液中的血浆分离出来，是很多检测的关键步骤，包括胆固醇检测、运动员血检、血型测试以及糖尿病人的血糖浓度测试等。目前的测试需要将样本送到实验室，用大型离心机分离，整个过程可能需要数天时间。而新方法只需要很少量血液，放于一个流体腔内，然后用针尖以一定角度接近血液表面。在针尖施加一定电压后，会在针尖周围产生离子，进而得到气流使血液产生旋转。由于"茶叶原理"，血液中的微小粒子如红细胞等会向中心运动，然后沉积到腔底部的中央位置。

放置有血液的腔就像一杯茶，这个柱状液体在表面旋转时其底部仍然保持相对静止。所以在液体的底部就会产生一个向内的力，因此微小的粒子就会向着中心运动，这就好像一个微小的龙卷风，将血浆留在表面。

研究人员预计，该技术能做成一个信用卡大小的芯片，这用目前的制造技术能低成本的大量生产，但是真正的量产还需要 5~10 年时间。

（2）使用人工合成血液救活病人。2011 年 5 月 5 日，澳大利亚广播公司报道，澳大利亚一名妇女出车祸后失血过多生命垂危，被医生用人工合成血液成功救活，属世界首例。

2010 年 10 月，33 岁的澳大利亚妇女塔马拉·科克利发生严重车祸，头骨、肋骨、肘部多处骨折，心肺功能衰竭，脾脏破裂，失血过多，生命垂危。在被送往墨尔本的阿尔弗雷德医院后，医护人员发现科克利是一名"耶和华见证人"的信仰者，这一信仰使得她不能接受输血。当时医生断定，科克利活不过 24 小时。

就在这时，该院外伤医生马克·菲茨杰拉德忽然想到使用血液替代品——HBOC-2-1（血红蛋白氧载体），这是一种利用牛的血浆人工合成的血液替代品，由美国军方研制而成的。菲茨杰拉德医生说："我们想到使用血液替代品，但只有美国才有，而且只有 10 个单位。在取得联系后，美国方面把 10 个单位的产品都给了我们。"在输入了替代血液后，科克利的血红蛋白逐渐上升，她渐渐苏醒，如今已经恢复了健康。

据介绍，菲茨杰拉德医生曾参与了美国的人工合成血液研制，因此，对这种产品非常熟悉。他表示，采用人工合成血液救治患者，对于世界性的血液短缺有重要启示。据悉，这种替代血液不需要血型的匹配，不需要冷藏，在常温状态下可以保持 3 年之久。对于缺乏足够血源的偏远地区而言，这可能是挽救失血患者生命的最佳选择。

2. 高血压防治研究的新进展

发现晨练 30 分能有效降血压。2019 年 2 月，西澳大利亚大学科学家迈克尔·惠勒领导的研究团队，在《高血压》杂志发表论文称，每天早上锻炼 30 分钟，对于降血压来说可能和吃药一样有效。他们发现，每天早晨在跑步机上走一会能产生持久效应，并且让人从当天晚些时候额外的短暂行走中受益。

在该试验中，年龄在 55~80 岁的 35 名女性和 32 名男性，随机遵循 3 种不同的日常计划，并且每种计划至少执行 6 天。

第一种计划包括不间断地坐 8 个小时，第二种计划包括坐 1 小时然后以中等强度在跑步机上走 30 分钟，随后再坐 6.5 个小时。第三种计划和第二种类似，只不过在 6.5 个小时的久坐期间每隔 30 分钟穿插 3 分钟的轻度行走。

该研究在实验室中开展，以便获得标准化的结果。同时，男性和女性在研究开始前的头一晚和当天吃同样的食物。研究人员发现，跟未锻炼时相比，参与锻炼计划的男性和女性的血压均相对较低。

这种影响在收缩压方面尤其明显。收缩压测量心脏跳动时的血管压力，并且和舒张压相比对诸如心脏病等心脏问题具有更强的预测作用。舒张压测量的则是心脏在跳动间歇"休息"时的血管压力。

女性还会额外受益，如果她们在一天之中增加短暂的 3 分钟行走。但这种影响对于男性来说相对较小。

该研究团队并不清楚为何会有性别差异，但研究人员认为，这可能归因于对锻炼产生的不同肾上腺素反应，以及参与研究的所有女性都已停经，并因此有更高风险患上心血管疾病的事实。

惠勒说："对于男性和女性来说，在锻炼和久坐期间穿插行走之后，出现的平均收缩压的下降幅度，接近于这个人群为减少来自心脏疾病和中风的风险而服用降血压药物产生的效果。"

英国心脏基金会的克里斯·艾伦表示，该研究为证实有规律的身体锻炼，可帮助降血压以及减少心脏病和中风风险的大量证据提供了支撑。

（二）心脑血管疾病及中风防治研究的新信息

1. 防治心脑血管疾病研究的新进展

（1）通过视网膜扫描诊断和预防心脑血管疾病。2006 年 3 月，澳大利亚《星岛日报》报道，墨尔本眼科研究中心华裔教授黄天荫经过多年研究，发现了一种新方法，将使人类可以预防心血管疾病于未然。它只要一个简单的眼科检查，就可以查出一个人患上心脏病、中风和糖尿病的风险。

据报道，黄天荫正在进行的这项高科技视网膜扫描系统试验，将可以预防心脏病和中风等疾病，预计需要 2~3 年时间试验才能完成。

届时，通过该项扫描，医生可以获得患者视网膜血管的变化情况，从而判断是否有患上严重疾病的可能性。根据医学界长期的认识，眼部血管是人体周身血管变化情况的标志牌。

黄天荫教授通过多年研究发现，人类视网膜血管的微小损伤，都可以预知心血管疾病的发生。一旦视网膜血管发生变化，则可以预见该患者将遭遇心血管疾病。

据悉，这项视网膜扫描系统，对及早识别和预防众多心血管疾病有着重要作用，还可以为成人和儿童进行日常眼部检查，从而在病患未发作前，就诊断出将来的病情，并加以针对性的预防。

（2）发现长期久坐会增加患心脑血管疾病的危险。2010 年 1 月 11 日，"趣味科学"网站报道，澳大利亚贝克伊迪心脏与糖尿病研究所研究员戴维·邓斯坦等人组成的一个研究小组，在美国心脏病协会期刊《循环》网络版上发表论文称，他们最近研究表明，长期久坐不动会增加罹患心脑血管疾病的危险，使死亡率升高。

该研究小组为研究国内糖尿病、心脑血管疾病和肾病的发病情况，对全国 8800 名 25 岁以上的居民进行调查，其中包括 3846 名男性和 4954 名女性，这些人均没有心脑血管疾病病史。

调查主要针对研究对象的生活习惯，如在过去一周里看电视的时间等。研究人员同时也采集了这些人的血样，以获得相应的胆固醇和血糖数据。

研究结果显示，人们每看一小时电视，因心脑血管疾病死亡的危险性就会增加 18%，因其他原因死亡的危险性也会增加 11%。即使把年龄、性别、腰围、运动习惯等因素都考虑在内，结果仍然相同。

报告还说，排除吸烟、高胆固醇、高血压、不良饮食等因素，每天看电视超过 4 小时的人与少于 2 小时的人相比，因心脑血管疾病死亡的危险性增加 80%，因其他原因死亡的危险性增加 46%。

看电视，在不少国家成为人们消磨闲暇时间的最主要方式。澳大利亚人和英国人平均每天看 3 小时电视，美国人则看约 5 小时。研究人员说，看电视"剥夺"了人们的活动时间，而适量活动有益心血管健康。之前也有研究表明，喜欢长时间看电视的人，消耗的卡路里数量更少。

邓斯坦说："随着社会、经济、科技的发展，需要人们用体力去做的事越来越少。对不少人来说，他们的日常生活已经简化到从一把椅子挪到另一把椅子上：人们在车座、办公椅和电视机前的沙发之间来回转换。"

这篇论文还指出，体重过轻的人和标准体重的人，也不要过于乐观，长期久坐同样会对他们的血糖和血脂造成不良影响。

研究人员说，如果人们能少看电视，多活动身体，哪怕是做些比较缓和的运动，都能有效降低罹患心脑血管疾病的潜在危险。他们建议，为了身体健康，除进行有规律的体育运动外，每坐一段时间还要站起来走动，活动身体，要时刻提醒自己"多运动，常运动"。

2．防治中风康复研究的新进展

首次发现影响中风康复的基因。2018 年 10 月，由澳大利亚弗洛里神经科学和精神健康研究所文森特·泰斯教授牵头，与国际同行联合组建的一个研究小组，在美国学术刊物《循环研究》上发表论文称，他们研究发现，人体中一个基因如果出现变异，会使缺血性脑中风患者的康复程度变差，这是研究人员首次发现影响中风康复的基因。脑中风又称脑卒中或脑血管意外病变。

该研究小组调查了2000多名缺血性脑中风患者的情况，结果发现一个名为PATJ的基因如果出现变异，会使患者的康复程度变差。

中风在澳大利亚是主要的致残、致死原因之一。如果中风患者幸存，康复程度因人而异，有的人完全康复，有的人则出现各种问题。澳大利亚超过一半的中风幸存者会在行动和语言方面出现障碍。

泰斯教授说，本次研究是研究人员首次发现与中风有关的基因线索，未来可能在其基础上开发出有助于中风患者康复的药物。

二、心脏疾病防治的新成果

（一）心脏疾病病理研究的新信息

1. 心脏疾病基因因素研究的新进展

（1）找到扩张型心肌病的基因源头。2015年1月，澳大利亚新南威尔士大学网站报道，该校研究人员黛安娜·法特金参与的一个国际研究团队确认，扩张型心肌病患者比普通人更容易存在肌联蛋白基因突变。这为尽早诊断这种严重疾病提供了方法，相关论文已发表在美国《科学·转化医学》杂志上。

扩张型心肌病是一种病因长期未明的原发性心肌疾病，特征为一侧或双侧心室扩大，并伴有心室收缩功能减退、心力衰竭。

近年来，科学界一直希望找到导致这种疾病的基因源头，但小规模的研究效果并不明显。由英国、美国、新加坡、澳大利亚的研究人员组成的国际研究团队，近期对5267名扩张型心肌病患者展开基因分析，确认扩张型心肌病患者比普通人更容易存在肌联蛋白基因突变。

法特金说，目前还没有逆转肌联蛋白突变的好方法，但可以对扩张型心肌病患者的亲属测试肌联蛋白基因是否出现突变，并对有基因突变的人展开预防措施。这种家族基因测试，可能会成为治疗管理扩张型心肌病患者的常规措施，这是前所未有的。

法特金还表示，明确攻坚目标后，也能帮助未来的科学研究集中全力，找到扩张型心肌病的基因疗法。

（2）发现冠心病基因可能有利于生殖。2017年6月，澳大利亚、芬兰和美国科学家组成一个研究团队，在《科学公共图书馆·遗传学》杂志上发表的论文，针对"心脏杀手"冠心病已伴随人类上千年，为何相关基因没有在进化过程中被淘汰掉的问题展开研究，结果他们发现，冠心病基因可能有利于生殖功能，进化机制在利益权衡中牺牲了人类晚年的健康。

冠心病是最常见的心血管疾病，它由冠状动脉硬化引发，可导致心绞痛、心肌梗死和猝死。此前研究发现，遗传因素对冠心病发病风险有很大影响。

研究人员说，他们对全球12个地区的人群进行基因筛查，分析基因组中56个与冠心病有关的区域，并观察进化过程对冠心病基因的影响。分析显示，许多冠心病基因在自然选择过程中是受到青睐的，这意味着它们必然会给人带来巨大利益，重要性压倒了冠心病风险。进一步研究发现，冠心病基因对生殖很重要，会影响睾丸、卵巢、子宫等多个生殖器官功能。

研究人员说，这并不意味着生育力强的人患心脏病的风险必然高，只是表明冠心病发病率高是人类成功繁殖的副产物。冠心病通常在40~50岁才开始发作，比生育活跃期要晚很多，相关基因对生殖的益处已经发挥了作用。这也说明了进化是一笔充满了权衡与妥协的账目，终极评价标准是繁殖成功，而非个体健康。

研究人员认为，鉴于基因的影响非常复杂，对待基因编辑技术应该谨慎，有些意料之外的影响，可能要过很长时间才会显现出来。

2. 心肌梗死性别差异研究的新进展

发现女性更易受急性心肌梗死"死亡威胁"。2018年7月，澳大利亚悉尼大学克拉拉·周等专家组成的一个研究小组，在《澳大利亚医学杂志》上发表论文称，此前有研究认为，受体内激素水平影响，育龄女性患心血管疾病的概率小于男性。但是，他们这项新研究表明，此类疾病对女性的威胁同样不容忽视，女性急性心肌梗死患者的死亡率是男性患者的2倍。

研究人员说，他们对澳大利亚 41 所医院，2898 名 "ST 段抬高型心肌梗死"患者的病例，进行了分析。结果发现，女性患者出院 6 个月后的死亡率和再度患上严重心血管疾病的比例，都是男性患者的两倍以上。

"ST 段抬高型心肌梗死"是一种严重的心脏病，因患者心电图具有典型的 "ST 段抬高"特征而得名，主要由心脏冠状动脉壁上的沉积物堵塞血流所引起。

克拉拉·周介绍说，这项研究旨在评估心血管病对女性健康的威胁，之所以选择 "ST 段抬高型心肌梗死"作为研究对象，主要是因为这种心血管疾病的临床表现、诊断和治疗等相对容易进行标准化评估。这项研究结果提醒人们，要注意女性心脏病风险常被忽视的现状，确保女性接受必要的健康检查，并在患病后得到最佳护理治疗。

（二）心脏疾病防治的新方法和新药物

1. 研制出治疗心脏疾病的新方法

2007 年 6 月，国外媒体报道，澳大利亚悉尼市维克托心脏研究所鲍布·格雷汉姆等人组成的一个研究小组，公布的一项最新研究项目成果显示，只需要简单注射一针荷尔蒙激素（G-SCF），就有可能控制严重心脏病患者的症状，减少他们对大量解痛药物的依赖。

目前，许多心脏病患者主要依靠药物疗法，来缓解由于心脏供血不足带来的病痛，而有些人则需要经过多次手术才能消除病灶，恢复心脏的正常功能。但通常情况下，尽管患者服用了最大剂量的解痛药物，有时即使是轻微地用力，仍然感觉胸部疼痛难忍。

研究人员第一阶段的试验表明，荷尔蒙激素疗法非常安全。在参加试验的患者中，有 20 人都感觉心绞痛减轻，有些患者还发现，虽然减少服用解痛药，但身体状况却明显好转。

格雷汉姆说："结果真是难以置信。由于只是安全性试验，没有空白组加以对照，因此我们不能绝对肯定，患者的改善完全归功于荷尔蒙激素疗法，这需要进一步试验。"

第二阶段的试验包括 40 名患者。研究人员将用核磁共振成像扫描技术，来分析他们的心脏工作状况。他们中的 20 人将被注射小剂量的荷尔蒙激素，而另外 20 人只服用空白安慰剂做对照。12 周后，将用核磁共振成像再次扫描他们的心脏，然后两组角色互换，3 个月后再对他们的心脏做最后扫描分析。

资助该项目的医疗保险基金首席医药官克里斯廷·班尼特博士说："如果这项研究成功，采用简单的皮下注射来有效治疗心脏病的新方法，将会在 3 年内推出，就像糖尿病患者注射胰岛素一样。这项研究为那些严重心脏病患者带来了激动人心的前景，在可预见的将来，他们将会从持续的病痛困扰中得以解脱。"

2. 发现一种复合药物可降低患心脏病风险

2011 年 5 月，国外媒体报道，由澳大利亚医学家参加，其他成员来自英国、美国、印度和巴西的一个国际研究小组，在美国学术刊物《科学公共图书馆·综合卷》上发表论文称，他们研究发现，把 4 种分别具有降血压和降血脂等作用的药物，按照一定比例混合而成的复合药物，有助降低患心脏病风险。

报道称，这项研究的目的，是测试由阿司匹林、赖诺普利、氢氯噻嗪、辛伐他汀这 4 种药物按一定比例混合而成的复合药物的效果。这 4 种药物单独来说具有降血压或降血脂的效果，但如果形成复合药物，功效还未经过检验。

研究小组在上述国家招募了 378 名具有一定患心脏病风险的受试者，他们中一部分人服用这种复合药片，而另一部分人作为对照组。12 个星期后的体检显示，服用复合药物人群的血压和血液中胆固醇含量等指标都出现好转，受试者患心脏病风险下降了约一半。研究人员说，接下来将开展更大规模试验，进一步验证这种复合药物的药效。

（三）研制心脏疾病防治的新设备

1. 开发诊断和研判心脏病的新设备

（1）研制出可迅速诊断心脏病的扫描仪。2006 年 11 月，有关媒体报道，澳大利亚悉尼医院心脏病专家彼德·伊里斯医生等人组成的一个研究小组，最近研制出一种新型 CT 扫描仪，有望为心脏病患者带来新的福音。

伊里斯介绍说，这种新型 CT 扫描仪，能够为医生提供非常精确的心脏多方位扫描图像，改变了以往通过实施手术来检查心脏是否发生病变及病变程度的方式，从而免除了心脏病患者手术的痛苦。

专家表示，这种诊疗技术精确度之高简直令人难以置信，医生在10秒钟之内，就可以诊断出病人的心脏是否有问题，之后可立即实施有针对性的治疗。专家预言，新型CT扫描仪，将为心脏病治疗领域带来一项重要转变。

（2）开发出能模拟遗传所致心脏问题的"虚拟心脏"模型。2015年2月1日，英国《新科学家》网站报道，如果一个人毫无预料地突然死去，通常是有潜在性心脏问题。大约每10万人中就有1.3人死于心律失常性猝死综合征（SADS），它也是婴儿猝死的部分原因。澳大利亚张任谦心脏研究所一个研究小组，在《自然·通讯》杂志上发表论文称，他们开发出一种"虚拟心脏"模型，能模拟由遗传因素导致的心脏问题，通过在超级电脑上运行，能帮助人们揭开这种最神秘的心脏病的谜底。

心律失常性猝死综合征可能由多种遗传因素导致，会影响电信号通过心肌的方式。如果是基因变异，可以用药物治疗或在胸腔植入除颤器。但那些有潜在心律失常性猝死综合征风险的人该怎么办呢？基因测序有一定帮助，但并非所有携带变异基因的人都会突发此症。心电图（ECGs）可以检测心脏的电活动，但人们对与心律失常性猝死综合征风险有关的心电特征还不十分了解。

据报道，"虚拟心脏"模拟了按数百个特定基因构建的心脏跳动的情况，每个基因操纵几千次跳动。可能导致心律失常性猝死综合征的遗传因素的一个标志是长QT综合征，这是一种独特的心跳，在心电图上显示为V型T波。研究小组成员亚当·希尔说："在过去30年时间里，这种V型T波一直是诊断的标准，但没人知道这是由什么引起的。而现在我们知道原因了。"

通过运行模拟心脏，研究小组获得了大量数据。模型在心电图上得到的心跳越极端，这种情况代表的死亡风险就越高。而且他们发现，如果把导致某种问题的主要基因与其他进行复杂的组合，会放大或弥补这些基因造成的后果。

研究小组成员阿拉什·萨德利亚说："我们的模型显示，T波凹陷的程度与风险大小有关。所以，如果某人携带了变异基因，但他的心电图显示他绝对正常，就不需要做复杂的手术来预防心脏猝死。如果他的姐妹心电图上 T 波凹陷更深，那她的风险就更大些。"

研究人员指出，要用真实病人的心脏进行这项研究是不切实际的，因为你需要大量特殊基因的组合，以表现它们对心脏的影响，还要给每个病人进行全基因组测序，并花许多天来测心电图。希尔说，他们已经把实验数据应用到病人的心电图记录中，解读其中更细微图线的含义，以做出更精确诊断。利用虚拟心脏，他们在区分不同类型的长 QT 综合征方面也取得了进展。

对此，世界著名心脏模型专家、新西兰奥克兰大学的彼得·亨特说："该成果可以说是个里程碑，在如何全面探索 V 型 T 波问题上，把研究推上了一个新台阶。"

2. 开发治疗心脏病的新设备

制成新型心脏起搏器。2004 年 9 月，有关媒体报道，澳大利亚文特拉科公司开发的新型起搏器，是一种左心辅助器。它的作用并非是取代心脏，而只是被安置在胸腔下靠近心脏的地方，起帮助左心室做起搏运动，并模拟左心室功能的作用。

这款起搏器体积小巧，直径只有 6 厘米，仅是传统起搏器体积的 1/6。其外壳由钛金属制成，上面有两根导管，一根连接左心室，另一根则与主动脉相连，内部则有 6 个铜线圈和一个带有磁核心叶轮。

植入这种起搏器的患者，腹部外保留一根线，只需将其与充电电池相连，铜线圈产生的磁场便能带动叶轮旋转，推动血液的流动。这样就避免了传统起搏器容易形成血栓，引起中风的危险。但是植入该起搏器的患者会和常人不同，他们没有脉搏，取而代之的是一种类似洗衣机转动时的声音。

第三节　神经系统疾病防治的新进展

一、防治大脑与神经疾病的新成果

（一）大脑生理及疾病防治研究的新信息

1. 大脑生理研究的新进展

（1）发现大脑由星形胶质"黏"在一起。2016 年 10 月，澳大利亚昆士兰大学昆士兰脑研究所副所长琳达·理查兹领衔，该所博士后伊兰·戈比乌斯为主要成员的一个研究小组，在《细胞·通讯》杂志上发表论文称，他们通过小鼠和人脑的研究显示，随着发育，主要负责支撑脑细胞的星形神经胶质，将自己左右编织，形成跨越大脑左右半叶的轴突桥。如果没有这些星形胶质，胼胝体将无法正确排列，就会引发胼胝体发育不全和一系列发育失调。

戈比乌斯说："人们对胼胝体发育不全根源的了解非常少，并且对其是如何发生的没有令人满意的解释。我们发现了导致这些失调症的重要原因之一。"

该研究小组使用小鼠和人脑扫描发现，这些星形胶质细胞起初位于充满纤维母细胞的下部区域，但随着胎儿发育出一个分子信号路径后，星形胶质便向前移动并成熟。这时，它们开始将自己编织起来，形成一个厚厚的圆柱，"坐落"在大脑的中央，并挤压两个半叶，引起之间的缝隙收缩。

这个星形胶质圆柱，就像一座为胼胝体轴突搭建的桥梁，让它们能穿越大脑两边。随着这座桥不断发育，两个脑半球间的缝隙也随之缩小，直到仅剩一点，并且胼胝体也开始形成。

研究人员发现，当分子信号出现问题时，星形胶质细胞就无法变成多极细胞。这会阻止胼胝体带的形成，并导致胼胝体发育不全。戈比乌斯说："我们发现，如果这些星形胶质细胞不发生变化，形成胼胝体的过程也不会开始。"

下一步，该研究小组希望利用这些成果，更好地诊断胼胝体发育不全等疾病。目前，医生只能利用超声波或核磁共振在胎儿发育期诊断这些疾病，但这些手段必须严格管理且精确性难以保证。

（2）证实人造甜味剂可刺激大脑增加食欲。2016年7月，澳大利亚悉尼大学副教授格雷格·尼利领导的一个研究小组，在《细胞·新陈代谢》杂志上发表论文称，动物和人类实验均证实，人造甜味剂能让受体感到饥饿，并吃得更多。他们首次发掘这一现象背后的机理，揭示人造甜味素对大脑调节食欲功能的影响，还发现它们能改变人的味觉。

研究人员发现，大脑中有一个能感觉和结合甜味与食物所含能量的新系统。尼利说："持续摄入含有人工甜味剂蔗糖素的饮食，我们发现实验动物开始吃得更多。"

在实验中，该研究小组分别让两组果蝇在较长时间（超过 5 天）里分别暴露在添加人工甜味剂的食物和使用天然原料的甜食中。结果发现，前者比后者多摄入约 30% 的热量。研究人员称，这是第一次通过动物实验确认人工甜味剂刺激食欲。

尼利说："当我们分析动物为何吃得更多时，发现长期使用这种人工甜味剂，实际增加了真实营养糖分的甜度。我们发现的途径，是保守的饥饿反应的一部分，这种途径会让你在饥饿时感觉有营养的食物更好吃。"

该实验首次鉴别出人工甜味剂如何刺激食欲，研究人员发现了一个复杂的神经网络：大脑中存在一个被称为"奖励中心"的区域，它能把感觉到的食物甜度和身体对能量的摄入量联系起来，如果这之间的平衡被打破，大脑就会通过增加或减少食物摄入量进行重新校准。

不过，研究人员还指出，长期食用人工甜味剂会促使动物吃得更多，但是动物实验结果未必完全适用于人类。有科学家表示，大部分研究都不支持，含有低热量甜味剂的食物和饮料可能会增加食欲和促进肥胖的观点，包括人类的随机对照试验也是如此。此外，这一实验还证实人工甜味剂的影响只是暂时性的，在果蝇停止摄入甜味剂 3 天后，它们的大脑反应就恢复了正常。

2. 大脑健康研究的新进展

（1）揭示维生素 D 与大脑健康关联的新机制。2019 年 3 月，澳大利亚昆士兰大学大脑研究所助理教授托马斯·伯恩领导的研究小组，在《神经科学动态》上发表的论文显示，他们这项研究进一步挖掘了维生素 D 与大脑功能之间的关联，目的是为找到维生素 D 对记忆功能如此关键的潜在原因。

在晒太阳的时候，我们的身体会合成维生素 D。维生素 D 对大脑健康非常关键。近日该研究小组发现，维生素 D 缺乏会影响大脑中一种支撑神经元的"支架"。这一发现，或有助于开发针对精神疾病（比如精神分裂症）的精神疾病的新疗法。

维生素 D 有时被人们称作"阳光维生素"，它对于维持骨骼健康是非常必要的。它还有益于免疫系统、心血管系统以及内分泌功能。有研究表明，维生素 D 缺乏会损害免疫系统，使高血压风险上升，还会对 Ⅱ 型糖尿病患者的胰岛素分泌造成负面影响。

最近，有的研究，强化了维生素 D 缺乏，与精神分裂症高风险之间可能存在关联的观点。其他研究表明，剥夺中年啮齿动物的维生素 D 会导致它们大脑受损，在认知测试中表现不佳。研究人员还发现，经历心脏骤停后存活下来的人，如果体内维生素 D 水平较低，则恢复大脑功能的可能性更小。

这项新的研究，进一步挖掘了维生素 D 与大脑功能之间的关联，目的是为找到维生素 D 对记忆功能如此关键的潜在原因。

伯恩在解释这项研究的动机时说："全世界有超过 10 亿人受到维生素 D 缺乏的困扰，而且研究已经证实维生素 D 缺乏和认知能力受损之间存在明确的关联。可惜的是，维生素 D 究竟是如何影响大脑结构和功能的还不清楚，所以目前我们也不知道为什么维生素 D 缺乏会引起这些问题。"

为了确定其潜在机制，伯恩研究小组剥夺了健康成年小鼠的膳食维生素 D20 周，然后研究人员用实验将它们与对照组小鼠进行比较。认知测试结果表明，与对照组相比，缺乏维生素 D 的小鼠学习新事物和记忆的能力较差。对小鼠大脑的扫描结果表明，海马体中的神经元周围网络减少，而海马体是记忆形成的关键。

神经元周围网络在大脑中功能类似"脚手架"。伯恩解释说："这些网络在某些神经元周围形成了一个强有力的支持性网状结构，使它们稳定了这些细胞与其他神经元的联系。"

研究人员继续说到："海马体神经元之间的连接的数量和强度也都明显减少。"尽管该研究并没有确定这一机制，但是研究人员认为，维生素 D 缺乏，会使神经网络更容易受到酶降解作用的影响。

伯恩说："随着海马体中的神经元，失去支持性的神经元周围网络，它们就无法维持连接，并最终导致认知功能衰退。"

研究人员还认为，海马体中大脑功能受损，可能会导致某些精神分裂症状，如记忆损失和认知扭曲。

研究小组表示，接下来的工作，是验证关于维生素 D 缺乏、神经元周围网络和认知功能之间关联的假设。伯恩说："我们特别兴奋地发现，在成年小鼠大脑中的这些网络发生了变化。因为这些网络是动态的，所以我们有机会重建它们，从而为新的治疗方法奠定基础。"

（2）认为不健康饮食可引发大脑功能退化。2019年6月，澳大利亚国立大学老龄化、健康与福利研究中心教授尼古拉斯·谢尔比安领导的一个研究团队，在《神经内分泌学前沿》杂志上发表调查报告说，现在人们平均每天摄入热量显著多于20世纪70年代，相当于每天多吃一顿汉堡套餐。这种不健康饮食，会使大脑功能退化，并与Ⅱ型糖尿病发病相关。

谢尔比安说，大脑健康退化可能比此前认为的要早得多，这很大程度上，是由于现代社会促使人们选择了不健康的生活方式。

该研究团队回顾了约200项国际研究成果，并跟踪调查了超过7000人的大脑健康及衰老状况。研究人员说，全球约30%的成年人超重或肥胖，到2030年将有超过10%的成年人罹患Ⅱ型糖尿病。研究发现，与20世纪70年代比，现今人们平均每天多消耗热量约650千卡，这相当于一个汉堡、一份薯条和一杯软饮料组成的一套标准快餐，多出的热量意味着许多人饮食不够健康。

谢尔比安说："我们已发现强有力的证据，人们不健康的饮食和长时间缺乏锻炼，会使他们面临罹患Ⅱ型糖尿病的严重风险，并导致大脑功能显著退化，如患痴呆症和大脑萎缩等。"Ⅱ型糖尿病和脑功能退化之间关联也已得到确认。

谢尔比安说，他们调查发现，多数人60岁后才会获得有关如何降低脑部疾病风险的建议，但这通常为时已晚。他强调，人过中年后所遭受到的健康损害几乎不可逆转，所以避免脑部健康出问题的最佳方式，是从年轻时就保持健康饮食并坚持运动。他呼吁各国政府和医疗专业人员发挥作用，减少人们不健康饮食的发生。

3. 大脑疾病防治研究的新进展

（1）大脑训练或有助改进注意力缺陷。2015年3月，澳大利亚媒体报道，人们正在说什么来着？想起来了，大脑训练项目或有助于帮助注意力不集中的人，聚焦日常生活中的目标任务。至少，这是一个特殊项目的研究意图所在。

这项新研究成果让两种相持不下的对立观点终于有一方得胜。此前有观点认为，没有充足的证据说明，训练大脑执行一项具体任务可以使认知能力获得较大范围的提升；而另一些人则认为，这种方法在一些情况下，可以发挥作用。

来自澳大利亚墨尔本大学的贾里德·霍瓦思表示，其分水岭是，大脑训练只能改善所练习的能力。"它意味着，如果训练项目采用的是工作记忆游戏，你会在工作记忆游戏方面有所提升，而不会在其他方面提升。"

但墨尔本莫纳什大学的梅根·史密斯、瑞典斯德哥尔摩卡罗林斯卡医学院的托克尔·柯林伯格则主张，大脑训练会有益于日常生活，至少对存在注意力缺陷多动障碍或其他相关注意力问题的人确实如此。

两人主要关注了一项叫作 Cogmed 的项目，该项目设计目的，是为了提升个人暂时可以记忆、运用的语言或视觉信息。例如，参加实验的人可能会被出示一连串的词汇，然后要求他们按照相反的顺序回忆这些词汇。这项实验每天需要训练 35 分钟，每周训练 5 天，连续训练 5 周。该项目主要是为患有注意力缺陷多动障碍的儿童所设计，但同样可以扩展至不同年龄段的成人。

史密斯和柯林伯格把 12 项随机控制的实验结果相结合进行分析，研究结果显示，Cogmed 至少可以在持续训练 4 个月后，降低注意力不集中的程度。

（2）开发出不需开颅就可植入脑部的电刺激装置。2018 年 12 月，澳大利亚墨尔本大学一个研究小组，在《自然·生物医学工程》杂志上发表论文称，他们发明了一种不需要开颅、通过颈部静脉血管送入脑部的微型电刺激装置。动物实验显示，这种装置可释放电流刺激大脑，用于治疗癫痫或帕金森病等神经系统疾病。

目前，在治疗帕金森病、癫痫、抑郁以及强迫症等神经系统疾病时，一种方法是在脑部植入电极，用电流刺激大脑。但这通常需要在患者的颅骨上钻孔，再把电极植入脑部。

澳大利亚研究小组开发的这种新型装置直径约 4 毫米，用绵羊进行的实验显示，可以通过颈部的静脉血管将其送入脑部，并永久附着在脑部的血管壁上。该装置释放的电流刺激绵羊大脑后，可以收到预期效果。

研究人员表示，由于此前还没有通过类似装置释放电流刺激人类大脑的先例，因此在进行人类临床试验前，还需要开展更多研究来探讨安全性等问题。

如果进展顺利，研究人员还计划让植入脑部的这种装置作为脑机接口，如用于接收和翻译神经信号，帮助瘫痪患者控制轮椅等设备。

（二）神经与脊髓疾病防治的新信息

1. 神经疾病防治的新进展

（1）发现与罕见肌无力症相关的蛋白基因。2007年1月，西澳大利亚医学研究所分子遗传学实验室的奈杰尔·莱因教授和克里斯汀·诺瓦克博士领导的小组，在《神经学年报》上发表成果称，他们完成的一项研究，可能有助于治疗罕见的肌无力症。

莱因表示，他的小组发现，欧洲的一些天生缺乏一种关键骨骼肌肌动蛋白的儿童，并未在出生时发生麻痹，而且可以进行一些肌肉运动。莱因说："这些重要的发现，能帮助更好地了解其中的机理，这些缺少骨骼肌肌动蛋白的儿童，在肌肉中存在另一种形式的蛋白，叫作心脏肌动蛋白。"

莱因表示，这些发现非常激动人心，他说："我们发现在骨骼肌中存在越多的心脏肌动蛋白，能进行的运动就越多。在人类出生之前，在骨骼肌中同时存在两种肌动蛋白，但是在出生时心脏肌动蛋白被关闭，而其中的机理尚不清楚。科学家长久以来相信，一旦能找到发现重新打开心脏肌动蛋白的方法，就能为治疗肌无力症找到新手段。"

他接着说："值得注意的是，这些儿童能自动进行这一过程，用以中和身体的症状。如果我们能找到其中的机理，就能帮助这些患病的儿童。"

患有这些疾病的儿童在骨骼肌肌动蛋白基因存在隐性突变，这会关闭基因功能。隐性突变意味着患者的健康双亲都是这一基因的携带者。莱因的实验室是第一个发现这一相关基因的机构。

（2）探明多发性硬化症易感基因位置。2009年6月，澳大利亚和新西兰研究人员，在《自然·遗传学》杂志上发表论文说，他们合作研究探明两个与多发性硬化症有关的基因的位置，这将有助于人们找到导致这种病症及其他自身免疫疾病的原因。

多发性硬化症，是一种免疫系统错误攻击自身机体的自体免疫疾病。根据病损部位不同，多发性硬化症可引起人体多种功能障碍。据统计，全世界目前约有 250 万名多发性硬化症患者，仅澳大利亚就有 2 万名。

研究人员介绍说，已探明的这两个基因，分别位于第 12 号、第 20 号染色体上，它们属于多发性硬化症易感基因，也就是说，如果它们受损或出现缺陷更容易使人患上多发性硬化症。

据介绍，来自澳大利亚和新西兰 11 个研究院所的 40 多名研究人员，参与了这项为期 3 年的研究。研究人员分别对 1618 名多发性硬化症患者，以及 3413 名正常人的 DNA（脱氧核糖核酸）进行扫描，最终锁定多发性硬化症易感基因的位置。

研究人员计划下一步研究，这两个基因的变化是如何影响多发性硬化症病情发展的，从而找到治疗这种疾病的新办法。

2. 脊髓疾病防治的新进展

有望利用鼻细胞治疗人类脊髓损伤。2018 年 8 月，澳大利亚格里菲斯大学医学专家莫晨主持的一个研究小组，在《科学报告》上发表论文称，他们在实验室中培育出了能生长的鼻细胞，其未来或有望帮助治疗脊髓损伤患者（包括一些坐轮椅的患者）。目前他们利用这种鼻细胞成功治疗了脊髓损伤的小鼠。

莫晨说："我们把神经细胞置于脊髓损伤小鼠的机体中，随后发现这些小鼠开始快速恢复并且重新走了起来，但我们还需要对这种疗法进行改善。"研究人员表示，这项研究面临的困难之一，就是如何在实验室中有效地培养细胞。由于人的身体处于一种 3D 状态，并非 2D 状态，因此在实验室最终促进这类细胞生长的最好方法就是利用 3D 手段，于是他们开发了一种新方法，它能在短时间内培育出健康的 3D 培养基。

研究小组所开发的这种系统，能利用一种"裸露的液体弹珠"，让细胞在模拟机体的环境中进行生长。研究人员让鼻腔中的神经细胞有规律地暴露于创伤中，从而使得这些细胞变得更加强壮，结果表明，相比其他神经细胞而言，这些鼻细胞（鼻腔中的神经细胞）的愈合速度更快一些，因此其或许就能作为治疗脊髓损伤的理想对象。

研究人员利用这种细胞，来支持嗅神经细胞生长，这些细胞能够帮助产生嗅觉；研究人员发现，在裸露液体弹珠上生长的嗅细胞能够正常发挥功能。同时，研究人员还开发出一种直径能达到 3 毫米的大型 3D 细胞球体结构，这些球体结构能够自组装形成组织结构，而且这些组织结构非常强壮，能被很容易地进行处理，并移植到患者脊髓损伤的部位。

研究人员表示，目前，在小鼠机体中证实这种疗法有效。因为人类脊髓损伤的状况比较复杂，所以，研究人员还需要通过后期更为深入的研究，把相关成果早日推向临床试验，未来或有望利用鼻细胞来治疗脊髓损伤的患者。

二、记忆与认知研究的新成果

（一）记忆机理研究的新信息

1. 负面情绪与记忆力关系研究的新进展

（1）研究显示坏心情有助提升记忆力。2009 年 4 月 11 日，法新社报道，澳大利亚新南威尔士大学心理学家约瑟夫·福尔加领导的一个研究团队，在《实验社会心理学杂志》上刊登论文称，他们的研究显示，情绪好坏会对人记忆力水平产生影响。糟糕或寒冷天气导致人心情不佳时，记忆力往往较好；晴朗天气下的好心情则会分散注意力，使人变得健忘。

研究人员把玩具炮、存钱罐等 10 件物品，放在一家商店柜台上，在消费者离开商店时询问他们所见商品种类。

福尔加说，在寒冷、大风和雨天并播放古典音乐的环境下，接受测试消费者记住的商品数量，是晴朗天气时的 3 倍。他在论文中写道："我们发现，糟糕天气带来的消极情绪，能提高记忆准确性。心情不好的消费者不仅记忆力更好，而且分辨力也更高。"

福尔加进一步分析原因说，坏心情有助于集中注意力，让思考变得更透彻、缜密；而晴朗天气下的好心情则会分散注意力，使人自信起来的同时变得健忘。

他表示，这项研究结果表明，"情绪作用"可以引入法律、医疗和法医鉴定等领域，以帮助从业人员更好开展工作。

（2）发现适度负面情绪能提高判断力和记忆力。2009 年 11 月，澳大利亚新南威尔士大学的研究人员，在《澳洲科学》杂志上发表论文说，他们发现，适度的消极情绪能提高判断力，强化记忆力，使人不易上当受骗。

研究人员对此进行多次试验，他们在试验中，通过电影和回忆高兴或悲伤的往事，使被研究者产生积极或消极的情绪，随后他们要求试验对象，判断流言的真实性。结果显示，与那些心情愉快的人相比，情绪低落的人不易冲动，也不容易轻信流言。

研究还发现，相比那些有好情绪的人和情绪不好的人，在回忆他们亲眼看见的事件时，不太容易出错，且更善于陈述自己的情况。

研究人员解释说，好情绪能激发人的创造力、适应能力和自信心等，但消极情绪会让人精力集中、冷静思考、更加谨慎。他们发现，在面对困境时，适度的消极情绪，反而有利于综合处理各种信息。

2. 记忆丢失及寻找研究的新进展

阐释记忆和遗忘的奥秘。2015年1月，国外媒体报道，俗话说，往事如烟。当人们想不起过去获得的信息和学会的知识，它们真的像轻烟消散了吗？还是存在大脑的某个角落、找不回来了？澳大利亚科学家的最新研究，阐释了记忆和遗忘的秘密。

新南威尔士大学研究人员介绍说，人脑就像计算机，记忆先被编码存储，回忆某件事情就是记忆的提取过程。记忆首先被储藏在短期记忆库中，然后再被转入长期记忆库。

短期记忆库只有有限的容量，一般人可以短期记住5~7件事，短期记忆的持续时间仅有15~30秒。不过，短期记忆也可以延长，这就需要记忆者不断地口头重复信息，以便让这些信息持续保留在短期记忆中。在短期记忆中持续留下的记忆，将会被传送至长期记忆库。

理论上来说，长期记忆库的存储容量是无限的，但如何检索到信息成为"好记性"的关键。信息转入长期记忆库后，大脑会根据当时的环境等外界因素给需要记忆的信息进行编码，这些环境因素成为提取记忆时的关键。就像一个人回到童年旧居，众多儿时回忆会像潮水般涌来，老房子在这个情形下成为提取记忆的"钥匙"。

然而，当获得的信息和学习环境差别很大时，知识虽转入长期记忆，提取却会非常困难。例如，老师在课堂上用西班牙语重复很多遍"给我一杯啤酒"，但没几个人记得住；如果在酒吧里有人用西语说这句话，听到的人可能记得很牢，因为酒吧和啤酒的关系紧密，记忆的提取很方便。

另外一个问题是，大脑总是在不断补充新的记忆，新的记忆会对旧有记忆产生干扰，也就是新记忆会阻止大脑找到旧有记忆的编码。出现这种情况时，往事的记忆就会缥缈，甚至完全无法想起来。这种现象，在阿尔茨海默病患者身上更为严重。

帮助恢复记忆的重要办法之一是，把当事者再次带回到记忆产生时的环境，为大脑提供检索记忆的线索，另外旧照片也是帮助寻找丢失记忆的好工具。一旦外界环境的因素与记忆编码中的信息契合，大脑就可能循着线索把丢失的记忆重新找回来。

（二）认知与感知研究的新信息

1. 认知方面研究的新进展

（1）发现血糖低不会损害大脑认知能力。2005 年 12 月，国外媒体报道，严重低血糖虽然可能造成青少年Ⅰ型糖尿病患者惊厥或昏迷，但澳大利亚医学专家研究后发现，这并不会对患者大脑认知能力造成损害。

研究人员选择了 41 名有低血糖导致惊厥或昏迷病史的青少年糖尿病患者，并将他们与 43 名无低血糖患者进行了对照分析。结果表明，严重低血糖不会损害青少年糖尿病患者的心智能力。

研究人员说，对青少年糖尿病患者进行了全面的学习能力、记忆力、智力以及行为综合测试，并没有发现低血糖组与无低血糖组有任何大的差异，也没有发现惊厥或昏迷的发作次数与记忆力、智力以及行为测试得分有关联。

（2）用认知行为疗法解除失眠困扰。2015 年 6 月 8 日，澳大利亚墨尔本睡眠紊乱中心医生詹姆斯·特劳尔领导的一个研究小组，在《内科医学年报》发表论文称，近期他们对失眠认知行为疗法的功效进行了分析，认为这是一种很有效、可以替代药物干预治疗失眠的疗法。

想象一下这样的场景：明天早上你要做一场重要的报告，你知道要早些入眠，这样第二天看起来不会太累或是忘词。你很早就上了床但却关不掉焦虑的"闸门"，然后开始责怪自己为何睡不着，这样一来你更加难以入眠。最终，你越来越沮丧，不得不吞一些安眠药，这样终于才合上了眼。

听起来有些熟悉？每 3 个成年人中就有一人表示他们遭受失眠困扰，

当感觉到压力或是焦虑时，人们很容易会寻求快速解决办法，其中 5%～15% 的人会诉诸处方药物，如苯二氮平类药物和安比恩、艾司唑仑等相关安眠药。然而，这些药物可能会形成化学风险或是心理依赖，病人经常会发展出耐药性。为了给患者提供更多选择，一些医生提出了心理干预疗法，其中之一就是特劳尔研究小组推出的失眠认知行为疗法。

失眠认知行为疗法是一种谈心疗法，可用于治疗各种精神类疾病。其基础是一个叫作"恶性循环"的模型，也称为螺旋模型。恶性循环解释了负面思想如何导致负面感觉，并产生自毁性行为等。失眠认知行为疗法，是一种在这些负面情绪出现时的干扰性技术，其目的是影响随后的行为。

对于失眠来说，相关治疗方法主要分为 5 步：一是治疗师会提示患者分辨可能导致失眠的负面情绪，如担心不能充分休息的不理智情绪，治疗师随后会解释为什么这些思绪无益睡眠，或是建议更加正面的替代性想法；二是刺激控制，治疗师试图将床和睡眠之间的联系最大化，如通过指导患者进行行为改变，避免在卧室进行刺激性活动；三是治疗师会建议患者仅在瞌睡时上床睡觉，最大化降低头脑中关于睁眼躺着的想法；四是他们会向病人提出如何保持良好的"睡眠保健"；五是治疗师建议患者在睡觉前采取放松疗法，如冥想等，以便让他们加速运转的思想安静下来。

特劳尔表示，之所以进行相关研究，是因为他惊奇地发现他的患者中很少有人使用过，甚至是听说过这项疗法。

研究人员表示，在研究期间，经过失眠认知行为疗法治疗后，患者的入睡时间平均提前了 19 分钟，午夜醒着的时间少了 26 分钟，整体睡眠时间增加了 7.6 分钟，同时睡眠质量提升了近 10%。尽管总体睡眠时间在统计学上并未出现显著提升，但专家表示，对于患者来说，最重要的信息是有一种安全的治疗方法，这种疗法不依赖于流行药物就可直击问题的核心。

2. 感知方面研究的新进展

混合感知测试表明思想开放者创新意识强。2017 年 5 月，有关媒体报道，澳大利亚墨尔本大学心理学家安娜·安蒂诺率领的研究团队，完成的一项混合感知测试表明，对新经历的态度更开放的人能够比其他人获取更多的视觉信息，并将其以独特的方式结合。这或有助于解释为什么他们更富于创造性。

对经历的开放性，是用来形容性格的"五大"特征之一。它的标志是好奇心、创造性以及对探索新事物的兴趣。思想开放者通常会胜任考验人们创新思维能力的任务，比如想象砖头、马克杯或乒乓球等日常事务的新用处。

有证据表明，思想开放度更高的人通常会有更广阔的视野意识。例如，当关注屏幕上移动的字时，他们更有可能注意到屏幕上其他地方出现的一个灰色方块。

现在，澳大利亚研究团队让123名大学生完成一项双眼竞赛测试，受试者同时用一只眼睛看一个红色图像，并用另一只眼睛看绿色图像，时间为两分钟。

通常，大脑一次仅可以感受到一个图像，大多数受试者报告称看到图像在红色和绿色之间转换。但一些人则看到两种图像融合成红绿组合体，这一现象被称为"混合感知"。

参试者在性格问卷的开放性得分越高，那么他们经历的混合感知就越多。安蒂诺说："当你向开放者展示双眼竞赛困境时，他们的大脑能够灵活地参与更少的日常解决办法。我们认为，这是首个他们与普通人拥有不同视觉体验的实验证据。"与此相对其他四种性格特征：外向性、神经质、宜人性和责任心，则与这种混合感知联系不大。

三、防治其他神经系统疾病的新成果

（一）防治精神疾病的新信息

1. 防治抑郁症研究的新进展

（1）研究发现多吃鱼可预防抑郁症。2015年3月，英国《每日邮报》报道称，澳大利亚南澳大学娜塔莉博士领导的一个研究小组发现，鱼类中含有的欧米伽3脂肪酸，对维持和改善心理健康及稳定起到至关重要的作用。所以，他们认为，鱼是来自大自然的抗抑郁药，地中海式饮食，有望帮助抑郁症患者走出阴霾。

研究人员招募了，年龄在18~65岁的82位成年抑郁症患者，通过使用两种官方尺度：抑郁焦虑压力量表（DASS）和正和负性情绪量表（PA-

NAS)，来评估他们的心理健康水平，并通过14项问卷调查，来评估他们是否遵循地中海式饮食。

娜塔莉表示，地中海式饮食与较低分数的精神疾病患者之间有很强的联系。她说："我们发现，不良的饮食习惯能够导致抑郁、紧张和焦虑。当人体处于紧张和焦虑的状态时，便会释放应激激素，使得人体进入到'战斗或逃跑'的模式中，心率也随之会提高，从而关闭消化系统。"她接着说："这也意味着，并不是人们越来越郁闷，从而吃不好饭，而是因为吃不好饭所以导致抑郁。"

她还表示，地中海饮食含有高营养物质，如欧米伽3、维生素B、维生素D、健康的脂肪和抗氧化剂等，这些都是保持大脑运作良好，并避开精神疾病的关键。而人体若缺乏这些营养物质，则会影响到大脑功能，并导致抑郁。

娜塔莉又补充道："生活中许多因素都能够导致抑郁，比如压力等，但如果能够为大脑提供关键营养素，强大其功能的话，我们仍然能够更好地去应对生活中的挑战。"

因此，研究结果表明，饮食干预可以改善心理健康状况。如今，研究人员正在寻求更多的志愿者，将进一步针对合理饮食加上补充鱼油能否提高心理健康能力等问题进行研究。

（2）研究显示肥胖可能引发抑郁症。2018年11月，南澳大利亚大学与英国埃克塞特大学等机构相关专家组成的一个研究小组，在英国《国际流行病学杂志》上发表论文称，他们研究发现，如果体重超重，即便没有引发其他健康问题，也可能会导致抑郁。

此前有研究发现，肥胖人群更容易抑郁，但并不清楚是肥胖本身导致抑郁，还是肥胖引起的其他健康问题导致了抑郁。

该研究小组利用基因研究方法，分析了英国生物医学库中超过4.8万名抑郁症患者，与另外近30万名对照组人群的数据，旨在证明身体质量指数（BMI）较高与抑郁之间的关系。

身体质量指数是衡量胖瘦的一种常用标准，计算方法是体重（千克）除以身高（米）的平方。通常认为的正常值在20~25范围内，超过25为超重，30以上则属肥胖。

研究人员发现，如果身体质量指数较高，不管有没有因为肥胖引起其他健康问题，都更容易导致抑郁，并且这种现象对女性影响更大。

研究小组进一步通过另一个大型队列研究来验证这一结果，得出了基本一致的结论。研究人员说，这项研究显示肥胖带来的心理影响可能会导致抑郁，而不是肥胖引起的其他健康问题导致这一症状，这有助于帮助找出缓解抑郁症状的方法。

2. 防治精神疾病药物研究的新进展

发现欧米伽-3 脂肪酸或有助预防精神疾病。2012 年 8 月 12 日，澳大利亚墨尔本大学保罗·艾明格教授领导的研究团队，在《自然·通讯》杂志上发表的一项神经科学研究成果显示，对于罹患精神分裂症风险较高的年轻人来说，用欧米伽-3 多不饱和脂肪酸进行 12 周的干预，可以长期有效地降低其发病风险，并具有降低发展为其他精神类疾病风险的效果。

精神分裂症通常在青春期或者成年早期表现出来，大多数受影响的人会逐渐发展出多种显著的临床信号和症状。已经建立的称为"超高危险性"的诊断标准，可以用来判断哪些年轻人更有可能罹患精神疾病。过往研究显示，缺少欧米伽-3 和欧米伽-6 多不饱和脂肪酸，与好几种精神疾病的发展都相关。尤其是欧米伽-3 多不饱和脂肪酸对健康有很多益处，已有多个试验显示补充这种成分可以缓解精神疾病的症状。

该研究团队在 2010 年报告称，在 13~25 岁的实验人群的饮食中，补充欧米伽-3 多不饱和脂肪酸，可以在一年内阻止一种精神疾病的首次发病。现在，他们再次报告，近 6 年的跟踪研究表明，这项干预手段在当初 81 个被试者当中的 71 个人身上具有长期有效性。他们发现，服用过欧米伽-3 脂肪酸的 41 人中，有 4 人出现了精神分裂症，发病率为 9.8%，而安慰剂组的发病率是 40%，即 40 个人中有 16 个人发病。此外，安慰剂组的精神分裂症的发病速度和其他精神疾病的发病率，总体也更高。

研究人员表示，尽管研究结果令人欣喜，但由于样本规模不够大，还不能进行分组分析，因而需要进一步研究，以找到多不饱和脂肪酸补充剂可能改善精神健康的机制。

（二）防治阿尔茨海默病的新信息

1. 罹患阿尔茨海默病风险预测研究的新进展

开发出可快速评估阿尔茨海默病风险的新方法。2014 年 1 月 24 日，国外媒体报道，澳大利亚国立大学宣布，该校卡琳·安丝蒂教授领导的研究小组，开发出一种快速评估方法，可以让人们在网上10分钟内，免费评估罹患早阿尔茨海默病的风险。

这种评估会向测试者提出一系列关于锻炼、饮食、生活方式等问题，以评估其罹患阿尔茨海默病的风险。这一方法看上去简单，但其背后依据的是数十年来研究人员追踪成年人罹患阿尔茨海默病的科学分析数据。

安丝蒂说，此前还没有一种关于阿尔茨海默病的自我评估工具，实际上有一些因素是常见的阿尔茨海默病风险因素。导致罹患阿尔茨海默病的高风险因素包括吸烟、抑郁、过多接触杀虫剂、不爱社交等，而参与社会认知活动、多吃鱼、体育锻炼等都是预防阿尔茨海默病的有效方法。

不过安丝蒂同时指出，这一评估方法，并不能准确预测一个人是否会罹患阿尔茨海默病，因为是否患病还会受其他遗传和医疗因素影响。全球约3000万人罹患阿尔茨海默病，数量还会随着人口老龄化而增加，目前还没有特效疗法。

2. 开发防治阿尔茨海默病的新疫苗和新疗法

（1）研制出防治阿尔茨海默病的新疫苗。2012年2月，澳大利亚悉尼大学大脑与智力研究所的一个研究小组，在《公共科学图书馆·综合》杂志上发表论文称，他们研发的一种新型疫苗，有望能减缓阿尔茨海默病患者的病情发展。

研究发现，通过把这种新疫苗结合到称为tau的靶标蛋白，阻止患有阿尔茨海默病小鼠脑中神经原纤维缠结的形成。这一试验，已经获得相当成功的早期成果，它无疑给患者带来了很大的希望。

阿尔茨海默病和帕金森症实验室科学家表示：该研究最先表明，这种疫苗靶标到tau蛋白质，对已形成的疾病会产生阻滞作用，能减缓神经原纤维缠结的发展，但并非清除已存在的缠结，且它所包含的精确作用机理仍不清楚。

科学家们已针对阿尔茨海默病的淀粉样蛋白可见斑，开展了多年的疫苗临床研究。大多数的疫苗研究，是通过疾病形成和发病前的动物模型进行的。而广大的阿尔茨海默病患者，只有在出现症状后才能够确诊。

阿尔茨海默病是一种常见的渐进性神经退化疾病，影响着全球约3500

万人。而这种 tau 蛋白质也存在于额颞叶痴阿尔茨海默状中，这种疾病是65 岁之前人群中排第二位的阿尔茨海默病。随着人口趋于老龄化和阿尔茨海默病发病率的上升，开展这一疫苗的人体研究意义重大。

该研究小组已经与美国的制药企业合作，开发适用于人体的疫苗。尽管用于人体还有很长的路要走，但科学家们对新疫苗充满信心。

（2）推进治疗阿尔茨海默病的干细胞疗法研究。2015 年 12 月，澳大利亚媒体报道，困扰全球老年人的阿尔茨海默病，被认为是不可治疗的顽疾，但悉尼大学迈克尔·巴伦苏埃拉领导的一个研究小组，却发现干细胞疗法有可能治愈。他们已治愈了一条患痴呆症的狗，由于狗的痴呆症病理与人类痴呆症类似，该研究成果可能为治疗人类痴呆症找到新途径。

"犬类认知功能障碍"是狗痴呆症的一种，会出现特定的神经退化病变，10 岁以上的狗每 7 只中就有 1 只患有这种疾病。它与人类痴呆症有许多相似之处，两者都会引发失忆、迷路、夜间焦虑、尿失禁等症状。

一般认为，出现这些病症的原因是，大脑中积累的淀粉样蛋白引起脑细胞死亡，进而损害脑功能。而干细胞有能力分化发育为各种细胞，包括脑细胞。

该研究小组从患痴呆症的狗腹部取下一小块皮肤，并利用皮肤细胞在实验室里培育了大量干细胞。几周后，研究人员根据大脑的核磁共振扫描图像，将干细胞注射到这只狗发生病变的大脑海马体中。3 个月后检查显示，这条狗的痴呆症已治愈，干细胞成功修复了受损的脑细胞，重建了功能正常的脑组织。

巴伦苏埃拉表示，他们接下来将会给更多的患痴呆症的狗移植干细胞，以验证疗效。由于狗的大脑结构与人类十分相似，该研究成果有可能为治疗人类痴呆症找到新方法。

（三）防治癫痫病与亨廷顿舞蹈病的新信息

1. 癫痫病防治研究的新进展

研究发现刷牙可能会引发癫痫病。2007 年 3 月，有关媒体报道，澳大利亚墨尔本大学温迪尔·德索扎博士等组成的一个研究小组，最新研究发现，刷牙会破坏大脑中的特殊部位，从而引发癫痫病患者的发作。

他们表示，这可能是因刷牙对支配手部运动和语言的大脑区域造成损伤引起的。在研究中，研究人员使用摄像机和大脑扫描仪对 3 名癫痫病患者实施了全程监控，结果得出了这一惊人发现。刷牙过程中有节奏的手部运动，可能会进一步刺激已陷入过度兴奋状态下的特殊大脑区域。参与此项研究的两位成年患者，在刷牙时，癫痫病都发作了。

其中一名患者的丈夫报告说，他的妻子在用某只手刷牙时癫痫病曾发作过。据这位患者描述，她当时一下就失去了知觉，左臂和左脸肌肉不停抽搐。但在癫痫发作时，牙刷自始至终紧紧抓在手中，她本人感觉牙刷好像一直握在左手。研究人员通过观看录像，证实患者在刷牙时确实癫痫发作。之后，他们利用核磁共振成像扫描仪，试图对患者大脑中的情况进行分析。

德索扎说："因为刷牙涉及持续的、有节奏的活动，这也许能解释这种活动为何同吃饭等其他嘴部刺激相比，更有可能诱发大脑体觉区域发生痉挛。"

2. 亨廷顿舞蹈病防治研究的新进展

发现亨廷顿舞蹈病与肠道菌群失调存在关联。2018年9月，澳大利亚墨尔本大学安东尼·汉南教授等人组成的一个研究小组，在美国《疾病神经生物学》学术刊物上发表论文称，他们研究发现，患有亨廷顿舞蹈病实验鼠的肠道微生物组成，与健康鼠显著不同。这一研究，为证明亨廷顿舞蹈病与肠道菌群失调存在关联提供了初步证据，表明肠道微生物在大脑疾病中起着重要作用。

亨廷顿舞蹈病，是一种染色体显性遗传所导致的脑部退化疾病，症状表现为舞蹈性运动以及认知和行为障碍，目前没有治疗方法。

该研究小组在对比健康鼠，与被基因改造后患有亨廷顿舞蹈病实验鼠的肠道微生物后发现，病鼠的肠道微生物组成与健康鼠显著不同，病鼠达到12周龄时其肠道内的拟杆菌数量增加，而厚壁菌的数量成比例递减。此外，雄性病鼠的肠道微生物的多样性增加，但其肠道功能逐渐失灵，它们吃得多而体重并没有增加很多，而且亨廷顿舞蹈病的初期症状，也在这个时候显现。

之前研究已发现在阿尔茨海默病、帕金森氏症、自闭症、抑郁症、慢性疲劳综合征、Ⅱ型糖尿病等疾病患者中，都出现了肠道微生物变化。研究人员希望能够通过了解肠道微生物和这些疾病之间的联系，来开发出新的相关治疗方法。

汉南认为，鉴于实验鼠肠道内微生物与人体肠道内微生物相似，因此开展这种研究具有直接的临床意义。

第四节 消化与代谢性疾病防治的新进展

一、消化系统疾病防治的新成果

（一）肝胆疾病防治的新信息

1. 防治肝脏疾病研究的新进展

（1）证明运动有助于治疗非酒精性脂肪肝。2009 年 7 月，澳大利亚悉尼西部医院的雅各布·乔治等人组成的研究小组，在《肝脏》杂志上发表一项研究报告说，他们通过试验证明，运动能显著改善非酒精性脂肪肝的症状，而体重并非该症的关键因素。

在发达国家，非酒精性脂肪肝是最常见的一种慢性肝病。其代谢综合征一般包括：肥胖、胰岛素抵抗和 Ⅱ 型糖尿病，并伴随有转氨酶升高。对于该病的治疗，除了必要的药物外，医生一般会鼓励患者进行适量运动，保持健康的生活方式，通过改变饮食习惯来减轻体重。但一直以来，运动对该症的作用并未得到试验证实。

本次，研究小组对该院收治的 141 名非酒精性脂肪肝患者进行研究。他们把患者按运动的强度分为对照组、低强度运动组、中强度运动组和干预组 4 个小组。步行是其中最主要的一种锻炼方式，研究人员鼓励除对照组外的患者，每周步行的时间至少达到 150 分钟。

研究人员发现，3 个月后，干预组患者的体能与对照组相比普遍增加了数倍。保持积极锻炼，每周运动时间超过 150 分钟的中强度运动组患者，体内转氨酶与代谢综合征指标的状况，也出现了好转。有趣的是，每周运动时间只达到 60 分钟以上的低强度运动组患者，在各项指标上，与更多运动的患者并无更多区别。更大的运动量除了能有效减轻体重外，对转氨酶或葡萄糖指标均无显著影响。

研究人员表示，目前还尚不清楚其中的原因，这种现象或许与转氨酶指标"门槛"较低相关，只要稍稍增加运动，相关指标就会发生改变。但试验中那些很少运动甚至每日以坐卧为主的对照组患者，即使同样是在体重减轻的情况下，代谢参数上也没有任何改善的迹象，有的甚至还趋于恶化。

研究人员称，这可能是因为通过运动减轻体重的患者，体内胰岛素更具活性。运动能增加肌肉中不饱和脂肪酸的水平，从而缓解胰岛素抵抗的症状，这种效果很难通过运动之外的其他手段加以复制。试验证明，通过简单适量的运动，就可以使患者体能和健康状况得到有效改善，而并非一定要进行高强度的有计划运动。

（2）发现肝脏移植排异反应低的机理。2011年9月，澳大利亚百年研究所的研究人员，在美国《国家科学院学报》上报告说，他们发现肝脏移植排异反应比较低的机理：健康的肝细胞可吞噬并摧毁免疫T细胞，减少器官移植排异反应。这一成果有助于提高人类器官移植的效果。

研究人员指出，患者接受器官移植后，一些"反应过激"的免疫T细胞，会使自身免疫系统，把移植器官当作"入侵者"发起攻击，引起排异反应。他们通过动物实验发现，健康的肝细胞可吞噬并摧毁免疫T细胞。这项发现，有助于解释为什么肝脏移植排异反应发生概率低于其他器官移植。

研究人员认为，如果人类能够掌握肝脏控制免疫系统的方式，患者将不必使用大量抑制免疫药物，就能达到减少排异反应的目的。

（3）发现能预测肝脏中毒性脂肪堆积的生物标记物。2019年3月，澳大利亚贝克心脏和糖尿病研究所的布莱恩·德鲁博士、安娜·卡尔金博士，以及悉尼大学查尔斯·珀金斯中心的大卫·詹姆斯教授等人组成的一个研究团队，在《自然》杂志上发表论文称，他们第一次发现血液中的生物标志物可以预测肝脏中有毒脂肪的积累，这是早期脂肪肝的一个标志。

目前，在澳大利亚，有超过550万人存在肝脏脂肪堆积（脂肪肝）的情况，其中超过40%是50岁以下的成年人。

脂肪肝是在遗传与环境因素共同作用下的结果，这些因素会影响发病年龄以及疾病的严重程度。专家们现在将这种情况描述为一种隐藏的流行病，该疾病正在推高肝脏移植率，导致一系列疾病甚至是死亡。

脂肪肝通常没有早期症状，而现有的诊断技术在确诊时往往为时已晚，无法再预防。现在，该研究团队发现了这个生物标志物后，就可以根据血液中脂质（脂肪）的分布，对早期脂肪肝做出预测。

德鲁说："脂肪肝是糖尿病和心脏病的风险因素，如果不加以控制，最终会导致肝癌和肝脏衰竭。脂肪肝是接下来 10～20 年中导致肝脏移植的主要原因。"他接着说："我们发现血液中的一组脂肪，可能反映了脂肪肝的病情发展。我们希望这一发现，有助于开发出血液检测方法，来确定那些面临着最危险的晚期脂肪肝风险患者，从而避免侵入性组织活检或手术。"

该研究结合了人体样本和临床前模型来识别这些生物标志物。研究人员还发现了与脂肪性肝病发展中重要分子的新联系，这些分子代表了潜在的新药靶点。

詹姆斯说："让我们对脂肪肝等复杂疾病的发生，有了一个令人兴奋的认识。最重要的是，这种方法代表了精准医疗的新发展方向，它将改变医疗保健。"

卡尔金说："随着越来越多的年轻人被诊断出脂肪肝，这已经是一个全球性日益严重的问题。重要的是，我们要意识到脂肪肝并不仅仅是一种生活方式疾病，而且几乎没有在疾病早期进行治疗的有效方法。因此，我们需要为药物开发确定新的目标，而这项新研究为我们提供了很有希望的早期成果。"

下一步，该研究团队希望，找出为什么有些人比其他人更容易患脂肪肝的原因。卡尔金说："我们接下来的研究，是利用更大规模的数据来验证这些结果。"

2. 防治胆脏疾病的新进展

发现胆结石的形成机制。2018 年 9 月，澳大利亚柯廷大学病理学家牵头的国际研究小组，在《科学报告》杂志上发表论文称，他们研究发现，胆结石的形成与特定细菌的基因有关。研究人员认为，这一发现有助于开发胆结石治疗新方法，降低胆结石手术的必要性。

此前，科学界已经发现克雷伯氏菌等细菌，与胆结石的形成存在关联，但尚不清楚这些细菌在人类胆囊中生存并致病的机制。

该研究小组在论文中报告了新发现。他们把细菌基因组和胆固醇结合起来分析，详细研究了人类胆结石的细菌构成和基因作用。

新研究确认了多种与胆结石有关的细菌基因，这些基因能帮助克雷伯氏菌等细菌，在表面形成一层保护性的生物膜。这种生物膜，不仅让细菌能抵御抗生素等药物，有机会在胆囊中生存下来，还能起到"胶水"一样的作用，使细菌不断积聚，这可能是胆结石形成的关键因素。

（二）肠道疾病防治的新信息

1. 肠道噬菌体与细菌研究的新进展

（1）研究表明人类肠道每天能吸收 300 亿噬菌体。2017 年 11 月 21 日，澳大利亚墨尔本莫纳什大学噬菌体研究人员杰里米·巴尔主持的一个研究团队，在《自然》杂志上发表论文称，自从噬菌体在第一次世界大战时被发现以来，其发挥的作用日益引起人们的关注。他们的研究表明，人类通过肠道每天吸收高达 300 亿个噬菌体，且噬菌体能提高机体免疫力。

这一数据让科学家疑惑，人体内的噬菌体会否通过调节免疫系统来影响我们的身体？巴尔说："基础生物学认为，噬菌体不会与真核细胞相互作用。我们现在确信，这完全是一派胡言！"

几十年来，大多数关于噬菌体的研究集中于把它转变为抗生素，也有一些令人信服的案例。但巴尔的研究表明，噬菌体本身就已帮我们免受病原体的侵害。在人类和动物体内保护牙齿和肠道的黏液层及临近环境中，噬菌体含量都是普通环境中的 4 倍以上。事实证明，噬菌体的蛋白质壳可以结合黏蛋白，并能分泌大量能与水一起形成黏液的分子，这些物质可以为动物提供额外的免疫力。

现在，巴尔发现了病毒从肠道黏液进入人体的证据，内脏、肺部和大脑周围毛细血管上的那些上皮细胞会吸收噬菌体，并将其运输到细胞内部，且吸收速度十分惊人，每天可吸收高达 300 亿个。

噬菌体进入人体组织能做什么？此前研究认为，特定类型噬菌体可以与癌细胞膜结合，减少肿瘤在小鼠体内的生长和扩散，也可防止小鼠免疫系统攻击移植的组织。

近来，有的研究人员发现，白细胞暴露在 5 种不同噬菌体中时，能减轻流感症状和炎症。还有的研究人员发现，患有 I 型糖尿病和炎症性肠病的免疫疾病病人肠道，噬菌体状况与健康人不同。有鉴于此，巴尔认为，人体稳定吸收噬菌体产生的胞内噬菌体可以调节免疫反应。

（2）发现上百种新的肠道细菌。2019 年 2 月，澳大利亚哈得孙医学研究所塞缪尔·福斯特主持，英国和加拿大同行参与的一个研究小组，在《自然·生物技术》杂志上发表论文称，他们发现了人体中100多种新的肠道细菌，有望据此开发出针对肠胃失调、胃肠道感染等疾病的新诊疗方法。

人体肠道内生活着大量的细菌，它们对代谢、免疫、心血管功能等发挥重要作用。研究人员收集了来自英国和加拿大20名志愿者的粪便样本，在此基础上成功培育出737株细菌菌株，并对其开展了DNA（脱氧核糖核酸）测序。分析结果显示，菌群由273种细菌组成，其中105种是新菌种。

此外，本次研究首次测出了其中173种细菌的基因序列，使已知的人体肠道细菌基因组数量增加了37%。

福斯特说："本次研究创建了最大、最全面的肠道细菌公共数据库，肠道菌群对健康和疾病都有着重要影响。"英国韦尔科姆基金会桑格研究所的特雷弗·劳利说："这一资源，将使微生物菌群分析变得更加快捷、廉价和准确，也有助于进一步研究其生物学特征及功能。"

2. 肠道健康与肠病诊断方法研究的新进展

（1）发现氮有助于肠道健康。2016年12月，澳大利亚悉尼大学生物学家安德鲁·霍姆斯牵头的一个研究小组，在《细胞·新陈代谢》期刊刊登论文称，他们研究发现，肠道中的氮有助于调节肠道菌群及其宿主的相互作用。这项研究，揭示了饮食如何影响微生物的首个一般原则，它表明科学家向理解不同饮食习惯和肠道健康间的联系迈进了一步。

霍姆斯说："有很多饮食策略都称对肠道健康有益，但迄今为止，人们很难创建各种饮食策略及其对宿主微生物组影响的清晰因果关系。原因是很多复杂因素在起作用，例如食物构成、饮食方式和基因背景等。"

众所周知，肠道菌群在免疫调节和消化等方面有重要作用。之前有研究证实，饮食影响微生物组的数种模型，但这些无法解释微生物对饮食策略的应答。新研究分析了25种包含不同水平蛋白质、碳水化合物和脂肪的饮食策略，对858只小鼠的影响。尽管肠道细菌存在巨大多样性，但该研究只出现了两种主要的响应模型：微生物丰度的增加或减少，取决于蛋白质和碳水化合物的摄入量。

霍姆斯说："肠道细菌对摄入食物的最主要营养需求是碳和氮。碳水化合物不包含氮但蛋白质包含，饮食中蛋白质和碳水化合物的比例，会对肠道菌群产生巨大影响。"

另外，新模型还表明，高碳水化合物饮食最可能支持微生物组间的良性互动，而这些益处也与宿主动物的蛋白质摄入有关。研究人员希望，新发现能为开发检验数百种不同饮食策略影响的更精确计算机模型奠定基础，并更好地预测有益于肠道健康的饮食组合。

下一步，研究人员计划找出哪种饮食组合能促进最优肠道菌群的产生。他们还将开发新模型，模拟该过程在实际中是如何操作的。

（2）发现诊断炎症性肠病的新方法。2018年3月，澳大利亚仿生学研究所科学家苏菲·佩恩主持的一个研究团队，在英国《皇家学会开放科学》上发表论文，描述了一种有助于诊断炎症性肠病的新方法。

炎症性肠病，对患者来说是一种"缓慢的折磨"。该病病因和发病机制尚未完全明确，已知肠道黏膜免疫系统异常反应所导致的炎症反应，在发病中起重要作用，被认为是由多因素相互作用所致，主要包括环境、遗传、感染和免疫因素。目前，尽管活检和内镜检查的组织学分析，都已被用于评估疾病状态，但测量结果往往有延迟，并且都是侵入性的。

鉴于炎症性肠病的一个关键特征，是黏膜屏障的破坏，因此，研究团队把体内电阻抗的变化，与诱导大鼠肠炎后发生炎症的组织学测量相关联，将其作为炎症性肠病的生物标志物。研究人员表示，这种对阻抗的测量可用于该病的诊断和管理。

二、代谢性疾病防治的新成果

（一）防治糖尿病研究的新信息

1. 糖尿病病理研究的新进展

（1）研究表明多做家务可以降血糖。2007年6月，有关媒体报道，澳大利亚墨尔本国际糖尿病研究所和昆士兰大学人口健康学院联合组成的一个研究小组，最近发表的一项研究结果表明，多做家务可降低人体血糖水平，从而降低罹患糖尿病、心脏病的风险。

该小组研究人员吉纳维芙·希利说，虽然做日常家务不能取代权威机构推荐的每天锻炼身体30分钟，但低强度运动与低血糖水平有关。以往研究结果显示，高血糖与糖尿病、心血管疾病有关。

希利说："做些低强度活动，如洗衣、熨衣、叠衣，或者散散步，对降低血糖水平有好处。"研究人员持续一星期给 173 名男女志愿者测量血糖水平后发现，他们每做 1 小时家务，血糖水平就会下降 0.2。

希利说，研究结果证明做家务有好处，但人们也不应放弃中高强度的锻炼。她还建议，人们应以低强度运动取代久坐习惯，如打电话时可以站起身，而不是坐着打。

（2）发现 I 型糖尿病患者更易感染肠道病毒。2011 年 2 月，澳大利亚新南威尔士大学等机构专家组成的一个研究小组，在《英国医学杂志》上刊登研究报告说，他们研究发现，I 型糖尿病患者往往更容易感染肠道病毒，但目前还不清楚其背后的因果关系，对此进一步研究，将有助于理解糖尿病的发病机理，并研发新治疗手段。

研究人员表示，过去对 I 型糖尿病和肠道病毒感染之间的联系，有一些猜测。为确认两者的关系，他们回顾了这方面的大量研究，调查了 4000 多人的健康资料。结果显示，那些患有 I 型糖尿病的人，感染肠道病毒的风险是其他人的约 10 倍。

肠道病毒是一类病毒的总称，包括柯萨奇病毒、脊髓灰质炎病毒等，它们可引起发热和咳嗽等感冒症状，有的还会引发手足口病、脑膜炎或脊髓灰质炎。I 型糖尿病又称胰岛素依赖型糖尿病或青少年糖尿病，多发于儿童以及青少年。本次研究中的调查对象大部分是儿童，因此患 I 型糖尿病的儿童需要注意预防肠道病毒感染。

研究人员说，目前只是发现了一种相关性，还不能确定 I 型糖尿病和肠道病毒感染的因果关系，或是有第三种因素，如可能有某种基因缺陷使人既易患 I 型糖尿病又易被肠道病毒感染。

但这种相关性为研究 I 型糖尿病的病因，提供了一个突破口。目前，人们知道基因对 I 型糖尿病发病起着重要作用，但还不能完全解释这种疾病，如能在本次研究基础上，进一步理解 I 型糖尿病的发病机理，将有助于研发新的治疗手段。

（3）发现有助于判断糖尿病患病风险的三种分子。2017 年 11 月，由澳大利亚与美国科技人员组成、悉尼大学教授詹姆斯·戴维参加的一个研究团队，在《生物化学杂志》上发表论文说，他们研究发现，有三种分子可以用来检测实验鼠出现胰岛素抵抗的情况，从而判断其糖尿病患病风险。

胰岛素抵抗，是指胰岛素促进机体摄取和利用葡萄糖的效率下降，容易引发肥胖、高血压和高血糖等症状，导致 Ⅱ 型糖尿病。引发胰岛素抵抗的因素十分复杂，包括基因和环境等多个方面，其具体机制尚不清楚。

该研究团队在论文中报告说，他们选择三组不同品种的实验鼠作为研究对象，给它们喂食高脂肪饲料和普通饲料两种食物，综合考察基因和环境等因素对代谢的影响。研究人员随后借助机器学习等先进技术，对相关指标进行代谢组学分析。

结果发现，"C22：1 辅酶 A""乙酰肉碱"和"C16-神经酰胺"这三种与代谢有关的分子，是检测实验鼠胰岛素抵抗情况的最佳指标。将这三种分子结合起来考察，检测的准确率会更高。

戴维说，及早诊断出胰岛素抵抗，可以为糖尿病的早发现、早治疗提供帮助。研究人员将以此为切入点，进一步研究引发糖尿病等代谢疾病的多种因素及深层机制。

2. 探索防治糖尿病的新疗法

（1）发现能治疗糖尿病的潜在新疗法。2018 年 5 月，澳大利亚悉尼大学和美国索尔克生物研究所相关专家组成的一个研究小组，在《细胞》杂志上发表的论文称，激活维生素 D 受体，可帮助修复受损的胰岛贝塔细胞，有望成为治疗糖尿病的新疗法。

此前，已有研究显示，如果人们体内的维生素 D 含量较高，患糖尿病的风险就会较低。但医学界一直不清楚其中的机理。

胰岛贝塔细胞是一种胰岛细胞，能分泌胰岛素，有调节血糖含量的作用。胰岛贝塔细胞功能受损，导致胰岛素分泌绝对或相对不足，引发糖尿病。该研究小组在培养皿中，使用胚胎干细胞培育出胰岛贝塔细胞，发现一种化合物 iBRD9 可激活维生素 D 受体，让某些具有抗炎功能的基因表达水平增强，从而提高胰岛贝塔细胞的存活率。

研究人员解释说，糖尿病是炎症反应造成的疾病。维生素 D 受体可参与调节炎症反应，提高胰岛贝塔细胞的存活率。他们开展的动物实验也发现，这种化合物在激活维生素 D 受体后，患有糖尿病的实验鼠血糖水平会恢复正常。

（2）开发可助降低糖尿病人肾衰和心衰风险的新疗法。2019 年 4 月，澳大利亚乔治全球健康研究院弗拉多·佩尔科维奇教授为主的一个研究小组，在《新英格兰医学杂志》上发表论文称，他们开发的一种新疗法，可将糖尿病人的肾衰竭发病风险降低 1/3。

据报告，这种疗法还可让糖尿病人的心脏衰竭发病率降低超过 30%，其他主要心血管疾病的发病风险降低约 20%。这有望使全球数亿糖尿病患者受益。

研究人员从 30 多个国家和地区招募了 4401 名糖尿病患者参加临床试验。其中一半的志愿者在现有治疗方案基础上加服了药物卡格列净，而另外一半对照组患者加服的是安慰剂。

药物卡格列净最初研发用于降低糖尿病患者的血糖水平。但这一最新研究结果显示，服用卡格列净后，糖尿病人患上肾功能衰竭或因肾功能衰竭死亡的风险降低了约 30%。此外，出现心脏衰竭等心血管疾病的风险也显著降低。研究显示，服用这一药物也没有增加主要副作用的风险。

糖尿病是一种慢性病，主要并发症包括肾衰竭、心脏病和中风等。佩尔科维奇说："这一研究是一项重大医学突破，因为糖尿病人及肾病患者面临肾衰竭、心脏病、中风及死亡的风险很高，而这种有效的疗法只需要每天服用一次药，就可以有效降低这种风险。"

3. 开发防治糖尿病的新药物

研发Ⅱ型糖尿病新药取得进展。2017 年 5 月，澳大利亚阿德莱德大学网站报道，该校医学专家约翰·布鲁宁，与澳大利亚弗林德斯大学医学院拉贾帕克萨博士，以及美国佛罗里达州斯克里普斯研究所同行联合组成的一个研究小组，在Ⅱ型糖尿病药物研发中取得了新进展，有望开发出更安全、更有效的新药，以减少现有口服降糖药的副作用，也减少注射胰岛素的必要性。

阿德莱德大学研究人员首次展示了，未来的糖尿病药物如何在分子层面与靶标作用来治疗糖尿病。这些新型药物与常见的糖尿病药物二甲双胍的工作机制不同，二甲双胍作用于肝脏以减少葡萄糖合成，而新型药物则作用于一种分布在全身脂肪组织中，被称为 PPARγ 蛋白的细胞核激素受体，通过刺激其活性以增加机体对胰岛素敏感性，并改变脂肪和糖的代谢来降低血糖。

布鲁宁说："Ⅱ型糖尿病的特征，在于对胰岛素产生抵抗，继而出现高血糖，导致病情加重。患有严重糖尿病的人，通常采取注射胰岛素的方式，这存在一定风险，且注射剂量很难把握。因此对患者来说，摆脱胰岛素注射，采用口服药将是非常值得为之努力的方向。"

这次，该研究小组完成了两项研究。

在第一项研究中，研究人员研制了 14 个不同版本的药物，可部分或者完全激活 PPARγ 受体蛋白，并发现了该药物中对 PPARγ 受体蛋白作用最有效的部分，从而得到了设计改良版药物的信息。

在第二项研究中，研究人员使用 X 射线晶体学，首次展示了一种叫作利格列酮的新药，如何与 PPARγ 受体蛋白结合并完全激活它。与其他类似药物相比，这种新药副作用较少。拉贾帕克萨说，展示这种化合物如何与其靶标相互作用，是设计更高效、更少副作用药物的关键一步。

（二）防治肥胖症研究的新信息

1. 肥胖症防治研究的新发现

（1）发现触发饱足感基因或能降低食欲。2017 年 2 月 14 日，英国《独立报》报道，澳大利亚墨尔本莫纳什大学副教授罗杰·波科克领导、丹麦哥本哈根大学相关专家参加的一个研究小组宣称，他们在蛔虫体内发现了一种能诱发饱足感的基因，人体内也有同样的基因，这一基因或能帮助人们遏制自己想要暴饮暴食的冲动，这对于那些希望节食的人来说真是个好消息。

据报道，研究小组在蛔虫体内发现的这种基因，主要负责控制大脑和肠道之间的信号传递。该成果，可能启发科学家们研制出一种新药，以降低食欲并增加对锻炼的渴望。

研究人员认为，这一基因或许也可以解释为什么人们饭后就想睡觉，这是因为身体已经存储了足够多的脂肪。波科克解释称："当动物营养不足，它们会在住处四周逛巡，寻找食物；当它们吃饱喝足后，就不需要再四处游荡；而当它们吃腻了，就会进入一种类似睡觉的状态。"

由于蛔虫的很多基因与人类一样，因此，它们是一种非常好的模型，可供科学家调查并且更好地理解人体的新陈代谢过程、疾病的发病原理，以及如何治疗等。

英国健康与社会护理信息中心的数据表明，在英格兰，约有 58% 的女性和 65% 的男性超重或者肥胖。

（2）发现控制脂肪燃烧的大脑开关。2017 年 8 月 1 日，澳大利亚莫纳什大学托尼·提贾尼斯教授领导的一个研究小组，在《细胞·代谢》杂志上发表论文称，他们发现了一个控制脂肪燃烧的大脑开关，为治疗肥胖症带来了新希望。

研究人员说，由于人体内的白色脂肪主要用于储能，而棕色脂肪则负责消耗能量，他们研究了白色脂肪转变为棕色脂肪的所谓脂肪棕化过程。

研究表明，用餐之后，人体内的血糖浓度升高，胰岛素的分泌量增加，大脑随之发出信号，促进脂肪棕化，增加能量消耗；相反，不用餐时，大脑则指示棕色脂肪转变为白色脂肪，储存能量。

提贾尼斯说，为了保证体重不过多增加或过多减少，大脑中有一个类似开关的机制，在用餐时关闭以促进脂肪棕化，不用餐时则打开以抑制脂肪棕化。但在肥胖患者中，这个开关却始终打开，脂肪棕化一直受抑制。

提贾尼斯说，他们接下来计划探索通过控制这个开关，促进脂肪燃烧从而达到减肥的目的。但他同时强调，任何潜在减肥疗法都还有很长的路要走。

2. 肥胖症防治方法研究的新进展

（1）开发出锻炼减肥新方法。2007 年 3 月，有关媒体报道，澳大利亚研究人员最近开发出一套减肥新方法，据说效果可达到常规锻炼的 3 倍。这套新的锻炼模式可简单地概括为"8 秒和 12 秒"原则。以骑自行车为例，锻炼者首先奋力骑车 8 秒，接着再放松 12 秒，如此反复进行 20 分钟，每周锻炼 3 次即可。

路易斯等 45 名志愿者参加了这套新型减肥锻炼模式的训练。路易斯的体重一度达到 80 千克，最近 3 个月来，她一直按照这种新模式进行锻炼。在不节食的情况下，她的体重已减轻整整 8 千克。

研究人员介绍说，新的锻炼方法对瞬间爆发力要求很高，与传统的匀速锻炼有很大不同。对比测试表明，采用新方法锻炼 20 分钟比匀速锻炼 40 分钟消耗的卡路里还要多。

研究人员表示，如果没有条件到健身房锻炼，这种方法同样适用于跑步、游泳和户外骑自行车等项目。不过，专家提醒说，这种爆发式锻炼的时间不宜过长，每次锻炼的时间最好控制在 20 分钟以内，否则会造成肌肉酸痛甚至拉伤。

（2）研究表明吸烟减肥是损害身体的健康误区。2009年2月23日，澳大利亚《信使邮报》报道，南威尔士大学和墨尔本大学一项联合研究成果显示，吸烟减肥说纯属自我安慰，而这种减轻体重的方式，会进一步加大吸烟对身体的损害。

研究人员用实验证实，认为吸烟有助于减轻体重和保持身材，是缺乏科学依据的。实际上，吸烟者减少的是肌肉，而非体内脂肪。

他们用7周时间，观察实验小鼠。一半小鼠每天被置于4根香烟产生的烟雾中，另一半小鼠处于无烟环境。实验结果发现，暴露于香烟烟雾中的小鼠平均进食量比另一组少23%，但两组小鼠的体内脂肪水平相同。

研究负责人菲奥娜·沙尔基说，吸烟使肌肉减少，让吸烟者误以为达到"减肥"效果，但实际上，你仍在堆积脂肪，这显然不是什么好事，而肌肉流失还会加大吸烟者的身体损害。

（3）确认手机专项服务能助人减肥。2015年8月17日，澳大利亚悉尼大学网站报道，跟踪锻炼、进食的智能电子设备和软件不断进入市场，它们效果如何呢？该校查尔斯·帕金斯研究中心的一个研究小组，进行的一项最新试验证明，根据手机功能特点设计的专项减肥"干预套餐"确有功效。

为了进行研究，该研究小组设计了一个手机"干预套餐"，其中包括短信播发、APP软件应用、电子邮件定期传送和健身教练人工电话服务等内容。试验中，研究人员挑选了250名志愿者，他们都过度肥胖，年龄介于18~35岁。研究人员将他们随机分为两组，其中一组使用手机"干预套餐"，另一组作为对照组。

在为期12周的跟踪试验中，使用套餐组的参与者会收到"每日鼓励短信""教练电话指导服务"、每周电子邮件等。而对照组仅会接到4次鼓励短信、一次有关研究项目的电话简介，以及一份两页纸的项目简介。

结果发现，使用套餐组的参与者每日饮食中所摄取的蔬菜量上升，软饮料和高热量快餐数量下降，运动量上升，试验结束后该组人员的体重平均下降了2.2千克，而对照组人员体重没有明显变化。

（4）发现辣椒可成为减肥秘方。2015年8月20日，澳大利亚广播公司报道，该国阿德莱德大学营养与胃肠疾病研究中心斯蒂芬·肯蒂什博士牵头的一个研究小组，发现在辣椒中一种化学物质可帮助人们减少食量，从而达到减肥的目的。

据报道，该研究小组一直在探寻辣椒中的化学物质是如何刺激胃部神经，并向大脑传递胃部已饱和信息的。他们还发现，高脂膳食可能削弱胃部神经传递饱和信号的功能，导致人们暴饮暴食。

肯蒂什表示，之前的研究已经证明辣椒里的辣椒素能够帮助人减少食物摄入量。此次研究已经确定，如果去除被研究的老鼠胃部的这种化学感受器，让神经对辣椒素的刺激无法做出反应，它们会吃掉更多的食物。这也表明，这在控制食物摄入量上起关键作用。

肯蒂什表示，将要开发一种化学药品，使人们在吃含有大量辣椒的食物时，没有辛辣的感觉，以适应绝大多数人的食用需求，达到减肥和抑制增肥的目的。

3. 肥胖症防治药物研究的新进展

发明神奇减肥药竟有另类功能。2006 年 2 月，澳大利亚《星岛日报》报道，美国研究人员对墨尔本一名华裔科学家发明的神奇减肥药进行试验，竟有预想不到的另类功效，它可以防止停经后妇女骨质疏松症。

据报道，纽约的西奈山医院研究人员用老鼠做实验，将雌性老鼠割除卵巢，制造成妇女停经后的效果，然后每日给老鼠注射一剂仍在试验中的减肥药 AOD9604，结果发现，老鼠平均减重 50% 外，还同时保持骨量及骨质密度。

墨尔本蒙纳殊大学的华裔生化学家吴文焕教授耗费 30 年，研究人体抗衰老生长荷尔蒙，发明了 AOD9604 这种神奇效能的减肥药。与现在一般减肥药靠降低食欲来达到减肥效果不同，吴文焕的发明，是以刺激人体脂肪新陈代谢的原理来减肥，病人无须戒口。

据悉，这项发明现已进入人类临床实验阶段。目前，在第二期临床实验时证明有效，且无副作用，平均 12 个星期内可减 2.8 千克。

第五节　疾病防治研究的其他新进展

一、健康与免疫研究的新成果

（一）影响人体健康因素研究的新信息

1. 研究与健康相关因素的新进展

（1）揭示铁水平高对人体健康的影响。2019 年 6 月，南澳大利亚大学医学专家比本·本雅明主持，其他成员来自英国帝国理工学院和希腊约阿尼纳大学的一个国际研究小组，在美国《科学公共图书馆·医学》杂志上发表论文说，铁是一种人体必需的微量元素，适量补铁有益身体健康。但是，体内铁水平较高的人，虽然患贫血和高脂血症的风险较低，但患细菌性皮肤病的风险高于常人。

该研究小组分析了近5万名欧洲人的数据，以评估人体中铁的水平与900种疾病的关系。结果发现，体内铁水平较高的人患贫血和高脂血症的风险较低，而高脂血症是引发心脏病和中风的重要因素。研究还发现，体内铁水平较高的人患细菌性皮肤病的风险高于常人，这些皮肤病包括蜂窝织炎和脓肿等。

此前研究认为，细菌需要铁来维持生存并繁殖。新研究则首次利用大规模人口数据，证明了体内铁水平较高会增加患细菌性皮肤病的风险。

本雅明说，25%~65%的人体铁水平差异，是由遗传因素决定的。下一步的研究方向，将是在临床试验中，通过调节体内铁水平，尝试预防、治疗细菌性皮肤病或高脂血症。

（2）研究表明少量跑步也有助于健康。2019年11月15日，澳大利亚维多利亚大学等机构相关专家组成的一个研究小组，在《英国运动医学杂志》刊载的一项研究表明，跑步与死亡率显著降低存在相关关系。如果更多人开始跑步，并不需要跑太长距离或者跑太快，也有助于健康，会变得更长寿。

这项研究汇总了14个相关研究，共涉及23万多名研究对象，对他们的追踪时间从5.5年到35年不等。

研究人员在分析这些数据和资料后发现，与从不跑步的人相比，跑步者的全因死亡率要低27%，跑步者死于心血管疾病的概率要低30%，死于癌症的概率要低23%。

研究发现，哪怕只是一周跑步一次，每次持续时间不足50分钟、速度低于每小时8千米，都与人们健康状态改善和寿命提升相关。但更大量的跑步也并不意味着更大的健康收益。研究发现，在世界卫生组织推荐的每周体育锻炼时长基础上进一步加大跑步量，与全因死亡率进一步降低并无关联。世卫组织建议，成年人每周至少累积进行150分钟中等强度运动，或75分钟剧烈运动。

2. 研究有碍健康行为的新进展

（1）研究指出戒酒切忌"戛然而止"。2009年1月，澳大利亚媒体报道，一些嗜酒的人有时会在"新年新气象"等想法驱动下，决定在新的一年中戒酒。但澳大利亚新南威尔士州康复专家詹姆斯·皮茨指出，不管决心有多大，戒酒切忌"戛然而止"。

皮茨表示，如果某些人已经对酒产生了依赖，那么，他们在突然戒酒后可能会出现惊厥、抽搐、痉挛、呕吐、妄想和幻觉等副作用。

皮茨说，在新的一年中戒酒的确是个令人敬佩的计划，但是如果某些人已经对酒或其他麻醉品产生了依赖，那么在处理不当的情况下突然戒除它们，都可能严重影响身体健康。这位专家建议，希望成功戒酒的人应该向专业的卫生保健人士咨询，以便找到适合自己戒酒的科学方法。

（2）电子烟会增加年轻人吸传统香烟的可能性。2019年7月，澳大利亚柯廷大学的米歇尔·珺恩里斯博士主持的一个研究小组，在《国际药物政策杂志》上发表论文称，在从未吸过传统香烟的年轻人中，那些正在吸电子烟的人更可能尝试传统香烟。研究人员因此呼吁有关电子烟的监管政策，要注意保护年轻人。

该研究小组报告说，他们用问卷方式，调查了519名从未吸过传统香烟的、年龄在18~25岁间的澳大利亚年轻人，调查内容包括这些年轻人吸电子烟的情况，以及吸传统香烟的意向等。

结果显示，受访者中有20%的人尝试过电子烟；目前正在使用电子烟的受访者中有60%表示，未来可能或肯定会尝试传统香烟。研究人员指出，与从未吸过电子烟的人相比，吸过电子烟的澳年轻人，更加可能开始吸传统香烟。分析显示，即使只是尝试了两三口电子烟，也有可能增加澳年轻人开始吸传统香烟的可能性。

珺恩里斯说，一些电子烟的支持者认为，对电子烟的监管应该放松，但这项研究显示，在制定有关公共健康政策时，还是要注意保护未成年人和年轻人免受相关危害。此外，尽管电子烟对身体健康的危害比传统香烟小，但它仍然含有很多有害物质，应尽量避免吸入。

（二）免疫系统疾病防治研究的新信息

1. 免疫细胞研究的新进展

（1）发现免疫细胞是基础医学的重大突破：免疫界泰斗获"诺贝尔奖

风向标"拉斯克奖。2019 年 9 月 10 日,国外媒体报道,有"诺贝尔奖风向标"之称的拉斯克奖(Lasker Awards)公布,澳大利亚生物学家雅克·米勒与美国埃默里大学的麦克斯·库珀,因发现了免疫系统中的 T 细胞和 B 细胞获得基础医学研究奖。

中国工程院院士、南开大学校长曹雪涛说:"B 细胞和 T 细胞的发现,是真正的免疫学领域重大基础性发现,对于免疫学理论框架的构建以及疾病的免疫学防控起着决定性作用。它们的发现,对整个免疫学乃至生物医学的发展起着里程碑式的推动作用。"

胸腺组织此前一度被认为对生命"无关紧要",可以切除。但米勒敏锐地发现,如果过早地切除胸腺,人体将对病毒等外来入侵丧失抵御能力。他进一步发现,胸腺在形成免疫系统的过程中起着举足轻重的作用。

1966 年,米勒从英国来到澳大利亚,着手证明胸腺可产生免疫细胞。据他自己回忆,当时实际上发现了两种类型的白细胞:胸腺产生的 T 细胞和骨髓产生的 B 细胞,同时还发现了 B 细胞是产生抗体的细胞,而 T 细胞实际上与 B 细胞相互作用,帮助它们产生抗体,因而现在被定义为"辅助性 T 细胞"。

米勒的工作开创了 T 细胞生物学,目前已知至少有 6 种不同类型的 T 细胞在免疫系统和免疫应答反应中发挥各种效应与调节功能。

库珀则基于临床观察发现,一些对病毒缺乏免疫力的患者体内并不缺乏抗体,而缺乏抗体的患者对病毒能产生免疫力,认为人类免疫系统中抵抗病毒和产生抗体的可能是不同的细胞类型。

也就是说,在没有锁定目标的时候,库珀就预感了两种细胞的存在。当有人发现鸡的腔上囊切除后不会产生抗体,他立刻意识到细胞来源地"现形"了,并从中锁定了产生抗体的 B 细胞。随后经过近 10 年的不断尝试,他又证明哺乳动物类似鸟的腔上囊器官就是骨髓,即人体的 B 细胞来源于骨髓。

T 细胞与 B 细胞不同,T 细胞免疫功能是在细胞水平上识别、杀伤、清除,以"杀手"的方式杀灭病原体和肿瘤等。但 T 细胞分为很多亚群,发挥正向、负向等不同的作用,虽然 T 细胞免疫应答网络的整体机制比较复杂,但却是精密调控的。而 B 细胞免疫类型属于体液免疫,通过分泌抗体，在血液等体液中形成一种保护与攻击机制，抗击危及机体的敌人。

曹雪涛说："T 细胞、B 细胞，再加上 2011 年获得诺奖的树突状细胞，还有 1908 年获得诺奖的巨噬细胞，这些细胞共同构成了机体的免疫系统。"他接着说："过去我们认为，感染性疾病、自身免疫性疾病、肿瘤、过敏与器官排斥反应等和免疫相关，但随着研究的深入，现在看来，慢性心血管疾病、糖尿病等代谢性疾病、神经退行性疾病也和免疫是密切相关的，可以说，免疫无处不在。免疫学与人体内环境的平衡稳定和生命健康紧密相关。"

无论是首个获美国食品和药物管理局批准上市的 CAR-T 疗法，还是获得诺奖的抗癌抗体免疫疗法，都是 T 细胞杀伤效应功能的临床应用。可以说，没有 T 细胞的发现，就不会有这些临床成就，人们在对战复杂型疾病时会束手无策。

由于 B 细胞的发现，以及 B 细胞免疫生物学的突破，单克隆抗体的制造方法得以发明，并在 1984 年获得了诺贝尔奖。人们意识到制备特别的抗体分泌的工程化细胞株，可以用以产生有效的药物，目前，抗体药已成为化学药物之外的主要新药类别。

（2）发现一种新型人体免疫细胞。2011 年 6 月，澳大利亚莫纳什大学、墨尔本大学和墨尔本彼得·麦卡勒姆癌症研究中心，联合组成的一个研究小组，在《自然·免疫学》杂志上发表一项研究成果，宣称在人体免疫系统中发现了一种新的细胞类型。这项新发现，有望让科学家研发出新药和疫苗，针对特定可传染病菌的微生物，强化身体免疫系统，形成免疫反应。

研究人员指出，在人体免疫系统内找到的新细胞，是一类白细胞，属于 T 细胞大家族中的一员。T 细胞是身体中抵御疾病感染、肿瘤形成的"英勇斗士"，在保护身体免受传染病感染方面起着关键作用。一般而言，当身体遭受细菌或病毒感染的威胁时，名为 T 细胞受体的分子就会同细菌或病毒的蛋白片段（肽）相互作用，触发免疫反应。科学家已对这个过程进行了广泛而深入的研究，研究出了杀死细菌并保护身体免受严重传染病"荼毒"的方法。

实验表明，新细胞能专门攻击包括分歧杆菌在内细菌的细胞壁上的脂类。研究人员使用墨尔本的国际同步加速器辐射设施：澳大利亚同步加速器，制造出了一幅分子图片，精确地展示了这种 T 细胞受体分子，如何识别脂质分子的细节。免疫系统主要集中火力对付病毒和细菌的蛋白质，而免疫系统内的很多 T 细胞则能识别脂质分子，因此，科学家们一直希望通过对感脂 T 细胞进行深入研究，以开发出对抗感染的新疫苗。

专家认为，这一新发现，有助于研究人员更好地理解免疫系统的不同组成部分，以及免疫系统针对所有不同的病原微生物时，所采取的战略战术。该研究也对包括过敏、癌症和冠状动脉疾病在内的其他疾病的研究工作大有裨益。

（3）发现免疫细胞系统中的"维和部队"。2011 年 10 月 17 日，物理学家组织网报道，澳大利亚悉尼大学世纪学院芭芭拉·法泽卡斯教授领导的一个研究小组，在美国《国家科学院学报》上发表论文称，他们发现，在皮肤外层的免疫细胞中有一群"维和部队"，它们阻止了免疫系统攻击有益细菌。

生活在人类皮肤和肠道的细菌比我们自身的细胞还要多，它们大多是人体需要的益生菌。但免疫系统是怎样识别这些"非自体"细菌而不伤害它们呢？法泽卡斯的研究就是针对这个问题展开的，该成果有望为诸如炎性肠道疾病等免疫调节类疾病带来新的疗法。

研究人员在论文中指出，表层皮肤中的免疫细胞其通常职责是作为维和部队，阻止免疫系统的正常反应。实验中，当研究人员想刺激表皮产生免疫反应时，一种叫作郎格汉斯细胞（Langerhans cells）的树突状细胞，抑制了每一次免疫可能。

法泽卡斯说："我们想激活较长时间的免疫反应，但无论我们引入什么，郎格汉斯细胞总是能诱导出免疫容忍。"这一结果，好像和主流的免疫理论正相反。主流免疫理论认为，树突状细胞会吞噬细菌、病毒或其他外来入侵者，并给这些外来物贴上抗原标签，抗原能与其他免疫细胞结合，会改变通过的 T 细胞而引发瀑布式的反应，最终使任何带有抗原标记的物质都被消灭。

然而，研究小组发现，郎格汉斯细胞和其他的树突状细胞有很大不同：它们在激活辅助性 T 细胞后，会告诉它们自我毁灭。法泽卡斯解释说，这与人们通常的见解相反。以前人们认为，如果出现了一次活性反应，就是开始了长期免疫反应；而事实上，免疫系统的防御是分层次的，表皮下面的一层中有各种不同类型的树突状细胞，它们被安排做随后的抗菌反应。所以，只有细菌穿越表皮到达更深处遇上这些细胞，才会引发免疫反应杀死它们。

澳大利亚的炎性肠道疾病发病率，是世界最高的。研究人员指出，在这类疾病中，免疫系统被激活来抵抗这些肠道细菌。他们的发现，也有助于找出发生这种紊乱的原因，并找到治疗各种免疫系统疾病的方法。

法泽卡斯说："我们仅仅是模仿免疫系统的某些功能，比如接种疫苗，就能发挥很大作用。如果能模拟郎格汉斯细胞的功能，就能开发出像皮肤免疫系统那样高级的疗法，精确容忍某种特殊的抗原。"

2. 免疫系统生理机制研究的新进展

发现大脑免疫系统与饮酒意愿存在关联。2017 年 10 月，澳大利亚阿德莱德大学一个研究团队，在国际学术期刊《大脑、行为和免疫》上发表论文称，他们研究发现，大脑中的免疫系统与饮酒意愿有一定关联。

该研究团队报告说，他们通过一种能阻断大脑免疫系统里某种特定反应的药物，"关闭"小鼠饮酒的动力。这表明，大脑免疫系统和饮酒意愿之间存在关联。

研究人员介绍道，身体在酒精等物质刺激下会向大脑发送"奖赏"信号，人体生理节律会影响这种"奖赏"信号的强度，信号最强的时段是在夜间。他们想检验大脑免疫系统对这类"奖赏"信号起到了什么样的作用，以及是否能将它关闭。

研究人员锁定了免疫系统中，一种名为 TLR4 的免疫受体蛋白质。在实验中，他们将一种已知能阻断 TLR4 的药物注射到小鼠体内，发现注射后小鼠的饮酒行为大大减少，尤其是在夜间。由此他们得出结论，通过阻断大脑免疫系统中某个部分的反应，会大幅降低小鼠夜间饮酒的意愿。

3. 淋巴系统疾病防治的新进展

发现抑制一种蛋白质有助于治疗淋巴癌。2014 年 1 月 7 日，物理学家组织网报道，澳大利亚沃尔特与伊丽莎·霍尔医学研究所的吉玛·凯利博士、安德里斯·斯特拉瑟教授负责的研究小组，在《基因与发育》杂志上发表论文称，他们发现了一种很有前景的方案，可用于治疗由一种最常见致癌蛋白所导致的癌症。

研究人员指出，MYC 是一种最常见的致癌蛋白，其生长、扩散会导致细胞发生癌变，形成多种癌症。在 70% 的人类癌症中，包括许多白血病和淋巴瘤，其 MYC 水平异乎寻常的高，这会迫使细胞反常地高速生长而导致癌变。

研究人员审查了有着高水平 MYC 的细胞是怎样生存和生长的，结果发现，如果缺乏一种叫作 MCL-1 的蛋白质，高水平 MYC 的淋巴瘤就无法长期存活，这种 MCL-1 蛋白质能让细胞长久生存。

据凯利说，该研究以他们 30 多年的研究为基础，他们一直在追查 MYC 怎样驱动癌症发展、怎样调控正常细胞和癌变细胞生存。

凯利说："多年前我们就知道，BCL-2 蛋白质家族的某些成员，能提高细胞的生存能力，并与 MYC 合作，共同促进癌症发展。但至今我们还不知道在 BCL-2 家族中，哪个成员对 MYC 驱动癌症的存活和生长最为重要。"他接着说："我们发现，通过灭活一种叫作 MCL-1 的蛋白，能杀死有高水平 MYC 的淋巴瘤细胞。而且令人兴奋的是，与健康细胞相比，淋巴瘤细胞对于 MCL-1 功能的降低更敏感得多。这表明在将来的医疗中，遏制 MCL-1 能有效治疗那些 MYC 表达水平高的癌症，而其副作用对体内正常细胞来说是可以承受的。"

斯特拉瑟表示，这一发现令人兴奋，MCL-1 抑制剂有望很快用于临床。他说："在多种血液癌症和固体肿瘤中，MCL-1 水平也很高，所以瞄准 MCL-1 开发潜在抗癌药也有吸引力。"

4. 过敏或免疫性疾病防治的新进展

（1）救治患有罕见食物过敏症的男童。2009 年 7 月 29 日，英国《泰晤士报》报道，日常生活中，食物过敏并不少见。儿童食物过敏患病率约为 5%，有的是对牛奶过敏，有的是对花生过敏。澳大利亚 5 岁男童卡莱布·布森舒特，却患有罕见的食物过敏。他对所有食物过敏，只能喝水和某一品牌柠檬汽水。

布森舒特现在只能进食富含营养物质和钙的婴儿食品，依靠连在肚脐上的特殊仪器把食物直接泵入胃中。他每天光"吃饭"就要用 20 小时。

这种仪器每 3~4 小时就要更换一次。白天，仪器由护士或布森舒特的母亲梅利莎监管。在学校，一名专门护士密切注意仪器，并在午饭时帮布森舒特"减轻负担"，卸下仪器，让他享受片刻正常生活。

当全家外出用餐时，布森舒特就嚼碎冰，帮助运动脸部肌肉。不过，他还是会不时地说："你们吃什么，味道怎么样？这不公平。"

梅利莎说："我曾试图给儿子喂三明治和酸奶，却引起严重腹泻。我把他送进医院，医生做活组织切片检查后发现，他的胃里有炎症和溃疡。"

医生们最初以为布森舒特只是对牛奶或大豆过敏，因此为他制订了一系列特殊食谱，其中包括一份有机食物食谱。但这些似乎不起作用。梅利莎说："我们做了各种尝试，但从他 18 个月大开始，情况越来越糟糕。"

2008 年 12 月，布森舒特病情恶化，他持续呕吐 1 周，凌晨 3 时从睡梦中痛醒尖叫。医生诊断他患有严重的多种食物过敏及吸收障碍，不能消化吸收食物。然而，他们无法找出病因。澳大利亚泰利森儿童健康研究所过敏专家彼得·斯莱说："我听说过严重的吸收障碍。通常我们不清楚那是过敏还是一种食物不耐症。肠胃只是对食物太敏感，不吸收正常食物。"不过，斯莱教授也认为，布森舒特的病情"非常少见"。

布森舒特的病情，让医生束手无策的同时，也让父母心碎。他的父亲斯科特表示，儿子最喜欢的食物不是棒棒糖、巧克力或比萨饼而是烤鸡，但他却无法享用。斯科特说："我们吃烤鸡时，他只能看电视嚼冰块，他有时会凑近食物闻闻，笑着说'爸爸，等我病好点，我可以尝尝吗？'这实在令人心痛。"

布森舒特也从未吃过生日蛋糕。母亲梅利莎说："他想尝一口生日蛋糕，但只能让他妹妹吃。我们无法体会他的痛苦。"医生们仍然试图寻找布森舒特过敏反应如此强烈的原因。哈蒙德医生说："我们抱着积极心态，希望他在不久的将来可以享用美食。"

（2）认为"太干净"易致过敏或免疫性疾病。2014 年 3 月 2 日，澳洲网报道，澳大利亚威斯米儿童医院儿童过敏和临床免疫学专家坎贝尔医生表示，"太干净"对身体来说可能并不是好事。虽然清洁的环境在某种程度上有利于我们的健康，但也同时扰乱了我们的免疫系统，增加过敏的风险，降低了机体免疫力。

坎贝尔说："干净的浴室和厨房，较为宽松的居住环境，更好的公共卫生措施，以及减少接触大型动物，都会降低儿童在早期接触微生物的机会，这可能造成免疫系统紊乱。"

坎贝尔介绍称，我们的肠道中有成千上万的微生物，而这些微生物的组成和居住环境关系密切。这些微生物并不会直接引发过敏反应，但它们会影响人类早期免疫系统的编程，引发如 I 型糖尿病或乳糜泻一类的因自身免疫系统缺陷而导致的疾病。

坎贝尔介绍称，虽然这些微生物不是导致免疫系统疾病的唯一原因，但儿童时期接触较少细菌，可能是造成免疫系统缺陷的遗传易感性因素之一。

坎贝尔表示，目前，我们仍然不知道何种菌群对人体有益，而对益生菌的使用也尚在研究中。但可以明确的是，一尘不染的厨房环境有可能增加机体过敏，高度清洁对人体来说是弊大于利。

墨尔本大学微生物学家鲍威尔说："有证据表明，多次使用非医院等级的消毒剂会使细菌产生抗药性。这并不是说，有人感冒或者患肠胃炎时不应该使用抗菌洗手液，而是说许多含有抗菌成分的产品并无使用必要，反而会适得其反。"鲍威尔称，使用热水和肥皂即可达到同样的抗菌效果。

（3）研究表明花生过敏或可治愈。2017 年 8 月，澳大利亚默多克儿童研究所相关专家组成的一个研究小组，在英国学术期刊《柳叶刀》上发表研究报告称，他们临床试验表明，其开发的一种治疗花生过敏的疗法长期有效，治愈花生过敏有望成为现实。

花生是常见的食物过敏原，可引发面部和喉咙肿胀等过敏反应，严重时可致死亡。花生过敏常在儿童时期引发，并伴随终生。

为使更多人不再受花生"折磨"，该研究小组把益生菌与花生蛋白相结合，开发出一种名为"益生菌和花生口服免疫治疗"的疗法。为期 18 周，并于 2013 年结束的初期临床试验结果显示，接受这种疗法治疗后，82%原本对花生过敏的儿童对花生产生了耐受性，可以正常食用花生。

研究人员报告说，4 年后的跟踪调查发现，上述对花生产生耐受性的儿童中，80%的人依然可以把花生作为正常饮食的一部分。

二、呼吸疾病与结核病防治的新成果

（一）呼吸系统疾病防治的新信息

1. 治疗肺病研究的新进展

（1）研究称猪肺或许五年内可移植人体。2010 年 2 月 5 日，《每日邮报》报道，澳大利亚墨尔本圣文森特医院托尼·达佩斯教授领导的一个研究团队，取得了一项重大医学突破，他们成功让人体血液流经猪肺，且猪肺功能长时间运转良好。这项研究为最短 5 年内将动物器官移植给人体铺平了道路，从而可以有效解决当前器官短缺问题。

研究人员成功去除了猪身上名为"半乳糖苷酶基因"的 DNA 片段，为将动物器官移植到人体上铺平了道路，半乳糖苷酶基因使得猪的器官与人体血液"水火不相容"。达佩斯表示，在实验中，他们将人体 DNA 植入转基因猪身上，以避免出现血液凝结和排异反应。自 1989 年以来，达佩斯一直就在培育可用于人体移植的猪。

墨尔本阿尔弗雷德医院的格伦·维斯塔尔博士表示，这项发现，意味着猪肺移植到人体具有了现实可能性。他说："在实验进行到 5~6 个小时的时候，一切看上去还如实验刚开始时一样。血液流入肺部时是无氧的，流出来的时候是有氧的，这恰恰是肺的功能。这表明这些肺的运转非常理想，而且如我们所期望的一样。相比于过去 20 年来实施的实验，这一次取得了重大进步。"

在一个类似于传统肺移植手术的过程中，阿尔弗雷德医院的研究人员从猪身上摘除了肺，并立即将它们与模拟人体循环系统的机器连在一起。这台机器利用呼吸机令肺"呼吸"，与此同时，当作心脏使用的泵可令血液流经猪肺。研究人员以前是将未经处理的猪肺和人体血液直接混合，由于人体血液进入猪肺后几乎立即凝结，导致器官被堵住，血液不能流通，他们的尝试在两年前失败。

但是，当研究人员在 2009 年年底采用转基因猪肺做实验时，研究结果令人鼓舞，给在 5~10 年内进行临床试验带来了希望。维斯塔尔说："以前，在进行实验 10 分钟内，猪肺毁坏，我们的努力也随之失败，但这一次，经过数小时的实验，猪肺的功能直至最后看上去也非常理想。这是重大进步，但仍有许多障碍需要克服。"该研究的详细成果，将于 2010 年 8 月，在加拿大温哥华召开的一个国际器官移植研讨会上公布。

这种将动物器官移植到人体（即异种器官移植）的可能性，在医学界引发广泛争议。英国医学伦理学副教授尼古拉斯·菲利皮尼表示，这种移植手段可能会使动物将疾病传染给人类。他说，从伦理上讲，移植了转基因猪器官的人，也难以被社会所接受："无论你怎么称呼，这都是一个人猪混种。另外一个问题，就是社会是否愿意接受一个半人半兽的个体。"

（2）发现运动可降低肺癌手术后并发症风险。2018年2月，澳大利亚悉尼大学等机构相关专家组成的研究小组，在《英国运动医学杂志》上发表论文说，他们最新研究发现，在肺癌手术前进行常规锻炼，可以将术后出现并发症的风险降低近一半，同时还可以减少住院时间。

外科手术是肺癌的主要治疗方法，但术后可能出现胸腔感染、呼吸衰竭、胸内出血等并发症，严重时可危及生命。澳大利亚研究人员在论文中说，术前锻炼，可有效降低肺癌手术后并发症的发生率。

研究人员对数据库中13项相关临床试验结果，进行了分析。参与试验的对象为806位，他们分别患有肠癌、肝癌、食道癌、肺癌、口腔癌和前列腺癌等。试验对象，在手术前进行了2周左右的体育锻炼，锻炼项目为散步、抗阻力训练等，频率为每周3次或每天3次不等。

分析显示，运动对肺癌患者的影响最为明显。与不运动的患者相比，参加锻炼的患者出现并发症的风险降低48%，住院时间也缩短了近3天。

研究人员表示，由于相关试验数据较少，术前锻炼对其他癌症患者的影响尚不明确。但曾有研究显示，运动可以改善口腔癌和前列腺癌患者的术后生活质量。

2. 治疗气喘与哮喘研究的新进展

（1）研究发现深海鱼油可能减低气喘概率。2004年11月，有关媒体报道，澳大利亚一项最新医学研究发现，如果让有家族性过敏症的幼童从小服用深海鱼油，可能降低他们日后发生气喘的概率。

这项针对616名有遗传性过敏，或是气喘的幼童所做的研究初步发现，从一出生起就开始服用含欧米伽-3多不饱和脂肪酸深海鱼油的儿童，到三岁时，咳嗽或是呼吸急促的情况比没有服用的儿童低了10%。

研究人员把同意接受研究实验的幼童分为四组：第一组服用深海鱼油；第二组住在没有尘螨的环境里；第三组服用深海鱼油并且住在没有尘螨的环境里；第四组则顺其自然，没有采取以上任何一种行动。

研究结果发现，服用深海鱼油的幼童在3岁时，呼吸不顺的征兆的确降低，而住在没有尘螨环境里的儿童在这方面则没有任何改善。

研究人员表示，气喘在学龄前儿童的身上不容易诊断出来，所以研究小组会继续对 3~7 岁的儿童加以研究，以找出预防或是治疗气喘最有效的方法。

（2）发现治疗哮喘病的新方法。2006 年 10 月，有关媒体报道，澳大利亚柏斯泰来松儿童健康研究院副教授普鲁·哈特负责的研究小组，发现暴露于适量的紫外光，如在阳光中可以减少哮喘病的发病率。

报道称，研究小组利用老鼠研究了紫外光对哮喘病症状发展的影响。研究发现：在变态反应原暴露之前暴露于紫外光中 15~30 分钟，可以显著地减少哮喘病症状的恶化；这种紫外光暴露可以产生一种细胞，这种细胞在对变态反应原产生敏感性之前，被注入其他老鼠体内时，能够阻止一些哮喘病症状的发展。

哈特及其同组人员，都对该项研究结果及其将来的应用前景表示乐观。哈特表示：该项研究结果，清晰地表明控制照射紫外光，能够明显地限制老鼠哮喘病的发病、频率及其严重性，阳光能够抑制特定的免疫反应。

但是由于过度地暴露于阳光下会引发皮肤癌，因此如果想开发一种安全有效的哮喘病治疗方法，重要的还是要首先要分离出紫外光的有利元素。所以，这种新的治疗方法的真正问世尚需时日。

（3）发现哮喘、发痒和打喷嚏的遗传学基础。2017 年 10 月 31 日，澳大利亚布里斯班昆士兰医学研究院伯高佛医学研究所的曼努埃尔·费雷拉及同事组成的一个研究小组，在《自然·遗传学》网络版发表的一篇论文，把哮喘、花粉热和湿疹的共同的遗传学基础，集中在免疫相关基因上。该研究发现了与过敏性疾病相关的新的基因组区域，有助于解释为什么这些疾病经常同时出现。

哮喘、花粉热和湿疹常常出现在同一个人身上，一部分原因在于它们具有相同的遗传起源。该研究小组分析了患有过敏性疾病，包括哮喘、花粉热和湿疹等个体的遗传数据，发现这些疾病共有的风险变异。鉴定出来的大部分关联都不是疾病特异性的，表明这些不同的过敏性疾病背后存在类似的生物学过程。

研究小组通过分析发现，有 130 多种基因与过敏性疾病相关，而这些基因又与免疫系统相关，从而指明了新的潜在医疗靶点。上述研究发现，有助于人们理解为什么过敏体质者常常同时患有哮喘、花粉热和湿疹。

3. 防治呼吸道疾病疫苗研究的新进展

发明可同时对抗两种致命呼吸道疾病的疫苗接种新方法。2019 年 5 月 20 日，澳大利亚阿德莱德大学传染病研究中心穆罕默德·阿尔沙里菲博士和詹姆斯·帕顿教授领导的一个研究团队，在《自然·微生物学》杂志上发表论文称，他们开发出一种单一的疫苗接种方法，它可以同时对抗两种世界上最致命的呼吸道疾病：甲型流感病毒和肺炎球菌感染。

研究团队表示，他们正在开发的新型联合疫苗，作为单一疫苗接种使用，将克服世界各地现有的流感和肺炎球菌疫苗的局限性。

这项研究表明，正在研制的新型甲型流感病毒疫苗（基于灭活的全流感病毒），与新型肺炎球菌疫苗联合使用时，可以诱导增强对不同流感病毒毒株的交叉保护性免疫力。

该研究证实，免疫力的增强与病毒和细菌之间的直接物理相互作用有关。这项新成果建立在先前研究的基础上，它开发出一种新的灭活疫苗靶向病毒和细菌的成分，而这些成分在不同的菌株之间没有差异。

目前的流感疫苗，针对的是受突变影响的表面分子，因此需要每年更新一次，以匹配新出现的病毒。现有的肺炎球菌疫苗提供更持久的保护，但仅覆盖少数致病菌株。研究人员表示，还需要更好的疫苗，以提供广谱保护。

（二）结核病防治研究的新信息
——研制出可有效治疗结核病的新药

2010 年 3 月 24 日，国外媒体报道，澳大利亚悉尼大学医学院细菌学家尼克·维斯特主持的一个研究小组，宣布他们研制的一种新药，可以在非传染性阶段实现对结核病的有效治疗，而这一成果，也是 50 年来人类在防治结核病领域取得的重大突破。

维斯特透露，研究小组已经开发出这种可以治疗结核病的新药，这款新药将能够挽救全球数以百万计的生命。

维斯特解释道，研究人员发现，一种蛋白质是结核病得以存在并发展的必要因素，而他们在研究抑制此类蛋白质的药物上取得了成功。

这也是历史上第一次，研制出可以对无症状和无传染性结核病予以治愈的药物，而因传染性结核病的扩散每年在全球造成近 200 万人死亡。

维斯特还称，今后几个月，他们的目标是挖掘该药在治疗结核病方面全部的潜力。但是，维斯特表示，他们研制的抗生素药物还不能有效的应对对潜伏性结核病，只有在病症活跃时才有疗效。

三、五官科疾病防治的新成果

（一）眼科疾病防治的新信息
1. 眼科疾病防治研究的新发现

（1）发现儿童多晒太阳或许有助于防近视。2009 年 1 月，有关媒体报道，澳大利亚科研委员会研究人员认为，每天在室外待几个小时有助儿童预防近视。

他们把新加坡和澳大利亚两国民众情况，进行对照分析后发现，从各类学校毕业的新加坡人戴着近视眼镜高达 90%，而澳大利亚相应比例仅为 20%左右；新加坡六七岁儿童中 30%患有近视，而澳大利亚的相应比例则只有 1.3%。

该委员会首席研究员伊恩·摩根称，新加坡和澳大利亚民众每天用于看书、看电视和玩电脑游戏的时间，相差无几，但待在户外的时长则存在较大差别。新加坡平均每名儿童每天在户外待 30 分钟，澳大利亚则为 120 分钟。

研究人员建议，每天晒两三个小时太阳，有助儿童眼睛功能发育，能在较大程度上减少罹患近视的风险。

（2）发现眼部免疫细胞有望治疗视网膜病变。2017 年 10 月，澳大利亚莫纳什大学珍妮弗·贝尔卡教授等人组成的一个研究小组，在《自然·通讯》杂志上发表研究报告说，他们首次发现，眼部也存在免疫细胞。这项成果，有望为早产儿视网膜病变、糖尿病视网膜病变等新生血管性视网膜病变提供新疗法。

研究人员发现，具有抗病功能的免疫细胞：调节性 T 细胞，存在于人的视网膜中。贝尔卡教授说，眼睛和大脑一样有某种屏障，人们过去认为眼组织中不会有免疫细胞。她认为，这道屏障是有弱点的，可以让 T 细胞进入。

研究人员说，视网膜中的调节性 T 细胞，可以修补受损的视网膜血管。在动物实验中，研究人员增强了调节性 T 细胞的活性，使早产儿视网膜病变的症状显著减轻，他们目前已经开始进行小规模临床试验。此外，验证调节性 T 细胞对糖尿病视网膜病变效果的动物实验也将展开。

早产儿视网膜病变常见于早产儿，是婴儿视力减退甚至失明的主要原因。该病目前主要用激光手术治疗，但激光在阻止异常血管生长的同时，也会对健康细胞造成损害，治疗后病情也可能继续恶化。

（3）发现常吃橙子可降低患老年性黄斑变性眼疾风险。2018 年 7 月，澳大利亚悉尼大学教授巴米妮·戈皮纳特主持，悉尼韦斯特米德医学研究所专家参与的一个研究小组，在《美国临床营养学杂志》上发表论文称，他们为期 15 年的研究表明，经常吃橙子的人，可降低患老年性黄斑变性的风险。

老年性黄斑变性又称年龄相关性黄斑变性，是由黄斑区结构的衰老性改变导致的眼底病变，患病率随年龄增长而升高，是当前导致老年人失明的主要原因之一。这种眼疾在 50 岁以后更有可能发生，目前还没有治疗这种疾病的办法。

研究人员在论文中指出，他们对 2000 多名 50 岁以上澳大利亚人的跟踪研究显示，每天至少吃一个橙子的人，在 15 年后患老年性黄斑变性的风险可降低 60% 以上，即使每周吃一个橙子也有助于降低风险。戈皮纳特说，数据显示，橙子中的类黄酮似乎有助于预防眼疾。

迄今，大多数研究关注的是维生素 C、维生素 E 和维生素 A 等普通营养素，对眼睛的影响。而戈皮纳特说，他们的研究重点，是类黄酮和黄斑变性之间的关系。类黄酮具有抗氧化和抗炎作用，在几乎所有的水果和蔬菜中都存在。但数据显示，在含有类黄酮的常见食品中，只有橙子与降低患老年性黄斑变性风险有关联。目前，尚不清楚其中原因。

研究人员同时强调，常吃橙子与患老年性黄斑变性风险降低有关，并不意味着吃橙子能完全预防这种眼疾。

2. 眼疾防治新技术与眼球美容新手术

（1）利用干细胞技术协助修复受损角膜。2009 年 5 月，澳大利亚吉罗拉莫等研究小组，在医学期刊《移植》上发表研究报告说，他们在世界上首次成功利用干细胞技术，协助修复受损角膜。患者无须接受大型手术，更不用担心出现排斥反应，只需戴上特制的隐形眼镜，数周后就能重见光明。这是给眼角膜病变而致盲者带来的福音。

角膜病变是全球第 4 大致盲原因，每年有 150 万人因此丧失视力，受影响者多达 1000 万人。传统治疗方法主要有移植、类固醇药物等，但移植往往需要等候多时，而且可能出现排斥反应。

研究人员介绍道，患者只需接受局部麻醉，手术后两小时即能出院。由于治疗使用的是患者本身的干细胞，因此不会出现排斥现象。治疗过程简易而便宜，无须大型设备。在第三世界地区，只需一间手术室和细胞培育室，便可以进行治疗。同时，使用的干细胞，不一定是角膜干细胞，也可用结膜干细胞。

研究人员希望能够将干细胞治疗范围，扩展至眼睛其他部分，包括老年黄斑退化等视网膜疾病。

（2）兴起眼白变彩色的眼球文身手术。2015 年 11 月 15 日，英国《每日邮报》报道，"眼球文身"正在澳大利亚兴起，尽管医学专家警告说这可能引发失明和癌症，但至少已有 20 人进行了这项手术。所谓的眼球文身，是身体改造专家卢纳·科布拉发明的，是在巩膜（虹膜周围白色区域）上进行染色。

身体穿孔艺术家乔尔特隆与纳琵尔夫妇分别把眼球染成绿色和紫色。西澳大利亚州的凯莉·加斯的巩膜则被染成了淡蓝色。

科布拉说，他的眼球文身创意灵感源自一个朋友，当时这个朋友用计算机修改图片的方法，为他的白色眼珠填充了颜色。他说："我原先认为，眼球文身只会在那些追求极端的人中流行起来。但是令人感到担忧的是，似乎有更多人在这样做，甚至自己给眼球染色。"尽管这种手术并不痛苦，但依然令人感觉相当可怕。

3. 研制恢复视力设备的新进展

（1）发明世界首个生物眼镜。2013 年 6 月 8 日，澳大利亚媒体报道，由墨尔本莫纳什大学马克·阿姆斯特朗领导的一个研究团队，日前公布了他们最新研发出的世界首个生物科技眼镜。这一装置，有望帮助成千上万完全失明的人恢复部分视力。

这种生物眼镜主要由一个植入人脑的微型芯片，以及一副形状似谷歌眼镜、带有数码相机的眼镜组成，其工作模式是通过眼镜上的数码相机"捕获"外界的图像信息，设备上的处理器对这些信息进行处理，加工成人脑能接受的信号，通过无线装置，传送到人脑内植入的微型芯片上，这些芯片会刺激人脑负责视觉的部位，让盲人的脑"看"到周围物体或人的轮廓外形。

阿姆斯特朗说："这款生物眼镜，将在 2014 年中旬开始人体实验，它将让那些被诊断为完全失明的人看到桌子边缘、人行道，这些视觉信息足以增强他们四处行动的能力，帮助他们更好地跟外界交流。"

生物眼镜的工作原理，是"绕开"受损伤的人眼，通过植入脑内的指甲大小的微型芯片，直接把图像信号无线传输给大脑。研发者们预计生物眼镜能使 85% 的失明者重见光明。

生物眼镜将是首个植入人类大脑皮层的带有无线设备的装置。阿姆斯特朗说，生物眼镜仅仅是新科技"入侵"人体的一个开端，随着微型化技术的更广泛应用、图像解析度的提升，以及对人脑运行模式的更多了解，将会有更多类似的生物装置被植入人体。

（2）研发有望恢复视力的生物眼装置。2017 年 1 月，有关媒体报道，澳大利亚莫纳什大学视光学专家亚瑟·洛厄里领导的研究小组，发明了一种生物眼装置，其利用安装在一副眼镜上的相机，把关于世界的信息直接传输到大脑，它能绕开绝大多数视觉系统，甚至不需要用眼睛分辨事物。澳大利亚一名失明者将成为首个接受"生物眼"的人。

这一突破，将帮助没有正常视网膜的人恢复视觉能力。研究人员介绍道，该装置是在大脑负责视觉的区域植入 11 个小芯片，每个片段拥有 43 个电极。当这些区域被激活之后，人们报告称看到了闪光。洛厄里说："你根本不需要任何眼球。"

研究人员认为，每个电极都会产生一个类似于看到一个像素的光点。加起来，这些芯片将能提供约 500 个像素，这足以产生简单的图像。尽管这种解决方式比人眼常规下能够产生的 100 万~200 万个像素相差很远，但它有助于恢复基本的视觉元素。

由相机形成的图像，会被传输到使用者佩戴的一个口袋大小的处理器上。该设备会提取出图像中的相关部分，并将其传输给芯片。洛厄里说："这个处理器就像一个漫画家。它需要用微量信息代表复杂的情况。"

洛厄里表示，一张面孔需要仅用 10 个点来表示。他又说，因为这种设备对那些生来双目失明的人不会起到很大的作用，首名志愿者是在手术中失去视觉的患者。如果所有一切按计划进行，志愿者醒来时将会产生模糊的视觉。

（二）耳科疾病防治的新信息

1. 研究人工耳朵的新进展

决定在手臂上"种"出第三只耳朵。2015 年 11 月，国外媒体报道，经过数百万年的进化，人类凭借发达的大脑和灵活的四肢成为地球的主宰者，并逐步发展出绚烂的文化和先进的科技。

进入互联网时代，相对于知识的爆炸式增长，人类在"硬件"上的进化似乎过于缓慢。于是，一些耐不住性子的极客决定拿起手术刀来改造自己，通过把射频识别芯片、传感器、磁铁、电极等装置植入身体的方式，让自身具备更强大的功能和前所未有的感知能力。他们寻求与电子设备的共生共存，试图摆脱自然的束缚，掌控自身的进化，这一过程被称为研磨，这些人就是自称为"研磨者（Grinder）"的生物黑客。

澳大利亚科廷大学的斯迪拉克教授不满足于 1.0 版的"自己"，决定在自己的手臂上"种"出第三只耳朵。他认为，这只耳朵，或许比"第三只眼"，或其他"加强版器官"更有用处。

其实，早在 1996 年，斯迪拉克就萌生了这样的想法，但直到最近他才找到愿意为他进行手术的医生团队。

这个人工耳朵，将首先在他的手臂上成长，而后再被嫁接到他的头上，这一实验的目的是培育成一个全尺寸的器官，具备完整的交际能力。他希望，今后能为这只耳朵加入 WiFi 和 GPS 装置，能让对他感兴趣的人能远程听到他身边的声音，并声称不会为其安装开关装置，只要有网络的地方人们就能获取他的行踪，听到他所能听到的一切声音。

2. 研究修补受损耳膜的新进展

用蚕丝修补受损的耳朵鼓膜。2017 年 6 月，澳大利亚广播公司报道，该国珀斯耳科学研究所外科专家马库斯·阿特拉斯及其同事，与墨尔本迪金大学联合组成的一个研究小组，以蚕丝为原料，研发出一种类似人类鼓膜的小型装置，植入耳内后可引导细胞生长，修复受损鼓膜。

该装置形似隐形眼镜，实际上是个灵活支架，可起到"脚手架"作用，引导细胞生长，促进鼓膜愈合。支架放置在鼓膜下方，一次手术即可完成植入。

阿特拉斯介绍道，先前研究表明蚕丝能支持细胞生长和增殖，而且它柔软灵活、能变成各种形状，是个有吸引力的选择。

研究小组先对蚕丝进行脱胶处理，去除其中具有黏性的丝胶蛋白，然后将剩余的纤维状蛋白质——丝心蛋白加热成液体，与甘油、聚氨酯等物质结合制成支架。研究人员准备 2018 年在澳大利亚招募慢性中耳疾病患者，以开展临床试验。

四、妇产科与儿科疾病防治的新成果

（一）妇产科疾病防治的新信息

1. 女性怀孕对智商影响研究的新进展

（1）发现怀孕或让女性更聪明。2009 年 2 月 8 日，英国《观察家报》报道，澳大利亚国立大学心理健康研究中心主任海伦·克里斯滕森教授领导的一个研究小组研究发现，怀孕非但不会让女性变笨，还会让她们更聪明，提高终生认知能力。

克里斯滕森说："女性怀孕后，经常抱怨自己记忆和推理能力下降。但我们历时 10 年研究，对这件事开展最深入探讨后得出最新结论，证明事实并非如此。"她分别于 1999 年、2004 年和 2008 年，采访 2500 名年龄在 20~24 岁之间的女性。她说："发现怀孕的女性，逻辑和记忆能力测试结果与以往相同，孕妇与对照组（测试结果）没有区别。"

克里斯滕森还提及新加坡国立大学科学家所作后续研究。新加坡科学家报告发现，在老鼠实验中，母鼠脑部新长出由胎儿细胞发展出的沟回。她说："因此，一个人可以假设，女性怀孕时智力水平可能高于原来，而且可能是永久性提升。"

美国里士满大学神经学教授克雷格·金斯利，2008 年研究结果与克里斯滕森的发现相呼应。他说："怀孕让女性终生思维更敏捷，保护大脑免受老年时神经退化疾病困扰。"

对于缘何不少孕妇误认为自己大脑功能减退，克里斯滕森说："原因可能是怀孕作为她们当时心目中最重要的事，容易成为孕期智力水平出现细微偏差的借口，而缺少睡眠，可能让她们忽视自己认知能力的提升。"金斯利认为，原因可能是大脑部分机构重组，以准备应对今后养育子女的难题。

（2）研究显示女性认知能力会在孕期下降。2018年1月15日，澳大利亚迪金大学有关专家组成的一个研究小组，在《澳大利亚医学杂志》刊登论文称，经常听到一些孕妇会自嘲"孕傻"，对此他们近日研究显示，女性在孕期内的记忆力等认知能力下降确实是普遍存在的现象，但这种现象对孕妇日常生活的影响并不大。

该论文报告说，研究人员综合分析了此前20个相关研究的数据，其中涉及709名健康成年孕妇和521名非孕期健康成年女性，结果发现孕妇的整体认知能力不及非孕期女性。

与非孕期女性的对比显示，孕妇在最后3个月孕期中的整体认知能力、记忆力和执行能力都有显著下降，但在孕期的前6个月没有观察到这种差异。

这项研究指出，孕妇记忆力下降，通常只会被孕妇本人或其亲人注意到，不会对日常生活造成严重影响，但对孕妇生活质量的具体影响还需要进一步研究。

2．妇产科疾病防治方法研究的新进展

开发出胎儿体检新方法。2005年3月，国外媒体报道，澳大利亚格里布斯分子科学研究所科学家伊恩·芬德利领导的一个研究小组，最近开发出一种为腹中胎儿做体检的新方法，这种方法准确率高，而且不容易导致流产。

目前，检测胎儿健康状况通常采用羊膜穿刺术。医生把一枚探针插入孕妇腹部，探入子宫，导出羊水，进行检测。这种方法可能导致胎儿流产。而新方法通过分析宫颈内的黏液样本来检测诸如唐氏综合征和囊肿性纤维化等疾病。

芬德利介绍，怀孕 6 周后，孕妇子宫内就会产生黏液，使用基因技术检测黏液样本里的细胞，便可以安全完成对胎儿的体检。他说："这种检测方法是革命性的进步。"

芬德利称，这种方法已在几百名妇女身上进行试验，"准确率达100%"。研究人员希望尽快完成临床试验，争取在最短时间内推广这种检测方法。

3. 妇产科疾病防治药物研制的新进展

（1）研发出能让女性一年只来 3 次月经的新药。2012 年 9 月 25 日，澳大利亚《每日电讯报》报道，作为女性独有的生理特点，月经有时会让女性陷入尴尬境地，给工作和生活造成不便。不过，澳大利亚科研人员研发了一种能让女性一年只来 3 次月经的药，这种药不会损害女性的生育能力，长期服用兼具避孕功效，当女性想要宝宝时只要停药即可。从 9 月 24 日起，这种药开始在澳大利亚各大药店出售，在澳大利亚女性中引起轰动，不少女性表示愿意尝试。

这种药的学名是 Yaz Flex，前身是一种叫作 Yaz 的避孕药。和大多数避孕药一样，Yaz 不能长期连续服用，药里含有的高剂量雌激素，会让女性失去受孕能力。后来，澳大利亚一家药品研发公司对 Yaz 进行了研发提升，把它开发成一种能抑制月经的新药。德国拜尔制药公司承担了这种药的生产任务。

Yaz Flex 由一个巴掌大小的药盒装着，这个看上去不起眼的盒子具有计数和控制药片分发的能力，每盒有 120 片，每天只吐出 3 片药，服药者不能多吃，同样，少吃一片也不行，药盒的自动报警功能会滴滴响，直到使用者乖乖吃药。

澳大利亚新州家庭规划部门的医药主管狄波拉·贝特森博士，称赞这种药"帮女性减少了很多顾虑"。他说："自己决定月经的次数让女性少了很多烦恼，我们做过的万人问卷调查显示，超过 70% 的女性愿意服用这种药。"贝特森说，减少月经次数对女性没有害处，还能保护女性的生育能力。

女性一生平均有几百次月经，每次月经过后都会让子宫壁变薄，直到月经消失，当然，月经消失后女性也就基本失去了生育能力。Yaz Flex 把女性每年的月经次数减少，在一定程度上拉长了女性一生的月经周期，延长了女性的生育年龄。对那些一心扑在事业上没空要孩子的中年女性来说，Yaz Flex 的问世是个好消息。

澳大利亚新州一家公立医院的妇产科教授罗德·巴博尔也认为，Yaz Flex 是种不错的药。他说："很多国家的医学研究证实，减少女性的月经次数是安全的，但一直没有一种受认可的办法帮女性减少月经，Yaz Flex 提供了不错的参考。"

服用 Yaz Flex 也有副作用，不过都在可控范围内，比如会引起头痛、恶心、胸闷、抑郁、不规则出血或血凝块，但医学数据表明这些副作用发生的概率极低。

（2）认为孕妇应补充鱼油的建议"无可靠依据"。2010 年 10 月 19 日，澳大利亚阿德莱德大学妇幼健康研究所副所长玛利亚·马克里兹领导的一个研究小组，在《美国医学会杂志》上发表论文称，他们研究认为，没有证据显示，孕妇在怀孕期间补充鱼油可以降低患产后抑郁症的风险，或提高新生儿的语言和认知能力。

马克里兹说，有关孕妇需要补充鱼油的建议广泛存在，营养补充剂行业也成功在市场上推出了产前 DHA（一种不饱和脂肪酸，鱼油主要成分）补充剂，并宣称鱼油可以使母亲和婴儿的脑功能达到最佳，而他们的研究表明，要求孕妇补充鱼油的建议"没有可靠证据"。

2005 年 10 月至 2008 年 1 月，该研究小组调查研究了澳大利亚 5 家妇产医院的 2300 多名妊娠不到 21 周的孕妇，其中一部分孕妇服用富含 DHA 的鱼油胶囊（DHA 的供应量为每天 800 毫克），还有一部分孕妇服用了作为参照的植物油胶囊。

研究人员发现，两组孕妇在产后头 6 个月中，报告罹患严重抑郁症状的比例没有明显差别，在试验期间新被诊断患有抑郁症的孕妇比例也没有差别；在新生儿一岁半时进行的测试显示，两组孕妇的子女在认知和语言能力方面也无明显差别。

（3）发现孕妇服用欧米伽—3 脂肪酸可降低早产风险。2018 年 11 月，南澳大利亚健康与医学研究所玛丽亚·马克里德斯教授领导，并有阿德莱德大学等机构研究人员与丹麦同行参加的一个研究小组，在医学期刊《科克伦评论》上发表论文称，他们最新发现，孕妇服用欧米伽—3 脂肪酸补充剂，可显著降低早产风险。

孕期一般要持续 40 周，早产是指孕妇怀孕不满 37 周的分娩。该研究小组评估了，全球近 2 万名女性的 70 项临床试验结果。他们发现，孕妇每天服用欧米伽—3 脂肪酸补充剂，可将不足 37 周分娩的早产风险降低 11%，不足 34 周分娩的早产风险降低 42%。

深海鱼油中富含欧米伽—3 脂肪酸。欧米伽—3 脂肪酸有很多种，其中最重要的两种是二十碳五烯酸（EPA）和二十二碳六烯酸（DHA）。研究人员建议孕妇从怀孕 12 周起，每天补充 500～1000 毫克的欧米伽—3 脂肪酸，其中应含有至少 500 毫克 DHA。

马克里德斯表示，足月分娩对孩子日后健康成长至关重要，孕妇补充欧米伽—3 脂肪酸是预防早产的一种简单有效方法。

（二）儿童疾病防治与健康成长研究的新信息

1. 儿童疾病防治研究的新进展

揭开儿科疾病雷特氏症致病基因的秘密。2005 年 8 月，有关媒体报道，包括一名香港移民在内的一个澳大利亚医学研究小组，成功找出引致儿科疾病雷特氏症的致病基因。参与研究的澳洲籍港人谭秉亮指出，问题出于 CDKL5 基因失常，影响病者活动能力，出现癫痫及自闭等症状。找出问题后，研究人员可通过研究胚胎，为未出生或较年幼儿童治疗。

谭秉亮是最早研究体外受孕的香港专家之一，曾在中文大学医学院任职，并在沙田威尔斯医院妇产科研究试管婴儿。1990 年他移民澳大利亚后，在当地儿童研究中心内专门研究胚胎学及遗传学。

雷特氏症是一种严重影响儿童精神运动发育的疾病，属于神经发育障碍类疾病。该病大多发生在女性身上，患者自 1 岁起中央神经系统衰退，严重可导致死亡。美国 5 年前曾发现 70% 雷特氏症患者的 MECP2 基因曾变异，相信患者因此导致中央神经系统衰退，但余下 30% 雷特氏症患者成因难解释。谭秉亮及他的研究伙伴最终发现另外 30% 雷特氏症患者的患病原因出于 CDKL5 基因。

他们在实验室用老鼠及接受治疗病人身上进行研究，偶然在一名雷特氏症患者身上找到变异的 CDKL5 基因，并获英国、比利时、意大利及德国研究人员印证，在其他地方的雷特氏症病人身上找到变异了的 CDKL5 基因。

2. 儿童健康成长研究的新进展

发现父亲在儿童语言发展中扮演重要角色。2018 年 1 月 17 日，澳大利亚默多克儿童研究所发布新闻公报称，该所约恩·郭博士为论文第一作者的一个研究小组，在美国《儿科学术期刊》上发表的研究成果显示，他们发现父亲的参与对孩子的语言发展也很重要。

在儿童牙牙学语的过程中，陪伴他们阅读，与他们互动的大多是母亲。许多研究表明，母亲的这些做法，有助于儿童的语言学习。澳大利的研究人员指出，父亲常在家中陪孩子读书，可以促进儿童的语言发展。

研究人员对澳大利亚 405 个双亲家庭进行了追踪研究，他们在儿童 2 岁时调查了父母陪伴阅读的情况，并在儿童 4 岁时对其进行了语言能力测试。研究人员随后运用多元线性回归模型，分析了父亲对儿童语言发育的影响。在综合考虑父母双方收入、职业、教育水平和母亲阅读行为的影响后，研究发现 2 岁时经常听父亲读书的儿童，在 4 岁时对语言的理解和表达能力都更强。

约恩·郭博士表示，此前的研究已经证实家庭环境和母亲行为的重要性，但关于父亲对儿童语言发展影响的了解十分有限，该研究为此提供了有益补充。研究也进一步验证了儿童早期阅读的重要性，研究人员建议成年人应当多陪儿童读书。

五、骨科与皮肤科疾病防治的新成果

（一）骨科疾病与疼痛防治的新信息

1. 防治骨科疾病研究的新进展

（1）研究表明素食者骨骼密度较低。2009 年 7 月 3 日，有关媒体报道，澳大利亚和越南联合组成的一个研究小组，经过研究得出结论说，与常吃肉类食物的人相比，素食者的骨骼密度稍低，骨质相对虚弱。

研究人员就饮食与骨骼的关系，对 2700 多人进行一项研究，结果显示，素食者的骨骼密度比常吃肉类食物的人低 5%。

这种情形在严格的素食者，即不吃蛋类和奶制品的人中更明显，其骨骼密度要比常吃肉类食物的人低6%。但对于那些不吃肉类和海鲜食物，但吃蛋类和奶制品的人来说，他们的骨骼密度与常吃肉类食物的人差别不大。

研究人员指出，这一研究结果显示，素食者，特别是严格的素食者的骨骼矿物质密度较低，但骨骼密度低是否增加骨折的风险目前尚无定论。鉴于西方国家素食者比例约占5%，其人数还在不断增加，而骨质疏松患者的人数也在不断增加，饮食结构与骨骼密度之间的关系，正引起更多关注。

（2）研究3D打印人体部位用来替换受损骨骼。2015年8月23日，澳大利亚"新快网"报道，该国昆士兰科技大学米娅·伍德拉夫博士领导的一个研究小组，过去几年来，一直在研究通过3D打印机打印身体部位，用以替换受损的骨头和组织。

据报道，这一研究成果，将在昆士兰科技大学的花园点校区展出：一台精密仪器，可以利用比人类头发还细的纤维生产出塑料支架。伍德拉夫说："在我们看来，未来的医院是这样的。病人入院扫描时，手术台旁边就可以立刻打印出这些支架。如有公司愿意让我们制造100万台这种机器，未来5年每家医院都会拥有这种机器，这很容易，技术已经达到了。"

伍德拉夫称，支架必须与替换组织的结构十分相仿，她说："我们可以设计结构合适的支架，扫描得到的数据可以连上3D打印机，将支架打印出来。我们还可以将病人自己的干细胞放入支架中。"

伍德拉夫称，过去两年，一直在与人类骨骼结构相似的大型动物上做临床试验。她说："下一步，将是把支架放入人体，我们已经非常接近这一步了。我们可以使用这种技术治愈骨折的羊。我们能证明可以对病人使用这种技术。"

精密加工以及组织工程学者肖恩·鲍威尔称，临床前研究已经涉及骨骼和乳腺组织。"这并不遥远。这种技术已经经过了概念验证，我们知道它可行。现在就是要将技术完善，做临床试验，显示它可行。"

2. 防治疼痛方面研究的新进展

研究显示上午最易发生背部拉伤而疼痛。2015年2月，澳大利亚乔治全球健康研究院、悉尼大学副教授曼纽拉·费雷拉，与肌肉骨骼研究专家克里斯·马厄教授率领的研究小组，在《关节炎护理及研究》杂志上发表论文称，他们意外发现，在一天当中，早晨比晚些时候更容易发生急性背部疼痛。这项研究，是基于对澳大利亚新南威尔士 999 名，年龄在 18 岁以上的患者进行观察后得出的结论。

这项研究，是世界上第一个关于急性背部疼痛原因，并将背部疼痛风险高低进行排序的研究。在倦怠疲惫的时候，或是完成体力任务时的短暂分心，更容易发生背部疼痛。

费雷拉表示，研究中大约 40% 的背部劳损和拉伤，发生在早晨 8～11 点。他说："我们并不确定，为什么人们在上午更容易发生背部疼痛，这是意料之外的。晚间椎间盘液体膨胀，有可能使人们在承受压力的时候更容易收到压迫。"

据世界卫生组织统计，每天，世界上约有 25% 的人口受到背部疼痛的影响。背部疼痛是全球排名前十的疾病负担。但是，与其他排名前十的疾病负担不一样的是，对于背部疼痛的有效预防策略鲜有进展。

费雷拉表示："我们大多数人都会感觉到背部疼痛。这项研究表明，长期的背部压力，并不是引发背部疼痛的唯一原因。"

这项研究的结果是独特的，它第一次证实了即使是短暂地暴露于一系列物理和心理因素，也会显著增加背部伤痛的风险。

同样重要的是，这项研究表明我们有若干措施预防背痛，并不仅仅是因为我们提重物或久坐不动时间过长而引发的背部疼痛。费雷拉说："关键是人们在提举重物时务必小心：即便是在一次提举重物的过程中，别扭的姿势或分散注意力，都可能引发一系列背部疼痛。"

马厄表示，之前的背部疼痛风险研究，仅观察诸如吸烟和缺乏运动等长期暴露因素。关于背痛疼痛发生前的短期风险因素研究则非常缺乏。

此外，并没有研究评估注意力分散和疲劳对背痛发生的影响，虽然注意力分散和疲劳是其他肌肉骨骼问题中的重要风险因素。

马厄表示："我们的研究结果，总结了引发背痛的因素，更为重要的是，结果中总结出了哪些因素是更加危险的。举例来说，疲劳使发生急性背痛的风险增加了两倍，而注意力分散使风险增加了 25%。"

马厄表示，人们可以做三件事来降低背部疼痛的风险。一是采用正确的背部姿势。我们的研究已经表明，即便是短暂地暴露于不良姿势也会造成伤害。二是保持健康的生活方式。吸烟、熬夜、久坐不动都对背部健康有害。三是减轻工作或家庭的压力。因为这些都很可能会增加背疼痛的概率。

（二）皮肤疾病防治与美容研究的新信息

1. 皮肤疾病防治的新进展

（1）研发可用于皮肤移植的仿真全功能皮肤。2010年4月，美国物理学家组织网报道，澳大利亚悉尼大学皮特·梅兹教授主持的一个研究小组，正在研发一种仿真型全功能皮肤，将用于皮肤移植，以造福烧伤患者，并希望能于2010年晚些时候开展动物实验。

由悉尼大学和悉尼协和医院联合成立的悉尼烧伤基金会发言人表示，研究人员正在实验室研制供移植用的全功能皮肤，将有望改变皮肤严重烧伤患者的生活。

目前，针对烧伤患者的治疗都是进行皮肤移植，供移植的皮肤一般从患者身上未受损的部分提取，或者使用患者的皮肤细胞培养成小面积移植用皮。但目前只能培养出表皮——皮肤外部薄薄的一层，且培养出的表皮无法伸展、排汗、长毛，也没有正常触觉。

皮肤分布在全身表面，由表皮、真皮和皮下组织构成，还有附属结构如被毛、皮脂腺、汗腺等。研究人员希望通过研发出活生生的仿真全层皮肤，来解决上述问题。

梅兹表示，他的研究小组正在进行广泛实验，收集数据资料，不久将进行动物试验。

梅兹称，烧伤是一个人可能遭遇到的最严重以及伤害最大的创伤之一。虽然现代的烧伤和加护治疗已经挽救了很多人的生命，但伤者的生活品质却因之大打折扣。

梅兹表示，烧伤患者的整个皮肤都受到了损害，但目前医生只能用一层薄薄的表皮进行替代，而且，移植的这层皮肤没有弹性，不能排汗，不能调节体温，甚至无法进行新陈代谢，而这些都是正常的皮肤所具备的基本功能。

（2）发明完全纯天然材料的护肤品防晒霜。2015 年 7 月 30 日，澳洲网报道，对于酷爱海滩日光浴的澳洲人来说，防晒霜是一款必不可少的护肤品。然而，如今市面上流行的防晒霜多为化学合成品，可能对皮肤造成伤害。而澳大利亚研究协会植物细胞研究中心布洛尼领导的研究小组，近日发明了一款完全用纯天然材料研制而成的防晒霜，不仅健康环保且防晒能力也更加强大。

研究人员介绍这款防晒霜时说，他们受到一些具备天然防紫外线系统的鱼类、藻类及其他海洋微生物的启发。因而，这款防晒霜由相关的纯天然材料制成，其主要成分，包括鱼类表皮黏液、海藻以及贝壳类动物的外壳。

这款防晒霜虽然尚未正式投入市场，但布洛尼对其前景充满自信。他说："实验证明，该天然防晒霜不仅可以有效抵御长中波紫外线辐射，还可在多变的温度及光照条件下发挥稳定的功效。"

据悉，当前市面上流行的防晒霜主要由含有二氧化钛、锌等可反射、吸收紫外线的天然化合物研制而成。

2. 皮肤美容研究的新进展

试图把人体皮肤变成一个喷香器。2013 年 1 月，国外媒体报道，澳大利亚现代人体艺术大师露西·麦克雷率领的一个研究小组，试图运用基因技术和修复外科手术等方法，治疗某些令人厌烦但不致命的疾病，修复容貌缺陷，甚至使皮肤能喷出香味，出现可开关的文身。

诞生于一战时期的修复外科手术方法，在随后的几十年里发展进入美容领域，为科学和技术的演变提供了参照。特别是为了减轻战争带给伤残士兵的痛苦，有关政府部门和医学界，已在肌肉和皮肤再生领域投入大量资金，以开发烧伤治疗和肢体移植技术。

人们已看到科学家正行进在终结皱纹和脱发的道路上，如新开发的皮肤精华液，对消除皱纹有明显作用。另外，可使脱发再生的毛发刺激素产品也正处于临床试验中，这种通过注射长出毛发的产品，拥有 3 亿人的潜在市场。

正如旧时代的大师们对已知的人体进行了不懈的探讨，新时代的艺术家也同样专注于这个新人体。世界上首个自称为"人体建筑师"的麦克雷，正在与生物学家谢雷夫·曼希合作，研发"可吞咽的香水"产品。这种可消化的香味胶囊一旦被人体吸收，将把皮肤变成一个喷香器。香味的效能因人而异，取决于每个人对温度、压力、运动或性兴奋的环境适应能力。

麦克雷还曾与飞利浦北美公司合作，研究通过触摸就可点亮的超薄电子文身。飞利浦北美公司的发言人艾米·珊乐儿表示，公司多年来一直在探索围绕人类身体和情绪的有关设计，麦克雷的项目仅是一个试验项目，并不意味着飞利浦将进入文身业务领域，但它确实有助于了解人们对有一个电子产品在身体之上或之内的感受，并将之用于医疗保健产品领域。

六、烈性传染病防治的新成果

（一）防治艾滋病研究的新信息

1. 调查艾滋病患者确诊人数的新发现

发现艾滋病患者确诊人数在逐年增多。2012 年 10 月 17 日，澳大利亚新南威尔士大学网站报道，澳大利亚有关部门发表调查报告称，该国被确诊的艾滋病患者人数在过去 10 年呈逐渐上升趋势，仅 2011 年就有 1137 人被诊断出患有艾滋病。

数据显示，从 2007 年开始，澳大利亚艾滋病的感染率就已经处于高发期，每年新增 1000 多名艾滋病患者。2011 年，新增艾滋病患者人数，与达 2010 年的 1050 名新增患者相比，上升了约 8%。

报告还说，性病的传染率也有较大幅度增长，仅淋病的数量在过去 3 年就增长了 45%。

2. 艾滋病防治方法研究的新进展

找到让艾滋病病毒更容易现形的新方法。2015 年 9 月，澳大利亚新南威尔士大学网站报道，该校科学家克斯滕·凯尔奇参与的一个国际研究小组，在学术刊物《科学公共图书馆·病原体》上发表论文称，他们发现并使用一种新方法，可以让深藏不露的艾滋病病毒更容易现形。

艾滋病至今没有找到根治办法，原因之一是艾滋病病毒在人体内隐藏得很深。艾滋病病毒能与人体 DNA 结合，长时间在 DNA 中以休眠状态潜伏，借此躲避人体免疫系统和治疗药物的攻击。一旦时机成熟，比如强化治疗暂停，隐藏的病毒就迅速活跃，并导致症状重新出现。

此前，科学家已发现，艾滋病病毒实现潜伏得益于人体内名为"组蛋白去乙酰化酶"的蛋白酶，这种蛋白酶对染色体的结构修饰和基因表达调控起到重要作用。因此，从理论上可以推测，"组蛋白去乙酰化酶"抑制剂有可能干扰艾滋病病毒的潜伏，使其现形。

在此次研究中，该国际研究小组使用一种抗肿瘤药"罗米地辛"进行测试。试验中，科学家们共选择了 6 名接受"抗逆转录病毒治疗"10 年左右的艾滋病病毒感染者，平均年龄 56 岁。测试过程中，这些感染者连续 3 周每周注射一次"罗米地辛"。然后，持续跟踪观察这些感染者的身体状况。结果发现，隐藏在这些患者 DNA 中的艾滋病病毒确实现形了。

凯尔奇表示，下一步研究是用"罗米地辛"治疗与其他艾滋病干预治疗措施结合起来，观察传统方法对于艾滋病病毒的治疗效果。他说，围绕此次成果仍有许多待解之谜，比如目前仍无法确定新方法发现隐藏病毒的效率，有多少现形了，还有多少没被发现。

凯尔奇认为，此次研究，为进一步调查研究艾滋病治疗干预措施奠定了关键基础。不过，人类距离完全治愈艾滋病还十分遥远。现阶段，艾滋病病毒感染者仍须坚持传统疗法治疗。

（二）防治虫媒传染病研究的新信息

1. 疟疾防治的新进展

（1）研发可大幅提高存活率的抗疟新疗法。2012 年 6 月，由澳大利亚医学专家参与、加拿大不列颠哥伦比亚大学教授罗伯特·汉考克领导的一个国际研究小组，在《科学·转化医学》上发表论文称，他们研发出一种新的疟疾治疗方案，并在动物实验中证明，新方案可使患严重疟疾的实验鼠存活率提高一半。

实验表明，由汉考克开发的先天防御调节肽，可防止患疟疾实验鼠的大脑炎症，结合使用其他抗疟疾药物，可有效提高它们的存活率。

研究人员表示，即使采用最好的临床治疗方法，仍有约 25% 的疟疾重症患者会死亡，原因是抗疟疾药物只是针对疟原虫，却不能消除威胁生命的炎症。研究人员说，这一新成果，揭示了治疗疟疾感染的新途径，可称之为"宿主导向治疗"，即治疗对象主要针对宿主（患者）而非疟原虫。

（2）发现可解决疟原虫对氯喹抗药性的新方法。2014年4月15日，澳大利亚国立大学网站报道，氯喹原本是治疗疟疾的特效药，但由于疟原虫对其产生抗药性，这种药物在很多地方已经不再使用。澳大利亚和德国科学家发现，疟原虫的抗药性也有弱点，通过增加服药次数，氯喹仍然能够起作用。

报道说，澳大利亚国立大学生物学院研究人员罗伊娜·马丁和德国海德堡大学的同行共同发现，导致疟原虫产生抗药性的蛋白质也有"软肋"。

马丁说："我们研究了这种蛋白质的不同形式，在所有情况下，蛋白质将氯喹移出疟原虫体外的能力都是有限的。这意味着，能够继续使用氯喹治疗疟疾，只要每天服用两次，而不是一天一次。"她说，这种蛋白质，能通过两种通道中的一种将氯喹移出疟原虫体外，但这一过程相当苛刻，发生任何错误，蛋白质就不起作用。这意味着该蛋白质处于相互矛盾的压力之下，这是它的弱点，在以后的新药开发中可以加以考虑。

研究人员建议，原先每天服用一个标准剂量的做法，可以改成早晚各服用一个标准剂量，重点在于增加服药次数。但马丁不推荐增加单次服用剂量，因为一次大量服用会很危险。

（3）发现防治疟疾的新途径。2014年7月，澳大利亚莫纳什大学等机构相关专家组成的一个研究小组，在《自然》杂志刊登论文说，由于许多地方的疟原虫产生了抗药性，开发消除疟疾的新方法成了医学研究热点。近日，他们发现了疟原虫获取营养物质的唯一通路，阻断这一通路就可将其"饿死"。

研究人员报告说，疟原虫寄生在宿主的红细胞中，这样的"居住环境"可帮助它们躲避免疫系统的攻击。但要在这里生存其实并不容易，疟原虫必须先向它寄生的红细胞内释放蛋白质"改造"生存环境，然后从中吸取必需的营养物质生存并繁衍。

研究人员说，早在2009年，他们就发现疟原虫在红细胞中获取营养物质的这一机制，但并不确定其输出蛋白质、吸收营养物质的"通路"位置。在此次最新研究中，他们发现了这条对疟原虫生存至关重要的唯一通路。未来可以此作为治疗靶点，开发出新药物阻断这一通路，从而使疟原虫无法获得生存所需的营养物质。

研究人员认为，由于这一新方法与目前抗疟药原理完全不同，因此有望大大减轻疟原虫的抗药性问题。不过这项研究目前还只是提供了一个新思路，据此开发出新药物尚需时日。

疟疾是由疟原虫引起的疾病。据世界卫生组织统计，2012 年全球有超过 60 万患者死亡。氯喹等抗疟药物的作用原理，主要是降低疟原虫对铁的消化能力，让其吸收血红蛋白后无法排解其中的铁而"中毒"。但目前在东南亚等许多地区，疟原虫已出现对此类药物的抗药性。

（4）疟原虫耐药性研究获得新发现。2016 年 4 月 14 日，澳大利亚墨尔本大学教授杰夫·麦克法登领导的一个国际研究小组，在美国《科学》杂志发表论文说，耐药性问题，是全球疟疾防治工作面临的重大挑战。接着他们报告了一个好消息：疟原虫不会把对抗疟药物阿托伐醌产生的耐药性传给后代。这是第一次有研究显示，疟原虫的耐药性不会扩散。

阿托伐醌 2000 年正式上市，孕妇与儿童均可安全使用，但很快疟原虫就对这种药物产生耐药性，现在阿托伐醌已基本从市场上消失。

该研究小组对一种感染啮齿类动物的疟原虫进行了研究，发现这种疟原虫在对阿托伐醌产生耐药性后，会出现 3 种基因突变，其中两种基因突变会导致疟原虫的生殖细胞出现发育缺陷，而第三种基因突变会严重损害疟原虫雌性生殖细胞而导致完全不育。

研究人员还发现在感染人类的恶性疟原虫中，所发生的基因突变，也导致疟原虫无法把耐药性传给后代。

麦克法登把这种基因突变称为基因陷阱。他说，这些结果让研究人员很兴奋，因为虽然耐药性正在破坏人们控制疟疾的能力，但是这项发现为药物研制提供了新标靶。

这是第一次有研究显示疟原虫的耐药性不会扩散。下一步，研究人员计划在肯尼亚和赞比亚等地开展实地调查。据世界卫生组织统计，2015 年全球疟疾病例数达 2.14 亿，死亡人数为 43.8 万。

2. 登革热防治的新进展

通过研发新种抗病毒蚊来控制登革热疫情。2019 年 9 月 11 日，有关媒体报道，由于高温和人们对新型病毒抵抗力低，登革热疫情肆虐东南亚多国，仅在菲律宾就造成数百人死亡。目前，澳大利亚科学家参与的一个研究团队，正尝试培殖抗登革病毒的新品种蚊子，以控制疫情。

据报道，参与"世界蚊子计划"研究的科学家，先让雌雄埃及斑蚊感染可对抗登革病毒的沃尔巴克氏菌，接着将它们放归大自然。数周后，带有沃尔巴克氏菌的幼蚊出生。因携带有巴克氏菌，这些蚊虫难以有效传播登革热、寨卡、基孔肯雅热和黄热病等以蚊虫为媒介的病毒。

此计划最先在澳大利亚北部试行，获得一定成效后，又在全球其他 9 个国家进行实验，包括越南。报道称，2018 年，科学家在越南南部的永良，放归了约 50 万只感染沃尔巴克氏菌的蚊子，结果永良的登革热病例较邻近的"地芽庄"减少了约 86%，结果令人振奋。

这类"以蚊制蚊"的方式所面临的挑战包括，必须培殖足够数量的带菌蚊子，以确保其数量足以压制病媒蚊。

据悉，登革热是由登革病毒引起的急性传染病，主要通过埃及伊蚊或白纹伊蚊叮咬传播，潜伏期 3~15 天，多数为 5~8 天，临床表现为急性起病，程度可从轻度发热到高热不等，同时伴有严重头痛、肌肉和关节痛及皮疹，面、颈、胸部潮红，严重者可因休克或其他重要脏器损伤导致死亡。

七、防治疾病药物和设备的新成果

（一）防治疾病药物研制的新信息

1. 研制治病药物的新进展

（1）研发出一种可破坏细菌耐药性的新药。2018 年 12 月，澳大利亚昆士兰大学昆士兰大学教授马克·沃克领导的一个研究团队，在学术期刊《微生物学》网络版上发表论文称，他们研究发现，一种原本为阿尔茨海默病研发的药物，可以破坏细菌对抗生素的耐药性，为解决细菌耐药性这一日益严峻的公共卫生问题，提供了新思路。

细菌耐药性问题，已成为全球公共卫生领域最大威胁之一。据世界卫生组织估算，这一问题如果得不到妥善解决，到 2050 年每年将导致全球约 1000 万人死亡。

该研究团队开发出一种名为 PBT2 的药物，它原本被设计用于治疗阿尔茨海默病和亨廷顿舞蹈病等神经退行性疾病。此前有研究认为，这些神经退行性疾病与脑部重金属含量升高有关。PBT2 的功能是扰乱人体细胞和体内金属物质的相互作用，从而降低患者脑部重金属水平。目前该药已通过一期和二期临床试验，但还没获批上市。

沃克说，他们发现 PBT2 还能破坏细菌对抗生素的耐药性，因为改变机体内的金属含量后，细菌的生理活动也受到影响，原本有耐药性的细菌重新变得对抗生素敏感。对一大批有耐药性细菌的实验证实了这一点。

沃克说："PBT2 可以使那些对细菌失效的抗生素重新变得有效。改变PBT2 用途、对其用作'耐药性破坏者'将是对抗细菌耐药性的一种新策略。"

（2）发现致命水母毒液的"解药"。2019 年 5 月，澳大利亚悉尼大学雷蒙德·劳博士主持的一个研究小组，在《自然·通讯》杂志上发表论文称，他们利用基因组筛查的方法发现，一种已有药物，可阻止被具有致命毒性的澳大利亚箱形水母蜇伤后出现的部分症状。

澳大利亚箱形水母是世界上毒性最强的动物之一，蜇人后其毒素会使人皮肤坏死并伴随剧痛，还会侵入人的心脏，使人在短时间内因心脏停搏而死亡。一只箱形水母体内携带的毒液足够致 60 人死亡，目前还没有针对其毒液的特效药物。

该研究小组利用被称为"基因剪刀"的基因组编辑技术，在实验室处理了数百万个人体细胞，对每个细胞敲除一个不同基因，然后加入澳大利亚箱形水母毒液观察，用这种全基因组筛查方法，寻找那些与毒液接触时可以幸存的细胞。

研究人员筛查发现，人体细胞内一种名为 ATP2B1 的蛋白质，是箱形水母毒液发挥毒性的必要条件，而 ATP2B1 蛋白质的存在需要有胆固醇。

雷蒙德·劳说："我们在这项研究中确认，水母毒液发挥毒性的通路需要胆固醇，由于市面上已有很多药物可以靶向胆固醇，我们采用了其中一种，用它来对抗毒液，而它起了作用，这是一种分子水平的毒液'解药'。"

动物实验显示，将上述靶向胆固醇药物，注射到暴露于箱形水母毒液的小鼠体内，只要在小鼠接触毒液 15 分钟内给药，就可以阻止小鼠皮肤坏死和疼痛。但研究人员还不能确定药物是否可以避免毒液引起的心脏骤

停，未来将开展进一步研究。

2. 开发药物研制技术的新进展

（1）发明使脂溶性药物溶于水的新方法。2005年3月，澳大利亚国立大学医药化学专家组成的一个研究小组，在美国《胶体与界面科学杂志》上发表论文称，他们近日发明了使脂溶性药物溶于水的新方法，有望使此类药物的安全性和应用性大大增强。

许多药物都是脂溶性物质，不能在水、血液或其他体液中溶解。在制作此类药物时，要将脂溶性物质溶于油中，再添加除油剂，以便油溶液进入人体后在水环境中溶解。不过，在该过程中使用的油和除油剂都可能引发副作用，并引起人体的过敏反应。

该研究小组发明的这种新技术，能够在不使用油和除油剂的情况下，使脂溶性药物溶解于水。他们在研究中，对异丙酚和灰黄霉素这两种常见的脂溶性药物进行了试验。异丙酚是临床上普遍使用的镇静剂，灰黄霉素则是用来治疗皮癣及其他真菌感染的口服药。

试验结果表明，这种新技术不仅能够使这两种药溶于水，还能使大豆油和其他多种油溶于水，大豆油通常用来溶解脂溶性药物。这些种类的油能在水中形成直径为0.6微米的油滴，适用于药物的静脉注射。

尽管该技术在用于实际医药生产之前还要经过很长时间试验，但专家们认为，它有望对脂溶性药物发展起到很大的推动作用。

目前，新型复方药中有40%是脂溶性的，在对这些药物进行临床试验时必须使其溶于水。另外，该技术对改善现有药物的安全性可能也会有帮助。例如，服用异丙酚的特护病人，如果长期使用溶解在大豆油中的这类药物，血脂很容易升高，利用新技术可提高药物安全性。

（2）开发疫苗快速研发的平台技术。2019年1月21日，澳大利亚媒体报道，澳大利亚昆士兰大学保罗·扬教授主持的一个研究团队，正在开发一种平台技术，有望大大缩短新疫苗研发和测试周期，这将有助于防控传染病大爆发。

传统的疫苗研发和测试过程比较长，有些需要数年甚至数十年的时间。该研究团队研发出一种名为"分子钳"的专利技术，能够增加病毒蛋白的稳定性。他们打算在这一技术基础上，开发一种平台技术来快速生产疫苗，把从研发到测试疫苗的时间缩短至 16 个星期。

保罗·扬说，他们尝试利用"分子钳"技术，开发针对中东呼吸综合征冠状病毒、尼帕病毒、埃博拉病毒和流感病毒的疫苗，已取得非常理想的实验效果。

据介绍，研究团队未来的目标是，能在最短 6 个月周期内，生产超过20 万份安全有效的新疫苗，并可立即投入医疗使用。

（二）防治疾病设备与设施开发的新信息

1. 开发防治疾病设备的新进展

研制出世界上第一台医用 3D 生物打印机。2011 年 12 月，有关媒体报道，澳大利亚一家创新型公司，与位于墨尔本的投资技术公司合作，开发出世界上第一台商业化的医用 3D 生物打印机，实现了医学上的一项重大突破。并因此而获得了近日联邦政府工业组织颁发的工程创新奖。

这项研究成果，包括由机械手控制的精准打印头，以及一台计算机控制激光校准系统，能够根据需要打印人体组织三维图形，有助于进行生物组织结构重组和器官移植，对于国家经济和研发活动本身潜在的贡献是巨大的。它的成功，显示了创新的力量和它对人类生活现实影响的能力。

事实上，从事生物组织工程的工程师们，数十年来的努力，已超越了以简单细胞结构创造三维器官的工作。他们用了 9 个月时间联合攻关解决工程领域新的挑战，设计、开发、制造和发送了世界上第一台商业化的医用 3D 生物打印机。

联邦创新、工业与科研部部长金卡尔说，澳大利亚有世界水平的科研和极具创造性与智慧的公司，这两者将是一种有效的结合。澳大利亚政府正在比以往任何时候都加大对这种优势的投入，从而驱动创新来确保澳大利亚的长期繁荣。

2. 开发防治疾病医学设施的新进展

人体疾病博物馆对公众正式开放。2009 年 4 月，悉尼媒体报道，澳大利亚人体疾病博物馆日前对公众正式开放。该博物馆内展出了各种患病人体器官和部位等，使参观者能亲眼看见人患病后的情况。

该博物馆馆长罗伯特·兰斯当说，开办人体疾病博物馆很有教育意义，人们能亲眼看见吸烟、吃高脂肪食物等不良生活习惯，是如何影响身体健康的。

据报道，人体疾病博物馆位于悉尼东郊新南威尔士大学校园内，展品原本供这所大学的医科学生学习所用。馆内展出的 2000 多个人体患病器官和部位，有些虽已有五六十年的历史，但看起来仍然"鲜活"。

参观者能在博物馆看到吸烟者黑色的肺、肿大的甲状腺、鸡蛋大小的乳腺癌肿块、因患关节炎而畸形的膝盖等。博物馆还提供语音讲解服务，参观者可以戴上耳机，一边参观一边听病理学家讲解相关展品的录音。

兰斯当说："只需看看展品，就能了解死者生前是否曾吸烟或肥胖。无论是对普通大众还是对病理学家或医生来说，了解这些疾病的最好方法就是亲眼看到它们。"

参考文献和资料来源

一、主要参考文献

[1] 望俊成，刘芳. 澳大利亚的科技管理体系初探 [J]. 世界科技研究与发展，2012 (1).

[2] 孙健，赵翠，王珺红. 澳大利亚科技创新的管理及启示 [J]. 中国科技论坛，2007 (2).

[3] 刘艳. 澳大利亚以合作研究中心计划为抓手建设国家创新体系 [J]. 全球科技经济瞭望，2013 (12).

[4] 樊潇潇，李泽霞，曾钢，等. 澳大利亚国家科技基础设施路线图制定及启示 [J]. 世界科技研究与发展，2018 (6).

[5] 李雪飞. 澳大利亚加大科技创新商业转化成效卓著——澳大利亚创新环境及能力调研 [J]. 中国对外贸易，2018 (4).

[6] 孟刚. 澳大利亚创新驱动战略实施计划 [J]. 国际人才交流，2017 (6).

[7] 段慧兰. 澳大利亚创新政策及其启示 [J]. 湖南社会科学，2010 (3).

[8] 孙云杰，玄兆辉. 澳大利亚创新能力、创新战略及对中国的启示 [J]. 全球科技经济瞭望，2019 (3).

[9] 王婷，蔺洁，任真. 澳大利亚工业增长中心与我国制造业创新中心的比较及启示 [J]. 全球科技经济瞭望，2017 (9).

[10] 徐海峰. 澳大利亚产业技术创新联盟税收优惠政策的经验与启示 [J]. 科学管理研究，2018 (4).

[11] 张丽娟. "澳大利亚技术未来"报告旨在大力发展数字经济 [J]. 科技中国，2019 (3).

[12] 高凯. 澳大利亚海洋科技进展综述 [J]. 全球科技经济瞭望，

2009 (9).

[13] 蔡大浩. 澳大利亚蓝色经济发展概况与展望 [J]. 海洋经济, 2013 (4).

[14] 托马斯·弗洛伊德. 数字电子技术基础: 系统方法 [M]. 娄淑琴, 盛新志, 申艳, 译, 北京: 机械工业出版社, 2014.

[15] 张明龙, 张琼妮. 美国电子信息领域的创新进展 [M]. 北京: 企业管理出版社, 2018.

[16] 杨军. 贵金属基超结构纳米材料 [M]. 北京: 科学出版社, 2012.

[17] 孙康宁, 李爱民课题组. 碳纳米管复合材料 [M]. 北京: 机械工业出版社, 2010.

[18] 马科斯·玻恩, 埃米尔·沃耳夫. 光学原理——光的传播、干涉和衍射的电磁理论 [M]. 7 版. 杨葭荪, 译, 北京: 电子工业出版社, 2016.

[19] 莱金. 光学系统设计 [M]. 4 版. 周海宪, 程云芳, 译. 北京: 机械工业出版社, 2012.

[20] 李林. 现代光学设计方法 [M]. 北京: 北京理工大学出版社, 2009.

[21] 迟泽英, 陈文建. 应用光学与光学设计基础 [M]. 南京: 东南大学出版社, 2008.

[22] 沃伦·史密斯. 现代光学工程 [M]. 周海宪, 程云芳, 译, 北京: 化学工业出版社出版, 2011.

[23] 张明龙, 张琼妮. 国外光学领域的创新进展 [M]. 北京: 知识产权出版社, 2018.

[24] 霍金. 宇宙的起源与归宿 [M]. 赵君亮, 译. 南京: 译林出版社, 2009.

[25] 布莱恩·克莱格. 宇宙大爆炸之前 [M]. 虞骏海, 译. 海口: 海南出版社, 2016.

[26] 张明龙, 张琼妮. 国外宇宙与航天领域研究的新进展 [M]. 北京: 知识产权出版社, 2017.

[27] 伦纳德·萨斯坎德. 黑洞战争 [M]. 李新洲，敖犀晨，赵伟，译. 长沙：湖南科学技术出版社，2010.

[28] 弗兰克·克洛斯. 反物质 [M]. 羊奕伟，译. 重庆：重庆大学出版社，2016.

[29] 中国科学院国家空间科学中心，等. 寻找暗物质：打开认识宇宙的另一扇门 [M]. 北京：科学出版社，2016.

[30] 张明龙，张琼妮. 国外材料领域创新进展 [M]. 北京：知识产权出版社，2015.

[31] 张琼妮，张明龙. 国外材料领域科技研发进展概述 [J]. 中外企业家，2015（8）.

[32] 袁长胜，韩民. 现代材料科学与工程实验 [M]. 北京：科学出版社，2013.

[33] 封文江，武小娟，李达. 金属氮化物的制备与性能 [M]. 北京：科学出版社，2013.

[34] 赵启辉. 常用非金属材料手册 [M]. 北京：中国标准出版社，2008.

[35] 李宁. 碳纤维——新型无机非金属材料的应用与需求预测 [J]. 化工管理，2013（5）

[36] 徐惠彬. 特种功能材料中的固态相变及应用 [J]. 中国材料进展，2011（9）.

[37] 孙彦红. 有机高分子材料使用寿命预测方法 [J]. 高分子通报，2011（12）.

[38] 包建文，等. 高效低成本复合材料及其制造技术 [M]. 北京：国防工业出版社，2012.

[39] 于少娟，等. 新能源开发与应用 [M]. 北京：电子工业出版社，2014.

[40] 张明龙，张琼妮. 国外能源领域创新信息 [M]. 北京：知识产权出版社，2016.

[41] 丁左武，赵东标. 锂离子蓄电池相关特性试验研究 [J]. 电源技术，2011（7）.

[42] 林才顺，魏浩杰. 氢能利用与制氢储氢技术研究现状 [J]. 节能与环保，2010（2）.

[43] 张明龙，张琼妮. 国外氢能开发新进展概述 [J]. 生态经济，2011（12）.

[44] 李国栋. 国际太阳能发电产业的新进展 [J]. 电力需求侧管理，2012（1）.

[45] 刘清志，王爱春. 生物质能开发利用对策 [J]. 节能，2010（2）.

[46] 张希良. 风能开发利用 [M]. 北京：化学工业出版社，2005.

[47] 李国栋. 国际太阳能发电产业的新进展 [J]. 电力需求侧管理，2012（1）.

[48] 黄裕荣，侯元元，高子涵. 国际太阳能光热发电产业发展现状及前景分析 [J]. 科技和产业，2014（9）.

[49] 赵斌. 技术双刃剑：生物质能开发与生物多样性保护 [J]. 资源环境与发展，2013（3）.

[50] 张庆阳. 国外风能开发利用概况及其借鉴 [J]. 气象科技合作动态，2010（4）.

[51] 陈石娟. 海洋能开发利用存机遇有挑战 [J]. 海洋与渔业，2012（8）.

[52] 刘全根. 世界海洋能开发利用状况及发展趋势 [J]. 能源工程，1999（2）.

[53] 张明龙，张琼妮，章亮. 国外治理"三废"新技术概述 [J]. 生态经济，2010（2）.

[54] 徐双庆，顾阿伦. 澳大利亚碳交易体系下的经济援助系统 [J]. 环境工程，2013（S1）.

[55] 安正韬，Wei Yongping. 澳大利亚湿地水环境管理和技术的有机结合 [J]. 地球科学进展，2016（2）.

[56] 宋宇. 国外环境污染损害评估模式借鉴与启示 [J]. 环境保护与循环经济，2014（4）.

[57] 张明龙，张琼妮. 国外环境保护领域的创新进展 [M]. 北京：知识产权出版社，2014.

［58］张明龙，张琼妮．美国环境保护领域的创新进展［M］．北京：企业管理出版社，2019．

［59］张明龙，张琼妮．国外交通运输领域的创新进展［M］．北京：知识产权出版社，2019．

［60］王廷华，王廷勇，张晓．生物信息学理论与技术［M］．北京：科学出版社，2015．

［61］克拉克，等．比较基因组学［M］．邱幼祥，高翔，等译，北京：科学出版社，2007．

［62］惠特福德．蛋白质结构与功能［M］．魏群，译．北京：科学出版社，2008．

［63］翟中和，王喜忠，丁明孝．细胞生物学［M］．3版．北京：高等教育出版社，2007．

［64］伦内贝格．病毒、抗体和疫苗［M］．杨毅，杨爽，王健美，译，北京：科学出版社，2009．

［65］闵航．微生物学［M］．杭州：浙江大学出版社，2011．

［66］王全喜，张小平，赵遵田，等．植物学［M］．2版．北京：科学出版社，2012．

［67］柳巨雄，杨焕民．动物生理学［M］．北京：高等教育出版社，2011．

［68］蒋志刚，梅兵，唐业忠，等．动物行为学方法［M］．北京：科学出版社，2012．

［69］张晓杰．细胞病理学［M］．北京：人民卫生出版社，2009．

［70］郑杰．肿瘤的细胞和分子生物学［M］．上海：上海科学技术出版社，2011．

［71］张瑞兰．免疫学基础［M］．北京：科学出版社，2007．

［72］邓心安，王晓鹤．澳大利亚生物经济发展框架及其比较启示［J］．中国生物工程杂志，2012（5）．

［73］张明龙，张琼妮．国外生命基础领域的创新信息［M］．北京：知识产权出版社，2016．

［74］张明龙，张琼妮．国外生命体领域的创新信息［M］．北京：知

识产权出版社，2016.

[75] 张明龙，张琼妮. 美国生命科学领域创新信息概述 [M]. 北京：企业管理出版社，2017.

[76] 张明龙，张琼妮. 延年益寿领域的创新信息（国外部分）[M]. 北京：知识产权出版社，2012.

[77] 张明龙. 区域政策与自主创新 [M]. 北京：中国经济出版社，2009.

[78] 张琼妮，张明龙. 产业发展与创新研究——从政府管理机制视角分析 [M]. 北京：中国社会科学出版社，2019.

[79] 毛黎，张浩，何屹，等. 2007 年世界科技发展回顾 [N]. 科技日报，2007-12-31～2008-01-06.

[80] 毛黎，张浩，何屹，等. 2008 年世界科技发展回顾 [N]. 科技日报，2009-01-01～08.

[81] 毛黎，张浩，何屹，等. 2009 年世界科技发展回顾 [N]. 科技日报，2010-01-01～08.

[82] 本报国际部. 2010 年世界科技发展回顾 [N]. 科技日报，2011-01-01～08.

[83] 本报国际部. 2011 年世界科技发展回顾 [N]. 科技日报，2012-01-01～07.

[84] 本报国际部. 2012 年世界科技发展回顾 [N]. 科技日报，2013-01-01～08.

[85] 本报国际部. 2013 年世界科技发展回顾 [N]. 科技日报，2014-01-01～07.

[86] 本报国际部. 2014 年世界科技发展回顾 [N]. 科技日报，2015-01-01～07.

[87] 本报国际部. 2015 年世界科技发展回顾 [N]. 科技日报，2016-01-01～11.

[88] 科技日报国际部. 2016 年世界科技发展回顾 [N]. 科技日报，2017-01-03～11.

[89] 科技日报国际部. 2017 年世界科技发展回顾 [N]. 科技日报，

2018-01-03~11.

[90] 刘海英，张浩，郑焕斌，等. 2018年世界科技发展回顾［N］. 科技日报，2019-01-02~08.

[91] R Graham. Between Science and Values［M］. New York：Columbia University Press，1981.

[92] P Weingart. The Social Assessment of Science，or De-Institutionlization of the Scientific Profession // M. Chotkowski and La Follette ed. Quality in Science［M］. Cambridge，MA：The MIT Press，1982.

[93] D Nelkin. Science as Intellectual Property，Who Controls Research?［M］. New York：Macmillan Publishing Company，1984.

[94] R Laudan. The Nature of Technological Knowledge［M］. Dordrech：Reidel Publishing Company，1984.

[95] D Teece. Profiting from technological innovation：Implications for integration，collaboration，licensing and public policy［J］. Amsterdam：Research Policy，1986（15）.

[96] S Aronowitz. Science As Power，Discourse and Ideology in Modern Society［M］. Minneapolis and Sao Paulo：University of Minnesota Press，1988.

[97] R N Proctor. Value-Free Science Is? Purity and Power in Modern Knowledge［M］. Cambridge，MA：Harvard University Press，1991.

[98] P Bourdieu. The peculiar history of scientific reason［J］. Belmont：Sociology Forum，1991，6（1）.

[99] S Restivo. Science，Society and Values，Toward a Sociology of Objectivity［M］. Bethlehem：Lehigh University Press，1994.

[100] K Knorr-Cetina. Epistemic Cultures：How the Sciences Make Knowledge［M］. Cambridge，MA：Harvard University Press，1999.

[101] Kumar Subodh and Russell Robert. Technological Change，Technological Catch up and Capital Deepening：Relative Contributions to Growth and Convergence［J］. New York：American Economic Review，2002，92（3）.

[102] Report to the President and Congress on Coordination of Intellectual

Property Enforcement and Protection ［R］. Washington, DC: the National Intellectual Property Law Enforcement Coordination Council September 2006.

［103］The World Bank. Rural Development, Natural Resources and Environment Management Unit ［R］. Washington: February, 2007.

［104］J L Hubisz. The Theory of Everything: The Origin and Fate of the Universe ［J］. New York: Physics Teacher, 2014, 52 (3).

［105］Thrainn, Eggertsson. Economic Behavior and Institutions［M］. Cambridge: Cambridge University Press, 1990.

［106］Stefano Ponte and Peter Gibbon. Quality standards, conventions and the governance of global value chains ［J］Berlin: Economy and Society, 2005 (2).

［107］Kai Storbacka and Jarmo R Lentinen. Customer Relationship Management: Creating Competitive Advantage Through Win-Win Relationship Strategies ［M］. New York: McGraw-Hill Companies Press, 2001.

［108］D Cyr. Modeling Website design across cultures: Relationships to trust satisfaction, and e-loyalty ［J］. London: Journal of Management Information Systems, 2008, 24 (4).

［109］Ishan Senarathna. Matthew Warren, William Yeoh, Scott Salzman. The influence of organisation culture on E-commerce adoption ［J］. London: Industrial Management & Data Systems, 2014, 114 (7).

二、主要资料来源

［1］《自然》（Nature）

［2］《自然·通讯》（Nature Communication）

［3］《自然·物理》（Nature Physical）

［4］《自然·电子》（Nature Electronics）

［5］《自然·纳米技术》（Nature Nanotechnology）

［6］《自然·光子学》（Nature Photonics）

［7］《自然·化学》（Nature Chemistry）

［8］《自然·化学生物学》（Nature Chemical Biology）

［9］《自然·细胞生物学》（Nature Cell Biology）

［10］《自然·微生物学》（Nature Microbiology）

［11］《自然·结构与分子生物学》（Nature Structure and Molecular Biology）

［12］《自然·生物技术》（Nature Biotechnology）

［13］《自然·生物医学工程》（Nature Biomedical Engineering）

［14］《科学·转化医学》（Science Translational Medicine）

［15］《自然·免疫学》（Nature Immunology）

［16］《自然·遗传学》（Nature Genetics）

［17］《自然·转化精神病学》（Nature Translational Psychiatry）

［18］《自然·气候变化》（Nature Climate Change）

［19］《自然·地球科学》（Nature Geoscience）

［20］《自然·地学》（Nature and Geosciences）

［21］《自然·生态与进化》（Nature Ecology and Evolution）

［22］《自然·方法学》（Nature Methodology）

［23］《科学》（Science Magazine）

［24］《科学报告》（Scientific Reports）

［25］《澳洲科学》（Australian Science）

［26］美国《国家科学院学报》（Proceedings of the National Academy of Sciences）

［27］《皇家学会学报 B》（Journal of the Royal Society B）

［28］《皇家学会哲学学报 B 卷》（Journal of Philosophy of Royal Society Volume B）

［29］《皇家学会开放科学》（Royal Society Open Science）

［30］《皇家学会生物学分会学报》（Journal of Biology Branch of Royal Society）

［31］《皇家天文学会月刊》（Monthly Notices of the Royal Astronomical Society）

［32］《科学公共图书馆·综合》（Science Public Library Comprehensive）

［33］《科学公共图书馆·医药》（Public Library of Science Medicine）

[34]《科学公共图书馆·病原体》（Public Library of Science Pathogens）

[35]《科学公共图书馆·遗传学》（Public Library of Science Genetics）

[36]《物理评论快报》（Physical Review Letters）

[37]《物理评论 X》（Physical Review X）

[38]《物理评论通讯》（Physical Review Newsletter）

[39]《物理化学通讯》（Physical Chemical Communication）

[40]《天文学杂志》（Journal of Astronomy）

[41]《天体物理学杂志》（Journal of Astrophysics）

[42]《天体物理学杂志通讯》（The Astrophysical Journal Letters）

[43]《天文物理期刊通讯》（Journal Newsletter of Astrophysics）

[44]《天文与天体物理学》（Astronomy and Astrophysics）

[45]《地球与行星科学快报》（Earth and Planetary Science Letters）

[46]《地质学》（Geology）

[47]《地壳构造物理学》（Physics of Crustal Structure）

[48]《澳大利亚地理》（Geography of Australia）

[49]《连线》（Connecting）

[50]《全球生物地球化学循环》（Global Biogeochemical Cycle）

[51]《生态学前沿》（Ecological Frontier）

[52]《描述生态学》（Describing Ecology）

[53]《海洋生态进展系列》（Marine Ecological Progress Series）

[54]《生态学与进化前沿》（Ecology and The Frontier of Evolution）

[55]《进化》（Evolution）

[56]《纳米技术》（Nanotechnology）

[57]《纳米快报》（Nano Express）

[58]《纳米通讯》（Nano Communication）

[59]《美国化学会·纳米》（American Chemical Society Nano）

[60]《微尺度》（Microscale）

[61]《光谱学》（Spectroscopy）

[62]《先进材料》（Advanced Materials）

［63］《先进功能材料》（Advanced Functional Materials）

［64］《先进材料界面》（Advanced Material Interface）

［65］《胶体与界面科学杂志》（Journal of Colloid and Interface Science）

［66］《应用化学》（Angewandte Chemie）

［67］《化学物理杂志》（Journal of Chemical Physics）

［68］《美国化学协会杂志》（Journal of the American Chemical Society）

［69］《太阳能光伏进展》（Progress of Solar Photovoltaic）

［70］《可再生和可持续能源杂志》（Journal of Renewable and Sustainable Energy）

［71］《食品工程和配料》（Food Engineering and Ingredients）

［72］《生物技术前沿》（Biotechnology Frontier）

［73］《古脊椎生物学杂志》（Journal of Paleovertebratology）

［74］《脊椎动物古生物学期刊》（Journal of Vertebrate Paleontology）

［75］《动物学杂志》（Journal of Zoology）

［76］《新植物学家》（New Botanist）

［77］《种子科学与技术》（Seed Science and Technology）

［78］《农业与食物化学期刊》（Journal of Agriculture and Food Chemistry）

［79］《生物学快报》（Biology Letters）

［80］《生物化学杂志》（Journal of Biochemistry）

［81］《BMC 进化生物学》（BMC Evolutionary Biology）

［82］《当代生物学》（Contemporary Biology）

［83］《分子生物学与进化》（Molecular Biology and Evolution）

［84］《微生物学》（Microbiology）

［85］《基因与发育》（Genes and Development）

［86］《发育》（Development）

［87］《蛋白质组学研究》（Proteomics Research）

［88］《细胞》（Cells）

［89］《细胞·通讯》（Cell Communication）

［90］《细胞·新陈代谢》（Cell Metabolism）

[91]《细胞移植》(Cell Transplantation)

[92]《柳叶刀》(Lancet)

[93]《柳叶刀·肿瘤学》(Lancet Oncology)

[94]《内科医学年报》(Annual Report of Internal Medicine)

[95]《美国医学杂志》(American Journal of Medicine)

[96]《美国医学会杂志·皮肤病学卷》(American Medical Association Journal of Dermatology)

[97]《国际流行病学杂志》(International Journal of Epidemiology)

[98]《新英格兰医学杂志》(New England Journal of Medicine)

[99]《英国医学杂志》(British Medical Journal)

[100]《英国运动医学杂志》(British Journal of Sports Medicine)

[101]《澳大利亚医学杂志》(Australian Journal of Medicine)

[102]《国际癌症杂志》(International Journal of Cancer)

[103]《血液》(Blood)

[104]《生物微流体》(Biological Microfluidics)

[105]《高血压》(Hypertension)

[106]《循环》(Cycle)

[107]《循环研究》(Cycle Research)

[108]《大脑、行为和免疫》(Brain, Behavior and Immunity)

[109]《美国脑科学月刊》(American Journal of Brain Science)

[110]《神经工程》(Neural Engineering)

[111]《神经科学动态》(Neuroscience Trends)

[112]《神经内分泌学前沿》(Frontiers of Neuroendocrinology)

[113]《神经学年报》(Annals of Neurology)

[114]《疾病神经生物学》(Neurobiology of Disease)

[115]《实验社会心理学杂志》(Journal of Experimental Social Psychology)

[116]《免疫》(Immune)

[117]《肝脏》(Liver)

[118]《肝脏病学杂志》(Journal of Hepatology)

［119］《糖尿病》（Diabetes）

［120］《关节炎护理及研究》（Arthritis Care and Research）

［121］《儿科学术期刊》（Journal of Pediatrics）

［123］《国际药物政策杂志》（International Journal of Drug Policy）

［124］《科技日报》2000-01-01～2019-12-31

［125］《中国科学报》2000-01-01～2019-12-31

后　记

随着经济全球化的深入发展，世界各国特别是发达国家都十分重视增强自主创新能力。为此，这些国家的政府通过制定一系列推动科技进步的政策法规，加强鼓励科技创新的奖励制度和办法，提高知识产权的保护力度，完善科技创新成果的转化机制等，形成一整套促进自主创新活动的政策支持体系，大力提高本国的自主创新能力，取得大量科技创新成果。

我国也把增强自主创新能力作为推进经济结构调整的中心环节，积极探索具有自己特色的科技创新道路，努力建设创新型国家。在此背景下，及时了解发达国家的创新成果，积极吸收国外成功的创新经验，是非常必要的。21 世纪以来，国内许多学者和研究团队，正在为此进行努力探索。

我们结合自己主持或参与的各类研究项目，在探索企业创新、产业集群创新、区域经济创新和宏观管理创新过程中，广泛搜集和整理国外科技创新的前沿信息，并在此基础上，形成系列化著作。已出版《八大工业国创新信息》《新兴四国创新信息》《美国生命健康领域的创新信息》《美国纳米技术创新进展》《美国材料领域的创新信息概述》《美国生命科学领域创新信息概述》《美国电子信息领域的创新进展》《美国环境保护领域的创新进展》《英国创新信息概述》《德国创新信息概述》《日本创新信息概述》《俄罗斯创新信息概述》《法国创新信息概述》。另外，《加拿大创新信息概述》书稿，已交给出版社编排。同时，我们继续推进这项研究，又撰写成《澳大利亚创新信息概述》一书。

　　本书从澳大利亚社会经济发展现状出发，集中研究其科技方面取得的新进展，着重考察澳大利亚电子信息与量子技术、纳米技术、光学现象与光学仪器设备、宇宙天体、交通运输、新材料、新能源、污染治理与生态环境保护、生命科学，以及医疗与健康领域研究取得的新进展。本书所选材料限于21世纪以来的创新成果，其中95%以上集中在2005年1月至2019年12月期间。

　　我们撰写这部书稿的过程中，得到有关高等院校和科研机构的支持和帮助。这部专著的基本素材和典型案例，吸收了网络、杂志、报纸和广播电视等众多媒体的有关报道。这部专著的各种知识要素，吸收了学术界的研究成果，不少方面还直接得益于师长、同事和朋友的赐教。为此，向所有提供过帮助的人表示衷心的感谢！

　　这里，要感谢名家工作室成员的团队协作精神和艰辛的研究付出。感谢浙江省哲学社会科学规划重点课题基金、浙江省科技计划重点软科学研究项目基金、台州市宣传文化名家工作室建设基金、台州市优秀人才培养资助基金等对本书出版的资助。感谢台州学院办公室、临海校区管委会、宣传部、科研处、教务处、学生处、学科建设处、后勤处、信息中心、图书馆、经济研究所和商学院，浙江师范大学经济与管理学院，浙江财经大学东方学院等单位诸多同志的帮助。感谢企业管理出版社诸位同志，特别是刘一玲编审，他们为提高本书质量倾注了大量时间和精力。

　　限于笔者水平，书中难免存在一些错误和不妥之处，敬请广大读者不吝指教。

张明龙　　张琼妮

2020年3月于台州学院湘山斋张明龙名家工作室